主办：宝佳集团　中国文物学会传统建筑园林委员会　天津大学出版社　建筑文化考察组

中国建筑文化遗产

4

名誉总编　罗哲文
社长　高志
总编　金磊

天津大学出版社

图书在版编目（CIP）数据

中国建筑文化遗产. 4/金磊主编.—天津：天津大学出版社，2012.3
ISBN 978-7-5618-4300-0

Ⅰ. ①中… Ⅱ. ①金… Ⅲ. ①建筑-文化遗产-中国 Ⅳ. ①TU-092

中国版本图书馆CIP数据核字(2012)第028603号

策划编辑 韩振平
责任编辑 韩振平

出版发行 天津大学出版社
出 版 人 杨欢
地　　址 天津市卫津路92号天津大学内（邮编：300072）
电　　话 发行部：022—27403647 邮购部：022—27402742
网　　址 www.tjup.com
印　　刷 北京雅昌彩色印刷有限公司
经　　销 全国各地新华书店
开　　本 235mm×305mm
印　　张 13.5
字　　数 538千
版　　次 2012年2月第1版
印　　次 2012年2月第1次
定　　价 48.00元

ARCHITECTURAL HERITAGE
建筑文化遗产 1

ARCHITECTURAL HERITAGE
建筑文化遗产 2

ARCHITECTURAL HERITAGE
建筑文化遗产 3

ARCHITECTURAL HERITAGE
建筑文化遗产 4

目 录

Chief-editor's Notes
总编的话

Feature
特稿

Traditional Chinese Architecture
华夏建筑文明

Special Issue
专辑

太和殿内藻井——全形（故宫博物院提供）

China Architectural Heritage
中国建筑文化遗产

Instructor 指导单位: State Administration of Cultural Heritage 国家文物局

Sponsor 主办单位: ACBI Group 宝佳集团
China Cultural Relic-Traditional Garden Architecture Committee 中国文物学会传统建筑园林委员会
Tianjin University Press 天津大学出版社
Architectural Culture Investigation Team 建筑文化考察组

Co-Sponsor 承办单位: Research Center of Mass Communication for China Architecture, ACBI Group 宝佳集团中国建筑传媒中心
China Architectural Heritage Editorial 《中国建筑文化遗产》编辑部

Editorial Department 编辑部

社长 高 志
副社长 金 磊（常务）
总编辑 金 磊
副总编辑 韩振平 殷力欣 文 溦（特聘）
赖德霖（海外）
运营总监 韩振平
总编助理 苗 淼
编辑部主任 冯 娴
文字编辑 郭 颖 冯 娴 苗 淼 刘晓姗
王燕嵩
美术编辑 安 毅 金维忻（实习）
英文编辑 陈 颖 冯 娴 苗 淼
英文审定 王 尧
图片编辑 本编辑部建筑摄影图片库 陈 鹤
责任校审 高希庚 郭 颖

地址：北京市东城区东兴隆街56号，北京商界A座9层，宝佳国际中国建筑传媒中心
邮编：100062
编辑部电话：010-67027510
传真：010-67019957
投稿邮箱：931531615@QQ.com.
99321200@QQ.com.

CONTENTS

目 录

稿 约

《中国建筑文化遗产》的出版宗旨是：以科学的态度分析、评介中国古代建筑所取得的辉煌成就及对后世的启示，以历史的眼光及时将当代优秀建筑作品甄选为新的文化遗产，以文化启蒙者的社会职责向公众展示建筑文化遗产的艺术魅力与社会文化价值，并将中国建筑文化传播到世界各地。

为实现这一目标，我们期待着国内国外、业内业外的一切关注建筑文化遗产、关注文化传承与发展的朋友们直言对本刊的建议与批评，尤其期待着各界朋友惠赐大作。现特向各界郑重约稿。具体征稿要求如下：

1.丛书注重学术与技术、思想性与文化启蒙性的建筑文化创意类内容，欢迎治学严谨、立意新颖、文风兼顾学术性与可读性，涉及建筑文化遗产学科各领域的研究、考察报告、作品赏析、问题讨论等各类文章；来稿须未曾在任何报章、刊物、书籍、正式出版物以及网络电子文本（个人博客除外）发表。

2.来稿请尽量提供电子文本，一般以6 000～12 000字为限，要求著录完整、规范；文章配图（线图、建筑效果图、钢笔速写等）、照片以30幅为限。部分老专家的手写文稿将安排专人处理。图纸、照片请提供电子文件，确保每张图片有较高清晰度（不少于300dpi），要求附图片说明。

3.来稿每文请尽量提供1 000字符左右的英文提要（欢迎准确的长篇英文稿）。

4.来稿请附作者真实姓名、学术简历及本人图片、通讯地址、电话、电邮地址，以便联络；发表署名听便。

5.文章一经刊用，版权归本杂志社所有，未经书面允许，不得转载。

6.文章一经刊用，本编辑部以300～500元/千字的标准支付稿酬并赠书2本；特稿另议。

7.稿件联系人

苗 淼：931531615@QQ.com.
刘晓姗：99321200@QQ.com.

《中国建筑文化遗产》编辑部
2011年7月

CONTENTS

Contributions Invited

The aims we want to achieve by publication of the Architectural Heritage of China include: examining and evaluating the glorious achievements and inspirations of traditional architecture with a scientific attitude, selecting new cultural heritage from excellent contemporary buildings with a historical point of view, demonstrating the artistic glamour and cultural values of the architectural heritage to the public with the responsibility of a torchbearer, and finally disseminating Chinese architectural culture throughout the world.

To achieve this goal, we hope those who concern about architectural cultural heritage, and those who are interested in the transmission or development of culture—no matter you are home or abroad, professional or amateur—can offer us your suggestions or speak out your criticisms. We especially appreciate anyone who is kind enough to submit papers in various disciplines. The editorial board would like to invite you to submit papers.

Instructions and guidelines are as follows:

1. We emphasize the academic and intellectual quality of research, and enlightenment ideas, and welcome soundness of methodology and originality of materials. Clear, jargon-free prose is especially valued. Directions in the field of cultural heritage, in formats such as research or investigation reports, book reviews, or discussion are encouraged. Papers must have not been published in any newspaper, journals, books or other publications, or electrically published (except personal blog).
2. Papers submitted in electronic formats are preferred, with word limit of 6,000~12,000. Documentations are required to be complete and standard; illustrations should not exceed 30 figures (including photos, line-art drawings, architectural renderings, pen sketches, etc.). Senior experts' manuscripts will be edited by professional staff. Please also provide electronic documents for drawings and photographs to ensure a high resolution of each figure(minimum 300 dpi). Annotations for each figure are required.
3. Please provide an English abstract of 1,000 words if possible. (Full length English version of the paper is welcomed.)
4. Please provide the name, academic CV, photo, address, phone number and e-mail address of the author for the convince of future contact; name used in the publication will be given as the author pleases.
5. Once the paper is accepted, the copyright will be reserved by the editorial board of this journal. Any individual or organizations must not republish without written consent.
6. Once the paper is accepted, the editorial board will offer the author a remuneration of CNY300~500 per thousand characters and 2 copies of the journal. This does not apply to specially arranged papers.
7. Please connect
   Miao Miao : 931531615@QQ.com.
   Liu Xiaoshan: 99321200@QQ.com.

China Architectural Heritage Editorial Department
July, 2011

金磊

2012撵走了2011。2011虽没有2008奥运会的精彩，也缺少2010世博会的欢腾，但它对中国城市与建筑、文化与传媒界的影响却没有理由不让人关注，其中最重要的当属《中国建筑文化遗产》上路了，我们和专家编委团队成为践行中国建筑遗产研究与传播的行动者。虽然，2012已有太多的猜测与可能，但这一年我至少坚信改变在心，积极行动能实现梦想，广博而跨界的建筑遗产传承是守望的风潮。

跨界指跨学科研究，开始是边缘科学（如物理化学、生物物理等）的发展，后来是横断科学（如一般系统论、控制论、信息论等）的崛起，再是综合科学（如环境科学、安全科学、广义建筑学乃至未来学等）的涌现，它们不仅给当代科技发展开辟了广阔的天地，更为大量悄然兴起的复杂性研究，如巨型城市分析带来了突破性贡献。《中国建筑文化遗产》并非以文化为研究对象，之所以借用“跨界”一词，不仅有它本身的演化足迹，也有它必然的时代需求。因为在建筑遗产的研究与传播中，不乏开化与禁锢，崇尚与阻挡之势。“跨界”要求：艺术与构造的交叉，科学与文化的共融，历史与人文的思考，技理与哲理的碰撞等。如当代城市学已处于无边界的状态，不真正跨学科研究则难实现“城市化”。如果说，两院院士吴良镛教授的《广义建筑学》是“跨界”建筑的经典读本，那么2011年时任国家文物局局长单霁翔的全国政协“关于将文化遗产保护领域作为促进学科交叉与融合试点领域”的提案，就同时强调了三大结合，即基础研究与应用技术、高新技术与传统工艺、学科交叉和技术集成互补。

2011年2月版《从“馆舍天地”走向“大千世界”》（单霁翔著）一书，在分析博物馆的文化多样化发展未来时，时任国家文物局局长单霁翔强调，必须要更加鼓励跨学科、跨部门、跨行业的合作，否则将难以在历史与今天、文化与自然、物质与非物质、可移动与不可移动等不同形态的文化遗产上形成共识。记得在2006年3月末我们策划的“重走梁思成古建之路——四川行”活动闭幕式上，单霁翔就指出，由建筑师与文博专家组成的田野考察活动是第一次新中国历史上的跨界活动，其意义不仅仅是学科交流，更使学科交叉产生质的变化及非凡的成果；在2011年12月初的南京《辛亥革命纪念建筑》首发式上，马国馨院士也评价到，该书的成功出版不仅是历史学与建筑学的跨界，更是建筑学、文博学、出版传媒的跨界成果。没有这样的力量整合，这么发散的辛亥革命实践研究在如此短暂的时间里是难以综合的。由此，我又想到杨永生先生曾先后策划过的两届“建筑与文学研讨会”；想到自中国第一个“文化遗产日”（2006年）迄今举办的由建筑界发起、文博界参加的建筑文化考察组的活动；想到《中国建筑文化遗产》的创生及业内外的首肯。因此，“跨界”不仅有益溯古更可服务当代，它是迸发智慧的学科创意的社会需求。

跨界不仅仅是知识增长的好模式，更可建立起多样性“对视”的文化传承路径。对城市设计而言，经济是“形”，文化是“神”，只有形神兼备，城市才充满活力。依跨界说：设计与人文的融合产生设计理性；设计与道德的融合塑造设计诚信。所以，我们瞩目的建筑评论寄托于充满锐气的文字，更离不开哲学视野下的自然与人性。面对2011，有太多远未拉直的文化遗产问号，2012，我们需要在历史与建筑交融的节点上再出发。这种出发需要境界，这就有赖于建构起新的建筑文化思想，当对中国建筑与西方建筑遗产研究全景做一番对比扫描后会发现，正是由于我们太缺少跨界，中国建筑文化遗产在诸方面已被西方发展边缘化。从拥抱2012中国建筑文化的春天看，2012是农历壬辰年，是中国十二生肖之中排名第五的龙年。在博大精深的龙文化中，我们尤应关注它“喜水”的神性，因此龙便具备了沟通天地，充当天地间的桥梁和信使的能力。2012的危机说：萧条有多远，繁荣就有多近。问题是我们要透过飞跃寒冬的表情，真正领略春天的信息。聚焦多学科交叉与集成文化研究，在2012勤勉开拓时，切不可让岁月为建筑再留忏悔。因此，2012能激活城市的每个细胞，我们更会用“跨界”之思，实现人与物、心与理、景与情的交融，进入永恒的深思与激情托举的氛围中。

Why Do We Need Crossover

Jin Lei

By “crossover” we mean interdisciplinary researches, which started with the development of Boundary Science like Physical Chemistry and Biophysics, the rising-up of Cross Science such as General System Theory, Cybernetics and Information Theory, as well as the emergence of Integrated Science including Environment Science, Safety Science, Integrated Architecture and Futurology. These researches have not only opened a vast world for the development of modern science and technology, but also made breakthrough contribution to a multitude of quietly-emerging research on complexity, for example, Megacity Analysis. Actually *China Architectural Heritage* does not target at culture. The reason why we borrow the notion ‘crossover’ is not only because of the evolvement of cultural heritage itself, but also due to the inevitable demand of the times. Because in the research and spreading of architectural heritage, there was opening-up; there was oppression; there was avocation and there was obstruction. ‘Crossover’ requires the intersection of art and structure, the harmony of science and culture, the thinking about history and humanities, and the collision of technology and philosophy. Contemporary urbanology is in a boundless state. Urbanization would be difficult to realize without interdisciplinary researches. If *Integrated Architecture* by Wu Liangyong, the academician of the Chinese Academy of Sciences and the Chinese Academy of Engineering, is the classic book of crossover architecture, the Proposal on Developing Cultural Heritage Protection as a Pilot Field for Promoting Multi-disciplinary Integration presented at the 2011 National Committee of the Chinese People's Political Consultative Conference by Shan Jixiang, the head of the State Administration of Cultural Heritage, emphasized at the same time the balance of basic research and applied technology, the combination of high-tech and traditional craft, as well as the complementation of interdisciplines and integrated technologies.

山西灵丘县觉山寺之基座,此塔为辽代砖塔的经典之作　（陈鹤 摄）

New Ideas Needed for China's Protection of Architectural Heritage

中国建筑文化遗产保护需要新理念

单霁翔（Shan Jixiang）*

编者按：本文是时任国家文物局局长单霁翔博士2011年12月在“纪念梁思成先生诞辰110周年暨中国文物学会传统建筑园林委员会第十七届年会”上的大会发言，《中国建筑文化遗产》作为特稿全文刊发。

Editor's Notes: This article is the speech given by Dr. Shan Jixiang, head of the State Administration of Cultural Heritage, in December 2011 at the Forum commemorating Liang Sicheng's 110th Birthday& the 17th Annual Conference of the Committee of Traditional Architecture and Gardens, Chinese Society of Cultural Relics. *China Architectural Heritage* presents the full text below.

今天是梁思成先生诞辰110周年，大家都说梁先生是我们著名的建筑学家和教育学家，一生从事我国古代建筑的研究和建筑教育事业，是中国建筑教育和建筑历史学科的奠基人之一，也是文物保护事业和中国古建筑研究的先驱者之一。他系统地调查整理研究了中国古代建筑的历史和理论，是这一学科当之无愧的开创者。梁先生的丰功伟绩已经永载史册，人人皆知，今天在座的专家学者也曾写过声情并茂的纪念文章，对梁先生的人格思想、学术魅力有着全面回顾和评价。我想强调的一点是梁先生及其同时代的大师们，对我们后人巨大的贡献不仅仅是他们所提倡的艰辛的田野调查、耐心细致的文献考据、跨越学科界限的开拓视野，并在此基础上有一个具备前瞻性的逻辑演绎的治学方法；也不仅仅是把古代建筑纳入了文物保护的大视野，提出古代建筑维修要保存其历史原状的观点，为我们确立今日文物维修的基本原则奠定了基础；我觉得更重要的是，无论是在战火纷飞的战争年代，还是在如火如荼的和平建设岁月，梁思成一代前辈始终以拳拳赤子之心，历经磨难，矢志不渝投身中国古代建筑和历史名城的研究保护。

十年前，在梁思成先生百岁诞辰之际，郑孝燮郑老曾经深情地撰写了一篇缅怀的文章——《他的足迹是一条建筑文脉》，郑老说：“一位永远向前的学术巨人不朽贡献及艰苦历程难道不也是一种文脉么？”我们今日共聚一堂缅怀梁思成先生的卓越思想和丰功伟绩的同时，更要继承梁思成先生执著精神、坚强意志和无私品质。只有不为个人的某种得失，坚持正确的理念永远向前，才能延续这种文脉，开创文化遗产保护的新局面。当前我们国家进入了一个经济社会高速发展的历史时期，已经持续了二十来年。文物保护工作面临着众多机遇，也面临着众多的挑战。近十年来我国文物保护走过的道路是极不平凡的道路，极受瞩目也极其曲折，所面临的形势、所遇到的问题也是人类社会上作为一个有着四分之一人口的大国所前所未有的，所推动的各项工作的进展也是来之不易的。我们今天在北京这座历史文化名城召开会议，北京今天的保护应该是凝聚了梁思成先生和我们在座的许多专家学者的持之以恒的精神。谢老是保护北京历史文化名城的功臣，虽然在今天这种社会环境下还没有广为市民所知，但就是在2003年，谢老给胡锦涛总书记、给温家宝总理写了一封信，总书记做出了非常明确的批示：“保护北京文化古都的风貌，关键是狠抓落实，各方面都要大力支持。”北京市委常委会连夜召开会议终止了第八届党代会上通过的“加快北京危改房改造”的决议。什么概念呢？当时是要拆除北京934万平米的传统建筑，其中有1/3被房管部门测定为危房，有2/3不是危房，采取的方式却是拆掉。在这样的形势下大家可想而知，可能除了我们25片历史街区以外的其他地段几乎全被推平了，幸而有我们专家的

* 原任国家文物局局长，现任故宫博物院院长

呼吁，蝇头小楷写了一打。这一件事我觉得对北京历史文化名城来说是天大的事，而对中国数以百计的历史文化名城来说，也起到很好的示范作用。相对，反面的示范作用也很大，比如拆毁城墙，在老城上建新城，等等。所以我想学者们对历史名城的保护，对中国文化遗产的保护做出的贡献很大。

那么这十年来文物保护理论和理念不断发展完善，保护的领域也更加开阔，更多的新文物建筑的类别也得到重视，也纳入了保护视野。自2006年以来，国家文物局成功举办了6届中国文化遗产保护无锡论坛，先后对各类文物建筑保护的新领域新理念进行研讨，为国内外专家学者研究机构提供了宝贵的交流沟通渠道，启动了中国文物古迹保护准则的修订完善工作。在国际交往上，这些年来一直堵着一口气，就是我们国家确实在文化保护历程上起步较晚，我们在国际上的话语权严重不够。即使是东亚，过去也都是日本、韩国学者在国际的平台上有更多影响力，也就是我们对人类社会的保护方面的贡献得不到承认，我们的理念也得不到认可。所以这些年一方面我们积极学习国际上先进的保护理念，另一方面主动地把一些重要的国际会议引到中国来承办，比如世界遗产大会、博物馆学会大会等，为了建立起平台更多的扩大交流。再一方面我们竖起耳朵，来听在国际社会上在哪一方面有新理念，我们适时而且及时地结合中国国情加以应用。多少年下来以后很多国外专家学者在交流的时候都说："中国走在我们前面了。"一旦有什么新理念，我国专家学者立刻召开会议讨论，并很快在全国范围内应用推广，比如文化线路、文化景观、工业遗产、乡土建筑、20世纪建筑等问题。

2010年召开了一次会议，号召和相关的研究机构与专家学者联系，保护农业遗产。我们是文明古国，中国的农业在历史和国际上有突出的地位，所以农业遗产的保护任务任重而道远。这就是说文物保护在今天是承担着国际责任的，承担着对于民族和国家重要的责任。在这个过程中也扩大了学术交流，在此基础上国务院组织开展了第三次文物普查。九年前召开的全国文物保护工作会议，当时我向先生们请教：当前文物保护工作最主要应该抓什么，得到了指导，确定了四项基础工作。

第一，文物保护基础法规的健全，有中国特色法律法规的建设，包括《文物保护法》等四百多部法规出台。

第二，清理家底，摸清家底。首先开展的是可移动文物的调查和珍贵文物调查等，然后报请国务院开展第三次文物普查。此次普查结果将在下周三公布，这是五万多名工作者历时两年的田野考察，又进行了室内勘察校核和数字整理，每一份必须是确凿无疑而数据健全的。

第三，人才和科技职称，这是天大的事，这些年也是薄弱环节，工作面大了，队伍大了，专业人才的比例反倒在下降。虽然有中国文化遗产研究院，唯一带中国字头的也是我们最强有力的一个机构，但是仅仅依靠一个院根本难以承担这样的人才培养和科技职称。最近召开培养专业硕士研究生的大专院校会议，来了三十多所学校，就是现在培养文物博物馆专业的硕士已经三十多所了。中华文明探源、指南针计划都有上百个科研院参与其中。

第四，打击文物犯罪，这是投入精力最大的工作。在改革开放的大潮和国家经济高速发展中，一些不良拜金主义的目光也投向了可移动文物。为了应对文物流失，国务院成立督察司，紧密联系公安部、海关、监察部、海监来共同打击文物犯罪。去年初试锋芒，9个省打击了71个团伙，抓获2 600多人，追回3 000多件文物。2010年更使用了很多高新技术。立法、摸清家底、科技力量凝聚，还有打击文物犯罪的问题始终困扰着我们，但是文物保护学科在专家学者的指导下不断地向前发展，而且有着很大的提升空间。文物工作和考古工作是20世纪二三十年代现代考古学引入中国以后建立中国考古学的学科体系，进行了艰苦卓绝的工作，结合中国的土遗址、研究区域分布，形成我们自己的考古学、地层学。这次中国考古学会在杭州开会的时候我也谈了谈自己的感想，我觉得考古学科提升的空间也很大，比如考古学今日应该更加注意保护，分两个方面。第一是考古工作过程中对考古信息的保护，最大限度的保护。我现在提出我不太赞成考古学家在现场要带着课题来考古，虽然这是长期以来所倡导的，我说这值得商榷，课题意识可能会对考古的客观性带来干扰。考古本身就是一种破坏，彻底的考古就是彻底的破坏，人类社会只能继承一次，因课题意识破坏掉看似无关的东西无疑是对这唯一一次继承的靡费。这就是说带学科意识就会决定取舍，比如这个东西对报告和论文有用，那么就会保留，反之则丢弃，但不一定它就是没用。我觉得在这个过程中所谓考古就是严格地按照规程把所有的现象记录下来，公开发表以后再带着学术意识斟酌论文如何。第二个保护就是现场的保护，面对城市化的进程，很多现场都保护不了，怎么能够在考古的过程中就意识到博物馆的建设以及将来如何保护？并不是说拿着小筛子细细地把所有东西留下就是把现场保护了，那土呢？环境考古学呢？动植物考古学呢？这些别的学科的东西都要有现场来做资料。所以我说这有很大的提升空间。

中国的文物建筑绝对应该是一级学科，虽然事实并不如此，关于文物建筑修缮，长期以来我们还没有建立一个国家高度认可的学科体系。长期工作中我们积累了很多经验，但在这个过程中反倒缺乏一种学科意识来进行工作。比如说修旧如旧保护原状，可是修旧如什么时期的旧，原状是什么朝代的原状，都在进行着反复的争论。我个人的观点认为，我们要把文物建筑看成一个有生命的生物，保护自它诞生以来存续至今全部的生命文化气息。不是说修到那一年的旧，或保护那一朝的信息，比如说我们老祖宗建造的佛光寺，它包含了历代的气息，不是说今天保护佛光寺只是保护唐代的，它也有宋代、明代的文化气息。如何将之历史沿革完整地保护下来，我认为这是一件艰深的研究工作。我上次去克罗地亚参观一个古堡修缮工地，我就问修缮一个古堡需要多长时间。“15年。”他们回答。我当时去的时候正好是第14个年头。我就问他们中国修这个古堡需要多久，他说两年多，至多不会超过3年。然后我就询问克罗地亚人这14年都做了什么？他们进行了对建筑每个细部的测绘和勘察，比如一块墙壁在修缮之前需要去研究在13世纪时是什么图案绘制在上面，14世纪，15世纪……又变化成了什么。为此克罗地亚专家提出了一份报告。另外他们也举办过三次展览来说明历史悠长的延续，把工作展示给周围社区的居民，告诉他们究竟都做了什么。这14年的工作是需要的，最后他们会有一个非常完整公开出版的报告。但中国很多建筑的修缮没有勘察报告，没有测绘报告，没有竣工报告。今天开始研究如何通过立法，我们开始像考古学一样，文物修缮也需要有对社会公开出版的报告。这正是我们所缺乏而要去学习的，也应该去建立学科意识去系统地保护文物与建筑，不仅要务实，也要学习梁思成先生从精神层面来看待中华民族传统在国际的地位。

在天津我有一个讲话，都说民族振兴，中国人有资格说。为什么有资格？我们有今天大量的无可辩驳的文物本体在说明着这些，不是每个族群都有资格谈复兴的，有一个不可缺少的前提就是必须有过一个灿烂辉煌的历史才有资格谈今日的复兴。五千年前美国是蛮荒之地，三百年前美国不过是英国的殖民地，美国人能说复兴么？我们中国不一样，我们有着灿烂悠久的文明。第二个就是我们是创造这伟大文明的后裔，是一脉相承的文化，而今日不论是埃及、印度还是两河流域，居住在那里的族群已经不是当年的那些民族和那些文化了，战争迁徙乃至屠杀已经将一切改变得面目全非。第三个复兴就是我们有过坎坷的经历，有着屈辱的历史。我们有过清廷半殖民地这样的年代，所以我们辉煌的文明在这个西方胜利的世界里被贬低了，就连我们自己也曾经对自己的文化产生了怀疑，所以今日我们要复兴。正是因为我们有过低潮，所以才要创造今日的复兴。第四个前提就是我们今天有能力，虽然也受金融危机的干扰，但我们国家依然坚挺，不像有的国家面临破产，谈何复兴？但是承担民族复兴的重任在我们肩上，我觉得要有精神力量来支撑文物工作。

这些年在文物保护修缮的经费上实现了较大幅度的增长，先后实施了西藏“十一五”、“十二五”工程，西藏是全国重点文物保护单位实施保护工程时比例最大的一个省市自治区。在山西南部晋城运城一带，中国早期木结构建筑群的修缮在持续开展，其中很多是民族民间和宗教的乡土建筑。四川大地震之后，修缮工作已经接近尾声，包括都江堰世界遗产在内等，都给我们提供了机遇。我们这样的机遇还很多，经费在持续增长。专家告诉我们，有时候钱多了并不是好事，那就靠智慧和责任心去平衡，一定要把它用好。毕竟我们的工作也得到各级政府、党委的大力支持和持续关注。

中国文物学会是一个开展文物研究、宣传保护和合理利用等活动的全国性学术团体和社团法人。但是很多部委都不愿意新的学会挂靠他们，为什么呢？很多学会没有坚持自己的理想，开始过度商业化和随波逐流，我觉得在众多学会里面，中国文物学会是做得非常好的。我们学会有一批坚持崇高理想的、坚持初衷的专家学者，所以我们学会就是为捍卫文物、为专家学者搭建起专业平台而建，要用我们的成果，来指导全国的文物保护工作沿着一条正确的途径往前走。

传统建筑园林委员会是在学会中做出典范性工作的机构，这本论文集的226页有一篇文章，叫《中国文物学会传统建筑园林委员会历程》，从1984年到今年做了梳理。文章写得非常好，但不如委员会干的工作好。短短一行字就是历史上很多心血的凝聚。所以我对这个机构充满敬意。我们学会拥有一批国内外知名的专家学者，他们在考古古建、文物管理、文物科技、规划设计等多个领域都有很高的造诣，是学会工作的智力源泉，也是国家文物工作的重要支柱。但我今天认为，中国建筑文化遗产始终没有一个传播平台用来宣传，最近金磊先生有志于此，创办一本《中国建筑文化遗产》杂志，让专家学者能够在这个平台上发表真知灼见，能够以正确的理念引导建筑文化遗产保护，希望大家关注并扶植它，使用它，使它发挥学术平台与话语权的作用。

多年来，学会在诸位专家学者的共同努力下务实而卓有成效地工作，充分发挥了自身凝聚行业人才、促进行业科技发展等方面作用。通过召开各种学术研讨会、交流会营造文物保护研究的学术氛围，培养文物保护专门人才，搭建学术建设合作的平台，为我国的文物保护事业做出了积极贡献，起到了桥梁和纽带的作用。在这里我想代表国家文物局向大家表示崇高的敬意。今年是“十二五”开启之年，中国的文物保护事业任重而道远，衷心希望中国文物学会继续坚持发扬无私奉献、严谨求实的工作作风和优良传统，希望中国文物学会传统建筑园林委员会继续发挥特点和优势，从而发挥老专家、老会长、老顾问、老同事的经验和智慧为祖国的文物事业献言献策，为“十二五”期间的文物保护事业的发展做出应有的贡献，最后预祝本次会议圆满成功。

Protect and Create Human's Spiritual Highland Together 'Heritage and Rescue' 2012: 100 People's Spring Forum of Crossover Communication

同守共创人类精神的高地
2012“遗产与拯救”跨界百人新春通讯论坛

本刊编辑部（CAH Editorial Office）

编者按：当下，行业内外都在思考文化：对内，促进文化大发展，使高速城市化、现代化的城市有文化发展根基；对外，推动中华文化走出去，向世界展示发展中国的态势。如果说，三十年前国人迎来了“科学的春天”，那今天我们正接续着“文化的春天”。

回望2011年，总有太多的让我们感到惊喜和难以忘怀的东西，今天最让人们感到欣慰的是已开启了“城市、文化、遗产、传播”的跨界交流，生成文化的土壤正悄然地发生着变化。我们在正视城市化发展的高昂代价，更需要“恢复”而非重新“打造”历史文化名城。我们不仅要评论中外丑陋建筑的评选，更该省思为什么会出现“梁林故居”被毁的文化之殇。2012年是“十二五”第二年，以建筑遗产为中心的反思与求索更为必要和关键，人们在关注中国城市化“生长”样本的同时，也迫切瞩目对建筑文化遗产保护的那些“破坏性行为”。2012是一个具有特殊末世意义的年份，生态灾难、政治纷争、宗教冲突、道德沦陷，人类陷入焦虑之中，预示着一个反思时代必将到来。是梳理过去、构想未来的时候了！龙年取龙之浩然气势，净心除燥；龙年取神龙见首不见尾之神韵，脚踏实地在现实中追问，在历史中探幽，思接千载有所得，目极八方有所悟。

《中国建筑文化遗产》召开的新春百人通讯论坛，是时任《建筑创作》杂志社主编金磊坚持五载的城市文化影响力活动，在建筑与传媒界影响甚好。今春，靠哲学之思凝聚的百人“诗文迎春”，以“文化与遗产”为轴，用跨界及交叉之思将建筑界、文博界、传媒界精英聚在一起，共同展开“春之萌芽”般的研讨，旨在用专业精神与智慧，书写属于“文化中国”蓄势待发的文化新篇。这“百人”中，既有德高望重的院士大师，又有年富力强的中青年专家；既有专业设计师，又有传媒与青年学生；既有国内观点，又有国际视角。建筑文化遗产保护与传播的“四季说”表明：春之萌芽；夏之成长；秋之收获；冬之酝酿。因此，可以坚信《中国建筑文化遗产》之浩荡百人谈将开启新春一系列新话题，引发新激辩。

Editor's Notes: Currently the whole nation is thinking about culture, about boosting the development of culture to play a cultural foundation for the speedily urbanizing and modernizing cities in China, about introducing Chinese culture to the outside world and showing the tendency of the developing China. Thirty years ago, Chinese people went through the 'spring of science'. Today, we are facing the 'spring of culture'.

Looking back upon 2011, we have had so many surprises and unforgettable memories. What makes people most gratified is that the crossover exchange about 'cities, culture, heritage and communication'. The soil that our culture roots in is undergoing a quiet change. We should face up to the high cost of urbanization and, more importantly, 'restore' those historical cities rather than 'rebuilding' them. The year 2012 is the second year of the twelfth Five-Year Plan. Reflections and discussions focusing on architectural heritage become more necessary and crucial. While paying attention to the examples of urbanization in China, people also keep a watchful eye on those destructive behaviors against architectural heritage protection. 2012 is also a year rumored to be 'final end'. Ecological disaster, political disputes, religious conflicts and moral chaos have made people fall into anxiety, which indicates the coming of an era of reflection. It is time for us to comb the past and plan the future!

The Spring Forum hosted by *China Architecture Heritage* is an annual cultural event that Jin Lei, Chief Editor of ***ARCHICREATION***, has insisted to hold for five years. It has a positive influence in the circle of architecture and mass media. This spring, a hundred people from the circle of architecture, culture, history and mass media gathered together and lively discussed the crossover topic 'culture and heritage'. Among these a hundred people, there are venerable academicians, vigorous young and middle-aged experts, professional designers and also young students, holding discussion from both domestic viewpoints and international perspectives. It is said that the protection and spreading of architectural heritage have four seasons: spring for sprouting, summer for growth, autumn for harvest and winter for brewing. The grand forum hosted by *China Architectural Heritage* will open up new topics in the new spring.

张锦秋

注重建筑的三大和谐

张锦秋（Zhang Jinqiu）
中国工程院院士
全国工程勘察设计大师

在多年建筑实践中，我体会到要实现和谐建筑应该从以下三方面入手。

一是建筑自身的和谐。建筑是一个复杂的综合体，涉及建造的功能、目标、经济条件、技术水准、生态节能、艺术特色和社会意愿。建筑的成败得失，往往取决于能否使这些因素有机平衡。另一方面在建筑创作方向上要提倡地域建筑现代化、现代建筑地域化。这是在全球化浪潮下，国外强势文化以地域民族、弱势文化粗放融合当中最明智的选择。

二是建筑与城市的和谐。建筑文化的创造，首先有赖于城市规划的优点。比如说巴黎、罗马、上海、西安在这方面都做得比较好，做到统中求变。城市文化孕育建筑文化，建筑文化彰显城市特色。建筑创作应该做到因地制宜，因体制宜，传承创新。在城市规划对建筑形式没有特定要求的地域上，现代建筑的多元传承表现得更为明显，注重功能型的建筑形式和突出建筑民族文化的建筑形式可能共存。还有特定历史环境保护和特殊文化要求的新建城市，比如说在文化遗产保护区周围的建设控制地带以及与历史文化主题有关的标志性建筑，这些往往最容易引起争论。还有古迹的重建和历史文化名城的重建，这些不是不能重建，但是建筑设计要注重科学性和历史性，千万不能成为无根植物。

三是建筑与自然环境的和谐，遵循天人合一的物质思想，现在终于在建筑界形成了共识，对已有的生产环境加以保护，对已经遭到破坏的环境给予修复。建筑和自然环境的结合，往往借助于园林。中国园林是建筑和自然环境的中介，是不同性质建筑的中介，这种人工的自然是和谐建筑形式在我国未来的建筑发展中不可或缺的。

马国馨

民族的复兴始于文化的复兴

马国馨（Ma Guoxin）
中国工程院院士
北京市建筑设计研究院
总建筑师

建筑最能形象地反映一个国家和地区的文化特色，传统建筑一方面作为历史保存下来，另一方面也是发展现代化、创造先进文化的依据。传统文化代表了我们辉煌和丰富多彩的过去，对当代建筑师来讲，更应面对当前和未来。当前人们越来越清楚地看到，中国要成为社会主义强国，除去政治和经济的强大外，还必须有强有力的文化；民族的振兴始于文化的复兴，只有在世界建筑文化占有一定的份额才能成为文化大国，而不应仅仅满足于做建筑市场的大国，全盘照抄或闭关自守都不能适应时代，我们需要认清自身建筑艺术的文化之根，并依据这一资源与我们的生活实践结合，创作出符合国家和地区实情的新建筑文化。最近创意产业的提法很为人们注意，建筑设计行业是创意产业的重要组成部分，它具有个人创意强、文化内涵深、技术含量高、附加值大并能带来极大的社会效益、经济效益和环境效益的特点，因此将有无限美好的前景。

何镜堂

文化传承与建筑创新

何镜堂
（He Jingtang）
中国工程院院士
华南理工大学建筑学院
院长兼设计院院长
《南方建筑》主编

传统文化遗产是人类应对自然和社会严峻考验过程中积累起来的丰富的宝贵财富，任何一个国家和民族文化的传承和发展都在原有文化基础上进行，如果离开传统、断绝血脉，就会迷失方向、丧失根本。中国文化博大精深，我们要充分发掘、尊重和保护我国优秀的建筑文化遗产。

传统作为稳定社会发展和生存的前提条件，只有不断创新，才显示其巨大的生命力。没有传统的文化是没有根基的文化。不善于继承，就没有创新的基础；而离开了创新，社会就会停滞，文化就会陷入保守和复古。继承文化和建筑创新要高度重视传统文化内涵的继承，而不是形式和符号简单地照搬照抄。我在长期的建筑创作实践中，通过不断的探索和总结逐渐形成了“两观三性”的建筑创作理念，即建筑要有整体观和可持续发展观，建筑创作要体现地域性、文化性、时代性的和谐统一。这是一个优秀建筑作品需要遵循的一个基本原则，也就是说，一个优秀的现代建筑必须要反映中国的地域、文化和时代的特征。建筑的地域性、文化性、时代性是一个整体的概念——地域是建筑赖以生存的基础，文化是建筑的内涵和品位，时代是建筑的精神和发展。

今年是龙年，我们都是龙的传人，继承和发展中华文化是我们不可推卸的历史责任。在当今西方文化强势入侵和全球化的大背景下，推动文化的发展和加强文化的自信，基础是继承，关键是创新。当代建筑师应在吸收传统文化精华的基础上，不断增强原创能力，努力创作出有地域时代特色和中国文化精髓的现代建筑，为建设文化强国贡献我们的一份力量。

程泰宁

尊重文化的建筑设计是对社会的负责

程泰宁
（Cheng Taining）
中国工程院院士
中联筑境建筑设计有限公司董事长

《建筑创作》的金主编现在创办了《中国建筑文化遗产》读物，这是对行业有深刻意义的事。由建筑创作到建筑遗产是个不容易的、甚至是费解的转变。我这些年设计了一批各类博物馆建筑，不断加深对建筑文化遗产的理解，此外东南大学建筑设计研究中心正在牵头做一个重要课题，集中全国多所大学及设计研究院的专家学者研究并分析“中国现当代建筑创作的发展态势及问题”，现在虽说有了研究提纲，但还在深入。近来，我们课题组高兴地看到，中央十七届六中全会明确了文化大发展的思路，我在想它既为中国建筑创作注入文化力量，更为课题研究的深化提供了重要的文化视角。无论如何，我以为尊重文化的建筑设计是对社会的负责，长久地看，这样的作品就能成为遗产了。

刘景樑

寄语2012

刘景樑
（Liu Jingliang）
天津市建筑设计院
名誉院长
全国工程勘察设计大师

我们每天工作生活无不在建筑之中，无论步入哪一个国家或者哪一座城市，首先映入眼帘的应该是那些风格迥异、多姿多彩的建筑形象，不同年代的建筑镌刻了历史文脉与时代的变迁，能找寻到城市年轮的印记。2011年我院在国家文物局的布署与指导下，与天津历史风貌建筑专家咨询委员会、天津大学建筑学院等单位共同启动了《20世纪中国建筑遗产大典（天津卷）》的编研工作，至今院里已召开多次研讨会，工作正有条不紊积极推动中。工作中我们深刻感受到建筑文化遗产的特有价值以及保护工作对城市发展的重要推动作用。正如金磊总编所言："遗产是广义的，从时限上讲，遗产并非仅仅是过去，从设计上看遗产的创造应该从现在做起。"

近年来，天津在卓有成效保护近现代建筑的同时，也倾力打造了一批规模化文化建设工程。在参与这些天津重点公共建筑的设计指导工作过程中，我不仅看到天津城市的现代化、国际化的发展步伐，而且感受到城市建设与建筑保护两股车轮并驾齐驱的发展态势。新的一年已经来临，时代赋予我们建筑师的责任，是要思考如何能使你的设计更加尊重历史与文脉，如何把握在创作中不缺少对地域文化品质的高度认同。

庄惟敏

新世纪中国建筑师的使命

庄惟敏
（Zhuang Weimin）
国际建协理事
清华大学建筑设计研究院有限公司院长
全国工程勘察设计大师

自古以来，建筑师所从事的就是艺术和科学相结合的实践。建筑师从作为帝王君主的御用工匠，到具有系统专业知识的独立执业者，建筑师的这个职业称谓随着建筑的发展走到今天，已经成为一个改善人类聚居环境的伟大角色。我们今天认识到的建筑行业正经历着巨大的发展和变化。社会对建筑师作品的要求变得更为苛刻，业主的要求也因技术进步而变得更为复杂，社会和生态的使命变得更为迫切。这些变化产生了建筑师职业实践服务范畴内的深刻变革，它使得建筑成为一种高度综合的工作。

人类进入21世纪，全球化的趋势使得原本很少走出国门的建筑师们越来越多地打开了面向世界的窗户，开始了跨国设计。然而，建筑师走出国门并不那么顺利，国家制度的差异，地方贸易保护主义，加上因政治体制及价值观念的差异等妨碍了建筑实践的全球化发展。然而，全球化使得已经上演了百年的现代主义建筑大戏巡演到了世界各个角落，各国建筑师们在世界的大舞台上竞相登场。尽管因文化背景的差异与话语权的多寡，各国建筑师在这个大舞台上所扮演的角色呈现出明显的主次差异，但多元化、多极化已经成为世界建筑文化的主流，建筑师的跨国业务必将形成。

面对势不可挡的全球化大潮，于1994年成立的国际建协职业实践委员会（UIA-PPC）编纂发布了《建筑实践中职业主义的推荐国际标准认同书》。这是一本全球职业建筑师实践的规则和指南，它指导会员国的建筑师顺利地从事全球范围内的职业实践活动，为建筑师们搭建一个平台，使全世界建筑师能够平等地执业、获取信息、资源共享，相互促进和提高，并最终实现各国建筑师无国界执业。经过近二十年的不断的补充完善，这本《认同书》已成为全球职业建筑师从事建筑设计实践活动的最权威、最专业、最具指导性的跨国建筑服务的基本文件。

新世纪的中国建筑师应该有走向世界的使命，这一使命要求中国建筑师在职业实践中和跨国实践中能正确理解和掌握职业实践的国际规则，特别是在中国建筑师迎接跨国合作时使我们能够有清醒的头脑、足够的自信和充分的依据，与其他国家的建筑师一道站立在一个平等的平台上。

全球化的趋势已经将中国建筑师推上了国际大舞台，不管我们是否愿意，面对国际规则我们都必须给出回应。这是我国建筑业发展必须面对的，是我国当代建筑师必须经历的，是中国建筑师在职业实践中创作建筑精品的保障，当然这也更是我国建筑师走向世界的起点。

了解和掌握行业的国际规则和政策，努力跨出国门，走向世界就是我国建筑师新世纪的使命。

丁　建

传承需要"文化遗产"做信使

丁　建（Ding Jian）
中国中元国际工程公司总裁
研究员级高级建筑师
北京市勘察设计协会副会长
中国建筑学会副理事长

随着中国经济的发展，社会需要文化繁荣。只有文化的再繁荣才能进一步促进经济与社会的再发展。

图强的前提是自知，自知才能自信。

沿着历史故事的脉络，游览于古老乡镇与建筑，观察了解现实的生活，我们找到了"文化与遗产"。传承需要"文化与遗产"做信使，穿越中我们才能定位现在在哪里、我们从哪里来、我们又到哪里去、是什么样的力量指引着我们前行。

关注"文化与遗产"就是关爱我们自己。

吃饱了！穿暖了！中国被通知进入了中上等收入国家。游走于世界各地可以看到小电器、纺织品等许许多多产品打上了Made in China的印记，世界人民在享受中国人民的劳动成果，中国制造已成为当今中国的标签。

中国文化之途还有很长的路要走。我们需要的是在现实中创造出新文化，在遗产中品赏历史。

在将来留下这个时代的文化遗产，任重而道远。让世界人民欣赏中国文化与价值观是个大课题，需要中国人诚信、包容、厚德，需要建设，需要践行，需要传播。

刘　军

持续发展的2012

刘　军（Liu Jun）
天津市建筑设计院院长
国家一级注册建筑师
国务院特贴专家

在刚刚过去的2011年，天津市建筑设计院按照"做大做强设计主业、大力发展工程咨询业、优化提升多经产业"的整体发展思路，靠卓越的建筑设计与高效管理实现了2011年"三大"经济板块协调发展，实现全年总产值再创历史新高的佳绩。展望2012年，我院将进一步推进体制机制创新，借纪念建院60周年的契机，通过多种形式整体检阅天津市建筑设计院为共和国建设所做出的贡献，不仅展示天津院的优秀建筑作品，更要纪念一批老一辈建筑师、工程师的创作生涯。

尽管2012有太多的说法，尽管2012有可能是中国房地产界的低谷，但天津院有决心迎接挑战，为创造可持续发展的新局面而奋斗。

布正伟

"人类负面建筑文化遗产学"的期望

布正伟
(Bu Zhengwei)
中房设计院资深总建筑师

人口爆满、资源枯竭、环境恶化、经济动荡、恐怖威胁、战乱不止、天灾频起，"七匹狼"肆虐，全球建筑领域正在成为我们拯救的重灾区。我们这些作为"地球村"中的建筑师，该去考虑的问题真是太多、太沉重了。就以今天"百人谈"的主题来说，关于"建筑文化遗产"，是不是也该打破习惯性思维，去认真想一想这样一些问题呢？"七匹狼"与"建筑文化遗产"之间，确实是有其内在联系吗？

"七匹狼"所催生的"建筑文化遗产"，兴许可以归结为"负面意义的"建筑文化遗产吧？古今中外可以佐证的实例诸如：意大利维苏威火山爆发掩埋的庞培城，中国唐山大地震几乎全城毁灭而留下来的废墟纪念地，清朝时被英法联军洗劫一空的北京圆明园，第二次世界大战中遗留下来的波兰奥斯维辛集中营，还有哈尔滨侵华日军731部队细菌战试验基地……

如果这种归结能成立的话，那么，作为"正面意义的"建筑文化遗产，是不是也该有相应的界定呢？ 如果说，人类文明的进化史本来就是以悲剧和喜剧的形式交替展现出来的话，那么，是不是可以将"悲剧色彩"和"悲剧意义"看成这里所说的"负面意义建筑文化遗产"的本质特点呢？原本是负面意义的建筑遗产，又怎么可以转化为正面意义的建筑文化精神呢？

以上东拉西扯这么多，无非是想说：当"七匹狼"肆虐"地球村"的时候，我们真的应该对"七匹狼"所催生的"人类负面建筑文化遗产"作一些系统反思和认真研究了。为了真的能系统而又深入地寻找这些答案，我想，像金磊先生这样博学多才、思维敏捷、年富力强的学者精英们，是不是可以借此"百人谈"的开局，着手酝酿和展开对《人类负面意义的建筑文化遗产学》的研究呢？倘若有一天，金磊先生能和精英们合作一把，导演出一部类似有故事情节穿插，而又夹叙夹议、带有纪实性色彩的影片——《七匹狼》，来阐释宏观巨构中那些颇有兴味而又发人深省的场景构想，拿到"地球村"各地去上映，让各种肤色的"村民"都意识到，我们究竟是怎样地在"与狼共舞"，"狼来了"又该怎么办……这样，我们不就比只在书本上进行研究，更加欣慰、更加惬意了吗——金磊先生，您说呢？

高 志

2012的城市创意

高 志（Gao Zhi）
《中国建筑文化遗产》社长
加拿大宝佳国际建筑师有限公司驻华首席代表
北京大学城市规划与房地产研究所所长

2012世界有太多的说法，2012我和宝佳集团也心怀太多的期望。作为一个在加拿大有悠久历史的国际化建筑设计企业，2012年宝佳来到中国将进入第十七年，我们企业的发展目标始终没变，我总是希望每一个项目策划、规划、设计的各环节都能认真研讨并逐步实现从理论走向实践的创新。

宝佳的专业态度是在关注中国城市化进程中更锁定中小城市的目标、研究以城市综合体为中心的项目建设、在关注中国老龄化趋势中研究养老住区模式，并着力探讨以生态文明为主的绿色建筑设计。具体讲如城市综合体，它包括多个以上不同的功能元素，成功的城市综合体是要达到1+1>2的效果。基于此，城市综合体设计在项目上的定位、策划、开发、设计与运营就较单体建筑有特殊性，其优劣直接影响到城市的整体发展，因此我认为它对建筑师、规划师会提出了很大的挑战，因为与城市综合体相关的所有业态是相互弥补的，从这点出发不可简单地将商业规划与建筑规划等同起来，要找准城市综合体的平衡点。当前我尤其认为城市综合体应该体现人性化，充分考虑到城市文化遗产及城市化建设带来的更新设计等任务。虽商业开发可带动城市的更新，但就中国现状看，城市更新已越发成为城市主题，具备文化历史感的老城区不少已用城市综合体之方法寻找城市区域复兴的起点，如上海新天地、北京第一热电厂厂区更新后的华茂中心都是成功案例。

现看从"疾病治疗"到"健康维持"的社区养老设计模式。随着全球70亿人口的到来，中国老龄化在加剧，人口结构老龄化给健康服务体系带来压力，老龄社会的"疾病谱"趋向于慢性病，日、美、欧的应对策略除了及时调整服务重点，以建立起包括个人预防、医疗治疗、居家护理等在内的适应老龄化社会的城市设计模式外，我理解国人应学习它们如何从过去的"疾病治疗"向"健康维持"模式转变，城市规划与建筑设计也要从单纯的传统老年社区设计转向以养老业态为核心的老年安康设计诸方面上来。我相信如果规划师、建筑师的视点多关注老龄化阵营，未来的设计服务天地会是崭新的。

拥抱属于创意人的2012吧！

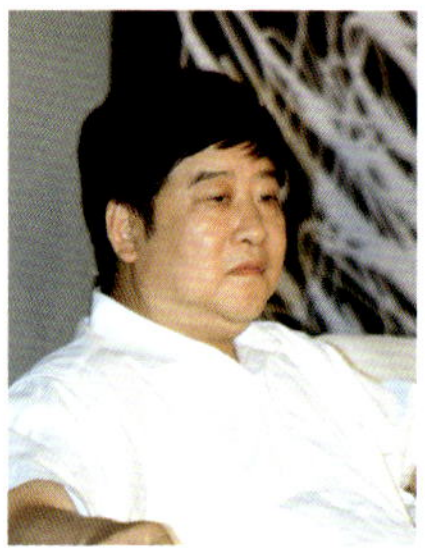
和红星

回忆过往，祝福未来

和红星
（He Hongxing）
西安市人民政府副秘书长
西安大秦岭开发办主任

两岁相交年年有，今夕此时却略有不同。拜《2012》电影巨大的影响力所赐，这新年便异于往年，变得沸腾亦特别。我在此祝建筑界、规划界、文博界同人龙年快乐，送上一个或早或晚的祝福。此刻我忆起了2010年12月19日在北京国家会议中心由北京市建筑设计研究院《建筑创作》杂志社、天津大学出版社等单位为我新书《西安於我——一个规划师眼中的西安城市变迁》（9卷本）所举办的新书座谈会，据主持人金磊主编后来跟我说："那天共有32位专家和领导先后发言，这是《建筑创作》近10年来主持的新书首发式参加人数最多，情绪最为热烈，反响最大的一次会议……"确实那天我很激动，以至于落泪了。我很感激我称为大哥的国家文物局单霁翔局长、中国建筑学会宋春华理事长及其全国大院的院长、总建筑师们和我那些真挚的朋友们对我新书出版的致辞。此情此景历历在目，在此我衷心祝愿《中国建筑文化遗产》来年兴盛，俱会贤言。

王贵祥

王贵祥
(Wang Guixiang)
清华大学建筑学院教授

愿《中国建筑文化遗产》办成中国文化遗产与建筑历史界的一流杂志。顺祝新的一年万事如意。

复回

刘 谞

刘 谞（Liu Xu）
中国建筑学会常务理事
新疆城乡规划设计研究院院长

村里的人都进城了，于是我的老家随着岁月的流逝和城里人下乡的开发，仅仅剩下依稀朦胧的儿时记忆。我曾祖、祖辈曾走过的罗锅桥、宗祠边的荷塘、门前的那棵老槐树……在今天就连痕迹也找不到了。没有过去，也就没有了未来。

玛雅预言、伏羲64卦，如今都已经成为现实，地震、海啸、洪水……几千年“文明”史的跨度，到今天几百年的未来都心怀忐忑，人类急于寻找火星、水星等逃难的栖息地。哪里是人类永远的家？哪里容得下我等今天对于物质追求的贪婪？这些年来，遗产变成了财产，物质与非物质文化的存留，失去原有的文明与孤傲，长城脚下，法老面前，我们区区百年都把世界“旧貌换新颜”，真是“人定胜天”？人克隆、吃转基因、呼吸PM2.5这都是自己给自己设的局，只为那眼前的浮华流金……诺亚方舟盛不下这个世界，看来我是乘坐不上了。可是，我们却能为打造方舟而尽自己的所能，但愿我们的劳作与心血能够浸入到这梦幻之舟，也许有一天她能给人类带来希望连同此时我的灵魂的全部……

借用电影台词：“出来混，总是要还的！”朴实但却真诚。想想身在西域三十年，没“混”，也不“还”。继续与六分之一的戈壁、沙漠为伍，顺应自然，制造自然，自在的不得已为生存需要的空间，是一件多么值得追求与坚守的事儿。存留荒芜、停歇脚步、享受清风阳光，建筑小城大爱，也许这就是生命的复回……

中国建筑文化遗产保护研究述要

王建国

王建国(Wang Jianguo)
东南大学建筑学院院长

中国建筑文化遗产在世界文明发展历史中独树一帜，具有普世意义与重要价值，对世界、特别是东亚地区产生了直接而深远的影响。不仅如此，中国建筑文化遗产所蕴涵的中华民族特有的精神价值、思维方式、想象力和创造力，是维护国家文化身份和主权的基本依据。

开展中国建筑遗产研究既要吸取国际上发达国家不断发展并渐趋成熟的遗产保护的理念、方法和经验，又要充分考虑基于中国与东亚建筑遗产资源特点和历史文化特点的真实性。事实上，20世纪90年代以来，国际上在保护对象方面又有新的发展，即从传统的“纪念物和历史地段”转移到城乡大量性建筑和新的遗产类型上，如产业遗产、运河遗产、文化景观等，这些新兴遗产类型概念以及建筑文化多元性概念的提出，都促使以往的价值和观念均出现了调整的趋势。因此，我们必须面对中国的国情，即木构是传统建筑主流，其建造方式、维护方法、损毁规律及与此相联系的文化背景与西方砖石有所不同；价值观念、审美观念以至真实性的理解不同；材料、工艺的及社会的需求方面亦存巨大差异。所以在中国亟待建立基于特定建筑遗产类型和层级，并具备与国际先进经验实际接口的真实性标准。同时，我们还需要梳理现有关于建筑遗产的概念界定、相关的法规和规范及其对建筑遗产的不同要求。根据价值评估及可利用性等评估结果，探讨在相关技术政策中对建筑遗产的处置方案的选择性规定，从而为建筑文化遗产保护提供管理依据。

习学观世，承古抱今

洪再生

洪再生
（Hong Zaisheng）
天津大学建筑设计规划研究总院院长

我们曾经为中国的地大物博深感自豪，但当我们懂得算细账，懂得与其他国家进行横向比较之后，我们发现在资源禀赋方面其实不容乐观。

我们的遗产也是如此，浩瀚五千年的历

▲ 图1 朋友，您从这幅作品中读到了什么……（作者/六桂地小组）
（图1题图文字由本编辑部所加）

史，为我们留下了众多的遗产，但是，二三十年的快速的城市更新与城市建设，在我们感受巨大的经济活力的同时，我们城市的遗产、城市的文化、城市的特色正在消失……一个活跃在海南的六桂地创作小组，以城市批判的视角，绘制了名为城市地标的系列油画，从中我们看出无论是北京的CCTV(见图1)，还是国家大剧院，都是矗立在毫无区别的城市建筑森林中的突兀的地标。看来，对文化遗产的危机感认识已是迫在眉睫，希望我们的有识之士达成共识并且立即付诸拯救行动，积极地向先进国家学习，开拓我们的保护思路，如能做到"习学观世，承古抱今"，则拯救我们宝贵遗产或许"亡羊补牢，犹未为晚"。

刘晓都

中国城市与建筑遗产的保护

刘晓都（Liu Xiaodu）
URBANUS都市实践
事务所创建人及合伙人

马丘比丘，人类最伟大的和最壮观的建筑群落之一，目睹它的每一个人都会感到巨大的震撼。600多年前，古印加人创造了这个山顶之城，专事颂扬和膜拜他们的太阳神。随着印加帝国的衰败和殖民者的进入，它最终成为废墟。直到100年前，美国探险者发现了这个没有人为破坏的废墟。

35年前，一群国际学者和城市规划师聚集在此签署了著名的《马丘比丘宪章》。宣言中明确提出了文物和历史遗产的保存和保护的问题。它指出："城市的个性和特性取决于城市的体型结构和社会特征。因此不仅要保存和维护好城市的历史遗址和古迹，而且还要继承一般的文化传统。一切有价值的说明社会和民族特性的文物必须保护起来。"《宪章》同时又强调："保护、恢复和重新使用现有历史遗址和古建筑必须同城市建设过程结合起来，以保证这些文物具有经济意义并继续具有生命力。"

几天前我来到马丘比丘，目击这无可描述的壮丽景象，思考文化价值与历史遗产的问题，反思城市和建筑从业者的立场和责任，所得在此可归纳几点。

（1）文化价值与历史遗产是人类赖以生存和发展的基础。我们现在的城市规划和建筑设计仍然不断地在从历史遗留的思想和遗存中汲取营养。现代主义建筑运动的大师们发展出适应新的工业文明的城市与建筑体系和方法，实际上无一没有受到古代城市和建筑的影响和启发。如柯布西埃的北非之行，后来从康到安藤等人追随的相似路径便是典型例证。往远处说，欧洲文艺复兴也是从对古希腊罗马文献艺术和建筑的再发现开始的。丰富的文献记录和实物遗存绝对是现代文明爆发式发展的基础。

（2）文化价值和历史遗产不加以记录和保护是非常容易消失的。人类开始有明确的历史保护观念也只是一两百年的历史。而这之前我们毁坏和丧失了无数有重要价值的物质和文化遗产。消失和毁坏一旦形成便不可逆转。西班牙殖民者对印加文化毁灭性的破坏使得那个消失的文明永远成为一个谜。马丘比丘留给我们的除了完整的建筑格局，并没有其他内容。印加人发达的天文学知识无法成为现代天文学的营养。在当今高速发展的社会状态，传统和历史的加速消失是更加严重的问题。

（3）历史遗产的价值是随着本来普遍的物质遗存的不断消失而呈现出来的。保护与记录是延缓这一不可逆趋势的唯一途径。在中国，唐代遗存的建筑只有寥寥几座。唯一的主体建筑是山西佛光寺大殿。我们可以实地体验到当代建筑的恢弘。然而我们可以想象，它实际是在偏远地区的建筑，当时比起唐长安宫廷建筑可能不值一提。然而当佛光寺大殿成为唯一遗存时，它成为无价之宝。所以我们不应该按照事物现在的价值去判断未来。而梁思成和营造学社的伟大贡献就是及时地发现并记录下了中国古建筑的脉络。

（4）反观我们中国，尽管在强大文化传承的作用下仍然保持不灭的活力，而这些基本是文字的精神性的描述。相比其他文明，我们乏于实物性的技术性的遗存。一次次的改朝换代都会出现大拆大建的状态，以致形成现今的传统。相信这会成为我们现代社会和城市发展的重要限制。

（5）所以作为当代的建筑师在进行大量的创作性工作的同时需要建立强烈的文化传承和遗产保护意识，给我们的后人留下尽量多的东西，不以当下的价值观念决定遗产的传承价值。

（6）最后，我们不仅要重视遗产的保护和记录，同时也应当意识到我们是未来的物质和文化遗产的创造者，避免被后人指为唯利是图，善于破坏却无所建树的一代。

路　红

新年寄语

路　红（Lu Hong）
天津历史风貌建筑保护
专家咨询委员会主任
天津市国土房管局
副局长

当2012在日月如常的交替之中来到我们面前时，我想借《中国建筑文化遗产》杂志，表达对中国建筑文化遗产保护事业的良好祝愿。

祝愿中国建筑文化遗产保护事业能在更高层次、更大范围得到重视，获得共识。100年前的1912年元旦，孙中山先生在南京宣誓就职，亚洲第一个民主共和国——中华民国正式成立。自此，民主、共和、科学等现代思想得以在古老的华夏大地生根发芽。在提倡文化大发展、大繁荣的今天，我们又肩负起民族文化复兴的重任。建筑文化遗产作为文化遗产中的重要组成部分，在保护理念、保护范围、保护方式上，还应该得到领导层的更大关注和重视，得到民众更大范围的支持。

祝愿中国建筑文化遗产保护事业能有更多守望者和参与者。90年前的1922年，伟大的建筑学家和教育家刘敦桢先生回国与柳士英等前辈创建了第一所中国人经营的建筑师事务所。直至今日，建筑师事务所遍及华夏，中国建筑师已成为伟大祖国建设的主力军。希望建筑师和建筑从业人员能更多地关注建筑文化遗产，在设计作品时关注建筑的文化环境、自然环境，保护好遗产，也尽量让自己的作品能够成为明天的保护对象。

祝愿中国建筑文化遗产保护事业能取得更加丰硕的成果。80年前的1932年，伟大的建筑学家和教育家梁思成先生在极其困难的条件下，完成了蓟县独乐寺的测绘工作，为这座千年古建筑的保护做出了杰出贡献。今天的中国与80年前相比，国力、财力已经大大增加，因此在要保护的数以万计的建筑文化遗产面前，我们没有任何理由懈怠，而是要发扬梁思成先生坚韧不拔的精神，只争朝夕，抢救性地保护，为子孙后代留下更多的建筑文化遗产。

好莱坞大片《2012》中，"2012"俨然成为世纪末日，很多人陷入盲目的恐慌。日前，媒体已多方阐述，2012年是玛雅文化纪元的终结年，从科学的角度来分析，只是一个古老文化的纪年符号，世界末日是好莱坞片商的赚钱噱头。但我们倒可以借助2012 新的纪年说法，祝福中国的建筑文化遗产保护事业迎来一个科学健康的发展新纪元。

付清远

我要肩负责任

付清远(Fu Qingyuan)
中国文物学会传统建筑园林委员会会长
中国文化遗产研究院原总工程师

承蒙大家信任，我在过去的2011年中担任了中国文物学会传统建筑园林委员会会长，我应承担起传承和发展中国建筑文化遗产事业的责任，并要为此鞠躬尽瘁，竭尽全力。虽然学会工作已经做了分工，但是我要和各位副会长、专家、秘书长精诚合作，使得我们学会能够不断地承担起更重要的责任：① 帮助国家对重要的建筑文化遗产项目进行评估设计和修缮；② 协助开展国家对于建筑文化遗产的宣传和学术研究工作并充分利用《中国建筑文化遗产》平台；③ 每年要办好有鲜明主题的学术活动等。

郑曙旸

2012年寄语

郑曙旸
(Zheng Shuyang)
清华大学美术学院教授

设计是文化，中国并不缺少这样的文化传统，只是需要文化传承的创新；设计是创造，中国并不缺少这样的创造历史，只是需要创造思想的解放；设计是观念，只是中国的设计观依然停留在农耕文明的阶段，需要在开放融会中完成现代转型的突破。

——举办2011年首届北京国际设计三年展感悟

从现代设计的概念出发，中国设计才开始迈出万里长征的第一步。

面对充满变数的2012，我们有理由做到自信、自立、自强——因为中华民族的千年文明，是人类历史上唯一有可能穿越渔猎文明、农耕文明、工业文明、生态文明的优秀文化传统。能否实现取决于今天的作为。

设计的本质是一种创造。创造的目标，面对正确处理人与自然关系的挑战，创造的取舍，面向正确处理事与物质关系的机遇。创造的本质，在于变革生活方式。

设计文化传承与融会创新体现于三点，即：文化精华的传承；文明转型的突破；交互融会中创新。

设计作为与艺术和艺术教育相关的一种学术观念，在现实的社会语境中实现文化传承创新，必须要做当代的解读。从农耕文明意识到工业文明意识，是设计观念的现代转型；从工业文明意识到生态文明意识，是设计观念的后现代转型。

倡导健康的生活方式，促进社会的可持续发展，是所有设计工作者义不容辞的使命与责任。

郭　玲

路为纸，地成册，行作笔，心当墨

郭　玲（Guo Ling）
中国摄影家协会会员

2011年我在《中国建筑文化遗产》杂志社担任编委。对我而言，是退休后又一新的学习机会，它比以往的工作更有文化的深度。我曾在北京市建筑设计研究院担任日语翻译十多年，之后又在外贸企业从事国际交流十多年。由于工作的性质，我有机会去了国内外不少地方，对于建筑文化的认识，也由原来的书本阅读到近距离的感悟。我感谢建筑师为人类和社会创造的财富，感谢历经风雨的建筑为我们记载下的如此丰富的历史。带着这样的心态去考察、去摄影，之后再写点东西，我感到是充实的。

有人讲，这其中挺辛苦。但自己设立目标，自己克服困难，最后的收获便是喜悦，积累的过程即是人生。当我怀着尊崇之心走近国内外170余处世界文化、自然遗产时（我国已经获准40个），知道绝大多数都与建筑有关，我深深地被它们的原始与精湛震撼；当我接触到《中国建筑文化遗产》杂志时，真是爱不释手，特别是领导和编辑的激情与思路，令我再次被建筑这一特殊载体所承载的文化内涵折服。金磊主编鼓励我："把你的经历整理一下，那就是新的田野考察。"于是，我愿在同事们的指导下，将行走的纪实与大家一起分享。

我特别喜欢翻看地图，打开地图的那一刻，一处处我曾踏过的土地，一处处我曾陶醉过的风采，使我感到地图已不是一个个的圈圈点点，而是开卷有益的百科全书。

我欣赏那几句话： 路为纸，地成册，行作笔，心当墨。

人生如旅途，让我们一起上路吧。

李先逵

中国建筑文化亟需普及

李先逵（Li Xiankui)
中国文物学会传统建筑园林委员会副会长
原建设部外事司司长

一直以来国人对中国建筑普遍抱着一种悲观。很多国人到国外总是眼前一亮，好似外国建筑令人迷醉，反而对中国建筑并不"感冒"。我想这是因为国人对中国建筑文化的认识还不够，普日所见却缺乏建筑文化知识的普及，较之另外一种文化系统所带来的新鲜感则泯然寻常了。有言是少年爱酒，君子爱茶，酒千机多变而茶苦沉凝香，知识普及是带给传统新生命的钥匙，所以中国建筑文化传播将是我们在新一年中首要的任务，希望中国建筑文化能够焕发出全新风采。

高介华

漫议"遗产与拯救"

高介华
(Gao Jiehua)
《华中建筑》名誉主编
中国建筑学会建筑史学分理事暨建筑与文化学术委员会主任委员

据知，《中国建筑文化遗产》确定的新年主题是"遗产与拯救"，以"文化与遗产"为轴畅谈未来。我想，主题中的"遗产"似当限定在"中国建筑文化遗产"。讨论这个问题势必会触及它的实质——问题的症结所在。众所周知，20世纪40年代产生了著名的"李约瑟难题”，新世纪的第一个年代之末，钱学森留下了著名的“钱学森之问”。前者是针对中国近现代的科学技术，后者是针对当代中国的人才，都发出了一个“为什么？”我想，针对“中国建筑文化遗产”的问题，我们也不妨问问，它为什么就需要拯救了呢？

去过欧洲的人，不论是在巴黎、罗马、苏黎世或圣马利诺，大概都不曾感受到他们那里的建筑文化遗产需要进行什么“拯救”，就说那座有了几千年高龄的帕德农神庙、竞技场或是比萨斜塔，都矗立自在，比较健康。

拯救的反面是毁灭。那么，是什么因素，什么动因，什么力量要让中国的建筑文化遗产遭到或者走向毁灭呢？为什么东西方建筑文化遗产的命运如此相左？要回答这个问题得追本溯源。

毁灭是一种行为，除自然性毁灭外，人为的毁灭出于思想，出于一种社会意识形态，中华民族为什么有这种偏爱，这要追溯到它的文化祖源——六《经》之首的《易》。

“易”者，变也。变，然后能新。中华民族是一个善于创新的民族，其实，这也是天之常理。中国人最早把《易经》学到了家的是始皇嬴政，故而有“焚书坑儒”之举。书，是文化的软载体，儒，是文化的活载体，焚书坑儒把旧的文化灭了，便有新的文化产生，亦即所谓先破后立，不破不立，破字当头，立也就在其中了。事实表明，嬴政之所为，确属创举，它推动了历史的前进，首先是嬴政本人和胡亥的即速自灭。楚人一炬，咸阳都城也就灰飞烟灭了。一位小小的亭长刘邦居然当上了汉代的皇帝，接下来就出现了著名的文景之治和武帝盛世，书和儒不但没灭，反而多了起来。天禄阁这座图书馆够大，而“儒”成了“独尊”。汉代的长安宫殿又何尝逊色呢！到了唐代，宫殿规模之宏，形制之奇不但空前，而且绝后，但安禄山、黄巢却看不顺眼，还是一把火痛快！

与欧洲那些教堂追求永恒的神本思想迥异，在中国人的心目中，房子这东西不就住人嘛！想建就建，想拆就拆，要那么永久干嘛呢？毁、建，建、毁，循环往复，这是各个朝代交替时的惯例。太平军一进南京，因为要建“天京”，一把火就把明代的宫殿铲除。李自成一进北京，因为被这里的繁华世界看傻了眼，只坐了40天龙椅，还没来得及动手，北京的明宫才总算被留了下来。延续几千年的中国木结构建筑体系正好适应了这种要求，说中国是因为木材多，这不对，欧洲的木材不缺，早期房子也多用木材。

中国人好火、好新，几千年的历史证明了这一点。就说最著称的两大古都，长安（西安）、洛阳还剩下了多少所谓的建筑文化遗产？成千以上的古州、府、县城，还剩下了几个旧样的？北方的平遥城算是勉强保持了原样，南方的荆州城实际上只剩下了一圈项链。至于古街就更不用说了，屯溪的那条所谓宋街，它能姓“宋”吗？中国的“城市化”又进一步显示了“灭”的神力。

相对于这种灭的气势，外国人对于中国的建筑文化遗产反而表示关心、赞美、珍惜，甚至在新的建筑设计中采用巧妙的方式对中国建筑文化遗产进行承传和保护。早年的马可波罗就别说了，清末的第一位罗马教廷驻华使节刚恒毅确立的北京辅仁大学校舍的建设方针是：“整个建筑采用中国古典艺术式，象征着对中国文化的尊重和信仰。”他说：“我们很悲痛地看到中国举世无双的古老艺术倒塌、拆毁或弃而不修。我们要在新文化运动中保留着中国古老的文化艺术，但此建筑的形式不是一座无生气的复制品，而是象征着中国文化复兴与时代之需要。”辅仁大学的总建筑师，比利时艺术家格里森（Dom Adelbert Gresnigt O.S.B）在他的*Chinese Architecture*著述中饱蘸浓墨，激动地写道：“一个不容置疑的事实是：中国建筑是中国人思想感情的具体表现方式，寄托了他们的愿望，包含着他们民族的历史和传统。与其他民族的文化一样，中国人也在他们的艺术中表现出本民族的特征和理想。中国建筑在反映中国民族精神的特征和创造方面并不亚于他们的文学成就，这是显示中国民族精神的一种无声语言。”“在华教会采用糅合中国民族形式的最终目的，是想以这种与众不同的建筑形态来反映真正的中国精神，充分表现出中国建筑美学观念，为创造性解决这一问题提供更广阔的前景。”无独有偶，随后，处在现代建筑运动漩流中的美国建筑师凯恩斯在规划设计武昌珞伽山上的武汉大学校园建筑时便毅然运用了中国的传统建筑和园林艺术，气势非凡，诗意迸发，它居然成了当代“国保”校园建筑文化的重点。

20世纪40年代，李约瑟来到中国，眼见孔庙、敦煌等古迹遭到破坏，曾深表惋惜，他建议当局应建立一个不受政治干扰的“国家古迹保护委员会”，以保护这些古迹。

美国前总统卡特曾叹惋地说：“我们有能力建无数座曼哈顿、纽约，但我们永远没有能力建第二个北京。”一位看过北京旧城改造后的德国历史学家说了一句话：“我们现在有的，你们将来都会有；而你们曾经有的，我们永远不会有，你们也不会再有了。”

20世纪90年代，在清华大学举行了一次中法联合建筑评论会，法国来的九位资深建筑评论家在发言中，无不深情地表述了他们对北京这个曾拥有特具东方色彩的古都建筑文化的赞叹、倾慕和“你们也不会再有了”的惋惜。

令中国人倍感惊异的是，时至今日，中国的建筑文化遗产竟引发了大洋彼岸SOM建筑师们的灵感，在他们的笔下，1999年诞生出了中国当代第一座钢构的88层，高达420.5米的中国塔，难道是偶然的模仿，抑或出自心灵的艺术沉醉？

凭心而论，多年来，中国的文物管理部门，为了拯救我国的建筑文化遗产所做出的努力和投入以及其巨大功绩已为世人瞩目。

不能不令人担心的是，正在进行的中国“新农村建设”又将是一次在全国土范围内显示其“易”变中国乡居及村镇建筑文化遗产的神力。新农村建设的方针，按理当是着力于公益性的基础建设、文化、教育建设、产业建设、集约化农业的建设，没听说只是铲除旧房建新房，民居是建筑之母，中国建筑文化遗产在面临最后一次被“灭”的命运。

说句实话，中国人对于自己的建筑文化遗产也并非全漠不关心，朱启钤的努力就是一例。中国也有自己的格里森和凯恩斯，吕彦直就是杰出代表。著名的梁陈北京规划，早就紧跟在“大伦敦规划”之后，着眼于全北京古都的科学保护。可是，专家尽管杰出，却不曾十分懂得，“易”的意识形态与革命意识形态是如此融合无间。“规划”不过是一纸笔下游戏，地球照样转。

我说了这么多，是不是中国的建筑文化遗产就无须拯救呢，也非如此。随着时代的发展，人们的生活、生产、工作方式都在变，特别是中国人口剧增以及空前规模的流动，必然导致城乡社会的巨变。从哲学的、历史的基点看，“变”是不可抗拒的，再大的道理敌不过人要生存这个硬道理。必须承认，我们应在“变”态中去实行拯救，毁灭与拯救也是事物对立的统一。

2006年11月，我受邀去广西参加了中国民族建筑学会主办的“古村镇及民居保护研讨会”，期间，与会者曾巡回考察了数百公里途程中坐落的侗族民居、聚落、村镇，发现不少侗宅成了无人的空巢，它们大多是别致的全木构三层楼房。尽管它们具有幽静的环境和艺术魅力，但在必须获取人民币的威力面前，无不节节败退。想想，这样的空巢怎么保护，能维持几年？又该怎么去“拯救”？

2011年12月，我受邀去湖北安陆银杏村参观，去村不远有一小镇，令人骇然的是，一条街的店铺也都是空巢，自然是这些店铺的日进太少，店主们就只好一别高飞。那么，这样的旧街连主人都逃了，又怎么去拯救和保护呢？说实话，像西塘、周庄、西递、李坑以至丽江式的旧村镇已成为旅游大菜者毕竟属稀有，大部分的旧村镇哪能呢？

建筑文化遗产涵盖了物质文化遗产——建筑物及所关联的实物属之，以及非物质文化遗产——建筑意识形态属之，民俗、民情、地域艺术亦在其列。我想，对于实物遗产的拯救和保护，应变政府行为为社会全民行为，变被动为主动，变消耗性保护为功能性、生产性保护，变硬保护为软保护，让遗产本身焕发青春活力。应对建筑遗产进行全面普查，加重点实测（主要应发动高校建筑院系力量），建立档案库和不同层级统一系统的建筑遗产数据库（已有一些建立了），从而进行全面的保护性监控，使有关管理部门能随时掌控准确的保护性信息，予以有力的应对。

对于非物质建筑文化遗产的保护与拯救重在文物管理、科研、高校的通力合作，制订战略性的保护、科研、编著出版规划，对历史上的建筑文化遗产资料进行全面、系统的搜集、整理、调查研究，编著出版以传承后代。想想，以梁思成先生为首的建筑先贤们，在国难当头的艰巨条件下，不但做了那么多古建筑典籍的研究、破解，而且测绘了数以千计的珍贵古建筑，为后之研究者奠定了坚实的学术基础。

后营造学社时代，在中国建筑史学领域有汪坦先生主持的中国近建史研究，陆元鼎先生主持的中国传统民居研究，学术硕果累累，功不可没；还有“全国建筑与文化学术讨论会”进行了20多年的持续活动，“中国建筑文化研究文库”对中国建筑文化遗产的传承也凝聚了不少学人的心血。无疑，对于中国建筑文化遗产的拯救与保护，道路崎岖，还需国人扬帆更进。

参考文献

[1] 高介华. 编纂《中国建筑文化研究文库》的缘起//中国建筑文化研究文库[M].武汉：湖北教育出版社，2008.

[2] 付邦红.李约瑟中国科技史研究动因新考[J].自然辩证法通讯，2011,（6）.

[3] 陈愉庆.多少往事烟雨中[M].北京：人民文学出版社，2010.

[4] 高介华.湖北古塔·序二//李德喜.湖北古塔[M].北京：中国建筑工业出版社，2011.

沈元勤

科学城乡规划，建人类宜居家园

沈元勤

(Shen Yuanqin)

中国建筑工业出版社

社长兼总编辑

灾害，有的是自然的，有的是人为的，它们对人类的生存和发展影响重大。中国在城镇化与工业化快速发展的同时，应尽可能避免各种灾害，包括由此引发的社会危机。我国城市化的快速发展也导致了各种城市病的逐渐显现，交通拥堵，噪声、空气、水污染，垃圾围城，能源供应紧张，就业和住房困难，等等，这些城市病使得城市生活质量降低，有的环境污染甚至带来灾难。人们生活在城市都希望充分享受到现代城市文明，有安全宜居的工作、学习和生活环境。但是这些城市病的日趋严重不仅扼杀了人们的生活热情，还使整个城市的运行效率下降，进而导致整个国家与社会的发展缓慢或畸形。

目前，我国人口超过13亿，每年有约1 300万农村人口进入城市，还有6亿多人在广袤的乡村。只有注重城乡统筹协调发展，使城市、城镇、乡村都能成为人们理想的居住地，具备更好的防灾抗灾能力，让一批新城镇、新乡村能成为百年后的历史遗存，才能减缓城市过快发展的压力。

在未来几十年里，需要政府更加注重城乡规划，不断加大对城镇和乡村基础设施的投入；更多的城乡建设管理决策者、规划师和建筑师致力于提高我国城镇和乡村的规划设计水平，积极实践“因地制宜”和“人与自然融合”的设计理念，将我国城镇化与节能减排和环境保护结合起来；保护与利用好古城镇、古村落、古建筑，传承先进建筑文化，将城乡规划和建设与文化产业、现代农业及旅游业的发展结合起来；科学规划，促进城乡一体化健康发展，建设人类宜居家园，实现社会和谐发展。

周学鹰

建筑遗产：体量最大、分量最重的历史文化

周学鹰

（Zhou Xueying）

东南大学建筑研究所

博士后

南京大学历史系教授

2011年10月18日，中共中央第十七届六中全会通过了《中共中央关于深化文化体制改革 推动社会主义文化大发展大繁荣若干重大问题的决定》，强调要“加强国家重大文化和自然遗产地、重点文物保护单位、历史文化名城名镇名村保护建设，抓好非物质文化遗产保护传承”、“切实维护国家文化安全”等。据此，更应认识到：建设优秀传统文化传承体系，就必须极其重视建筑遗产，因为建筑遗产是体量最大、分量最重的历史文化。

建筑遗产是历史文化名城名镇名村的最重要组成部分。建筑遗产组成的村落、城镇、城市及其历史街区之所以重要，是因为它们创造出了一个个空间场所，这不仅是人们生活、工作、交往、游嬉的物质载体，更由于置身这些场所，潜移默化地影响着人们的性灵。没有建筑遗产作载体的所谓历史文化是空洞、泛味的。这是建筑遗产独具的历史文化意义。

全球90%以上列入世界文化遗产名录者为建筑遗产或建筑遗址，人类创造的体量最大、数量最多、分量最重的物质财富就是建筑。不少时候，建筑遗产甚至成为民族、国家的象征，如北京天安门、莫斯科克里姆林宫、美国白宫、法国凡尔赛宫等；或者作为民族、国家的精神文化寄托，如我国的长城、韩国崇礼门、希腊雅典卫城、法国巴黎圣母院、澳大利亚悉尼歌剧院等。

全世界建筑遗产丰富之地必是旅游、历史文化体验的首选之区，诚可谓永远的绿色、生态财富。可见，建筑遗产的历史文化价值巨大且无与伦比。

更主要的是，毁灭一个民族、国家的传统文化，摧毁其历史建筑遗产是最直观、最简便的方法！这在我国改朝换代、世界上其他国家的政权更迭中均几乎不间断地上演。

可惜的是，在我国各地建筑遗产丰富的老城、古镇、古村中持续着“净地出让”、“拆旧建新”、“毁真造假”……由此，无数的历史建筑遗产没有倒在八国联军、抗日战争、解放战争的战火中，却“平毁”在经济、文化高速发展的和平年代，尤其是在我们强调民族文化安全的时刻，令人心痛。

诚愿我们能够提高文化自觉，早日停止这样的文化悲剧。

孙宗列

关注文化

孙宗列
（Sun Zonglie）
中国中元国际
工程公司首席
总建筑师

电影《2012》表达了人类对生存状态的关注，尽管是幻想，而现实不得不令人正视。显然，我们还面临另外一种“2012”，它关乎着人类生存的意义，那就是文化。前者是环境的生态，后者是文化的生态。在中国经济发展对世界产生越来越多影响力的同时，文化已经被提到新的高度。

建筑文化是文化的重要部分之一，建筑师是建筑文化的传承者。如何吸纳中国五千年优秀文化传统，借鉴世界优秀文明成果，创作出具有文化精神、时代特征和生命力的建筑作品，是摆在中国建筑师面前的巨大挑战。

希望《中国建筑文化遗产》作为传播中国优秀建筑文化遗产的使者，为广大建筑设计领域提供更多的精神食粮，为实现2011年12月第十二届中国建筑学会全国代表大会提出的“树立文化自信、繁荣建筑文化”而努力。

郭卫兵

寻找中国建筑的力量

郭卫兵
（Guo Weibing）
河北建筑设计研究院有限责任公司副院长（副总经理）、总建筑师
教授级高级建筑师

在欧洲，20世纪的战争曾使很多有着丰富建筑文化遗产的城市满目疮痍，但几十年过去后，这些城市在继承原有建筑文脉的基础上，又复兴出具有浓郁文化气息的建筑和街区，它们已然成为关联着整个欧洲文明的建筑文化遗产。这是一种力量——建筑的力量、文明的力量。

在中国，20世纪的战争同样使本来已经饱受社会制度桎酷而贫困的中国倍受摧残，建筑文化遗产也仅剩下古代传统建筑和极少数的近代建筑。新中国成立后，特别是改革开放以来，中国城市建设突飞猛进，除了大量的建造，很多建筑的巨大资金投入也令世人瞩目。但是，几十年过去了，我国的建筑和城市给人的普遍印象却是“短命建筑”和“千城一面”，更没有形成可以留存后来的建筑文化遗产。我想，近几十年的中国建筑缺乏了一种力量——建筑的力量。

中国建筑已经进入新的时代，建筑艺术的探索和建筑技术的进步为我们做好了准备，让我们一起出发，去寻找那种建筑力量——属于中国的、献给未来的力量！

殷力欣

树立点儿“建筑遗产意识”如何？

殷力欣 (Yin Lixin)
《中国建筑文化遗产》
副总编辑
中国文化史、艺术史学者

建筑是艺术大家庭中的一个很独特很有趣的门类。兄弟门类如音乐、诗文、绘画、雕塑等，大家都在追求其艺术性之纯而又纯：越非功利、越不具备实用、越超凡脱俗，就越接近万人仰慕的象牙塔尖，故天生摆脱不掉实用功能的工艺美术品，往往连进入艺术殿堂的资格也大受鉴赏家们的质疑；而建筑的实用性、功利性的成分无疑是等于甚至远远高于工艺品的，但至少在西方没有人否认其进入艺术殿堂的资格，在东方，也不得不承认一个事实：一座伟大的建筑是可以被视为一个民族的文化精神的象征的。

建筑可以兴国。汉代长城看起来是消极的军事防御工事，但它在两个政治集团军事对峙的非常时期很积极地成为汉民族维系与外部世界的联系的屏障；而汉初之建造未央宫，则在“天下汹汹”之际，以建筑之壮丽，彰显国家威仪，实际上形成对汉初休养生息国策的精神策源。同样的实例，在二千年之后，有中山陵、南岳忠烈祠等。

其中南京中山陵的兴建，还为我们留下了另一个值得深思的话题：比较其所处南京紫金山在兴建前后的自然环境变迁，此建筑当然挤占了相当面积的绿地，但同时促使了更大范围的植树造林工程，甚至由此催生了世界知名的中山植物园。可见建筑并不一定与生态环境相冲突。

当然，建筑的负面响应也出奇地大——除了兴国，建筑还可以亡国。这类实例，如秦阿房宫、始皇陵等，如两河流域造巴比伦塔，如迦太基人建造惹祸的迦太基大城等，实在不胜枚举。

我不知道上述分析是否属杞人忧天？就算是吧。但建筑所具备的利弊共存的双重性是无可回避的。为此，我以为建筑界树立点儿“建筑遗产意识”总是有益无害的。

如果说，以前有关建筑遗产问题，主要是文物界和建筑学研究领域在思考前人的智慧我们究竟参悟了多少，则如今更须加上一条：当代的作品究竟有多少是值得留给后人的？而我们的建筑师在创作自己的作品时，更要留出一点时间作自我评判：我们所创作的这些耗费了大量人力、物力的建筑作品，后人将视其为文化财富还是想清除都难以清除的建筑垃圾？

总之，我们需要审视我们究竟是在惠泽后世，还是在贻害子孙？

何　葳

逝去的必然

何　葳 (He Wei)
中央美术学院
建筑学院讲师
《照明设计》杂志
执行主编

中国古代建筑曾有过很长时间的辉煌，从大量的历史文献、壁画、雕刻中不难发现它的历史演变和成绩。中国传统建筑的特点非常突出，无论是从总体布局、个体形态、工程做法和材料等方面，中国古代建筑作为东方建筑的源头与西方传统建筑有着泾渭分明般的不同。但是在近代我们开始逐渐丧失掉中国建筑的传统和精神。为何？

笔者认为有3个层面的原因。

其一，建构观念。中国传统建筑的建构基于对木材的充分认识和使用。无论是在受力原理上，还是在精神象征层面上，木材都是中国传统建筑的根本；对应木材的使用，中国传统建筑建立出一套完整的结构体系和形式语言。但近代以来，这一建构体系已经发生了颠覆性的改变。无论是在主建筑材料上，还是结构体系上，当代中国的建筑都已经不再是以木构造为基础的了，取而代之的是西方的机构体系、材料体系。从何时如此？为何会如此？笔者无从考证，但想来和木材的日渐紧缺，社会结构的变化，精神观念的变化等因素不无关系。其结果就是：在传统结构被废弃之后，传统的形式也失去了顺理成章成立的理由，中国建筑从结构和形式的统一体变成了“西学为本，中学为表”的符号怪物。

其二，社会行为方式。当代中国和百年前的中国有很大的改变。随着人口的剧增，家庭结构的改变，社会阶层的重新划分，土地所有权的变化，财富积累方式的升级，等等，当代中国人已经不是传统意义的中国人了；当代中国人，特别是城市人的生活习惯也完全不同于传统。作为人行为的直接反映，中国建筑的空间形态也必然会发生突变。正如日本明治维新后，住宅中客厅的出现，德国20世纪早期，厨房的革命一样，中国传统的建筑空间已经很难再适应当下的生活。四合院被集合住宅所取代，故宫被CCTV所取代……这本是一种必然。

其三，文化传承。不同于西洋和东洋，中国的文化传承经历了多次断裂，有些学者甚至认为从宋代以后，中国的民族性（这里指的是汉文化）就在不断地衰退。无论是蒙古人的入侵，还是后金人的入侵，抑或是当代的西方价值观的入侵，汉文明的传承在历史的千年中被多次打断，虽然我们不断地在说“同化的力量”，但却大大忽视了在这些过程中的文化和精神失传。

笔者认为：建筑只是表象，它的灵魂是一种民族精神。西方建筑界之所以不过多地谈传统建筑的复兴；日本建筑界之所以能利用新技术、新材料创作极富日本精神的新“传统”建筑（这里的新“传统”建筑不是指新建的传统建筑，而是拥有传统精神的新建筑），笔者认为源自于一种对本身文化的自信。在这点上，中国和他们相比存在着很大的落差，反映在对待建筑的态度上则表现为两种截然不同的态度：其一，对传统形式的追捧和机械复制；其二，对西方新观念，新形式的山寨。两种态度看似截然不同，但从本质上说其实一回事，即：内在精神性的空虚。

因此说，中国传统建筑的逝去是一种必然。与其机械保护其形，还不如客观地看待这种必然，并积极地创造中国建筑新的神韵。

陈同滨

建筑遗产的生命

陈同滨
（Chen Tongbin）
中国文物学会传统建筑园林委员会副会长
中国建筑设计研究院历史所所长

回顾以往，我们目前处在一种前所未有的困境之中，过去对建筑已有的评价都是禁锢于现代建筑框架，以研究建筑艺术、建筑技术为主，虽然也研究遗产，实际上却是摩登建筑的体系。什么是建筑？什么是建筑学？它是人类文明和文化的集合。建筑已经渗透到人类生活的每一个角落，既有社会功能需求，也有文化功能的传承，我觉得遗产的定义兼顾了这两方面，虽然社会功能的初衷可能成为过去式，但未尝不可说时间赋予了它新的生命。所以对于未来，我们更应关注它深含的文化意义。

杨冬江

面向未来的设计

杨冬江
（Yang Dongjiang）
清华大学美术学院环境艺术设计系副主任、副教授、博士
中国室内装饰协会设计委员会秘书长
中国陈设艺术委员会副主任

在以信息技术、生命技术为核心的知识经济时代，伴随着能源危机、环境恶化、人口膨胀等一系列问题的出现，如何与地球协同共进，实现可持续发展，依然是人类所面临的最大挑战。

在多元发展的今天，设计不应仅仅以完成人类所赋予的功能和审美作为唯一的职能。设计师应当站在一个不同于以往的高度去重新审视它的定位，以一个更为宏观、更具远见的可持续视野来改善现有的设计观念、目标和程序，更新设计评价体系，促进整体设计水平的提升，运用绿色设计策略和设计措施，从可持续发展的角度出发为当代设计赋予一种全新的理念和思路。

面向未来，我们的设计既要有社会和经济目标，又应当有环境和生态目标。与整个社会的发展相和谐，与科学技术的进步相和谐，与人类对自身认识的深化相和谐必将成为未来设计的主旨与核心。

面向未来，中国设计师责无旁贷。

孟建民

祝福2012

孟建民
（Meng Jianmin）
全国工程勘察设计大师
深圳市建筑设计研究总院有限公司
总建筑师

谈到2012这个话题，很令人兴奋，我对2012祝福：希望我们的作品有更好的创作构思，我们的业内外朋友有更多的进步；我所期待的《中国建筑文化遗产》有更好的发展。2011年12月初，我应邀赴南京总统府参加《辛亥革命纪念建筑》首发式暨研讨会，我感触颇深，我们要认真地保护并理解20世纪建筑。作为建筑师，我们的责任十分重大。2008年10月我曾出版《失重》一书，它是一本具有广博思想和发散思维，用以探讨建筑创作与方案的研究论文，该书曾得到业内专家们的重视，也引发了书评和讨论。2012对我自己的祝福是我想继续用这种交叉的文化的乃至历史的思路去创意我的设计，为中国建筑文化的发展贡献心智。

刘若梅

聚集资源，形成合力

刘若梅
（Liu Ruomei）
中国文物学会传统建筑园林委员会副会长、秘书长

我从事建筑文化遗产保护与修缮工作已经20多年，深感这是一项“复杂”而又“简单”的事业。复杂，是因为这是一项内容庞杂的系统工程，需要多部门的交叉协作、多学科的跨界研究，任何环节处理不当，就会功亏一篑；简单，是因为只要有一群志同道合的“好人”齐心协力，怀揣对建筑文化遗产保护事业的热情，坚持做下去，再大的困难也能客服！2011年12月8日至9日，中国文物学会传统建筑园林委员会第十七届年会的召开，我们选出了新的领导班子，补充了新鲜血液，着手开始新

的工作，我就更有信心了！2012年，中国文物学会传统建筑园林委员会愿意继续做一条纽带，聚集各方资源，集结多方力量，脚踏实地地为中国建筑文化遗产的保护与传播事业多做一些实事，并不断扩展其影响力。

张　宇

遗产·设计·创意

张　宇（Zhang Yu）
北京市建筑设计研究院
副院长
全国工程勘察设计大师

当下，尽管全国城市化进程加速，但关注文化遗产的“保护”工作已经成为城市更新设计的关键词，而其中蕴含的“再利用”课题却还没有充分的展开研究，相关研究及传播工作比较滞后。其实，建筑再利用已经成为世界范围内又一“建筑创作”的新趋势，较之建筑新创作更富有挑战性及难点。建筑再利用不仅需要对原有建筑进行深入了解，对其空间内容、建筑形式及环境背景作出深入分析，从而为再利用设计奠定基础。它不仅可以使危旧建筑得以改造再生，使其功能更符合当代社会的要求，更可以节约建设成本，在实现经济利益的同时文化资产保存的目的也一并实现。这里要澄清一个观念，建筑再利用不是简单的废物利用，而应该是一个遵循相关原则（修复、改造、重塑、重建、扩建）取其精华，去其糟粕，并对建筑重新定义的过程。正如Ada Louise Huxtable 所说：“史迹保存不是多情善感，而是精神上的必需品。我们必须学习珍爱历史和保存有价值的古建筑……我们必须学习如何保存它们，不是当成引人怜悯的博物馆陈列品，而是给予它们新的用途。” 历史性建筑的保存与否实际是文化逻辑与资本逻辑对抗的结果，2012年，我希望《中国建筑文化遗产》杂志能为“建筑创作”的文化逻辑注入新的能量，让科学与文化天平能更多倾斜向设计与创意。

吴　晨

“穿越未来”之建筑文化遗产的保护与复兴

吴　晨（Wu Chen）
北京市建筑设计研究院
副总建筑师
英国皇家特许
建筑师、规划师

建筑文化遗产保护方面的专业理论研究由19世纪发展至今，从单纯的修复保护到把复兴的概念运用到保护中，使建筑文化遗产的保护提升到一个新的高度，从建筑单体保护拓展为一个地区的历史文化环境的提升。同时，现代建筑文化遗产的保护不仅仅局限于建筑的外观、结构的恢复，更强调跟城市建设过程与现代生活的结合。

在西方文化和设计理念的影响下，中国传统文化面临着更大的压力，因此在尊重历史真实性的前提下，更要以未来的眼光看待建筑文化遗产的保护。所谓“未来的眼光”，包括文化的发展、社会结构的调整、新技术的应用等多方面出现的机会和挑战。面对现实问题和未来发展需求，如何从传统文化中寻找智慧，体现传统文化精髓是保护工作面临的核心问题。建筑文化遗产的保护本身就是一个复杂而长期的过程，具有前瞻性的保护工作必须以一种动态的、融合的观点解决城市问题，以寻求一个地区得到在经济、体型环境、社会及自然环境条件上的持续改善。

赖德霖

定位

赖德霖（Lai Delin）
美国路易维尔大学教授

定位（Positioning），是由著名的美国营销专家艾尔·列斯（AlRies）与杰克·特罗（Jack Trout）于70年代早期提出来的，当时，他们在美国《广告时代》发表了名为《定位时代》系列文章，以后，他们又把这些观点和理论集中反映在他们的第一本著作《广告攻心战略》一书中，正如他们所言，这是一本关于传播沟通的教科书。1996年，杰克·特罗整理了25年来的工作经验，写出了《新定位》一书。也许是更加符合了时代的要求，但其核心思想却仍然源自于他们于1972年提出的定位论。定位理论的产生，源于人类各种信息传播渠道的拥挤和阻塞，可以归结为信息爆炸时代对商业运作的影响结果。科技进步和经济社会的发展，几乎把消费者推到了无所适从的境地。首先是媒体的爆炸：广播、电视、互联网、录音带、录像带、光盘使消费者目不暇接。其次是产品的爆炸：仅电视就有大屏幕的、小屏幕的，平面直角的、超平的、纯平的，从耐用消费品到日用品，都给人以眼花缭乱的感觉。再就是广告的爆炸：电视广告、广播广告、报刊广告、街头广告、楼门广告、电梯广告，真可谓无孔不入。因此，定位就显得非常必要。

按照艾尔·列斯与杰克·特罗的观点：定位是从产品开始，可以是一件商品，一项服务，一家公司，一个机构，甚至于是一个人，也可能是你自己。定位并不是要你对产品做什么事情，定位是你对产品在未来的潜在顾客的脑海里确定一个合理的位置，也就是把产品定位在你未来潜在顾客的心目中。定位可以看成是对现有产品的一种创造性试验。“改变的是名称、价格及包装，实际上对产品则完全没有改变，所有的改变，基本上是在做着修饰而已，其目的是在潜在顾客心中得到有利的地位”。

《中国建筑文化遗产》刚刚创刊，就已经显出它在遗产保护领域强有力的话语权。我祝它在新年里取得新的成功。衷心希望中国的建筑文化遗产事业在新刊同人们的大力推动下不断取得新的成绩！我也期待并相信，《中国建筑文化遗产》在金磊总编的领导下，可以很快成为一个中国建筑文化遗产调查、整理、研究、管理、保护、评审，以及国际交流各方面人士交流、切磋与互动的权威中心和平台。

李兴钢

珍惜与保存，才可拯救

李兴钢
（Li Xinggang）
中国建筑设计研究院
（集团）副总建筑师
李兴钢建筑工作室主持人

每个人每天都有自己的过去、现在和未来，所有人的过去构成人类躯体不可或缺的组成部分。人类的物质或者非物质遗产是人类过去历史的载体，“忘记过去，就意味着背叛”，丢掉这些遗产，就意味着丢失了人类自己。与建筑师的工作更加密切相关的是物质性的遗产：那些城市、乡村、街区，那些宫庙、民宅和园林，那些人工物和大自然。每次面对它们，总是让我们唏嘘感悟，这既是因为遗产的力量，也是因为找回了自己。拯救已经和正在自然湮灭或被刻意损毁的遗产，就是拯救我们自己。因为没有它们所记载的过去，我们的现在和未来就无法有迹可循、无法血肉丰满、无法熠

BIAD体育建筑工作室合影，2011年11月

熠闪光。过去虽分远近，却各具价值，从远古至昨天，都在留下和产生着遗产，都需要珍惜、记忆、保存乃至拯救。

拯救城市集体记忆的空间载体

薄宏涛

薄宏涛
（Bo Hongtao）
中联筑境建筑设计有限公司副总建筑师

城市作为集体记忆的所在地，它交织着历史和个人的记录，当记忆被某些城市片断所触发，过去所遇到的经历就与个人的记忆一起呈现出来。

激起人们的思绪，就要靠这些承载着城市集体记忆的空间载体来唤醒人们心底对城市生活的真实的记忆。这样的唤醒不是依赖空洞的说教或苍白的口号，而是依赖提供一种真正意义的人性化尺度的城市空间及发生在这样场所中的城市生活。

相对于西方的城市空间与建筑单体间相对清晰的主客体关系，中国的城市和建筑的关系则显得微妙许多。中国城市是放大了的建筑，而中国建筑则是具体而微的城市。这样的个体和群体间相互胶着、难辨彼此的情形正是基于蕴涵在中国建筑中特有的主客体可逆的道家哲学思想。

因此，虽然在众多优秀历史建筑被破坏后的痛定思痛中，我们有了被立法保护的各级“文保建筑”，但是由于中国传统构城原则的特殊性，片段地、孤立地拯救单个历史建筑，对于重塑中国特有城市空间的集体记忆，帮助甚微。

在高速城市化进程中，漠视对于街巷空间、院落空间这类最具特征的中国城市空间元素（往往不是“文保”建筑）的保护，只会加速它们从城市记忆中被抹杀的命运。与此同时，被一同抹杀的还有伴生在这些空间群落中的生活方式、生活态度和曾经的生活理想，这也是我们浩浩荡荡的中华文化遗产的一个重要组成部分。

由于这些优秀群落空间通常都地处经济价值极高的城市中心区域，对于它们的城市更新设计态度我们不但无法遵循卡米洛西特的艺术原则，而且难以建立在对传统城市优秀空间范型的类型学研究基础上进行城市空间梳理和建设，我们甚至没有能力去阻止一个个鲜活的街区从我们这一代人并不太长的记忆中被彻底抹去。

对于还幸存的群落，应该尽快立法以原有群落式的空间模式来保护它的形态和它负载的生活方式。对于已经不复存在的群落，如果在原有城市特定区域的肌理中尚存一系列片段的单体留存，我们有义务以一种“动态织补”的态度去慢慢补全曾经的城市拼图。

作为专业知识分子的建筑师理应有这样的文化自觉去呼吁、去践行，为的是让城市曾经共有的记忆不会在我们的面前彻底断裂，不会彻底变成照片中在心底缅怀的“曾经”。

继承是为了更好地创造

殷智贤

殷智贤
（Yin Zhixian）
《时尚家居》执行出版人兼主编

建筑是人类文明的重要载体之一。对建筑遗产的保护是为了记录人类文明演进的历史，当社会发生大的转型后，人类社会的建筑美学、结构方式、工具、施工工艺、材料使用等都势必发生改变，这背后折射出人类的价值观、思维方式、行为方式、生活方式和创造力的变化。中国历史上很多次社会变迁都在建筑上留下了清晰的印记。我们这个时代也不例外。对传统建筑美学的反叛、对传统结构方式的陌生和对传统居住方式的否定充斥于整个建筑界。

我们以为对过去否定得越彻底，我们的创造力就会越充分地释放。这种心态使我们对继承与创造之间平衡关系的保持无动于衷。在某个极为短暂的阶段里，这种漠视能带来看似显著的成果，但从中长期的发展来看，对继承的漠视会使创造后继乏力。因为缺少继承，我们对人类价值观、行为方式、生活方式的思考是缺少系统和持续的审视能力，而对价值观、行为方式、生活方式的碎片式理解又会使我们的建筑只能抓住人们短暂的、片面的需求，这将使建筑无法满足人们更持久的需要，从而缩短了建筑的有效生命周期，也加大了人们改善生活的成本。在经过了三十余年的建筑实验后，我们应该反思如何通过理性地继承而实现更为科学的再创造。

从“某某故居维修性拆除”所想到的

BIAD体育建筑工作室

从八九十年代琉璃厂、菊儿胡同改造，再到21世纪的南池子、前门。从20世纪90年代什刹海两次失败的商业改造，到彻底把老北京著名的商业街之一——隆福寺改造成如今衰败没落的模样，再到平安大街拓宽时为了建设商业设施，著名的拆除美术馆后街22号院风波……

古老的北京城区在一次次成规模的“试验性”改造中缩减着本已不大的范围。据统计，老城区3 000多条胡同已经拆除了2 000多条。而老城区的城市规划建设与文物保护，始终在割断历史的推倒重建与借全面保护之名的无所作为之间徘徊不前。新世纪之初，几经博弈，占老城区面积17%的北京25片历史文化保护区规划在千呼万唤中终于编制完成。2005年3月25日北京市第十二届人民代表大会常务委员会第十九次会议又通过了《北京历史文化名城保护条例》，让热爱北京胡同的人们似乎看到了一丝希望。

然而，最近媒体上传出了来自政府相关部门和开发商的“梁林故居维修性拆除”论调，再一次把建筑师乃至全社会的视线聚焦在北京历史文化保护区的改造上。除了有法可依、执法必严之类的争论与问责之余，恐怕迫切需要的是找到兼顾公平与效益、传承与更新，进而可以大规模推广的老城区更新改造模式。

今天的什刹海、南锣鼓巷之所以充满活力，就在于保留了老北京生活环境的民间自发的商业开发模式。想必这也是清华大学尹稚教授在听闻居然要对南锣鼓巷进行拆旧建新的所谓“商业改造”后愤慨的原因。那么更大范围的历史文化保护区呢？如果没有更新改造模式的探讨与研究，在高额的投资回报与税收收入之下，很难有历史文化保护的真正落脚之地，也就难免下一个“某某故居维修性拆除”。

（刘康宏执笔）

方晓风

乌镇是一幅画

方晓风
(Fang Xiaofeng)
《装饰》主编
清华大学美术学院
副教授

春节陪家人赴乌镇一游，未入景区便遭遇嘈杂和拥堵，第一印象不佳；及至在友人陪伴下进入景区，果然，干净而有序，内外截然有别。同游者对乌镇的管理和策划赞不绝口，确实这可谓是很有代表性的一种开发模式——是开发而不是保护，然而我总不免担心这样的模式会带来真正的荒芜。

西栅景区的原住民都迁出去了，偌大一片房屋因此沦为背景。管理者统一规划店铺的经营项目和日常维护，秩序井然还可避免恶性竞争；从普通民宿到高级会所，消费层次很丰富；同时移植了许多旧建筑，扩大了原来的街区，不免新造出若干景点，真真假假除了老居民谁能分辨呢？酒吧一条街，恍若丽江风情；长街宴热热闹闹，怕是来自《千里走单骑》的启发；砖雕门楼，粗糙而堪造景；仿建的方塔，改变了天际轮廓线，如此等等，不一而足。描画者可谓用心良苦，并且回报丰厚，高额的门票保证了旅行社的利益，游人如织，从开发的角度不可谓不成功。

乌镇昔日的繁华与京杭大运河有关，然而为了管理，游人并不能走到运河边。抽离了生活，集锦式地拼凑出的水乡古镇，其真实性大打折扣。我们究竟爱乌镇的什么呢？夜幕降临，灯光亮起，又是一幅旖旎的画面。浪漫情怀或许是走向保护的一个阶段吧，但叶公好龙，还是会被来探访的真龙吓倒。在“真善美”的审美原则中，“真”始终是第一位的，也是保护的价值之所在，不然，电影城就够了。而在出口处，果然是一堆曾经在此取景的影视作品海报。乌镇是一幅画，如果只是一幅画，倒是幸事。

北总布胡同的哀思

王　军

王　军（Wang Jun）
新华社高级记者
《瞭望》新闻周刊
编委

2009年我就开始关注梁思成林徽因故居的保护，2012年终未逃脱被拆毁的命运。拆除梁林故居的人们，你们怎能挥舞如此冰冷的铁器，将这处故居毁掉，还把木料卖掉，说这是“维修性拆除”？这分明是在挑战一个文明社会的底线。

关于梁思成林徽因故居保护问题，2009年我写过一些文章：《请保留梁思成林徽因故居》、《北京还能不能保护名人故居》、《让梁思成林徽因故居成为古都保护的转折点》、《保护梁思成林徽因故居岂是一个噱头》、《闻梁思成林徽因故居获保留之后》、《梁思成林徽因故居引出了什么问题》、《梁思成林徽因故居保护的公众参与》。

国家文物局要求保护梁林故居。《光明日报》2009年7月27日予以报道，题为《梁思成林徽因故居应受保护》。2009年7月28日，北京市文物局、北京市规划委员会做出保护梁林故居的决定。当日，北京市文物局以电子邮件传给我决定全文。按照国家文物局和北京市文物局要求，在全国第三次文物普查中，经过现场勘察、专家论证及广泛征求各方意见，并经区长办公会研究通过，北京市东城区将北总布胡同梁思成林徽因故居列为全国第三次文物普查东城区新发现项目，确定为不可移动文物。

2011年3月11日，东城区文化委员会发出通知，要求开发商做好不可移动文物北总布胡同12、24、26号院（梁思成、林徽因故居）的保护。

今年1月27日，《新京报》报道故居遭拆毁事实，题为《梁林故居被拆文物部门调查》。

《北京日报》报业集团所属媒体，以一位化名居民的“口述”为“依据”发表文章；《北京晨报》1月31日刊登《梁林故居上世纪已拆除 照片拍错引发“乌龙”——我家咋成名人故居了？》。《北京晚报》同日转载，题为《所谓“梁林故居”上世纪已拆除》。

对此，《新京报》予以澄清，2月1日刊登《24、26号院皆为梁林故居》。

目前，关于这一悲剧事件，是如何做到有法必依、执法必严，如何捍卫政府决策的执行能力，如何追究违法者法律责任的问题。

（详见王军博客《城市的眼睛》）

2012，遗产与拯救

蔡云楠

蔡云楠（Cai Yunnan）
广州市城市规划编制
研究中心副主任
广州市城市规划勘测
设计研究院副院长
《中国城市发展报告》副主编

2012，地球是否毁灭尚不得知，但是近年来重大灾难的频发已值得我们关注。无论是天灾，还是人祸，面对这些灾难，人类都需要反思，我们的发展之路是否正确，自人类文明以来，我们对地球做出了哪些贡献和损害，如果可以重现开始，我们需要带走什么，放弃什么。

五千年来的人类发展史，让城市文明成为人类最丰厚的遗产会聚地，聚集了有形的物质遗产，也积累了无形的精神遗产，既体现了人类追求美好生活的发展愿景，也处处书写着人类向地球索取资源的无穷欲望。我们的城市发展之路，不仅忽略了自然的需求，也缺乏对人的关心。满足功能的发展，仅仅是利益驱动的表现，并非对人的情感和心灵的重视。

借着2012的警示，我们或许要重新审视城市发展的目标和路径。人与自然和谐相处，人与人的相互关爱在城市文明的发展中同等重要，我们的城市不仅需要结合自然的设计，也要富有人文精神的设计。在珍重自然的同时，关爱人类，是城市发展史带给我们最重要的启示。

2012，文化遗产，一路走好

彭长歆

彭长歆
（Peng Changxin)
广州大学建筑与城市
规划学院副教授
广州市文物保护专家
委员会委员

提笔酝酿之际，看到北京梁林故居被拆除的报道，难免心中悲伧。梁、林一生致力于文化遗产的保护，其故居——一处被确定为不可移动文物的小院却在2012龙年新春之际被连根拔起！结合自己在本地区文保事件中的观察发现，权贵阶层与利益攫取者已然成为文化遗产的主要加害者。中国人向来有敝帚自珍的传统，几十年文保意识的培养使普通老百姓逐渐认识到文化遗产对于所处人文环境的重要性，民间文保团体的大量涌现更是民间文保意识崛起的直观反映。反观一些拥有或掌控文化遗产资源的权贵或商人集团，在“发展就是硬道理”的借口下，屡屡有知其不应为而为之、知其不应拆而拆之的文化惨祸发生。

2012展望未来，也许时代还要继续无所顾忌地一路狂奔，也许不可预知的灾难正在前方候着，文化遗产保护面临更多难以想象的困境和遭遇。对于手无缚鸡之力的吾辈而言，唯有一腔热情，践行唤醒民众与权贵的理想。对于文化遗产的加害者，我想说：保持你的良心，为后代留下认知先泽的机会。对于文化遗产，我想说：一路走好！

寻找那生活中的感动

王小工

王小工
（Wang Xiaogong）
北京市建筑设计研究院【BIAD】
6A6工作室主任
高级建筑师

今年的春节是在丽江古镇度过的。暮鼓晨钟间，徜徉在青石板的小路小巷总会感到一种莫名的感动。为左缠右绕忽亲忽离的潺潺流水感动，为千变万化开合张闭的小街小巷感动，为袅袅炊烟时流水不腐秩序井然的三眼井感动，也为冬日暖阳下伴着吉他悠然入梦的猫猫狗狗感动……更为给古镇以生灵的流水人家感动。弯弯的流水带给古镇人家的是似水流年般的生活，而流水融进的却是古镇人家对生活的那份从容。

千年古镇人与建筑环境所散发出的那份从容与默契让人感动。面对当今中国这样一个经济"青春期"高速成长的巨人，对于建筑设计师而言"设计的美好时代"是否真的已然到来了？！巨大的建设需求和机会是否使得我们忽略了逆境中所积蓄的创造？错失了在设计中对我们五千年文化积淀的回眸呢？！

也许人类的幸福并不只能在持续增长的经济中找到。在物质追求进步的刺激中，设计中寻求心灵的那份感动是如此的珍贵。作为有着深厚文化传统底蕴的国家，理应期待我们的社会生成和保持一种成熟文化应有的典雅气质。建筑设计既是一种领域的学科，更是通过创造和交流跨越不同生活领域的一种思维方式。当现代生活的文明与我们固有的历史文化传承自我交融达成一种从容和默契，生活本身蕴含的那份感动便自然而生动地展现出来了。设计的意义不正是关注和挖掘生活中蕴涵的人与环境间这份默契吗！否则，建筑形式的自我美丽与彰显将失去意义。

茶胶寺考古漫笔

温玉清

温玉清（Wen Yuqing）
中国文化遗产研究院
副研究员，为中国政
府援助柬埔寨吴哥古
迹保护工作队主要
成员之一

辛卯岁末，柬埔寨吴哥古迹茶胶寺考古发掘项目正式启动。虽然近几年来我一直从事吴哥古迹茶胶寺保护修复项目的研究工作，但作为一名考古队员，正式参加考古发掘却是平生头一遭。主持此次茶胶寺考古发掘的领队王元林博士，在佛教考古与佛教美术研究方面建树颇丰；另外，考古队还聘请资深的考古学者乔梁先生和中国社会科学院考古研究所李裕群先生作为顾问，乔、李二位先生不仅是国内知名的考古学家，又因其共同主持的1998年吴哥古迹周萨神庙考古发掘，开启了中国学者参与吴哥考古发掘与研究的滥觞。

这一期茶胶寺考古发掘主要涉及庙山主体之外的环濠（东北角）和北桥两处。一直以来，或因年代久远，或因文献稀缺，我们对于茶胶寺庙山建筑主体以外的情况知之甚少。检索法国远东学院（EFEO）20世纪20年代末的考古记录，当时茶胶寺考古工作基本是以庙山遗址的清理为主，除对神道和十字平台进行过小规模发掘清理之外，其余皆未做深入的发掘。作为古代高棉王朝阇耶跋摩五世（Jayavarman V，968—1001）及苏利耶跋摩一世（Suryavarman I，1002—1050）时期的Devaraja（Devaraja，梵文"神王合一"之意，是古代高棉帝王权力与统治的象征），关于茶胶寺的整体格局与范围，尤其庙山和东池（Eastern Baray）的关系，更是众说纷纭。法国著名高棉碑铭学家G. Cœdès对茶胶寺庙山内残存的几帧古代碑铭（编号K275、K276、K278）的研究，虽其年代学结论多为学界倚重，然而至今却仍未得到更多考古学证据的支持。身在吴哥，每每有来自各国的同行造访，大家聚在一起的时候，聊的最多也是这座我们每天面对的充满未知的庙山。这座庙山巨构谜一样未知的未来，正在不停地引领和启发着我们追寻的方向。

金磊先生是我亦师亦友的前辈，当他主编的《中国建筑文化遗产》发来"2012浩荡百人谈"稿约之际，我正在柬埔寨吴哥沉醉于第一次成为考古队员的新鲜之中。整日里与探铲手铲相伴，放线布方、采集标本、拼对陶片、考古日志，正可谓越玩儿越野，乐不思蜀矣。孰料光阴呼啸而过，直至交稿之日，自己却像极了那个在田野里玩疯了的小孩儿，忽然想起竟然还那么多没有完成的家庭作业。

旱季已深，丛林无言，吴哥一如既往碧蓝的晴空，清澈依然。正当我忐忑于该如何补交"以未来为题"的作业之时，适逢网络上某人造的青年偶像也正在畅谈未来，先有"谈革命"、"说民主"、"要自由"的呐喊，再有"化蛹为蝶，超越左右"的拥趸鼓噪，甚嚣尘上，为这个岁末年初平添些许热闹和谈资。列位看官且慢，听着絮絮叨叨您可别不耐烦，拜托您这漫笔也太漫了吧？您想要说个啥？唉！其实啊，在家国万里之外，对一群正在乐享考古发掘乐趣的考古队员而言，对一个还要忙于赶着完成作业的小孩儿来说，那位真假难辨的青年偶像以及那些奢谈与豪言竟是如此遥远，就如同遥远地想象北京笼罩尘霾的天空；或许只是为了完成作业，或许顺势说出了小小的期许，我们的奢谈与豪言也很简单，"谈发现"、"说收获"、"要见解"，也是九个字而已。

中国工业设计史：一个不再失语的话题

沈榆

沈榆（Shen Yu）
中国工业设计协会
副秘书长、教授

英国人类学家曾说过：一个始终将自己置身于历史传统之中的民族，比起被割断历史的民族具有更强的生命力。就中国而言，大学教授的是欧美为主导的工业设计的历史、理念、方法和成就，不同版本的世界工业设计史专著中找不到有关中国的论述，哪怕是片言只语。说起欧美、日本工业设计史，学生们可以口若悬河，滔滔不绝，但问及中国工业设计史时则集体失语。

今年年初"中国工业设计博物馆"的开馆，使中国有了一个收藏、研究、参观中国工业设计成果，了解中国工业设计历史的基地。这里"安息"着近800件工业产品，为我们串联起各种记忆的碎片，资料库中还有现场采访当年设计者的资料和近2万张历史图片，废弃的各种工艺资料、图纸等。这些都是我们团队遵循"田野工作法" 走遍旧工厂、车间和民间收集来的。来此参观交流的国内外著名设计师、普通的设计爱好者已逾3万人次。

笔者曾将博物馆资料收集过程告诉了日本千叶大学前副校长宫崎清教授，并感谢他当年对我们研究的帮助指导，这位30年前被日本政府派遣到偏远山村，利用当地资源、历史文化开发新产品，帮助农民脱贫致富的专家说："田野工作法"是工业设计研究的核心，也是发现历史、发掘文化的起点。

明年将有更多的国内外年轻设计师、专家加入到我们的研究团队来，我们团队最年轻的研究人员俞海波将主持国内与国际工业设计历史之间的交叉比较研究。在新的一年来到之际，笔者向中国近代、现代历史上做出卓越贡献的各位先辈致以崇高的敬意，正是你们丰富的工业设计实践，才使得中国工业设计"有史可述"。溯源中国工业设计史，并不是怀旧，更期待的是超越。

李德庚

2012两个设计的关键词

李德庚（Li Degeng）
设计师 策展人 写作者
曾学习工作于欧洲
现居北京

对于跨入2012的中国设计来说，我认为有两个关键词是非常重要的：一个是"社会性"、一个是"主动性"。

不同的时代，设计所扮演的角色是不太一样的。新中国成立后的一段时间，一切都是为政治服务的，设计当然也不例外；改革开放后，设计开始转变成为发展经济服务。今天，我们体验到了发展经济的好处，但一味发展经济，忽略社会建设的弊端开始暴露出来。清华大学的孙立平教授把今天的中国现状描述为"社会溃败"。中国的发展必定会进入新的转型期，社会建设刻不容缓。在这样的新阶段里，设计也需要从过去的从一味创造经济价值向创造社会价值转移。设计不能仅仅是为某个人、某个实体的赢利目标而服务，而应该转化到为全社会的福祉服务的目标上来。当然，这种转型实现的前提是政府要意识到这一点，否则就是空谈，好在，我们已经看到了这种萌芽，希望它迅速开花结果，人们不总说"中国速度"吗?

此外，设计并不能简单地归结为一种"创意服务"。如果设计总是被归结为某一具体问题的解决，并不利于设计发挥更大的作用。以平面设计为例，尽管其专业本身一直在进步，但从社会视角来看，在经历了90年代的辉煌之后，过去的十几年里，它所发挥的社会价值（当然还有经济价值）却一直在衰减。如何跳出所谓"服务"这一窠臼，让设计从产业流水线中的固定工位中解脱出来，让设计的主动性从社会产业的扁平状态中找出突破点，是非常可能的，也是现实的。

祝福2012，也许我们不需要拯救，但需要改变！

丘小雪

水中的畅想

丘小雪
（Qiu Xiaoxue）
国家一级注册建筑师
瑞士联邦理工学院
景观建筑硕士

根据玛雅人的长历法，2012年12月21日将是本次人类文明终结之日。人们常认为这预示着世界末日的到来，科学家霍金就警告人类：地球将在200年内毁灭，移民太空是唯一的出路。

或许霍金的警告过于悲观，但是地球的现状的确到了存亡与否的地步。人类的生存空间越来越狭小，我们的确该考虑突围和拯救了。海洋占据了全球70%以上的面积，未来人类或许可以在海中赢得新的生存空间。

水中城市会是一个奇妙的想法。让我们畅想：海面上伸展着一组巨大的玻璃体，其一小部分探出水面，大部分静卧在水中，人类在里面工作和生活，你在办公室或自家客厅里透过窗户悠闲地看到鱼儿在周围游荡，珊瑚树像窗帘悬挂在房屋四周，用海洋材料建成的歌剧院里琴声悠扬，歌声缭绕。

海底世界的这个城市不是看上去像可以下沉的现代大都市，而是像海洋生态系统的组成部分，运用一些奇特的仿生学技术，具有可与周围环境融为一体的流动、雅致的结构，由太阳能、风能和波能等可再生能源驱动。人们在水下累了的时候，还可以穿上特制的衣服，步入水中和海里的鱼儿嬉戏一番，说不定那时人类破解了鱼儿的语言，还可以和它们对话呢。

如果人类能像这样为未来找到出路，那么2012的这个终结就并非是一个世界末日，而是暗示全人类在精神和意识方面的觉醒和飞跃，人类将进入一个全新的文明。退一步说，如若世界末日不可避免，如果美式大片里的2012真的来临，我一定要回到家，和家人一起，看着世界走向末日。

遗产与拯救

崔　勇（Cui Yong）
中国文化遗产研究院研究员
《中国文物科学研究》执行主编

崔　勇

蓦然回首，20世纪是人类社会发展突飞猛进的一个极端的历史时期，它以前所未有的历史态势所创造的实绩与奇迹是过去数百年来东西方社会的总和都无可比拟的。但是踌躇满志的人类同时也在天、地、人关联的境域中造成了毋庸置疑的历史分裂与文化异化，那就是患得患失的世态已呈现出艺术形态单一、审美情态失却、自然生态失衡的文化悖论情状，诉诸人以身心焦虑不安、盲从失所、道德沦陷的世纪景象。这与人类生存意志所崇尚的物质文明、精神文明、生态文明建设和谐发展轨模也是相违背的。中国古代建筑哲匠信奉自然与人和谐统一、"天人合一"的生存智慧，在实践过程中讲究自然环境与人为环境的有机结合，并在实践过程中力求营造建筑的形态美、情态美、生态美和谐共处的诗意境界，给世人以宝贵的文化遗产与设计美学思想。面对上帝已经死亡、空想社会主义已经不切合实际的新的历史情形，凝神反思，我们有理由相信：中国古代先贤们在实践理性中感悟出来的人与自然共融、共生持续发展的生存哲学与智慧，无疑是拯救人类于危难困惑之中的诺亚方舟，以中国为代表的东方文化将成为21世纪的主导是历史发展的必然。哪里有拯救，哪里就有希望。

陈伟平

反思城市的拆和建

陈伟平
（Chen Weiping）
杭州江南建筑设计院
5所负责人

《2012》的大片令人记忆犹新，感慨古代玛雅人的智慧，也佩服好莱坞电影人的艺术想象力，继而是卡梅隆的《阿凡达》更是让人浮想联翩，人类的快速发展，在若干年后被迫迁移到新的星球寻找居住地。历史是如此的相似，两百年前当欧洲人横渡大洋，来到美洲的土地时，对印第安人的无辜杀戮，归根到底是一场土地与资源的争夺；在不远的将来，当人们还是对其他星球用同样的手段，对原生态的文化掠夺时，那不得不说是一种人类文明的退步。

不管是《2012》还是《阿凡达》，在人类高速发展的过程中给我们一个警醒，令我们对于城市的建设与拆迁有所反思。

当前，我们处于经济建设和城市化高速发展期，城市建设欠账太多，地方政府官员急功近利，盲目攀比的思想使得城市的个性和特色遭受着又一轮大规模的破坏。在现代化的工具与建设的高速发展期的双重作用下，破坏力是惊人的，它不仅仅是以前的皮外伤，开几条路伤筋动骨，有些地方更是触及了核心区域。没有了社会各界的保护呼声，一些城市甚至丧失自我，成为“克隆城市”。笔者想借此机会，述说一下自己对于拆迁和建设（规划）的看法。城市的复兴并不能靠拆除旧的、规划几条方格子道路来完成，城市的拆迁和建设（规划）是一个系统问题。一方面我们为旧城大规模拆迁而感到痛心，另一方面又在继续犯着同样的错误，千篇一律地用方格子道路来规划一片片新城区，缺乏城市主人与城市和建筑之间情感、个性、尺度、密度的关系。

当我们行走在巴黎、伦敦等城市街头时，可以强烈地感觉到城市的不同个性。在伦敦，一个世纪前的方格布局规划在百年后依旧亲切实用。十几年前初到时是这种感觉，现在这种感觉没变，几百年后应该仍然是这个感觉。人可能变化，但随着历史、建筑的逐代沉淀、积累，伦敦已成为一个永恒的伦敦城，这是其他城市无法取代的。在巴黎，巴洛克风格的中心放射状的几何城市格局构筑了一个极具象征意义的浪漫之都。那摇曳在塞纳河边浓郁的法式风情，不像展品那样被冰冷地陈列在博物馆，而是弥漫在巴黎的每丝空气中。而同样，当年在北京，冰心站在景山上看北平城，老先生曾感慨那是一片绿色的海洋，一语道破了北平的特点“一层的四合院掩映在绿树丛中”，而如今的京城，只能在老先生的感慨中去寻找当年的旧影了。历史的经验告诉我们，世界上许多发达国家在经济起飞阶段，在不同程度上犯过同样的错误。这一时期，往往急于改变物质条件，而忽视对城市的保护，比如，莫斯科的“新阿尔巴特街”就被称为“莫斯科假牙”。

在中国，几千年来的儒家文化到了新中国成立后逐渐丢失，精神文明的缺乏和迷失是造成城市个性和特色丢失的一个重要根源。另外是对于城市发展的理解，相当一部分政府官员和开发商过于追求的是个人政绩或者单个项目的效应，再加上设计从业人员的良莠不齐，缺乏对西方建筑、中国古建筑的系统了解和学习，用一知半解的知识，使得西不西、中不中的“假古董”建筑横行。更多的是所谓“现代建筑”满天飞，试想真正能有几个设计人感悟到“现代建筑”的真谛。最后是规划设计的落后与滞后，是造成千城一面的另一个原因。规划与人缺乏联系，缺少情感空间，国外街头的雕塑、街心公园、口袋公园无不是规划与人之间的情感沟通，而我们到了现在还是大方格一画，追求了40米、50米的道路宽度，却拉远了城市与人之间的距离。前几年，杭州搞了一个背街小巷工程，殊不知真正的民生民心，甚至历史文化的点点滴滴正是渗透在这些小街小巷中。

2012的到来，感慨我们的城市能否像巴黎一样有个奥斯曼，一切从头开始。保留一个古老的京腔的北京城、规划一个浪漫的海派的上海；2012，希望我们的城市能像1666年的伦敦一样，经历了大火之后而重新获得新生；希望我们能够涌现一个中国的柯布西耶，讲述一个属于自己的《明日的城市》；也希望无数个像菲利普·约翰逊这样的百变建筑师来应对我们这个幅员辽阔的国家建设；更热切地希望提高全民族的文化素养和建筑的文化水平。

参考文献

[1]王受之.置若罔闻系列之三——游走集[M].北京：中国青年出版社，2010.

[2]仇保兴.追求繁荣与舒适[M].北京：中国建筑工业出版社，2002.

The Search for the Model Megacity

高靖康

高靖康

（Gao Jingkang）

Entered Princeton University in 2009, expect to graduate in 2013, major: Operations Research and Financial Engineering with certificate (equivalent to minor of other universities) on Urban Studies

The Industrial Revolution in the late nineteenth century began a great migration, and by the late twentieth century some cities accumulated population of more than ten million, referred to as megacities. Megacities are of critical importance political, cultural and economic centers that cast great influence over their surrounding regions. In searching of model megacity for the developing world, we found tremendous environmental challenges in current megacities.

New York City tops the list of “World Class Magacities” in both social and political importance; yet its operations could be vastly improved. The city daily produces 11,000 tons garbage, a volume large enough to fill the Empire State Building. More than seven eighths of which has to be landfilled in the neighboring states Pennsylvania, New Jersey, non-neighboring states Ohio, and Virginia. As the population is projected to grow by more than ten percent in the next twenty years, transportation of waste will become more expensive and landfills will reach capacity, leading to severe social, economic, and political consequences not only for the city itself, but also for its surrounding regions. Confronted with such challenges as those of New York City, architect William McDonough developed the “Cradle to Cradle” philosophy of operation that produces zero waste. “Biological nutrients” and “technical nutrients” would be set on different cycles so that both could nourish something new after they have served.

The environmental challenges are rooted in the City's current heavy reliance on fossil fuels for almost every aspect of life. Studies have shown that New York holds the top rank in the United States for the city with the highest percentage of population without ownership of cars. However, the 2009 Inventory of New York City Greenhouse Gas Emissions pointed out that buildings account for 75% of energy consumption in New York. Fuel consumption presents a tremendous challenge as New York currently ranks second in the world in having the most skyscrapers.

Continued heavy reliance on fossil fuels presents two serious consequences that could cripple New York City within the next few decades. First, the atmosphere and water sources are being polluted by emissions from buildings, cars, and plants that use fossil fuels for raw materials and energy, emitting not only carbon dioxide, but also toxic and carcinogenic chemicals such as polyvinyl chloride from buildings. Pollution damages air and water quality and causes natural disasters such as flooding and hurricanes. In addition, New York suffers from the Heat Island Effect, which, as defined by the EPA, takes shape when asphalt and concrete building materials replace natural vegetation. Large clusters of artificial surfaces absorb solar heat, causing local temperatures to rise between 1 to 3 degrees Celsius. New York's proximity to the Atlantic Ocean lessens the severity of the Heat Island Effect in relation to inland cities like Paris, but it nevertheless contributes to climate change in surrounding areas.

Second, the supply of fossil fuels is shrinking while demand is expanding. In the documentary *The End of Suburbia*, energy consultant Steve Andrews concluded that although there have been numerous projections of peak oil, most projections point to 2020 or before as the era of peak oil. Some experts including Kenneth Deffeyes, a petroleum geologist, even calculated that the world has already reached Hubbert's Peak. Yet, as estimated, New York's population will increase from 8 million in 2000 to 9.1 million in 2030. Since fossil fuels are responsible for the bulk of electricity generation, the expanding demand places heavier stress on the city's grid. When demand pushes the electric grid beyond its maximum capacity, blackouts take place, which New York experienced in 2003.

To this end, the Cradle to Cradle model is the best to respect local diversity in terms of resources, culture, and the physical environment: establishing complete industrial and commercial cycles and discovering innovative solutions specific to the unique problems of particular localities of each megacity. The New York City model should be reformed to adapt to the constantly changing environment and socioeconomic trends so that the megacity may survive and thrive in the twenty first century. A united global effort to rethink about sustainability and to move toward sustainability is essential for all cities.

Bibliography

End of Suburbia, The. DVD. Directed by Gregory Greene. 2004. Canada, The Electric Wallpaper Co., 2004.

Florida State University. Sea Level Rise Due to Global Warming Poses Threat to New York City. ScienceDaily. http://www.sciencedaily.com/releases/2009/03/090315155112.htm. [2010-5-7].

Gotham Gazette. "NYC Book Club Conversation with Benjamin Miller." Gotham Gazette. http://www.gothamgazette.com/books/millertranscript.php. [2010-5-7].

Jonathan Dickinson. "Inventory of New York City Greenhouse Gas Emissions September 2009." New York: Maylor's Office of Long-Term Planning and Sustainability, 2009.

McDonough, William, and Braungart, Michael. Cradle to Cradle: Remaking the Way We Make Things. New York: North Point Press, 2002.

Rainwater Observer Blog, The. http://www.rainwatercollecting.com.

U.S. Environmental Protection Agency. "Heat Island Effect." U.S. Environmental Protection Agency. http://www.epa.gov/hiri/. [2010-5-11].

曦　曦

我希望我的希望不再只是希望："拯救"2012

曦　曦（Xi Xi）
音乐学院在校学生
传媒和文化产业专业

“我希望我的希望，不再只是希望，我希望我的梦想，不要再让我心伤。”民谣歌手杨嘉松在2011年底用这样一首歌，开启了每个人对2012的希望。钟声敲响，挥手旧岁，用满心眷恋撞击温暖愿景，其实心里有点儿泛酸，有点儿措手不及。在这个因“末日”而特殊的2012，我们应该怀抱希望，还是撒手绝望？沾着春节尚鲜的喜庆劲儿，念旧岁，聊新年，我希望，我的希望不再只是希望。

廖一梅的《柔软》中曾说：“每个人都很孤独。在我们的一生中，遇到爱，遇到性，都不稀罕，稀罕的是，遇到了解。”作为一个年轻的“80后”，和大多同龄人一样，我经历着求学就业的压力。这一阶段的每个人，有热血，有激情，有想法，却没办法。停停走走在梦想的路上，总想安定住孤独感。我一直觉得，有了书、音乐、摄影、电影，唯独欠缺的，是旅行。我不怕永恒的孤独，只求和内心说话。怀抱专注和热爱，2011年下半年，我成了一名“伪北漂”，并不陌生的京城是半小时高铁就能抵达的另一个世界，让我在偶尔的思乡泛酸时，随时回去看看。青春可以喧嚣，但也需要沉淀，涉世太浅的时候，找到能够沉溺的生活节奏，可能也算是种不留遗憾的方法。

2011年，我们身处的国家，发生了很多大事。然而在经济加速，国力增强的同时，与民生贴得最近的文化，却被打着“产业”的字眼，呈现了另一番光景。当《大方》停刊；“光合作用”轰然倒塌；声称“唱片已死”的宋柯转行卖了烤鸭……像是这个冬天，雪少得可怜，天空充满雾霾烟尘，但每当阳光绽放，必定温暖安详。犹如城市中人，看似冰冷刺骨，其实只需一个温暖触点，就能融化澎湃。我认为，可以满足精神上安全感的，非文化莫属。

简单地说，文化是种艺术形式，可能这么说过于抽象，但对于“艺术”，老百姓始终认为它是摆在橱窗中，不允许接地气的，“源于生活高于生活”的说法，注定了它“清冷高调没人要”的第一印象。然而城市文化，应该是从一切原住民生元素中提炼得出。从高楼大厦到胡同平房，从十四行诗到天桥相声，从音乐厅的交响乐到Livehouse的摇滚现场，每一个有体感的地方，就有自己的文化。文明需要求同，文化必须求异，百花齐放根本不应有模式，引根溯源才能树立特色。就在下笔的当儿，得知梁思成林徽因的故居终究还是没能逃脱“维修性拆除”的命运，世界五大唱片公司之一EMI（百代）公司结束80年的统治，正式宣布瓦解。唏嘘又能怎样，能听见那重重的叹息的人，太少。由于学习音乐出身，凭借小天分和小运气，在本科尚未毕业就走进了一家国内门户网站的音乐频道实习，是我2011年最大的收获。我感谢这样一个机会让满腔热血得到释放，但尴尬的是，我只是个普通人，连聪明人都算不得。没有胆量崇尚文艺宣讲自由，眼睁睁看着中国的音乐人停笔从影，弃乐转商。的确，全世界的音乐都在走下坡路，拯救从未停止，却徒劳无功。不是社会浮躁，是我们早已不会安心。

2012来了，无论末日与否，这座城市，这个国家，乃至地球，都需要拯救。请给我一个健康的身心，因为心是原点，更是归宿。在人生荷尔蒙即将迎来最高潮的年月中，一个人的经历，便是最大的意义，即使我们的世界落寞多于温暖，忧伤大于行乐。拯救，即使无果，但试图就是一种美丽。做个笑呵呵的人，做个接地气的生活家，做个充满人性的城市使者，与职业无关。打开窗户，阳光散漫而恣意，默默许愿——我希望我的希望，不再只是希望。

拯救世界，也拯救梦想

郭红雨

郭红雨

（Guo Hongyu）

中山大学地理科学与

规划学院副教授

中国流行色协会建筑与

环境色彩专业委员会委员

建筑师和规划师们具有强烈的拯救责任，就像艺术家天生具有批判性是一样的。胸怀宏愿的建筑师和规划师们，总有一种用自己的设计改变社会，拯救世界的抱负，这也是一些有为青年想要进入这一行业的初始愿望。我有一个学生在他关于城中村改造的毕业论文的后记里有这样的表述：作为一个生长在深圳大都市城中村原住民，学习城市规划的目标就是要用专业的知识和对家乡的热爱，改变城中村的环境，解决城中村的诸多社会问题。

用构筑城市的专业技能，为生活在其中的人创造美好的生活，是很多建筑师或是规划师们曾经激扬的梦想。但是，当梦想遇见现实后，复杂的现状，多元的利益，微妙的关系，让塑造社会的理想，变得目标模糊，甚至失去方向；作为龙头的规划，在城市发展运行的过程中，常常不得以被龙尾的利益左右，也让不少万丈豪情一落千丈了。有时，我们也会因为过于专注技术手段，渐忘了目标本身。

在2012，这个象征着新的开始的时候，思考应该选择什么、放弃什么的时候，也可以是一个重新审视内心的志向，寻回单纯的职业梦想的时候。或许，在以专业视角讨论诺亚方舟的构筑的同时，也会重新燃起心怀苍生、塑造社会的激情。因为，拯救世界，也是拯救梦想。

不敢梦想2012

巫加都

巫加都（Wu Jiadu）

新华通讯社记者

高级编辑

有人借玛雅传言称2012是世界末日，又有说是新起点。作为建筑师后代，生于京长于京，我只愿北京古城不要在2012加速末日化、又来新一轮“破旧立新”。

▲ 图2 古建筑琉璃窗檐（水彩）
巫敬桓遗作（1958年画），刊于《建筑画选》（中国建筑工业出版社，1979年）

▲ 图3 四合院鸟瞰（水彩）
巫敬桓遗作（1971年画），刊于《建筑画选》（中国建筑工业出版社，1979年）

先父母巫敬桓和张琦云毕业于原国立中央大学建筑系，新中国成立初随恩师杨廷宝先生到北京兴业公司设计部，后同为北京建筑设计院高级建筑师。他们这些专攻西洋现代建筑的师生们，都深爱北京古城古建，工作之余探古访胜，或拍或画，眷恋至深。改革之初1979年，为全国建筑师出的第一本画集《建筑画选》中，老爸入选的三幅画全是古建筑习作。其中1958年画的《古建筑琉璃窗檐》（图2）那份认真细致，不亚于在校习画经典罗马柱，对中国古建筑艺术的欣赏崇拜跃然纸上。另一张1971年的画应是和平宾馆附近东单一带的老四合院鸟瞰（图3），2011年我特拍了一张和平宾馆周边现貌（图4），40年间变化竟沧海桑田。老爸老妈如长寿至今，眼见古城在建设中日新月异得面目全非，估计也早背过去了。

当年梁思成先生保全不了北京城，求其次，竟也保不住城墙城楼。可怜今人连其次之其次也求不着了，更加无奈。当初和平解放北平，军代表请梁先生圈划要保护的古城古迹，今还几处存？2012龙年伊始，梁先生故居也被强拆了。怪不得80年前林语堂先生在《梦想的中国》中“我不做梦，希望政府保护百姓，只希望不乱拆民房”的感慨能共鸣至今。

我不再梦想中华瑰宝之北京为一完整世界遗产之城，但愿所剩无几的古城遗迹别一铲而光，文物变垃圾。

不敢再怀想令人痛心做了古的城墙城楼、一扫而光的牌楼老街、变成机关学校大杂院的花园王府，但愿别再顺城街变金融街、大裤衩林立、大鸟蛋遍地。

不敢奢求京城应是传统的纯粹政治文化中心，但愿别成现代大杂烩，什么“中心”都往里拼。20世纪末才去了工业化，本世纪初就摇身为时髦大拼盘，暴发户似地膨胀起来。

不敢妄论各届京官急于任内成就伟业的雄心，但愿别好大喜功，大兴政绩工程于老城，使那“大跃进”延续至今。

不敢反对都市现代化的追求，但愿标新立

▲ 图4 20世纪50年代初，位于王府井的七层和平宾馆老楼曾是北京城里稀有的高层建筑，如今已被林立的高楼大厦所淹没，一眼望去，古城风貌荡然无存，而这一带曾是最有特色的老北京古城（巫加都摄于2011年9月）

异之试验远离老城，原汁原味之古色别成拆了再建的赝品。

新潮的奇楼异厦已遍布老城，疯狂开发的商们官们惦着在天坛里竖起个大背心、敢把商城开到太和殿前广场上的日子也就不远了。

疯狂拆迁何时了，故城剩多少？以毁灭文化遗产为代价的现代化，窃以为没文化，不化也罢！

前人忙于革命忙于拆城，无暇自哀，使我们后人痛哀之；后人哀之而不鉴之，将白白哀之，亦使后人而复哀后人也！

危机产生的机遇

丁　圆

丁　圆 (Ding Yuan)
中国美术家协会
环境艺术设计
委员会副秘书长

我们赖以生存的地球，因为有高山平原、江河湖海和四季循环的自然多样性，也因为有人类创造的金字塔、万里长城等不朽的文化现象而变得如此丰富多彩和朝气蓬勃。然而，我们自身日益膨胀的欲望导致毫无节制地占有和任意地攫取自然资源，毫无责任感地肆意挥霍，已经到了难以为继的发展瓶颈。面对摇摇欲坠的自然生态环境和多样性地域文化的消亡，人类社会面临前所未有的危机。无论世界末日是否真的突然来临，我们都必须认真地思考如何与自然共生，如何延续我们自己创造的丰富多样的文化遗产。

中国传统建筑的中轴对称、院落递进和封闭围合的空间构成，与大陆性气候环境条件和生活习俗有关，反映了中国传统的尊卑有序的社会伦理观念。建筑本体可以说是“木”和“土”的世界。木材便于获取，可塑性很高，用来构筑建筑的结构和装饰。土是最易获得的建筑材料，夯土筑基和筑墙，可以抬高和围合建筑，避免自然灾害，亦可增加建筑的体量感。烧制土坯还可以制砖和瓦等土的衍生物，提高土的材料强度、保温和防水性能，用于围合墙体和覆盖屋面。在木材贫瘠地区，可以克服自然条件的限制，增加建筑的环境适应性。围绕“土”和“木”的材料，先辈们代代传承并优化建造方式，创造了独特的建筑文化。

近几百年来，人类社会依赖科学技术进步，获得了更多的人工材料和建造技术。我们可以突破以往的自然条件的限制，而变得无所不能。现在，我们只考虑获取，无视地域条件属性，追求生产效率和经济效益的最大化。新技术解决了旧问题，却又诞生了新问题。这种循环往复的、过分依赖技术革新的方式已经不能有效解决人类社会发展面临的所有问题。标准化和效率化迫使我们放弃原有的多样的生活方式，趋同性的结果最终将导致地域文化特性丧失殆尽。

建筑是最大的文化与艺术的载体，限制与重复是产生地域建筑文化特征的重要途径。正是由于地理环境、交通运输、技术手段和可以便利获取的材料等诸多建造条件的限制，人们逐渐开发了适合于本地区的气候地理环境特征和生产生活条件的空间形态和建造方式。这种获得社会认同的优选建造方式，通过大量的有序重复，形成了本地区独特的建筑文化风格，并得以代代延续和优化。因此，所谓的建筑文化包含了建筑本体和建筑本体以外的、人们可以使用体验的空间及视觉、心理的感受。

正在创造历史的今天，我们能为后人留下些什么？我们应该重新思考建筑文化的含义，回归建筑本体以外的东西，重视被我们忽略的使用者的生理心理和社会的诉求。即重新以人为研究对象，研究传统文化习俗、生活方式和社会伦理观念的影响，避免过分依赖新材料和新技术，追求新、奇、特的时尚建筑设计语言，或将自然而然地产生建筑空间的文化魅力。冬冷夏热是我们感受大自然四季变化的最佳方式。抑制一些欲望，放慢一些速度，也许我们可以更加仔细观察和审视我们自己的行为，优雅的慢生活也许是最适宜的、培植文化的生活方式。

大危机面前是我们最清醒的时候，珍惜大自然给我们的良机，错过了也许我们真将面临毁灭。

开启

陈　飞

陈　飞(Chen Fei)
历史学学士、工程硕士
从事文化遗产保护
管理工作

在期冀中，在参与中，在不经意的时光流逝中，第三次全国文物普查画上了圆满的句号；“中国近现代建筑经典丛书”出版了三部；品着《中华遗产》，赏着《中国文化遗产》，《中国建筑文化遗产》问世了；伴随着认知的提升，原来所熟悉的“古迹”转变为了“文物”，“文物”升华为了“文化遗产”……在这个过程中，遗产学人对文化的认识由浅到深了，由表到里了，由具象到意象化了。其实，这本身也许就是一种文化的前进，随之而来的持续发展和历史的积淀，必将给我们造就一份沉甸甸的遗产，这种遗产既有可感知而不可亵玩的遗产学人的精神智慧和创造力，也有可触摸、可作为博物苑珍藏的鸿篇巨制。

“文化是一个动态的概念，是一个不断地继承和更新的过程”，它的力量在于对人民精神素养具有强大的塑造力，并能促进人的全面健康发展。文化遗产则是文化的载体和容器，用以承载人类文明的精华，表现着人类的创造力，标识着不同区域、不同民族的美学特征。

随着我国社会现代化进程的深入，“博物馆日”、“文化遗产日”、“博物馆免费开放”等一系列活动，使人民群众的文化权益水平不断得到改善，遗产的触角已深入社会各个领域和阶层，“文化遗产人人保护、保护成果人人共享”已不再是一厢情愿的口号，象征着文化遗产保护工程向民心工程的靠拢。文化遗产正作为一种文化表现形式，潜移默化地促进着“中国民众由凭借经验、传统、习俗、情感而生存的自在自发的传统主体，向凭借理性、规则、法制而生存的自由自觉的现代主体的文化转型”。作为建筑文化遗产学人，我们可以忘却成果问世时曾为荣誉而加快的心跳声和感官一瞬间的血液或酒精刺激，但作为文化守望者、传承者，我们永远不能忘却身上的文化责任以及历史赋予我们的使命。只有这样，在2012年到来之际，借“十七届六中全中”的东风，才能让中华文化更加繁荣！才能让中华文化更加焕发活力！才能让中华民族屹立于世界民族之林，更加豪迈地走向未来！因此，中国遗产的发展之路，“一如民族复兴的大趋势，必须在充分吸收外来文化的基础上，寻求符合民族文化心理的重生之路。” 这是国人“实现中华民族伟大复兴”的重要途径，也是学人传承和发扬中国优秀传统文化的目的。

马　晓

杂感

马　晓(Ma Xiao)
南京大学建筑与城市规划学院城市规划设计系副教授

记不得哪本书上曾说过，当财富极大丰富的时候，财富也许会变成负担，人们的生活甚或愈加痛苦；在一切要求几乎都可以得到满足时，生活可能变得空虚。

举例而言，为解决此，不安分的人便要制造刺激，调剂生活；大凡还有点良心的人可能在虚拟的世界里遨游，大战假想中的敌人，战胜之后还是痛苦；安分点的人，也还是痛苦，财富那么多，但看着有限的资源不断耗尽，于心不忍，便竭尽所能，简化生活，回归本原，但不是人人都愿意回到原初的生活方式，遂痛苦不堪……

令人欣慰的是，无论生活在贫穷或者富裕之中，总有那么一些人愿意坚守信仰，开启民智，承担社会责任，支撑着社会的进步，并为此而感到快乐。

或许，当理性战胜“蒙昧”、纯粹代替混沌，生产高于生活、室内代替室外，空调统一季节、虚拟创造现实时，我们还可以停下脚步，让性灵暂时得到休憩，回头看看曾有的快乐与痛苦，它们深深地根植于传统文化的物质载体——历史城镇、古村、建筑遗产及其塑造的空间、场所，存在于传统文化活的载体——人。

再回过头来，便知道我们的下一步该如何迈出。

贾东东

遗产也风采

贾东东
(Jia Dongdong)
《世界建筑》编辑部主任

在卫星和计算机的时代，地球似乎“迅速缩小”了。世界上各部分之间的距离越来越短、越来越方便和密切了。方便的交通工具让我们走遍世界成为可能。今天，我们打开了眼界，外部世界已不再那么神秘，生活方式开始趋同。当我们感叹国外保护文化遗产成功经验、折服于古人的创造力的时候，更感到珍惜身边的、以不同的形态承载着我们不同生活方式的建筑的重要，它们以最平凡的镜头叙述着各自的历史。北京的胡同、四合院，福建的土楼，徽州的小桥流水……它们无意炫耀自己的风采，却倾倒着国外游者，于平凡中显示着伟大。

拯救遗产要从身边做起，我们今天的建筑也在悄悄地向“遗产”走去。眼下时兴对新中国后至“文革”期间的建筑进行改造，其实这些建筑也是历史，它们在述说着那一时期的经济状态，如果过多地毁掉这一时期的建筑，那么，建筑史将被中断，历史的遗产也是不完整的。为它们做些美容是可以的，如果为它们做手术“整容”，好像应该三思而后行。整了容的“老太太”未必有魅力，让它们带着一些沧桑和我们一起慢慢变老，或许更是一件“浪漫”的事。

刘江峰

在登上诺亚方舟的时候

刘江峰
(Liu Jiangfeng)
建筑设计与理论博士
《建筑创作》编辑
《建筑中国六十年·图书卷》执行主编

在登上诺亚方舟的时候，我们会带着什么？我们应该带着什么？当一个星球向另外一个星球问候的时候，我们又该带着什么？什么能代表我们的文化？“生活中从不缺少美，而是缺少发现美的眼睛”。在中国传统文化被西化浪潮不断裹挟着步步退守的时代，传统似乎代表着落后、落伍，“破四旧”虽不是这个时代的主流话语，却并没有从这个时代人们的脑海中消失。可是，全球化浪潮中还有另外一个声音在说：独特的个性是个体存在于地球上的唯一理由。将传统中优秀的文化基因转化成文化遗产，珍视它，传承它，是发现者的责任。《中国建筑文化遗产》作为展示文化遗产的阵地，就承担着发现者的任务。希望她的眼光越来越敏锐，发现中国建筑文化遗产的独特魅力，展示为文化遗产而努力的学人的迷人风采。祝《中国建筑文化遗产》越办越精彩！

李华东

请关爱文化遗产

李华东(Li Huadong)
北工大建规学院副教授

影视界借以赚得盆满钵满的2012世界末日尚未到来，梁林故居倒是在龙年伊始就被“维修性拆除”了。我们无意高估那几个房间的价值，也不愿矫情批判开发商的粗暴虚伪，但这个事件无疑具有某种标志性意义。国外有人讥笑中国这几十年的发展只不过是基于动物对食色性最简单最原始的追逐，“中国人”正有意无意地不断削弱他们作为一个民族存在的精神力量。很遗憾的是，每一次文化遗产在与“开发”的对抗中的失败，又为这种论调增加了一次签注。难道中国真的已经人满为患到留下一处小小的精神空间也不可得的地步了吗?

也许是的，保护文化遗产，在某些场合、某些时段，需要某些人做出某些“牺牲”。但是，我们必须知道，恣意毁坏前人的成果是一种罪孽；粗暴剥夺后人了解前人的权利则是一种无耻。无耻者带着浑身的罪孽和财富去了美丽的加拿大，留给我们日渐苍白贫瘠的家园。

必须尽力拯救我们自己。关爱文化遗产的人们，联合起来！

王　展

建筑、城市与文化

王　展(Wang Zhan)
美国南加州大学城市规划硕士在读

建筑与城市是密不可分的一个整体。城市的具象就是建筑空间，建筑是表达与传承城市文化的载体。

然而，建筑与城市在文化表达上又是相反的两面。

建筑以有形的外观塑造空间的形态，进而符号化，表达出无形的文化——如四合院表达内向聚合的文化，外部的尺度与装饰宣告着这户人家的社会地位；而宫殿则有巨大的尺度，红墙与琉璃瓦分明地昭示着皇权。或曰形态学。

通过视觉效果可以来诠释文化，并且在某种程度上影响了文化体系的形成。在建筑设计中，实为体，虚为影。

城市则是通过政策、经济、交通等制度安排来规范社会行为。专业化分工，社会化合作是人类文明进步的标志。随着商品交换日趋剧烈，人类文明聚合的形态从村落衍化为城市——单细胞无限克隆的结果不是人体，而是肿瘤，文明形态的变化也并非简单的聚合与叠加。经济活动剧烈化、社会关系多维化、文化体系复杂化，才是城市的灵魂。通过形而上的社会关系（与政策）来规范人类的生活，以此为框架打造出的人类文明聚落，被称为城市。其虚为体，实为影。

规划与设计，一体两面，各司其职。这也是社会分工细化的一个体现。建筑设计是表达文化，而城市规划是被文化所表达。城市规划，不应降格到仅仅是城市空间设计的层次。

2012年的希望

刘安琪

刘安琪
（Liu Anqi）
美国佛罗里达大学
文化人类学硕士
目前在中国传媒
大学国际学院工作

在进行关于拉萨市文化景观变迁的人类学课题研究时，我非常惊讶于拉萨老城区这个130公顷的小街区中高度浓缩的文化意义。凝结在八廓街周围一栋栋历史建筑中的，有藏族独特的建筑工艺传统，尼泊尔工匠高超的金属铸造技术，起源于印度、与西藏苯教融合后产生的藏传佛教象征体系以及重大历史事件的印记和当地居民的生活积淀。改革开放之后，这个街区倾注了来自政府、文物局、联合国教科文组织、西藏建筑设计研究院和国际非政府组织等机构在历史保护方面的努力，也吸引了来自世界各地的建筑师、艺术家、学者、宗教信徒和络绎不绝的游客。围绕这些历史建筑产生了丰富而广泛的交流，历史建筑作为文化遗产的价值不言自明。

结束留学生活之后，我回到北京，开始在中国传媒大学负责来华留学生的管理工作。很多留学生，特别是在职进修的传媒从业人员都意识到自己在文化交流中的使命，我非常希望将中国文化凝练地展现给他们。在参观文物古迹的活动中，学生们以自身文化的视角，各自挖掘出不同的意义。作为一个北京市民，这些历史建筑是我身处其中的风土，与我息息相关，我为它们深厚的文化底蕴感到由衷的自豪。

希望在2012年，我可以做好自己的本职工作，以教学管理、翻译写作等方式发挥促进文化沟通的作用，为传承遗产、创造价值贡献自己的绵薄之力。

2012 变数之年

刘震宇

刘震宇
（Liu Zhenyu）
加拿大宝佳国际建筑
设计集团亚太区执行
总建筑师

2012是最让人期待的数字。不论是在传说中，在预言中，还是在现实中，2012都是直击心扉的数字。让人纠结，让人惦记，也许，还让人期待……很快我们就将身处其中，去亲历这个年份，去体会未知的变数，去迎接未知的结果……从揭晓结果的急切心理来说，我们已经被神秘感吊足了胃口，有点迫不及待了。终于，它来了……

对于宝佳和宝佳人来说，我们是在感受一种特别的冬季中，走近了2012。这种特别来自于我们身处的行业，房地产业正被冬日降临的气息所包围。乐观地讲，冬天来了，春天还会远吗？在茫茫雪原中向前，在寻找春光的路途上，会有许多同行者。向前走，过了冬日，就是春天。结果是共识。而最关键的问题是，能熬过冬季么？在向前的所有路径中，直线总是最短的。但向前的过程经常是会走叉路，太多的选择有时不意味着机会，而是让你熬过冬天的路上多走些弯路，多耗些时光。而有限的时光可能是我们走过冬季唯一的底线。

所以，2012可能确实是变数之年。但，我们不变，我们坚持，坚持既定的直线，向前，直到，我们走过2012，走过冬天。

愿宝佳人携手共进，创造一个辉煌而特别的2012！

2012，设计拯救生命

Joyce

Joyce
英国伦敦Brunel
University工业
设计系大二学生

对于2011年，感谢我能成为《中国建筑文化遗产》杂志的特约记者，感谢这本杂志能给广大的留学生一个传播海外文化创意的窗口，感谢我有幸能与这本杂志一同成长；对于2012年，无论是2009年的电影《2012》呈现的灾难场面，还是伦敦奥运会，2012年可谓是“危”“机”重重！面对那样的“预言”，我们还是在2011年这倒数的一周里，共同回顾、共同祝福一下吧！2011年末，等来了羽泉的圣诞演唱会，伴随着《向上人生路》，我们忆弹唱笑骂的时光，念起肆无忌惮的疯狂，默念我儿时悄悄种下的愿望。如今我即将迈入二十一岁的行列，我骄傲前行，光荣受伤，人生海海，遍地沙场，活在当下，放飞过往，抬头一片晴朗！在2012年这充满“风险”的年度，每个行业的人都有他们专属的位置，我站在设计系学生的角度上要说：当自然巨灾来临的时刻我们可能无法逃脱，但重要的是我们可以把握自己，要求每一项产品设计都能兼顾安全性，因为设计可以拯救生命，设计可以改变人类的命运。

2012，让我用设计拥抱希望！

双喜

董　灏

董　灏
（Dong Hao）
BIAD“国际
工作室”主任

2012，像是一个不必急于求成的节日，悠然地来到了我们的面前。

或真或假，这个节日所被赋予的含义让有的人快乐，有的人恐惧。

中国人过节讲究个吉利，都愿意成双成对。正好到年底我悟出了两件事儿，就写出来为大家说上个双喜。

头喜：

书上说人生有四大憾事：“少无良师，长无益友，壮无善事，老无令名。”

回头看看自己经历的年头，也是三十有八了，算是个壮年了吧。按照书上说的标准，还真没什么憾的。从小到青春期的时候因明白事儿晚，就没上过重点学校。虽没说遇到过什么区级、市级的名师，但幸运的是老师都开明。开明到在既能满足各项教学大纲的前提下，还容得下我按照自己的样子长。一路长到今天，我还是我董灏，而不是千千万万同一个模子里翻出来的别人。谢了老师们！青春期往后，交友也多也杂。三教九流，五行八作。有的渐渐疏远了，有的到如今依旧如初次相见似的来劲。但想想都是开卷有益的相识，或高或低，或多或少，都对我有所帮助，也谢了大家！至于未来老年有没有令名的事我也不大关心。说说眼前的事儿吧。自己时值壮年，这几年来，和能一起共事的设计团队为手中令自我陶醉的工作快乐着，而工作正是为这个山崩海啸、鸟语花香、意乱情迷、神怡灵动的世界增添光彩的一笔。真的是善事，在这谢谢自己，谢谢能一起读这些字的人了。更好的是，不光眼前手下壮着，这股子壮劲看来还要一直壮下去。思想上的创造力恐怕是"壮"最有效的燃料了。

二喜：

从小就知道："温故而知新"，大了才理解不光指复习功课能考好分数，更觉得是人类发展了上千年，弯路正道的也走了无数条，世界大家的"故"就是文化和历史遗产，时常学学是能够解放现在的我们的思想，指导未来的我们少走弯路。

对"故"的学习也分不同，积极地学，历史和遗产可以让我们获得更大的自由和解放，而不是枷锁和累赘。说到知新、创新，很多时候会想到要去发现创新。其实创新就在我们的血液里，它和我们一起出生，是我们神性的一部分。只是在成长的过程中不断地被束缚住，不得自在地发挥。

对于我来说，这几年的工作室工作经验证实了如何倾听自己身上的本真，如何倾听每一个人的声音，发挥我们与生俱来的创新能力，让它直接为我们自身和相关的设计带来精气神儿。

愿双喜能引大家所思，令大家有所悟！

2012就在身边了，我想我们不用犹豫，也不必彷徨，更不要躲避。勇敢地走上前去，搂住她的腰，拉着她一起跳自己的舞步就好。

苏 波

建筑文化周年庆小札

苏 波（Su Bo）
中国建筑设计研究院
国际设计咨询所建筑师

2012是新的一年，这一年常常被当做末世符号来体现玛雅人的预言，之前几年关于2012的猜想与流言也是林林总总。2008年的标志是改革开放30周年，新中国成立初期"大跃进"发动50周年；2009年的符号是新中国成立60周年，五四运动爆发90周年；2011年最值得祭奠的是辛亥革命100周年；而另一主题是中国加入世界贸易组织10周年。越来越强的历史意识说明我们开始主动地把一系列事件放在一起，并且开始更好地阅读事件的意义，从而延展出洞察力。这种历史的联系应在建筑文化领域积极推广，加强对建筑历史文化的研究，不让这种经验过于支离破碎，真正地保护正在逐渐消失的各具地域与民族特色的村落建筑文化，修复已经被破坏了的原有城市文脉与肌理，不让对"周年"的庆祝日成为建筑文化的忌辰，也不希望在玛雅人预言到来之前，我们更多建筑传统文化成为未来需要重忆的遗产。

王宝林

应有的担当

王宝林
《中国建设报》报社
副总编辑

在城市化高速发展的大背景，南北千城一面、城乡趋于一面的同质化现象有愈演愈烈的趋势。这其中，既有政绩工程的影子，也有规划设计的问题，但更深层次的是文化认同的问题。

因此，贯彻文化强国战略，建设文化强国，我们有太多的功课要做。而弘扬中华民族优秀传统建筑文化，提高国人各个阶层对中华民族优秀传统建筑文化的自觉、自省；普及建筑文化知识，提高国人各个阶层对中华民族优秀传统建筑文化的认知度；深入挖掘建筑文化遗产的内涵和中华民族优秀传统建筑文化对人类的贡献和影响，提高国人各个阶层对中华民族优秀传统文化的自豪感；积极宣传当代世界建筑文化知识，不断给中华民族优秀传统建筑文化注入新的先进的因子，使中华民族的建筑文化能够与时俱进，等等。我以为，作为专业媒体——《中国建筑文化遗产》，应该一定会有这样的担当。

石大宇

中国传统设计之粹，可成当代设计之源

石大宇
（Shi Dayu）
台湾产品设计师
"清庭"创办人暨创意总监

由于西方在工业设计发展史上的优势话语权与绝对影响力，我们的传统工艺在过去百年间多处于被遗忘或忽视的状态而无法与时俱进，我希望能接续这个断层，将传统工艺转化为当代设计，使其对应当下生活；而且其中蕴涵的"敬天"智慧，恰恰呼应现下的环保趋势，更是可贵的特质。

在2011年，我致力于探索"竹"的特性与潜能，成果主要体现在两个方面："竹计划"展览以及清庭自主品牌的产品开发。"竹计划"于北京天安时间当代艺术中心"全方位中国设计"展推出，意在展现竹从生材(如：竹管、竹条)到半熟材(如：竹光，是竹与LED的结合)、熟材(如：椅君子、椅琴剑等竹制生活物件)的各种材质特性及应用潜能，进而让大众选用竹产品、认识竹材优良的生态效益，并影响更多设计师应用竹于其设计中。

我们这个时代面临气候变化、环境破坏、资源稀缺等难题，需要检视工业设计的发展脉络及其代表的大量生产、快速消费模式并予以革新。竹材除了环保特性，对于中华民族而言更富有文化情感，再加上中国的毛竹产量占全世界的四成，我相信"竹设计"是一个理想的切入点，值得做更深入的研究、更多面向的应用，借此发展根植于中华文化的设计概念，并以华人的角度重新定义工业设计。

▲ 图5 观众在戏棚里看神功戏的情形（周嘉仪摄）

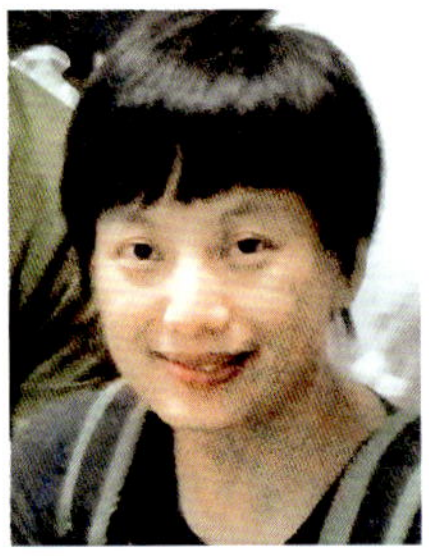

谢燕舞

看粤剧与盂兰胜会的文化传承

谢燕舞(Xie Yanwu)
香港当代艺术推广机构
Art Products Promotion (APP) 负责人
艺述研究社 (D'ART Research Unit)社长
香港浸会大学(SCE)兼任讲师

2011年5月，盂兰胜会列入第三批国家级非物质文化遗产名录。然而，如粤剧一样，申遗成功并未令它引起很大的社会回响。值得深思的是，本应借此名分予以转型及保留的香港仅存私营戏曲表演场地——北角新光戏院（成立于1972年），却将于2012年2月正式结业，仿似宣布了粤剧的消亡。从此以后，粤剧只会在鸦雀无声的公营剧场上演了；这与新光戏院里老人们边嗑花生边拍手喝采的热闹，真是恍如隔世。

粤剧与盂兰胜会，同是岭南文化的传承精粹。前者是由南方的民间戏曲发展而来，在20世纪五六十年代踏上艺术台板，同时仍然游走于民间庙戏，与南方民间节庆里必不可少的棚戏（或称为神功戏）共生共存。粤剧、盂兰胜会、棚戏，三者本是不可分割的岭南民俗文化载体，缺一不可。

棚戏的历史可追溯到隋唐时代临时竹棚建筑，为进行祭祀和神功戏，特别在广场上兴建的庙戏戏棚。而香港因特殊的历史因素，生动地保留了棚戏最为原始及完整的岭南民俗文化面貌。每年农历七月的盂兰胜会期间，全港市区各处空地、游乐场、马路旁，甚至村屋小巷的屋檐下，均布满了竹棚，以及棚戏戏台，连续三天上演神功粤剧超渡亡魂祀鬼神。这种热闹的场景绝不用待其宣布为“遗产”始再行

▲ 图6 旺角亚皆老街游乐场盂兰胜会神功戏棚的外型（周嘉仪摄）

▲ 图7 香港新界青衣天后诞棚戏（周嘉仪摄）

"拯救"，它本就已自然凝聚于民间，且盛行不衰。

要"拯救"的， 实在不应当是形式，还有我们面对珍惜文化传承成果的洞见与态度。

罗　隽

罗　隽（Luo Jun）
英联达奇国际
工程顾问董事兼总经理

值此新年元旦之际，祝先生及各位新年快乐。回顾过去的一年，金磊先生承一如既往的开拓精神又创刊了《中国建筑文化遗产》，引领学术潮流，树建学术高地，实令人钦佩。祝先生及同人壬辰年取得更大成绩！

何为遗产，如何拯救?

郭秋惠

郭秋惠
（Guo Qiuhui）
清华大学美术学院
艺术史论系讲师
清华大学建筑学博士后

接到"遗产与拯救"约稿之时，我正感慨于母校——中央工艺美院光华路校园旧址被粗暴拆除。这所在新中国成立之初，举全国工艺美术与设计大家之力创建的中国第一所独立的设计学院，其建筑犹如德国当年的包豪斯，理应是中国现代设计教育建筑文化遗产，在北京CBD的规划中得到合理的保护与发展。然而，它却无法冲破经济发展的"大局所需"，与历经近百年而保存完整的德国包豪斯校园命运迥异！

2012年来了，如果不是末世来临，那么面对中国快速行进中的城市化、现代化进程，我们仍需理性地思考"何为遗产，如何拯救"。

十年树木，百年树人。百年之前，教育总长蔡元培提出美育之方针。回望蔡元培美育救国的理想，可以挖掘中央工艺美术学院的学术源流。曾经集聚于中央工艺美术学院的有识之士，继承了美育救国的理想，践行着"行知合一"的追求：从庞薰琹对于"生活无处不需要美"的美育坚守，雷圭元对于图案的崇高地位的论述，到张光宇演绎的"新时代的民间艺人"，张仃推崇的一点之美，吴冠中掀起的形式美讨论，装饰源于生活，艺术介入社会，追求艺术化生活的美育之道，形成了中央工艺美术学院人坚持不懈的共同追求。

建筑形态之家园已然无存，精神思想之家园更需梳理，加以继承。

2012，我们需要什么样的设计?

谢　欣

谢　欣（Xie Xin）
清华大学美术学院
在读博士

2012，我们需要"慢"设计。

设计让我们的生活节奏越来越快，已经快到癫狂的程度。但是，速度并不能给我们带来幸福，相反，它是以牺牲我们的精致感受为代价的。而且在对快的追求过程中往往隐含着太多的焦虑、疲惫和危险。因此，设计需要在适当的时候踩刹车，让我们能够有时间和心情去欣赏周边的风景。

在加速快跑的今天，"慢"设计所提倡的是放缓生活节奏，去细细体味生活中的点点滴滴。让设计慢下来，以此来对抗物欲社会带来的浮躁。让我们在对慢的体验中重新找到属于自我的文化认同，以此来端正我们的生活态度。

2012，我们需要"小"设计。

在大时代，我们要做好"小"设计。生活在如今这样一个大时代，我们丝毫不缺乏与宏大主题相关的"大"设计，我们所缺乏的是与个体生活密切相关的"小"设计。"小"设计是相对"大"设计而言的，一个纽扣、一个回形针都是"小"设计关注的主题。"小"设计并不会苦心孤诣的去创造人类的未来，它只是以一种微不足道的方式给我们平添一点喜悦，"小"设计并不关乎数量，它只关乎质量。较之于承载了太多社会责任的"大"设计而言，似乎"小"设计对我们每一个个体更为真实。也许"大"设计能够改变我们的时代，但是我们已经迫不及待要去体验"小"设计赋予我们的权力。况且，只有把无数的"小"设计做好，才会有我们期待的"大"设计。

2012，我们需要"土"设计。

这里的"土"，是指本土、乡土。自从二战后国际主义设计风格在全球范围内大行其道以来，很多设计成为无根的设计。这种被人连根拔起的设计自然不能持久，长此以往，设计便成了诅咒，诅咒我们这一代人要在真空中度过。因此，我们今天的设计需要多一些"土"气。"土"设计所提倡的是对自身文化的认同和尊重，它能给人提供诗意的居所，还能带给人情感的皈依和精神的庇佑。

我们不需要一个量化的、标准化的世界。我们也不希望在无意之中被设计放逐，像尤利西斯。

老人和老建筑

刘　建

刘　建（Liu Jian）
毕业于东南大学建筑研究所
宝佳集团副总建筑师
北京大学城市规划与
房地产研究所副所长

中国已进入了老龄化时代已经是一个不争的事实，而且是未富先老的尴尬局面。那些为国家工作了一辈子的老人们不知所措，前景不明，一方面政策有待完善，一方面独生子女的能力有限，他们能有什么更好的指望呢？我父亲教了一辈子的书，最后的岁月是在病床上度过的，病痛的折磨虽然使他逐渐失去了一个师长的风范，但在春节前的告别还是体现出老人对我们最后的关爱。

树欲静而风不止，子欲赡而亲不在。我们悲痛于无法分担他们的痛苦，我们遗憾没有更多时间的陪伴。但又有多少人意识到了，我们的城市更早地进入到了老龄化时代，有更多的建筑还来不及发出它们的声音就匆匆告别了这个世界。

每一次的拆迁，都让我们知道了和见到了一些原本仅仅存在于地图上的或是记忆之外的建筑，随着周边建筑的消失，它们的形体轮廓也越来越清楚。但总让人觉得一点尴尬，原本迷人的身影也因为其他部位的暴露而减色不少，这才发现，即使是建筑也是不能或是不愿独立存在，而是要和其他建筑一起生存。

每天中午我都会去台基厂南侧的拆迁区走走看看，在这一片片等待拆迁和已经拆迁的环境中我无意也无力于留住什么。那些幸免于难的建筑孤零零无助地伫立着，东一个，西一个，就像是战役结束后幸存的战士，看着周边长眠的战友，能说这种等待人们的发落是幸运的吗？就像是一个老年人，是愿意和老友一起挤墙根晒太阳，还是愿意去子女家和到养老院享福呢？

我一直认为如果我们不能保留一个城市的

完整，就不要去象征性地保留几个建筑。我们没有能力去保留它们，为什么不能给它们一个体面的葬礼？让其辉煌留在我们的记忆中，而不是看着它们“活受罪”呢？

每当我看到那些打扮一新、装点得体的老建筑，我就在想老人最幸福的是什么呢？是颐养天年，悠哉游哉，还是愿意发挥余热？我们主观上让他们焕发青春，又是否想过他们的感受？让他们在自己的生活中安静地度过是否也是一种幸福呢？2012不是世界末日，但会是一个新的开始，愿更多的老人和老建筑能够安享晚年。

薛　明

遗产与发展的纠结

薛　明(Xue Ming)
中国建筑科学研究院
建筑设计院总建筑师

先人给我们留下的有用的东西似乎都可称之为遗产。人类一代又一代在继承前辈遗产的基础上不断发展。而遗产和发展似乎是两个互为依存又互为矛盾的命题：前者促进了后者，但有时又可能成为后者的负担。因而，在发展的过程中，人们会忘记、忽视、遗弃甚至破坏很多看似成为负担的遗产，当人们醒悟过来，再次发现它们的价值而要寻找这些遗产时，它们却已经永远地丢失了，留下的是无尽的遗憾和痛悔。

遗产是孕育文化的温床。世界上各民族的文化，深深地受着自身遗产基因的影响。从而构成了丰富多彩的文化体系。

中华文化源自丰厚的遗产。这支文化好似一条大河，由很多支流汇集而成，有很强的包容性。从某种意义上说，中华民族很善于将其他民族的文化转变成自己的文化并使之成为遗产。此类例子不胜枚举：佛教传入中国，被吸收到自身的文化中，成为自身文化的一部分；胡琴、琵琶这些西域乐器，后来成了中国民族乐器的代表；来自印度的窣堵坡也发展成了中国独有的佛塔。在北京，北海和妙应寺的白塔、颐和园的四大部洲，都显示着对邻者文化的借鉴和融合。近代的上海、青岛、哈尔滨等都出现不少了西方式样的建筑，连饮食都出现了罗宋汤、红肠、大列巴这些来自西方却又成为地方特色的可能成为遗产的东西。

文化有包容性并不是什么坏事，关键在于包容什么，是包容真正有价值的东西，还是包容仅仅一时看起来有用的东西。

人们在吸收文化时不免具有功利色彩，由此，人们对文化的吸收就具有了选择性。而功利的原则往往是着眼于所谓的现实意义。以当下的中国来说，很多老板们如痴如醉地引入了所谓欧式建筑，因为这是洋房，能够彰显所谓的贵族地位，满足所谓成功人士的自我认同；很多地方政府不管自己的辖区是否有欣赏基础，都要建个歌剧院，以彰显对文化的重视。可惜的是，眼光完全放在现实利益上面就会失去长远的发展。为了打造这些所谓的新建筑，许多具有历史价值的古老街区被轻易地拆毁；为了让人们欣赏西洋歌剧，却放任许多地方戏剧面临失传的危险……

我们正在丢失很多的珍贵的遗产，却代之以毫无历史价值的时髦货。当我们醒悟过来，发现这些时髦货很廉价的时候，我们是否会痛苦地感叹：中华文化这棵大树原来之所以枝繁叶茂，是因为我们本有硕大的根系，当我们嫁接了一些小树枝，结了丰硕的果实的时候，我们就只顾照看嫁接过来的树枝，而忘却了大树，甚至还斩断了大树的根……

吕　舟

学科交叉中国建筑文化才有出路

吕　舟（Lv Zhou)
中国文物学会传统建筑园林委员会副会长
清华大学建筑学院
教授

我一直从事并且关注着中国世界遗产的研究与保护问题，但现在感到非文物部门的学界已经开始对文化遗产事业关注了，这是一个很可喜的现象。这体现了学科交叉的一种前景。最近我又很荣幸成为中国建筑学会建筑史学会的会长，我认为，建筑史学会与传统建筑园林委员会的使命是共同的。因此非常希望《中国建筑文化遗产》能成为我们共同的平台，建筑史学会将为这个平台提供更多的好文章。在新的一年里，我更希望两个学会能有更多深入的交流，因为无论从建筑史还是建筑遗产学方面，它们的研究方向都是一致的，只有交叉我们的研究才有深度，只有交叉我们才能让公众更明白什么是值得珍藏的中国建筑文化。

韩　扬

传承和光大是责任与使命

韩　扬（Han Yang)
中国文物学会传统建筑园林委员会副会长
北京古建筑研究所所长

古建筑保护问题是国家近些年关注的焦点，北京市自然不能例外。我们研究所在北京中轴线申遗工作之中倾注了心血，研究任务虽重，但我身为一名古建筑保护的科学工作者，不仅要保护它永世传承而不灭，也要将我们民族的光荣光大至世界，为此辛苦流汗理所应当，这也是我们义不容辞的责任和使命。

胡　佳

让城市遗产成为生活的一部分

胡　佳（Hu Jia）
中国美术学院艺术设计职业技术学院
硕士、副教授

现代人每日穿梭于自己的城市，关注更多的是自己的生存环境，而忽略了什么叫生活；他们虽然叫得出这个城市的名字，却依旧茫然自己身在何处。许多城市纷纷兴建大量的博物馆、展览馆以唤回人们对城市历史的记忆，这些现代物质包裹下的“遗产”虽然传递的是历史的信息，却人为地割断了文化记忆的连续性，俨然是一座“空壳”。

一座有遗产的城市，散发出的韵味是骨子里的魅力，如同女人香那样淡淡的，一种想用力去闻去摸的感觉，一种窝心的愉悦放松。作家冯骥才在游历巴黎旧街时这般感叹：“那浩大而深厚的文化，正是沉淀在这老街老巷——这一片片昔日的空间里，而且它们不像博物馆的陈列品那样冰冷，在这里一切都是有血有肉，活生生的，生动而又真实，而且永远也甭想真正弄清它的底细。”同样也是在法国，一个千年时光沉淀的小城格拉斯，文化遗产的积淀处处营造出它的浪漫。古老的市镇街道、建筑都如同活生生的博物馆传递出特殊的氛围，老城和老房子都要修缮，却少见大拆大建，偶尔在重新整修过的墙面上留有一扇旧门或是几块裸石，继续散发着思古的幽情，传承着人文气息。巴黎也好，格拉斯也好，都描绘出了不一样的法国风情。再看那英国伦敦，伦敦就是伦敦，几个世纪后依旧风情依旧永恒。还有科茨沃尔德地区的那些小城，个个宁静得如同一幅幅墙上的油画，浸染了浓郁的英国田园风情。“画”中的人们依旧不紧不慢地散步，小桥依旧聆听着百年不变的水声，浅浅的河床上鹅卵石经过水的冲刷泛着迷人的光泽。那些经历了百年千年的建筑、街道和生活场景，竟让人产生一种穿越之间的恍惚，但这是真实的世界！

近现代的城市规划把城市空间均质化、单极化、景观化、场景化，中国的许多中小城市又纷纷想挤进国际大都市的行列，而丢失了它们原先最珍贵的面貌，最终城市生活只是退化成了一出“好看”的剧目。大都市也好，小城市也罢，每个都是一本好书，书中的故事——这些积淀的文化遗产才使得城市景观变得有活力有历史有特色。2012，让城市少些牺牲了想象力与识别力的景观，多些鲜活的本色场景；2012，让城市少些文化舞台的“幕布”，多些平淡却感人的生活环境；2012，让城市遗产不要变成生活环境的“空壳”，让遗产成为生活的一部分，让生活更真实！

张 威

罗马维托里奥·埃马努埃莱二世纪念堂的观光电梯

张 威
（Zhang Wei）
工学博士
天津大学建筑学院副教授

在罗马市中心的威尼斯广场南侧，有一座由白色大理石建造的新古典主义建筑——统一意大利的国王、现代意大利的“国父”维托里奥·埃马努埃莱二世纪念堂。纪念堂于1885年动工兴建，历时26年建成。因为占据了卡匹托山丘的一角，临近帝国广场，是游客必到之地，其地位相当于“罗马的天安门”。

2007年底，一座被称为“空中瞰罗马”（Rome from the Sky）的观光电梯贴附在纪念堂背面建成。观光电梯为钢结构，外壳和轿箱的材料是玻璃，直达高70米的纪念堂屋顶，游客可以在那里俯瞰罗马全城的风景。

虽然钢与玻璃建造的观光电梯与白色大理石建造的纪念堂格格不入，形成强烈的反差，但是观光电梯的建造其实很好地体现了国际公认的可识别性、可逆性的文化遗产保护原则，更重要的是体现了对文化遗产的合理利用与普遍人文关怀的理念。

类似对文化遗产合理利用的例子，在欧洲随处可见，欧洲人并没有把文物古迹当作只许看不许摸的展品，而是在严格保护的同时，充分发挥其多方面的价值。例如，很多希腊、罗马时代的剧场，每年都会举办面向大众的音乐和戏剧演出。

由此联想起在2008年、2009年被炒作的故宫、长城安装与拆除“电梯”的争论，在这个“罗马天安门”的观光电梯面前，显得多么的幼稚可笑。一届奥运会，让中国人向全世界展示了改革开放的成果，但这还不够，中国人更应该走出国门，充分领略多样的、不断变化的世界文化。

张 龙

建立景观观测点，促进北京历史景观的整体保护

张 龙（Zhang Long）
天津大学建筑学院
博士、讲师

自1151年海陵王完颜亮迁都燕京，北京作为金、元、明、清四朝皇都，历时近八百年。经历代统治者，尤其是乾隆皇帝独具匠心的经营，沿景山山脊新建五亭，与琼岛上的白塔遥相呼应，丰富了天际线，强化了“平地起蓬瀛，城市而林壑”的城市山林意向；在北海北岸修建皇城内最高的建筑万佛楼以及大佛楼、琉璃阁等建筑，形成“金碧照耀，冠于禁城诸刹”的胜景和宏丽的天际线；于京城西郊扩建圆明园、畅春园、香山静宜园、玉泉山静明园，新建万寿山清漪园，形成规模宏大的皇家园林集群，收到了“增壮丽于皇都”的景观效果；结合景观需要对天坛、万寿寺、雍和宫等庙宇的改扩建。一系列的举措使得京城的宫殿、园林、坛庙逐渐成为景观相互依托、互为底景、彼此因借的城市景观。

近十年来，北京的遗产单位大都各自编制了相应的保护规划，划定了相应的建控地带、景观协调区，但随之而来的问题是建控地带相互交叉、重合部分的控制级别不同，应国际遗产理事会要求划定的景观协调区及相关规定未能得到有效执行。这不仅给城市管理带来了困难，也使得新国贸、中关村大厦等严重干扰城市景观视线的高层建筑不断涌现。因此，建议在未来能由市规委和文物局联合在故宫、北海、天坛、颐和园等世界文化（准）遗产地设置观测点，要求新建项目在立项前必须放气球进行观测，以判断是否对遗产地的景观视线产生干扰，之后再决定是否予以立项。只有如此，乾隆皇帝所营造的“平地起蓬瀛，城市而林壑”的山水城市意向才能得到有效的整体保护和延续。

韩振平

让中国建筑文化大放异彩

韩振平
（Han Zhenping）
天津大学出版社副社长
《中国建筑文化遗产》
副总编辑

2011年十七届六中全会提出了大力发展文化产业，因而中国的建筑文化遗产保护面临前所未有的机遇。中国现存古建筑、近代建筑、民居建筑等宝贵遗产的拯救会得到空前的重视。建筑文化的繁荣首先应对中国建筑文化遗产的研究更加深入，使五千年来中国建筑艺术瑰宝得以继承和发展，使之屹立于世界之林。

中国建筑艺术博大精深，是文化与艺术的结晶，继承和发展是当务之急。作为媒体人，我们有责任和义务，为宣传和弘扬中国建筑文化做出贡献。建筑文化是中国文化事业的一支绚丽的花朵，在文化大发展中不容忽视。建筑文化拥有重要位置，中国的古建筑与现代建筑相结合定能结出硕果，形成独具特色的建筑风格，在世界建筑之林中大放异彩，我希望2012，《中国建筑文化遗产》一路走好，我更预祝《中国建筑文化遗产》平台能够为中国文化的繁荣做出更大贡献。

季也清

书籍不能深藏

季也清（Ji Yeqing）
中国建筑图书馆
副馆长

自2011年《中国建筑文化遗产》创办以来，就受到好评。我说的这个好评既有来自图书馆界同人的评价，也包括到中国建筑图书馆阅读新刊读者们的好评。从我本人与《中国建筑文化遗产》编辑部同志们接触后的感受来说，认为他们最突出的特点是：将

文博界和建筑界还有艺术界很好地整合在一起，刊物中反映的内容，虽丰富但不杂乱，既能做到紧跟时代，又能把握历史进程上重要的事件。如他们在编书编刊中所提到的“事件建筑”学说十分切实，还有“华夏建筑文明”、“创意设计”、“百年建筑中国”等栏目,可读性都是非常好的。自《中国建筑文化遗产》第三期开始，我馆已成为“荐书荐刊”的支持单位，所以我们很高兴中国建筑图书馆的国内外馆藏能广为人知，发挥出它应有的作用，为中国建筑文化遗产传播发光发热。

郭　颖

从过去到未来

郭　颖（Guo Ying）
天津大学出版社建筑图书出版中心策划编辑
《中国建筑文化遗产》责任校审

四年的求学，三年的工作，以短短七年的学习和实践经验来谈论“建筑”这样一个广博的概念，实在是感觉有些惶恐。

初学时，建筑就是书本上各色的理论，后来不知从哪天起变成了手中一张张的图纸和一摞摞“标准”；当以建筑图书编辑的身份开始工作时，建筑又成了一页页精美的图片和一本本大师的手记。直到2011年的5月，我开始参与到《中国建筑文化遗产》的筹备工作中，才慢慢了解，建筑不仅仅是我们眼前看到的，还有那些已经消逝的；建筑不仅仅是几张图几栋楼，更是一种艺术、一种文化、一种遗产。

随着《中国建筑文化遗产》一本本的推出，越来越多的建筑师开始进入我的生活。这本杂志就像一道桥梁，让我从今天触手可及的世界走进另一个思想的国度，让我们从今天的一张图、一块砖、一道墙体会出几千公里以外或者几千年以前设计师的理念与精神；它还像一扇窗，让我看到冰冷的建筑实体背后，设计师那充满幻想的火热的心。这里是一个平台，也更像一个家，让每一个关注遗产、热爱建筑的灵魂都找到归宿！

一路走来，喜怒哀乐都是感触，经验与教训皆是收获，不论过去，还是未来……

爱在宝佳

建华建筑设计合资有限公司

建华建筑设计合资有限公司部分员工合影

人生，就像一台时钟。从早上八点的朝阳，到傍晚六点的落日，一刻都停不下来。我们都曾是漂浮的沙粒，因一个名字而相聚到一起——宝佳，这个令我们在忙忙碌碌之中，找寻到温暖与光亮的地方！一路前行，常常感谢我的领导，我的老师，我的同事们。像光一样的人们啊，是你们照亮了我未来的道路！

时间就像沙漏，总在不经意间匆匆流走。一天一月又一年，我的快乐，我的幸福，就化成了点点滴滴的回忆，沉淀下来。我们伴随宝佳走过一个又一个生日，当每一根蜡烛在每一年被点燃时，我们都收获了温情与成长。在宝佳的第十六个生日里，我们感受到了那颗温暖的心和那片浓浓的情意。

2012成就辉煌！回顾过去，我们共同见证，宝佳茁壮成长！我们的脚步从北京出发，天津、沈阳、重庆、上海、三亚、青岛、郑州、武汉、长沙、厦门，宝佳的项目遍布全国！我们的团队是英勇善战的精锐之师，凝聚产生力量，团结诞生希望！万夫一力，天下无敌！我们前进的步伐从未停止过，我们的目标是让全世界更多的人知道宝佳的名字！英国、法国、加拿大、美国、俄罗斯、沙特阿拉伯，让宝佳之光照耀全世界！

值此新春之际，祝宝佳所有的领导同人们，事业蒸蒸日上，亲人身体健康，爱情幸福甜美，友谊地久天长。愿宝佳的明天更美好！

冯　娴

让“信息流动的艺术”更臻完美

冯　娴（Feng Xian）
北京大学硕士
《中国建筑文化遗产》编辑部主任

“一年之计在于春”，虽是俗话，也是老话、真话。是放慢脚步、稍事思考的时候了。每个行业都有自己的神祇，那既是这个行业最高价值的艺术表达，又是所有从业者内心最高的指引。缪斯司艺术、阿斯克勒庇俄斯司医药，作为媒体行业的一员，我常常想象着与信使赫尔墨斯的对话。赫尔墨斯在诸神居住的奥林匹亚山与凡俗的世界间传递信息，以赫尔墨斯（Hermes）为词根衍生出诠释学（hermeneutics）一词，——经由诠释，陌生变得熟悉。赫尔墨斯常常被人们描绘为一个未蓄须的年轻男子，带着羽翼的帽子、穿着长着翅膀的飞鞋，手持信使的双蛇魔杖。在媒体从业生涯中我有幸结识到其中的精英人物，看到他们就会想起赫尔墨斯：灵活、敏捷、轻盈……

作为信息的生产者、守护者与传播者，精研“信息流动的艺术”是媒体人毕生追求的目标，在人人都是潜在的媒体人的时代，这点尤为重要。《中国建筑文化遗产》以研究与传播华夏建筑文明为核心，力图沟通文博、建筑与创意诸世界，在中外相关领域搭建桥梁。如同穿着羽鞋乘风而行的赫尔墨斯，《中国建筑文化遗产》联结起政府、学术、企业与大众圈，使得信息活泼有效地流动，与其他要素一起构建生机勃勃的话语场域。赫尔墨斯手里拿着的蛇杖具有魔力，能使神与人入迷，在信息从高处流向低处、由急促变得和缓、从狭窄走向宽广的过程中，《中国建筑文化遗产》期望创造出具有魅惑力的阅读世界，在那里，审美与思想相互交融，不分彼此。

英国《每日邮报》报道了一位数学家估算出的因特网重量，整个互联网的重量仅有50克，相当于一颗草莓，而整个互联网上大约500万TB字节信息的重量，甚至不及一粒灰尘。虽然轻如空气，信息的巨大能量重新塑造了人类社会的形貌，改变了人们生活的方式。然而，正如月亮总是有光亮与黑暗的两面一样，赫尔墨斯也有负面的性格，媒体人应该秉持良知与公正，在五光十色的环境中保持客观和中立。

说到2012，想起大学时代读过的《理想国》，柏拉图的“正义”指社会各阶层各安其位、各司其职。我想，守好媒体的位置，即使“末世的2012”到来，心亦安。

刘晓姗

2012：应风雨，待绽放

刘晓姗
（Liu Xiaoshan）
《中国建筑文化遗产》
编辑

2012没有序幕，我已如梦初醒，纤指托腮的不再是秀女。霓裳外，似笑非笑间，神情淡雅的早已是掩饰。一抹菲红，惊起一片思念。心在此刻，宁静外，早已化蝶。曾这样想念的人、事、物在2011的最后一刻戛然而止。一个环境，一个开始，却没有结局。

2011满满的，装满了从稚嫩到成熟的种种故事。一个人的北京，一个人的坚强。2011，庆幸得到了一份文字与建筑完美结合的工作。使命感无数次撞击着青年的凌云壮志。感谢诸多的老师、专家与我分享他们的建筑人生，让我读到了俗世外的感性。一次次翻开已逝建筑图片时的悸动，难念。我们是来自于未来世界的志愿者，记下每一处属于人类文明的建筑遗产。送给未来的他们，纪念曾经的它们。怀念着一场场心怀感恩的首发式：天津的八月，我们的生日；北京的十月，向《玉点》致敬；十二月南京的初冬，为《辛亥革命纪念建筑》结彩……我们于明眸闪烁间沉溺，我们于花朵丛丛间沉思。心心相映，携梦前行。 2012元月，太阳光晕，迷蒙的双眼，《中国建筑文化遗产》这朵雏菊，迎风雨，待绽放，朵朵飞舞……

喜欢悟空，愿来生在投胎一刻，看见悟空的一世英魂。悲歌、战歌还是情歌，做与不做，自由与爱情，理想与宿命。一根毫毛，一个主意。西方路，洗涤心境的过程。《中国建筑文化遗产》团队好似西天取经的师徒，心意满满，执著向前。不求，却不是不做。不痴，却不是不要。笔直的脊梁，高歌却无曲。只要这森林永远是森林，大地是永远的绿色，我们的2012及其未来还远么?

苗　森

2012，继续前行

苗　森(Miao Miao)
《中国建筑文化遗产》
总编助理

《中国建筑文化遗产》2011年7月26日创立以来从第一期到今天的第四期，一路坎坷，一路收获，我很荣幸地陪伴这本杂志走到今天，对于我这样一个背景“清寡”（既没有建筑学背景，也不曾涉足过文化遗产领域）的非专业人士而言，能为中国的建筑文化遗产事业尽一点绵薄之力，实属荣幸。步入2012年，各种“末日情结”不绝于耳，各种天灾人祸充斥眼前，世界末日真的到来了吗? 我以为，就算不会有“冰河再现”、“地球倒转”，人类自身貌似也从未停止“自我毁灭”的脚步。这种毁灭既有对自然环境的摧残，也有对各种文化遗产的无情践踏。城市化进程的浪潮早已无法逆转，全球70亿人口有一半居住在城市，每天还有源源不断的农村人口涌入市区，从内部“逼迫”着城市规模的膨胀。这种疯狂的膨胀不啻为一场战争，而战争中的牺牲品都是谁呢? 是那些历经战火风雨洗礼的古代建筑，那些背负着特殊历史意义的“事件建筑”，是正在消失的四合院，是难得一见的条条里弄。这场“战争”没有尽头，作为媒体人，我们深感责任重大，我们不愿只做旁观者、记录者，我们必须利用舆论及传媒的力量为这些宝贵的人类遗产筑起坚固城墙，不求能做到授业解惑，教化众生，只求起码对得起《中国建筑文化遗产》应背负的担当与特殊责任。

陈　鹤

一个摄影师眼中的文化遗产

陈　鹤（Chen He）
《中国建筑文化遗产》
摄影师

挥别2011，走进2012，建筑师与文博专家对于城市与建筑存在方式的思考仍在继续，对于文化遗产的可持续保护更没有中断。在这个被玛雅人称为末日的一年，我们的反思是否也更加强烈?

建筑摄影，不仅仅是单纯地记录下某一瞬间，更多的应该是对于建筑的一种诠释，而这种诠释，是来源于摄影师对建筑的认知和艺术创作。文化遗产蕴涵着世界各民族特有的精神价值、思维方式、想象力，体现着顽强的生命力和创造力，是各民族智慧的结晶，也是全人类文明的瑰宝。用镜头诠释文化遗产，不仅可以作为史料描绘出其现状和历史重要性，同时也表达出了属于这个时代的理解。

可持续发展是新世纪发展的重点，不仅局限于建筑业发展的可持续性，更包括环境、资源、文化遗产等的保护。我们应该用可持续发展的眼光看待文化遗产的保护，作为一个建筑摄影师更是应该用可持续的态度对待文化遗产的拍摄。这不是一项单纯的艺术创作工作，更多的是一种责任——将属于人类的文化遗产记录下来、传承下去是摄影师不可推卸的责任。

回溯2011，我拍摄了现代建筑作品，也有幸为《辛亥革命纪念建筑》专著拍摄广东、湖北、四川、江苏等地的辛亥纪念建筑，从中感受到的不仅仅是镜头所容纳下的，还有许多。展望2012，我将会在思考、沉淀与升华中不断前行，力求有更大进步。

安　毅

见方白纸画遗产

安　毅（An Yi）
《中国建筑文化遗产》
美术编辑

睁眼闭眼间，时光飞逝。2011混沌而漫长，懵懂间2012年已经新鲜出炉。在传说中，这是个预言之年，灾难之年，登船之年……让我们在拿到船票之前，轻轻地回顾走过的岁月，深深思考将要踏上的路程。

在2011年7月，一个偶然的机会让我从中国文史出版社来到了中国建筑文化遗产编辑部，同是美术编辑的岗位，却着实令我对书籍，这一传承文化的载体得到更深一层的认知。这样的机会不可多得，我将为磐石，在文化遗产传承的大河之沙中深沁，从最初接触建筑遗产类书籍的生疏，到第二期杂志刊印出版，第一次拿到完全由自己编排的成果，那一刻我体味到了成长。

在第二期杂志工作收尾后，我又接手了《辛亥革命纪念建筑》一书的编排工作，作为一本国家十二五时期重点图书，时逢纪念辛亥革命100周年，纪念孙中山先生诞辰145周年以及中国第六个文化遗产日，我感到肩上的担子日渐沉重。我与星月相伴，随朝阳而行，赖编辑部同人的全力支持，幸而不辱使命，成功出版。在南京总统府中召开的首发式，更让我铭记于心。

在2011年末，众家翘首企盼的第三期也已经出版，为我的2011画下了精彩的句号。

对于一本面向世界的精品学刊而言，我做得还远远不够，2012无限的未来给了我驰骋的空间，脚踏实地并紧跟时代脚步，我祈愿能成为一个合格的现代传媒人、出版人。

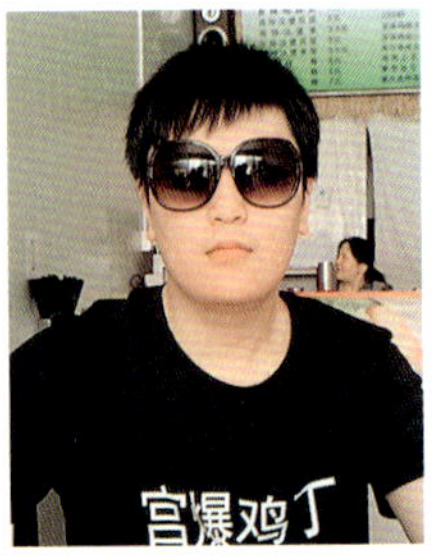
王燕嵩

文化与遗产

王燕嵩(Wang Yansong)
《中国建筑文化遗产》
编辑

若沿古代规矩，斯年2012将是我们《中国建筑文化遗产》的“元年”。新年维新，杂志会在同人共同努力之下更创新采，其中，“文化批评”将是我们新的“利剑”，深剖文化直析浮世种种，将文化遗产保护的观念广传人心。

文化来源于生活，生活涵盖时间。时光流逝，留下生活的遗骸，是为遗产。

由此来看当今中国，我们在大谈文化重要性的同时，又何曾注意到什么是文化？它不是演说稿慷慨激昂悲天悯人，也不是文物修缮做出上亿经费预算。经过西方文化百年冲刷洗礼，我们已经失去太多属于中国的生活——我们不认同祖先的生活态度，经过近代无尽的屈辱，这更延伸到了哲学与思考方式。

反观西方，他们的祖辈在劳作之余喝一杯啤酒，星期日去做弥撒，千百年来一脉相承。所以他们的小酒馆和教堂往往有数百年历史，嵌在城市里和谐而自然。当因岁月摩挲梁柱成沙，他们悲哀熟悉生活和光荣的流逝，开始高喊：“保护遗产！”

仔细聆听西方讲课的中国人悚然而惊，我们照猫画虎，重新搭起房屋的结构，匆匆在自造的废墟里捡起一件戏服披在身上，美其名曰：“文化”。但对于先人的生活态度，除了五千年那一点强大的惯性，我们什么也没学到，也鲜想过去学。

四书五经，琴棋书画，温酒烹茶，老城故厦，这些是古人生活态度在现实世界的自然表露。“天人合一，道法自然”。富庶而温润的中原养活了中国先人的含雅谦冲，而对自己民族的自豪感则大声呐喊：“明犯强汉者，虽远必诛！”这就是我们以五千年文明灼灼立于文明之林的原因。

历史浩荡三千，我仅取一瓢为例。以我薄见，若我们去了解古人的生活态度，像西方人之于教堂酒肆，是否能与遗产产生亲切的共鸣？这才是真正文化之于遗产的意义。保护遗产并不是要把它供若神明高高在上，爱，是唯一正确的途径。

若有朝一日，我们因自己而自豪。

若有朝一日，我们穿起祖先的服饰。

若有朝一日，我们深刻剖析了解自己的历史。

遗产此果，必以文化之因闪烁永恒。

金　磊

2012的安全诠释

金　磊（Jin Lei）
《中国建筑文化遗产》
总编辑
中国文物学会传统建筑
园林委员会副会长

当人类已闯过1999年“大劫难”，又迎来2012年的“危险年份”，我以一个减灾科学工作者的态度表示：我们既不提倡做现代忧天人，更不该成为盲目乐观的无灾论者。因为现实一再上演的“复合巨灾”大戏，早已使理性的人们发现了一个悖论：城市化越发展，人类社会似乎越来越脆弱，任何关于一定击破“2012”末世说的断言恐怕都太早。这是我们每个人都兴奋而又惶恐地期待的时代。

作为科学工作者我们要比以往更认清全球灾变的规律和现实；地球比以往更加脆弱，且每况愈下；人类对现代灾害并非无能为力，但要强化预警预报；自然巨灾往往伴随并诱发人为灾难；发展中国家及其高速城市化地域是自然与人为混合灾难的重灾区。末日何日？百千年来已被人类文明进步的事实所毁灭，因为世界照样活着，人类照样前进，但理性地看，我们恰需要通过种种“世界末日”说及当代世界性灾变来告诫人类，在不听信谣言的同时也要告诫自身，我们确处在风险隐患的危机态。

我相信，无论《2012》事件始于何时，也不管未来“灾事”如何险峻，地球公民都该在理性思辨下，挺起胸膛，透视那茫茫的世界。深重危机往往伴随巨大的机遇，2012年一定会是人类下决心改造并更新文明的重生期，不该在尚不明白未来“灾事”的情况下一味寄希望明天一定是一个和谐世界，更不该在不理智且盲目的情绪下一定要不理性地戳穿《2012》的预言。面对极尽想象的2012，我有太多的安全忠告及联想，这并非要求人类都处于“囚徒困境”下，而要自我发问面对未来。面对“2012”的种种猜测，你准备好了吗？辛亥百年已经过去，壬辰龙年已在面前，任重而道远，坎坷而坦途，但应切记忠告。

忠告1：人类要持续思考巨灾问题。在2011年5月，《中国风险管理报告（2011）》推出，它如同国家乃至各大城市“十二五”应急规划一样为我们勾勒了防灾减灾图景，绝大多数规划的问题是：并未从研究总结21世纪第一个十年的灾情出发，并未从分析“十一五”防灾应急规划的缺陷入手，因此读来感到缺少必要的“新意”。这种“新”指综合减灾的灾情观及巨灾强调不够，特别是未将日本“3·11”复合巨灾与中国减灾问题结合起来，这是必须警示和省思的。

忠告2：人类防灾减灾重点仍在城市。尽管当下城市化进程加快，在中国到处是最大、最高、最快的“世界第一”的项目，但评估下来相当多建设项目存在无数风险，不仅有不负责任的事故后果及最“尴尬”的不生态与不安全的局面，更埋下无数“建设性破坏”的隐患。除城市生命线之忧外，每年夏季中国的城市“良心”一再被拷问，因为对现代大城市而言，停电、停水、停气以及公交与地铁不及时甚至瘫痪都是城市公共安全问题及最严重的“衍生灾害”。这是在2012年对城市安全运行的希望与忠言。

忠告3：人类防灾减灾要从自身入手。人类的现代化进程在进步的同时，也伴随着太多的“副产品”，人类正将自身置于危险的境地。人类在满足不断膨胀的欲望时，已有太多的类似于福岛危机般问题提醒我们：人为失误及决策失当往往比自然灾害有更可怕的后果，在面对“2012”及未来的诸多问题上，人类如何进步，不仅是技术问题更是哲思命题。

忠告4：人类要提升安全文化的广义之思。作为公众应明晰的是，“2012”或许仅仅是个寓言，但对每个个体来说，灾难一旦降临在你头上，就是你的“2012”，十万分之一的概率转瞬将成为百分之百的悲剧！广义地看，不仅仅事故灾害，对于2012年的人生乃至中国房地建设产业也风声鹤唳、草木皆兵，对于每个国人不仅要有“去腐生新”的思考，更要在种种悲观、绝望乃至萧条氛围去重新定位，有充分的“2012”的想象力。这样不论未来发生什么，我们都能以拯救未来之力去拯救自己，拯救资本，拯救更多希望帮助之人。这样或许才是我们面对“2012”应有的广义的、有责任与坚韧之心的科学与文化思考。

2012，文人墨客无不感慨万端，思想家更思接千载，但无论如何，并非一定高调而明媚，但我坚信人类会迎来一个平安幸福的元年。

（以上文稿，除作者本人提供外，均为编辑部根据会议录音、访谈整理，因时间关系，发表时未经本人审阅。）

Historical Architecture Surveying and Drawing and Research on the Summer Palace

文物建筑测绘与颐和园研究

张 龙 (Zhang Long)* 刘 瑗 (Liu Yuan)**

摘要：中国辽阔的疆域、悠久的历史、丰富的多民族文化造就了各具特色的建筑文化遗产，他们是中华数千年文明史的主要载体，是文化归属和延续的象征，具有深厚的文化、科学、艺术和社会价值。而这些价值的解读、认知、传承则离不开文物建筑测绘。

本文首先回顾了中国建筑历史学科和文物建筑保护事业的开创人梁思成先生、国家文物局局长单霁翔博士以及“文物建筑测绘研究国家文物局重点科研基地”对文物建筑测绘重要性的阐述。然后以颐和园为例，梳理了晚清样式雷，民国颐和园管理所、华北政务委员会建设总署、北平工务局文物整理工程处以及新中国成立后颐和园管理处、清华大学、天津大学等单位相关颐和园的测绘活动与成果。最后根据作者近年来参与颐和园相关研究和保护工作的经历，以鲜活的实例进一步申明了文物建筑测绘对完善颐和园数字化档案建设，奠定文物保护基础，推动颐和园历史、文化、建筑、科学、艺术乃至中国建筑史研究以及彰显文化大国实力，促进公众对颐和园建筑艺术的理解等方面的价值和意义。

关键词：文物建筑测绘，颐和园，文物保护，历史研究

Abstract: The vast territory, the long history and the wealthy culture from multi-ethnic peoples, China has together created the distinctive architectural and cultural heritage, which mainly carries the Chinese civilization through thousands of years, symbolizes the culture origin and development, and maintains a cultural, scientific, artistic and social value of depth. It is the surveying and drawing of the heritage buildings that is essential to interpret, acknowledge and spread the values.

Firstly, this article reviews the elaboration to the importance of the surveying and drawing of the heritage, made by Mr. Liang Sicheng, who had established the Chinese architecture history academics and founded the heritage protection, and by the State Administration of Cultural Heritage, Dr. Shan Jixiang(单霁翔), and by the Key Scientific Research Base of Historic Building Surveying and Drawing of State Administration of Cultural Heritage.

Secondly, taking the Summer Palace as an example, the article organizes the surveying and drawing work and achievements, which were achieved by the Lei Family in Qing Dynasty, the Administration of Summer Palace, the Construction Department of the Northern Administration Committee, and the Beiping Commission for the Preservation of Cultural Relics in the Republic of China, and also by the Administration of Summer Palace, Tsinghua University and Tianjin University after the foundation of the People's Republic of China.

At last, based on the author's research and protection experiences, through the vivid examples, the article declares the significance of the surveying and drawing of the heritage from some aspects: lying the foundation of the culture heritage protection by completing the digital documents of the Summer Palace; promoting the research of the history, culture, architecture, science and art of the Summer Palace, even to the Chinese architectural history; demonstrating the cultural power of China and stimulating the public to understand the art of the architecture in the Summer Palace.

Keywords: Surveying and drawing of heritage buildings; The Summer Palace; Heritage protection; Historical research.

* 天津大学建筑学院、文物建筑测绘研究国家文物局重点科研基地（天津大学）/博士、讲师
** 北京市颐和园管理处/高级工程师

一、文物建筑测绘的意义

中国是地域辽阔的多民族国家，历史悠久，自然与人文环境存在着较大差异，在此基础上形成了各具特色的建筑风格，其中很多优秀的建筑遗产（文物建筑）传承至今，它们是中华数千年文明史的主要载体，是文化归属和延续的象征，具有深厚的文化、科学、艺术和社会价值。

为解读、认知、传承这些优秀的文物建筑，系统的测绘调查是必不可少的基础工作，这一点，早在1932年，中国建筑史学和文物建筑保护事业开创之初，一代宗师梁思成就在《蓟县独乐寺观音阁山门考》①中指出：

我国古代建筑，征之文献，所见颇多，周礼考工，阿房宫赋，两都两京，以至洛阳伽蓝记等等，固记载详尽，然吾侪所得，则隐约之印象，及美丽之辞藻……读者虽读破万卷，于建筑物之真正印象，绝不能有所得，犹熟诵史记："隆准而龙颜，美须髯，左股有七十二黑子"，遇刘邦于途，而不之识也……故研究古建筑，非作遗物实地调查测绘不可……结构之分析及制度之鉴别，在现状图之绘制。

1944年，又在《为什么研究中国建筑》②中强调：

以测绘绘图摄影各法将各种典型建筑实物作有系统秩序的记录是必须速做的。因为古物的命运在危险中，调查同破坏力量正好像在竞赛。多多采访实例，一方面可以作学术的研究，一方面也可以社会保护。

秉承这一优秀传统，建筑历史研究者、文物保护工作者及相关领导都对文物建筑的测绘给予了极高的重视。2005年，时任国家文物局局长的单霁翔博士在《上栋下宇——历史建筑测绘五校联展》一书的序言中进一步强调指出：

在文物保护单位"四有"工作中，建立科学的记录档案是任务繁重、技术含量高的一项事务，而记录档案建立中最为繁重、技术含量最高的就是历史建筑的测绘工作了。历史建筑的测绘记录工作是文物保护基础工作的重中之重，是日常管理维护，从事基础研究、进行相关规划、设计和实施保护工程的基础环节和前提条件，其重要性不管怎样估计都不过分。

鉴于此，天津大学在申报建立"文物建筑测绘研究国家文物局重点科研基地"时，重申了文物建筑测绘的意义和价值③。

1．为建筑遗产的保护和利用奠定重要基础

文物建筑测绘图档是全国重点文保单位"文物四有"的基础档案资料，是编制文物保护规划和开展保护工程所必须具备的基础资料，其对本体的研究与评估、管理与维护、修缮设计、施工管理、工料核算以及后期利用规划等均具有决定性的价值和意义。

2．为建筑历史研究提供基础科学资料

测绘图档是记录文物建筑最准确、最全面的科学资料，也是认知传统建筑形态特征、构造做法以至设计理念和方法最真实、具体、形象的图像资料。自20世纪30年代梁思成、刘敦桢等先辈开创中国建筑史学研究事业以来，一贯坚持古代文献和实地调查测绘相结合的基本路线，为中国建筑史学的构建与发展奠定了坚实基础，也为继承发扬我国优秀传统建筑文化、探索有中国特色的现代建筑创作提供了有益借鉴。

后续进展表明，在广度和深度上进一步充实和完善这一事业，文物建筑的测绘仍然具有不可或缺的重要意义。例如，自梁思成《清式营造则例》以来，学术界往往认为明清官式建筑存在着一套严整的尺寸权衡体系，但故宫博物院古建部和天津大学建筑学院数十年的大规模测绘研究表明，实际没有任何一座官式建筑符合所谓的尺寸权衡规则。这无疑说明对我国古代建筑的认知，仍然需要立足于不断扩充规模的测绘实践。

3．彰显遗产大国实力，传播中国建筑文化

在文化遗产保护"全球化"趋势下，在国际学术交流中，文物建筑测绘的规模和质量水准，也反映出一个现代国家的实力和文明程度。1932年梁思成先生全力投入，对天津蓟县独乐寺观音阁、山门进行测绘考察，绘制了精美的测绘图纸，撰写了高水平的考察报告，一举打破了日本人自以为是研究中国建筑老大的垄断地位，从此不再提由他们代劳测绘研究中国古建筑实例的事了。从这一层面上看，我国的文物建筑测绘的全面、深入发展，对于彰显遗产大国实力、维护本民族文化的自立和自尊，有着重要意义。

此外，文物建筑测绘图档以其真实、具体、形象的鲜明学术特色，不仅是世界文化遗产申报过程中不

① 《营造学社汇刊》，第2卷，第3期，7页，1932年。

② 《营造学社汇刊》，第7卷，第1期，11页，1932年。

③ 以下三点意义根据天津大学撰写的《文物建筑测绘研究国家文物局重点科研基地》申报书略作调整。

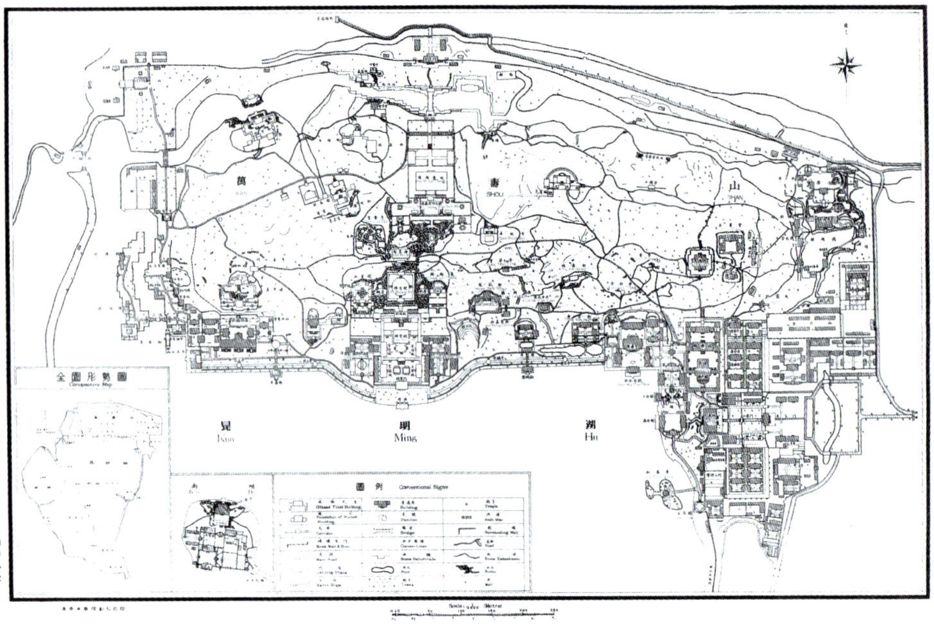

▲ 图1 民国二十三年颐和园总图

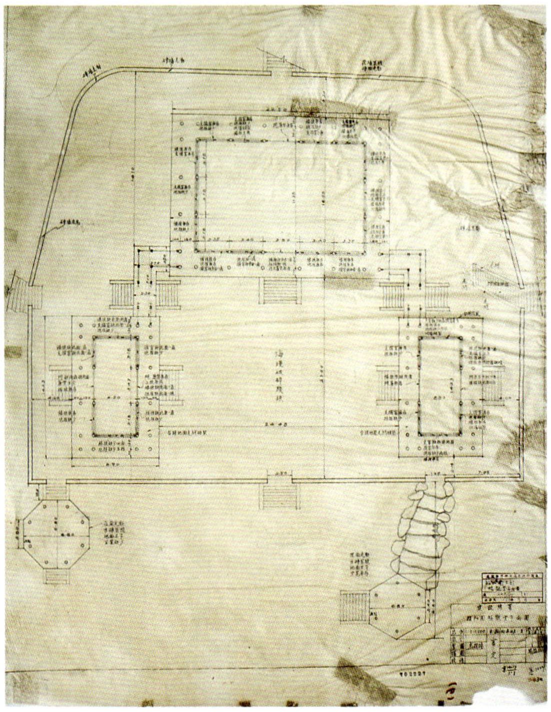

▲ 图2 日伪时期北平建设总署绘制的畅观堂勘察图纸

可或缺的材料，也是相关展示、宣传、传媒、著作以至影视创作的珍贵素材，借此，可有效拉近公众与民族文化遗产的距离，培养感情，克服文化虚无主义，进而增强其积极参与保护和传承文化遗产的公民意识，为文化遗产保护打下坚实的社会基础。

二、颐和园文物建筑测绘的发展

颐和园前身为清漪园，始建于乾隆十五年（1750年），乾隆二十九年（1764年）告竣。咸丰十年（1860年），英法联军焚掠圆明园，清漪园同时罹难。光绪十二年（1886年），在综合了景观效果、经济、政治等多方因素后，清廷决定重修清漪园作为慈禧归整后的颐养之所，取“颐养冲和”之意于光绪十四年（1888年）更名为“颐和园”。重修过程中，样式雷家族对现状进行了测绘勘察工作，用文字描述与图纸相结合的传统方式进行了详细记录。历经十余年的修复与改建，颐和园又重现了往日的辉煌。

1912年，清宣统皇帝宣布退位，民国政府给予优待，颐和园划为溥仪私产，供日后移居。

1928年，南京国民政府接管颐和园，并成立颐和园管理事务所，相关维修工程旋即开始，如荇桥、双亭（绘亭）、谐趣园、文昌阁、长廊、乐农轩等，由于目前尚未发现当时修缮的工程图纸，是否绘制了现代意义上的测绘图纸尚未可知。同时为了方便游客游览，颐和园管理事务所曾在1934年对全园总图进行了测绘（图1），这是目前颐和园已知最早用现代测绘与制图方法绘制的测绘图纸。

1930年，朱启钤先生以研究“中国固有之建筑术、协助创建将来之新建筑”为主旨，创办了中国营造学社。成立初期，为梳理样式雷世家、整理样式雷图档，朱启钤先生率先垂范，责成相关部门收购样式雷图档，苦心采集各种样式雷述闻，审慎考证，作《雷氏年谱》、《样式雷考引证》、《同治重修圆明园史料》等札记，前两者最终六易其稿而成《样式雷考》[①]，并于1933年7月在《汇刊》第4卷第1期作为《哲匠录》的附录发表；后者则由刘敦桢先生继续完善，成果发表在《汇刊》第4卷第2、3期，确立了实物、文献档案与样式雷图档相互参证的基本研究方，至今仍是清代皇家园林研究效仿的典范。当时曾计划整比清季工程，系统整理样式雷图档，颐和园也在其列。但因时局所限及营造学社研究重心是以清代为跳板，探寻早期建筑，研究《营造法式》，构建中国古代建筑史，而未能对颐和园展开相关测绘和研究[②]。

1935年，随着北平都市计划与市政建设的诸项计划既定并落实实施，鉴于北平市内文物古迹多有残损毁圮，实有进行系统维护修缮的必要，由国民政府行政院驻北平政务整理委员会批准成立“旧都文物整理委员会”，负责审核文物建筑修缮设计、施工等工作，下设“北平文物整理实施处”（后更名为旧都文物整理实施处）全面负责北平文物整理修缮事宜，为保证各项工程的顺利实施，实施处通常委托北平市工务局、工程司（建筑设计事务所）及各营造厂商代为办理，并聘任各方专家或学术团体作为技术顾问，如营造学社朱启钤、梁思成、刘敦桢先生等均作为技术顾问直接参与了北平的文物整理工程。此后三年间先后组织了两期文物整理工程，颐和园相关文物建筑未在其列。

1937年“七七事变”，北平沦陷，诸多学术机构与学者转移到西南大后方，上述第二期尚未完成的工程移交给伪华北政务委员会下属的建设总署，抗战期间，北平的文物修缮工作始终继续，期间颐和园的修缮工程有益寿堂、谐趣园、长廊、霁清轩、南湖岛、养云轩、畅观堂等，并根据需要绘制了相应的勘察测绘图纸（图2）。

---

① 《营造学社汇刊》，第4卷，第1期，1933年。

② 王其亨：《历久弥新的启示——朱启钤<样式雷考>内在蕴涵探析》，载《紫禁城》，2011（2）。

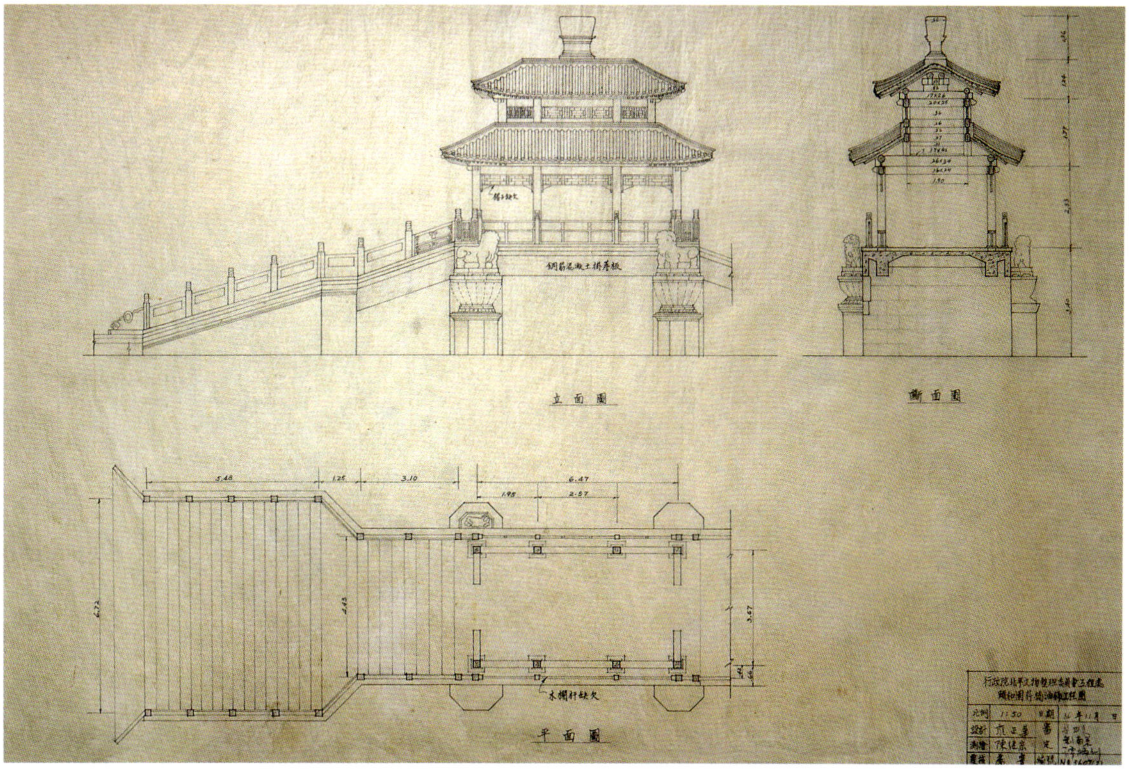

▲ 图3 民国三十六年由梁思成先生亲自审定的荇桥油饰工程图

▲ 图4 1980年代颐和园管理处绘制的石舫测绘图纸

1945年9月，抗日战争胜利，10月10日北平市政府接收日伪工务总署，在北平市工务局下设立文物整理工程处接管相关文物整理工程，抗战前“文整会”的部分委员、技术人员相继归来。直至建国前，在颐和园开展的文物整理工程有云辉玉宇牌楼、石丈亭、长廊、排云殿、虚弥灵境、荇桥、善现寺、云会寺等，其中荇桥油饰工程（图3）、须弥灵境保养工程等勘察设计图纸都是由梁思成先生亲自审定。①

新中国成立后，颐和园管理处与清华大学、天津大学等高校均对园内古建筑进行了规模不同的测绘与研究。

1949年1月21日，北京市军事管制委员会接收颐和园，4月正式在原有颐和园管理所的基础上成立“颐和园管理处”，逐步完善管理机制，组建专业的基建队伍和设计队伍，负责园内建筑修缮工作，结合园内建筑维修工程，绘制了大量勘察测绘图纸（图4）。

自1954年到1964年，清华大学建筑学院结合古建筑测绘实习，利用十年的时间完成了园内主要建筑的测量并绘制成图。在此基础上，又开展了系列专题研究，形成了一系列学术论文②，经周维权先生汇总，《颐和园——中国皇家园林建筑的传世绝响》一

▲ 石舫（摄影/于跃超）

① 1930—1949年这一段的历史背景，参考了中国文物研究所编写的《中国文物研究所七十年1935—2005》一书中《中国文物研究所简史——旧都文物整理委员会与北平文物整理委员会时期（1935—1948）》一文。

② 周维权《颐和园的前山前湖》，见清华大学建筑系编《建筑史论文集》，第五辑，48~73页，北京，清华大学出版社，1981年；周维权：《颐和园的排云殿佛香阁》，见清华大学建筑系编《建筑史论文集》，第四辑，9~34页，北京，清华大学出版社，1980年；周维权：《承德的普宁寺与颐和园的须弥灵境》，见清华大学建筑系编《建筑史论文集》，第八辑，北京，清华大学出版社，1987年；金柏苓：《清漪园后山的造园艺术和园林建筑》，见圆明园学会编《圆明园》，第三期，北京：中国建筑工业出版社，1984年；金柏苓：《清漪园后山买卖街的复原分析及改造的设想》，见颐和园管理处《颐和园建园二百五十周年纪念文集》，147~153页，北京，五洲传播出版社，2000年；金柏苓：《赅春园和味闲斋的复原设计和造园艺术简析》，见颐和园管理处编《颐和园建园二百五十周年纪念文集》，183~186页，北京，五洲传播出版社，2000年；冯钟平：《谐趣园与寄畅园》，见清华大学建筑系编《建筑史论文集》，第五辑，74~100页，北京，清华大学出版社，1981年；张锦秋：《颐和园景点分析之一——龙王庙》，见清华大学建筑系编《建筑史论文集》，第一辑，65~76页，北京，清华大学出版社，1983年。

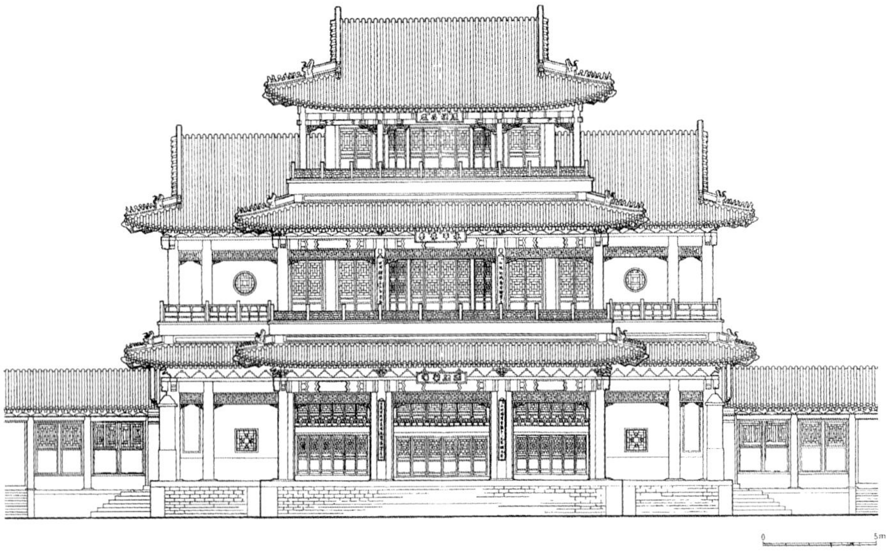

▲ 图5 清华大学20世纪50年代绘制的德和园大戏楼测绘图

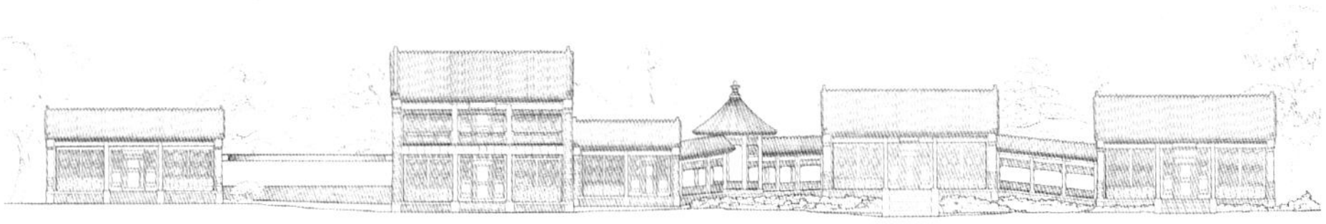

▲ 图6 天津大学20世纪50年代绘制的西所买卖街立面图

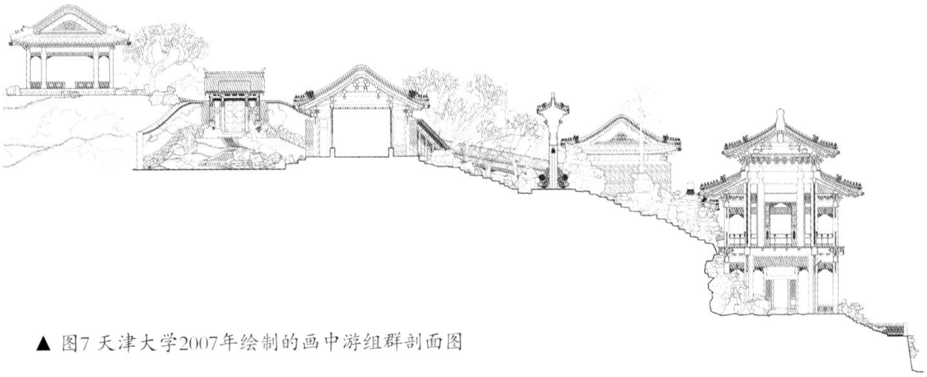

▲ 图7 天津大学2007年绘制的画中游组群剖面图

书于1989年在我国台湾出版，2000年内地再版，更名为《颐和园》（图5）[①]。

1956年、1957年、1976年、1977年、1978年，天津大学建筑学院结合古建筑测绘实践，对园内经典园林建筑，如谐趣园、扬仁风、荟亭、西所买卖街等古建筑进行了测绘及相关研究工作，成果收录于1990年出版的《清代御苑撷英》（图6）。20世纪80年代后，天津大学依托清代皇家园林测绘，对清代皇家园林进行了系列专题研究[②]，其中都有涉及颐和园的相关内容。

进入21世纪，为完成颐和园相关样式雷建筑图档的鉴别与研究，促进颐和园古建筑群数字化图纸档案的建设，在颐和园管理处的大力支持下，天津大学分别于2005年、2006年、2007年、2011年，投入500余人次，借助三维激光扫描仪、GPS、摄影测量、无人机等先进的测量设备，对颐和园进行了系统的数字化测绘工作，绘制图纸3 000余张，目前已完成全园90%以上古建筑的测绘工作（图7、8、9），为将颐和园的相关研究推向新的高度奠定了新的基础。

三、文物建筑测绘对颐和园研究与保护的意义

自2005年以来，笔者有幸参加了每一年度的测绘工作以及依托测绘成果进行的文物保护规划、总体

▼ 图8 天津大学2006年绘制的排云殿建筑群立面图

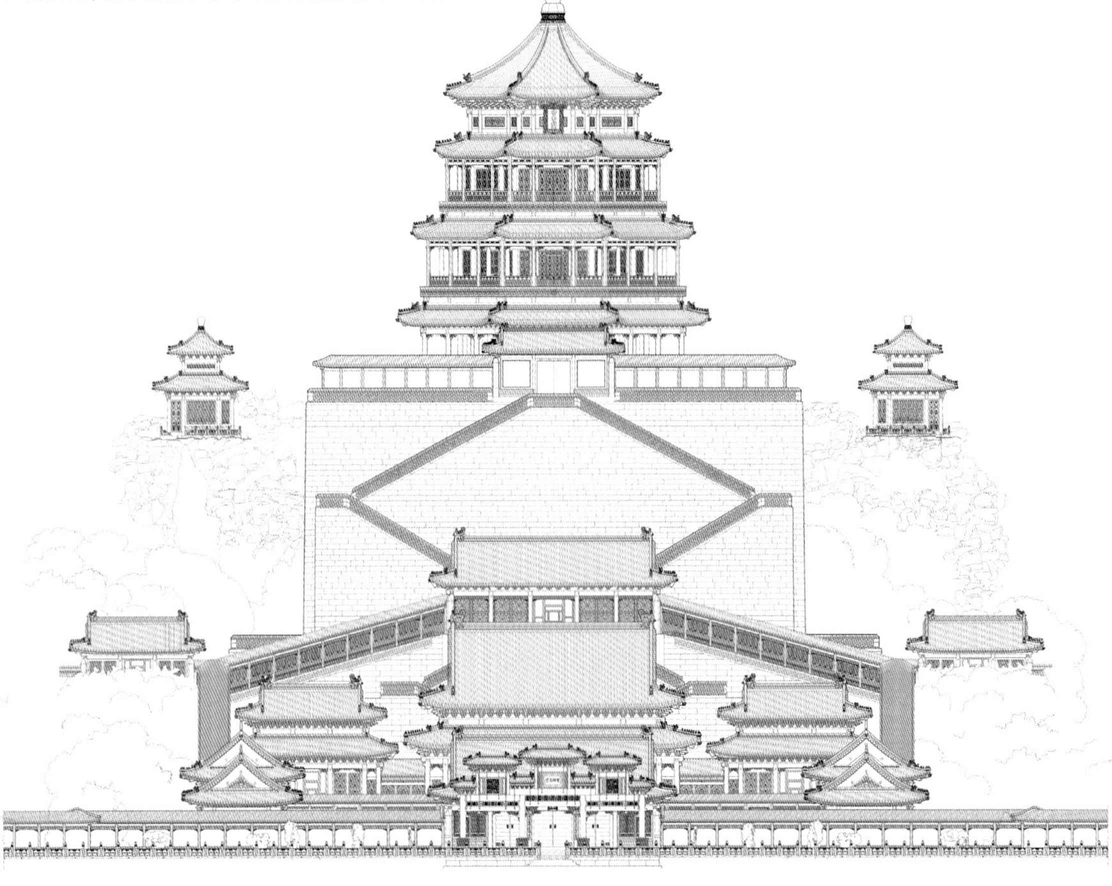

① 以上部分参考了清华大学《颐和园》前言部分。

② 王戈《移植中的创造——清代皇家园林创作中类型学与现象学》，天津大学硕士论文（1993）；李倩枚《何分西土东天，倩它装点名园：清代皇家建筑的类型与意义》，天津大学硕士论文（1994）年；何捷《随山依水揉辐齐，石秀松苍别一区：清代御苑园中园设计分析》，天津大学硕士论文（1996）；赵春兰《周裨瀛海诚旷哉，昆仑方壶缩地来——乾隆造园思想研究》，天津大学硕士论文（1998）；刘彤彤《问渠那得清如许，为有源头活水来：中国古典园林的儒学基因》，天津大学博士论文（1999）；吴晓敏《因教仿西卫，盖以示中华：清代皇家宫苑中藏传佛教建筑的再创作》，天津大学博士论文（2001）；庄岳《中国园林创作的解释学传统》，天津大学博士论文（2006）

▲ 图9 天津大学2007年绘制的须弥灵境建筑群立面图

规划的编制，颐和园清外务部工所的修缮设计，治镜阁、赅春园、须弥灵境的复原研究，并先后完成了《乾隆朝清漪园建筑布局初探》、《颐和园样式雷图档综合研究》两篇研究生学位论文，对文物建筑测绘在颐和园研究与保护所发挥的重要价值有着较为深刻的体会。以下从其对文物保护、科学研究及其社会意义三个方面举例说明。

1．为世界文化遗产颐和园建立了系统、翔实的数字化档案，奠定了相关文物保护的坚实基础

在档案建设方面，经过四年的努力，目前已完成全园90%古建筑的数字化测绘工作，系统、翔实的数字化档案即将全面完成。这些图纸采用了统一的制图标准，每栋建筑包括平面、立面、剖面、仰俯视、屋顶平面、大样图等，一般内檐装修简单的硬山房图纸在8张左右，像德和园大戏楼这样体型复杂的建筑，绘制图纸多达50余张，翔实地记录了建筑物的每一个细节。一旦发生意外，相关文物建筑被毁，这将是重建工程不可或缺的资料。

在修缮工程方面，近几年颐和园已经完成的排云殿景区（图10）、谐趣园景区、清外务部公所（图11）的修缮工程以及正在进行的德和园、听鹂馆、石舫等修缮工程，均使用了这些数字化的测绘成果，大大提高了相关工程设计、管理、预算等环节的工作效率。

在复原设计方面，通过对已有建筑尺度规律的总结，尤其是相关遗址的测绘，为颐和园治镜阁、须弥灵境、赅春园等建筑群的复原设计提供了依据和参

▲ 图10 使用天津大学测绘图纸的排云殿大修实录

▼ 佛香阁全景（摄影/陈鹤）

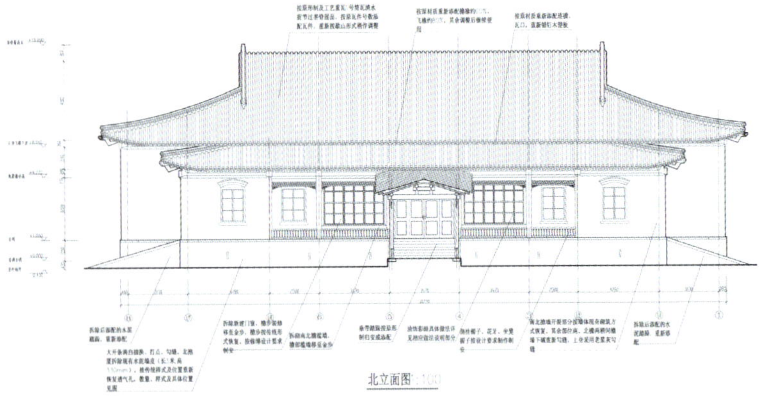

▲ 图11 颐和园清外务部公所大堂勘察测绘图纸

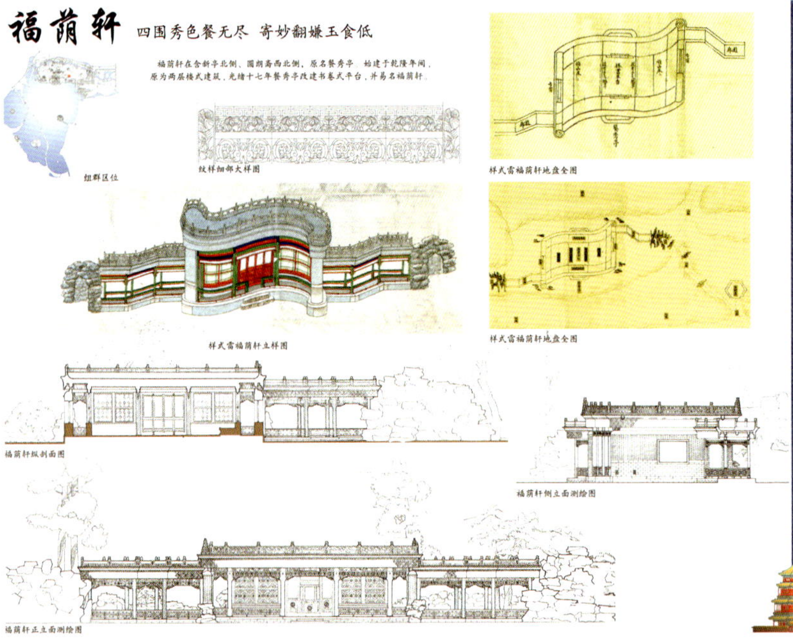

▲ 图13 颐和园排云殿二宫门及东西廊

▲ 图12 依托测绘成果完成的保护规划价值评估图版

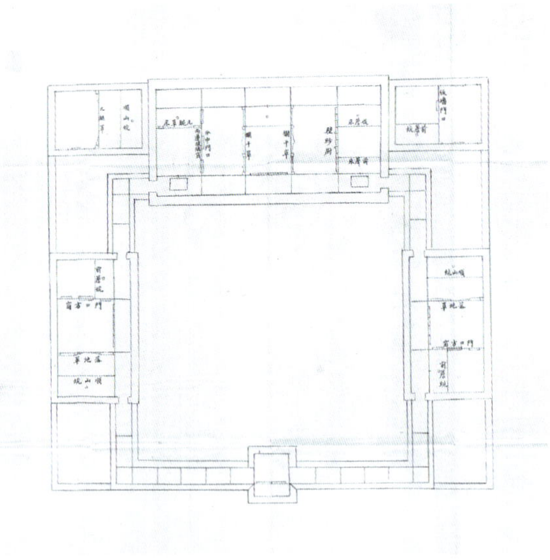

▲ 图14 被误判为颐和园无尽意轩各座内檐装修地盘样的样式雷图

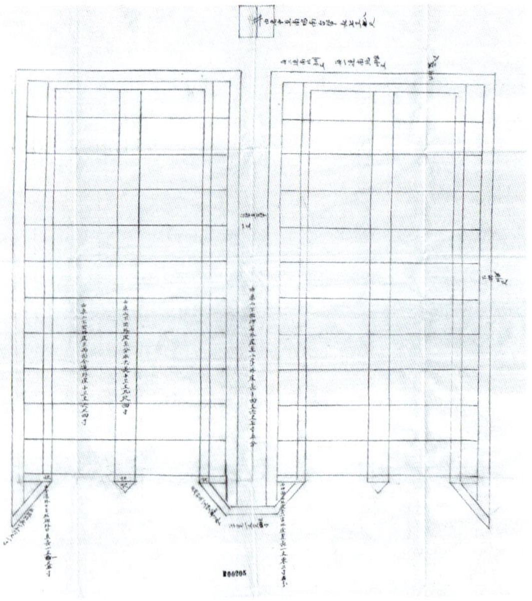

▲ 图15 被误判为颐和园大船坞地盘图的倚虹堂船坞底盘图

考，保障了复原的准确性和合理性。

在保护规划方面，丰富的建筑图档更是直接成为价值评估与现状评估工作的基础（图12）

2．促进颐和园的相关研究

正如文章开头所讲，文物建筑测绘为相关建筑历史研究提供了宝贵的科学资料。以下仅就三个方向谈谈颐和园测绘对相关研究的促进。

首先就是促进颐和园相关样式雷图档的整理研究。以往，颐和园样式雷图档虽已进行了整理编目工作，但由于对实物遗存缺乏全面细致的了解和相关工程档案与文献的系统整理研究的不足，已有目录中存在了大量的误判。通过测绘，对全园建筑规制、形象加以熟悉，为辨别这些图档建筑提供可能。如国350–

1347，原题名为“颐和园宜云馆后门立样”，但该图中游廊间数明显与现状不符，经比对、考证其应为排云殿二宫门及东西廊的过程方案（图13）。如国357-2007（图14），原题为“颐和园无尽意轩各座内檐装修地盘样”，但该图中建筑中游廊间数，正房两侧耳房均与现状不符，根据档案记载，该建筑为遗址重修，因此该方案也不可能是无尽意轩的过程方案。国339-0205-01（图15），原题为“颐和园内大船坞全部地盘样”，乍一看两船坞并列与颐和园船坞西所买卖街船坞相似，但实际上颐和园船坞为遗址重修，大小两座，大的14间，小的13间，而该图两座大小一样，均为十一间。经进一步搜集清代北京船坞建设的资料，考证其应为光绪二十一年（1895年）倚虹堂修建船坞的画样。这一促进作用在笔者的博士学位论文中已得到印证。

第二是促进光绪朝颐和园工程经费的研究。颐和园工程结束后，重修工程花费及其挪用海军经费的数目立即成为世人关注的焦点，康有为、梁启超“海军军费三千万，悉数营修颐和园” 的说法便成为随后80年的主流，并影响至今。

20世纪80年代，清史专家王道成先生利用颐和园相关工程的《做法钱粮底册》或《工料银两细册》，统计出颐和园“56项”工程共用银三百一十六万六千六百九十九两八钱三分三厘，考虑到这些项目占颐和园全部工程半数以上，进而估算出颐和园的重修工程经费应在五六百万两之间。

而随着颐和园全园古建筑的数字化测绘，颐和园各文物建筑的面积、体量、材料的使用（琉璃瓦、灰瓦）、装修的复杂程度等得以详细了解。通过对重修期间大量样式雷建筑图档及相关清宫档案的系统梳理，不仅可以详细地开列出“56项”工程之外的建设项目，而且能准确地估算出当年已修但现状无存建筑的面积。然后，根据已有《做法钱粮底册》估算的工程投资，算出不同类型建筑的单价，进而可相对准确地估算出“56项”工程之外的工程造价和全园建筑工程造价。

▲ 图16 天津大学师生2007在吴哥周萨神庙测绘

▲ 图17 天津大学师生2011意大利库马古城遗址测绘工作照

▲ 图19 万寿山北立面之须弥灵境

▼ 图18 万寿山立面

▲ 佛香阁“云外天香”匾额（摄影/陈鹤）

▲ 图20 万寿山北立面之霁清轩

第三是促进颐和园乃至晚清建筑尺度规律研究。颐和园是中国传统社会最后一个建设高峰中的重要建筑作品，而且留下了由样式雷第六代传人雷廷昌、第七代传人雷献彩主持设计的600余件图档，结合对颐和园现存文物建筑的测绘，详细统计不同类型建筑的尺度关系，如柱高、柱径、廊深、屋顶举折、檐口高度等，寻找颐和园建筑尺度规律，再与同期的三海、惠陵、崇陵等建筑对比研究，晚清建筑尺度规律的探寻也必然会取得丰硕成果。

当然，除上述三例之外，颐和园文物建筑测绘成果对于建筑空间、艺术、文化、设计、工艺、建筑师、工官制度等方面的研究也具有举足轻重的作用，在此就不一一展开论述了。

3．彰显文化大国实力，促进公众对颐和园建筑艺术的理解

颐和园系统翔实的测绘图档不仅使得颐和园在文物建筑档案建设上走向世界前列，也显示了我国对文化基础建设的决心，彰显了我国文化大国的实力。而经过颐和园测绘锻炼的师生，在随后中国助柬埔寨吴哥遗址保护和意大利库马遗址测绘项目中所展现的测绘技术与理念也赢得了国际同行的赞赏（图16、17）。

作为测绘主要成果的二维线画图和渲染图，以形象直观、表现力强，在各类展览中深受公众青睐，如万寿山总立面（图18），展现了皇家园林皇家气魄和以大体量宗教建筑控制全园的艺术处理，霁清轩北立面（图20）则展现了中国的设计结合自然和中国园林的建筑、山石相互依托的关系。依托现状测绘进行的须弥灵境建筑群北立面的复原（图19），以其直观的形象体现了藏汉结合的设计意向，进一步加深了公众对颐和园藏传佛教建筑文化的理解。

另外，基于古建筑测绘取得的相关研究成果，更是直接被中央电视台拍摄的六集《颐和园》纪录片吸收，使得颐和园文物建筑测绘的影响范围更广，更深远。

笔者所在单位天津大学，于2008年由国家文物局批准建设“文物建筑测绘研究国家文物局重点科研基地”，金磊主编知道我们近年一直在做颐和园文物建筑测绘及相关研究工作，特约此文，谨借此机会向多年来给予我们“基地”关怀的领导、专家表示感谢，尤其是颐和园管理处阚跃园长，高大伟[①]、丛一篷副园长，刘永华、董国民主任等同志给予的大力支持与配合。本文还引用了部分首都图书馆珍藏的由北京市管理颐和园事务所绘制、北京永华印制局印制的颐和园图，在此表示衷心感谢。时间仓促，草成此文，不当之处，还望同道包涵、赐教。

参考文献

[1] 中国文物研究所.中国文物研究所七十年[M]. 北京:文物出版社，2005.

[2] 清华大学建筑学院.颐和园[M]. 北京:中国建工出版社，2000.

[3] 颐和园管理处.颐和园建园二百五十周年纪念文集[M]. 北京:五洲传播出版社，2000.

[4] 颐和园管理处.颐和园志[M]. 北京:中国林业出版社，2006.

[5] 张龙.颐和园样式雷图档综合研究[D]. 天津:天津大学，2009.

① 现任北京市公园管理中心副主任

▼ 石舫（摄影/陈鹤）

A "Living Fossil" of Chinese Ancient Architecture A Study on the Large Cha-Shou Timber Frame of Historical Buildings in Northern Jiangsu Province

中国古代建筑"活化石" 苏北历史建筑大叉手木构架研究

马 晓（Ma Xiao）* 周学鹰（Zhou Xueying）**

摘要：大叉手构架以横向斜置的木梁作为屋面椽望之下最重要的承重构件，与其下横梁一起，组成一榀受力合理的三角形屋架。大叉手构架源自原始社会新石器时代的窝棚，夏、商时发展迅速，西周、东周渐趋成熟，秦汉时广泛采用，魏晋南北朝急速衰落。目前，大叉手构架我国各地多有遗留，在规模较小、等级较低、相对简单的居住、生产等建筑中采用。江苏北部地区留存较多，尤以徐州地域为最，构架体系相对成熟，保留了一些早期建筑样式，具有重要研究价值。
关键词：古代建筑，大叉手，木构架，民居

Abstract : The transverse and inclined wooden structure—The Large Cha-Shou Timber Frame is a triangle truss. Its two feet ends are located either on the wall or one on the wall while another on the inner column head, together with the low cord beam. This kind of roof truss was conceived and born from shanty in the Neolithic Age of Primitive Society and riped in Qin and Han dynasties. Through the investigation and study of the existing Large Cha-Shou Timber Frame buildings, found such frames are available now only in the simple residences and production buildings with small scale, low grade in Jiangsu, Shandong and shangxi provinces, however, in northern Jiangsu Province, we can find more such timber frames which are of significant value for studying.
Keywords : Ancient architecture; Large Cha-shou; Timber Frame; Vernacular settlements

1 前言

我国传统木构古建主要有抬梁、穿斗、井干及密肋平顶等几种构架类型。抬梁式与穿斗式作为两种最主要的构架形式，流传各地。两式均采用立柱支撑上部木构，形成一榀榀屋架，属横向承重体系。不论是梁上搁置檩条的抬梁式，还是立柱上直接支撑檩条的穿斗式，均在纵向（顺身方向）檩条上安置椽望等，构成防水保温的屋面。

大叉手，是与上述木构梁架不同的一种构架方式。与抬梁、穿斗式梁架以柱梁(枋)间垂直受力不同，其两根斜置的木梁，是屋面椽望之下最重要的承重构件，斜梁上端交叉以承脊檩，两下端斜插于一横

▲ 图1 徐州户部山民居梁架

* 南京大学建筑与城市规划学院副教授
** 南京大学历史系教授

梁上。横梁两端搁置在墙体之上，或一端支撑在墙体另一端立在内（金）柱柱头上。两根大叉手斜梁与其下水平向的横梁一起，组成一榀三角形屋架（图1）。横梁是大叉手构架中必不可少的支撑构件，起拉杆作用，既可增加进深，又具有较好的稳定性。

这种构架是我国东汉以前建筑曾经广泛采用的形式之一。东汉以降，随着横向构架体系，如抬梁、穿斗等构架体系的日臻完善，在等级较高的建筑中逐渐消亡。

目前，此种构架形式大多分布在偏远、经济欠发达地区的小型建筑中，如陕、甘、云、淮北、豫西、鲁南等地。可珍贵者，在我国东部地区，如江苏苏北和山东胶州湾如日照、青岛、即墨等地传统建筑中，多有应用。这些大叉手构架制作规整、相关装饰精美，仍可窥见我国早期建筑的影子，可谓珍贵的“活化石”。

本文主要以江苏的徐州、宿迁、连云港、盐城等地清中期以来历史建筑为例，对其流变进行初步探讨。

2 苏北大叉手实例及其特色

江苏北部的徐州、宿迁、连云港、盐城等地，在不少居住、生产性历史建筑中，普遍采用大叉手构架形式，尤以居住建筑为多，偶有庙观建筑。

2.1苏北历史建筑大叉手举例（表1）

表1 苏北历史建筑采用大叉手举例

序号	名称	内容	地域
1 徐州	公明东巷8号	公明东巷历史街区不少民居采用大叉手构架	市区
	崔家小院	后进小姐楼西侧的附房（已拆除）	
	户部山古民居群	徐州民俗博物馆的厢房、绣楼（方卉工艺作品展室）、门廊、求索教室（徐州伦理学会国学推广教育中心）、磨房等不少单栋建筑，皆采用大叉手梁架	
	赵信隆酱园店建筑群	东路门房、二层楼房，西路门房、中部住宅、绣楼、南部住宅等均采用大叉手梁架	新沂窑湾（当地传统民居几乎均采用大叉手构架）
	三清观	古镇护镇河北岸（现为地毯厂）	
	西大街建筑群	窑湾镇西大街。包括派出所门房、资源回收店（西大街10号）、某宅（西大街12号）、绿豆烧酒厂办公楼等	
	酱园厂建筑群	东大街。包括门房、办公室等	
	东大街某宅	东大街。难得的是门窗保存完整	
2 宿迁	极乐庵	一层配殿	市区
	财神庙东街88—4号、72号等	一层、三开间	
	皂河镇古民居群	皂河镇财神庙陈家大院。多路多进的门房、正房等	皂河镇
	戴家民居	二层楼及其东侧一层厨房	洋河镇
	熊家民居	二层楼	
	胡家民居	二层楼	
	韩德勤故居	一层、三开间（上世纪七十年代复建）	
	赵新水住宅	一层、三开间（有改动）	耿车镇
3 连云港	四排巷6、8、13号等	一层、三开间	灌南
	伊山镇西长街38号掌孝先宅	一层（有改动，变体）	灌云
	西长街1号正和烟店西侧房屋、南侧附房等	一层、三开间（变体）	
	某宅	一层、三开间夯土建筑（去滨海路上）	

续表

序号	名称	内容	地域
3 连云港	顾正红故居及顾明朗草房	一层、三开间	滨海
	城隍庙东配殿	新浦区南城镇东大街东北、东凤凰山北山脚下（已毁）	新浦区
	某几处拆迁房	有两栋已拆毁，仅剩下一开间（变体）	
	民主中路313号	一层、三开间（已抹灰，但可看出为变体）	
	福利昌巷3号门房	民国建筑（变体）	
	南城镇郭勇、许传法家	一层、三开间，前后两进房屋（变体）	
	南城镇江家大院	一层、三开间，多路多进。东大街不少民居均采用大叉手构架，但多属于变体构架	
	东诸朝村59号	二层楼、五开间（变体）	连云区
	黄岭村大巷7号金同朋家	一层、三开间（变体）	
	金苏村金氏宗祠旧址	一层、三开间配殿（曾经被用作学校，变体）	
	隔村前巷114号	一层、三开间（变体）	
	朝阳镇新县尹宋村孙家炮楼	炮楼西侧一层、三开间附房（变体）	
	板浦镇古民居群	板浦大寺巷4号门房、西厢房、正房（现吊顶）	板浦镇
		板浦大寺巷6号门房、正房（现吊顶）	
		板浦大寺巷10号正房、东厢房（现均吊顶）	
		西顾巷6号（厢房）	阜宁
4 盐城	兴国寺（真武庙）配殿	一层、三开间（表面木板封盖，难以详查）	
	青沟镇徐廷飞宅	一层、三开间。青沟镇不少民居均采用大叉手构架	

归纳上述历史建筑之大叉手构架，有两种形式：一是大叉手下的横梁两端均搁置在墙体上，另一是横梁一端直接支撑在墙体，另一端支撑在内（金）柱上，各具特色。

2.2 苏北徐宿连历史建筑大叉手构架特色

2.2.1 大叉手横梁两端均搁置在墙体上

如上述表格中的徐州新沂窑湾赵信隆酱园店东路门房（图2、3）、二层楼房，西路中部住宅、绣楼、南部住宅；宿迁皂河镇古民居正房、倒座；连云港新浦区城隍庙东配殿、连云港板浦镇古民居等，大叉手梁架均直接搁置在墙体之上。

就外观而言，由于室内无内（金）柱，墙体承受全部屋顶重量，故墙身开洞较少；与此同时，当地石料资源丰富，墙身下部基础多用石材，不怕雨水，故往往无出头的椽子、飞椽等，两面坡屋面、硬山顶，建筑外观愈显封闭、厚重；因使用木料较少，更在于文化上的内敛，墙身上的门窗往往雕饰简洁，屋顶脊饰、瓦件及墙身砖雕、石雕等亦然；采用这种构架方式的房屋，因大叉手斜梁及其下水平横梁的长度所限，其总体进深相对较小。与汉代明器颇为相似（图4～7）。

屋顶采用大叉手构架，大叉手为通长之斜梁，故屋顶无举折、两面坡，此点在外观也得到反映，山面屋顶为一直线（且受此做法之深刻影响，当地采用抬梁式的厅堂屋顶，多如此做法，几无举折）；大叉手与下部横梁组成简洁、高效的三角形梁架，节省木料、用材较小；大叉手上的檩条排列较密，间距较小（40厘米左右），用料亦小，有些情况下使用两根檩条连在一起（苏北地区历代多

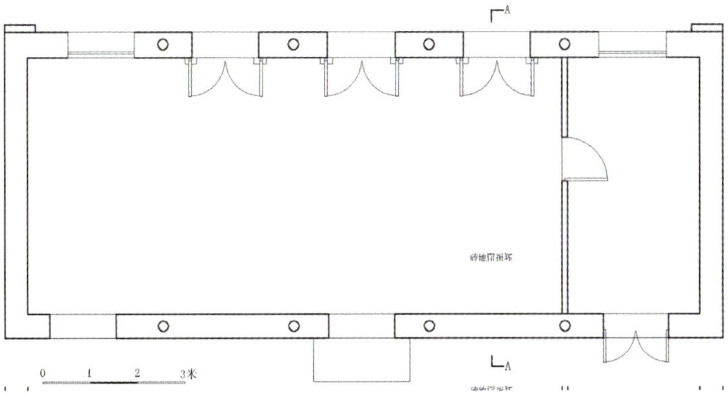

▲ 图2 新沂窑湾酱园店门房平面图

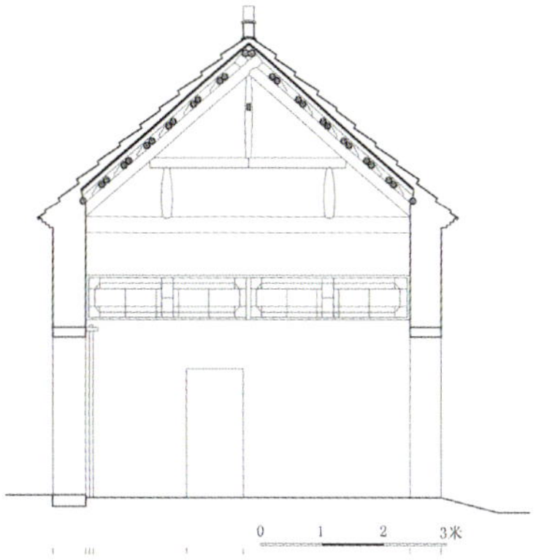

▲ 图3 新沂窑湾酱园店门房A-A剖面图

▲ 图4 新沂窑湾酱园店绣楼

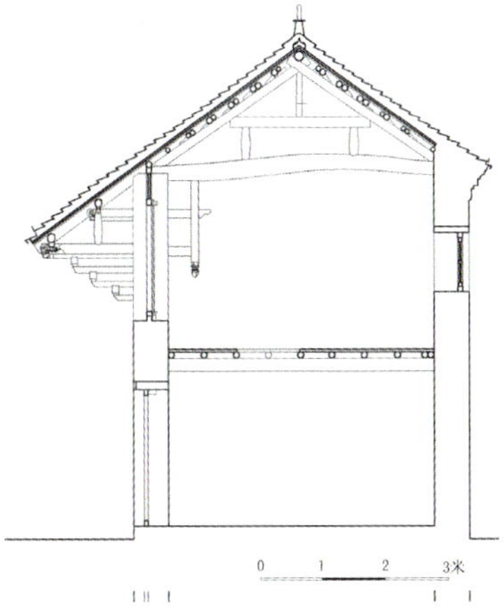

▲ 图5 新沂窑湾酱园店绣楼剖面

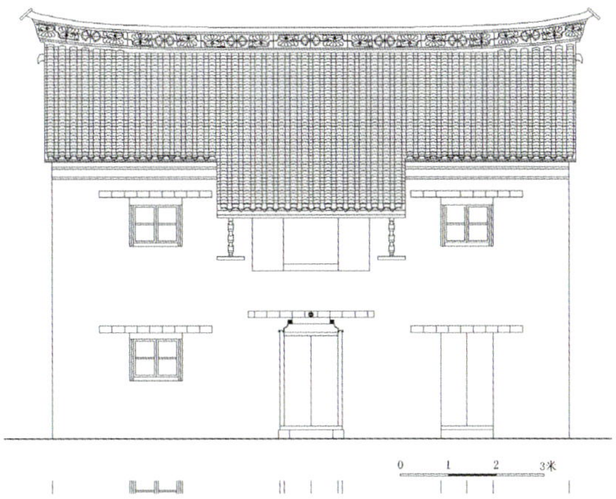

▲ 图6 新沂窑湾酱园店绣楼立面

▲ 图7 汉代建筑明器（河南博物院编著《河南出土汉代建筑明器》，第46页）

石山、少木材，后期用小材将就，或是木材紧张之故）；檩条之上，或排列木椽，其上使用望板、望砖，或不采用木椽，而直接采用木望板；尽间之檩条，或直接搁置在墙体上（硬山搁檩），或搁置在贴墙的大叉手梁架上。

2.2.2 大叉手横梁一端直接支撑在墙体、另一端支撑在内（金）柱柱头上

例如，徐州新沂窑湾赵信隆酱园店西路门房（接一步架）（图8）、绿豆烧酒厂办公楼（接一步架）、东大街酱园厂办公室（接二步架）等。这种构架形式较少，多为规模相对较大的商业、办公、生产等建筑，追求较大的内部空间。

邳州土山镇姚家大楼形制较为特殊，大叉手两端，一端直接支撑在墙体上，另一端又分别支撑在墙体、檐柱柱头之上，形成外廊空间（图9）。

目前，虽有大叉手两端均搁置在内（金）柱柱头之上，即大叉手支撑在立柱上的构架形式，但一些柱子尚需依靠墙体维稳（图10）。

除兼具前述大叉手横梁两端均搁置在墙体上的历史建筑所具有的内、外观特点外，此种大叉手构架还独具特色。

就外观而言，因大叉手构架一端搁置在墙身上，另一端再连接步架，两侧进深不一，成不等坡屋面外观。

内部梁架，大叉手构架一端直接搁置在墙体上，另一端支撑在内（金）柱柱头之上；前步架或后步架插入内（金）柱（前、后步架可以是一步架、二步架、三步架甚或更多步架等）。前、后步架如为二步架以上，多采用大叉手与抬梁构架相结合，空间更大。

2.3 苏北历史建筑细部特征

作为历史建筑活化石的大叉手构架，在其建筑的细部构造上依然保持了传统的造型。

就斗拱而言，据汉明器、画像砖石上的汉代建筑斗拱形象，它们多从墙体（夯土或砖）中直接出挑，上立横拱以承出挑的屋面，而斗拱里跳部分的构造则无法确定。如果对比现存的徐州新沂窑湾酱园店绣楼的斗拱（图4、5），外观上，其斗拱亦是从墙体直接出挑，因用材小，故采用层层出挑承檐。而斗拱里跳则与垂柱相连，垂柱支于大叉手横梁之下，运用了杠杆原理，使得斗拱巧妙地与屋架结合，构造简洁合理，为我们复原早期建筑提供了思路。

除屋面平直的造型外，当地常用的檐口瓦的形状（图11），与古籍中的描述也许有相似之处。汉代

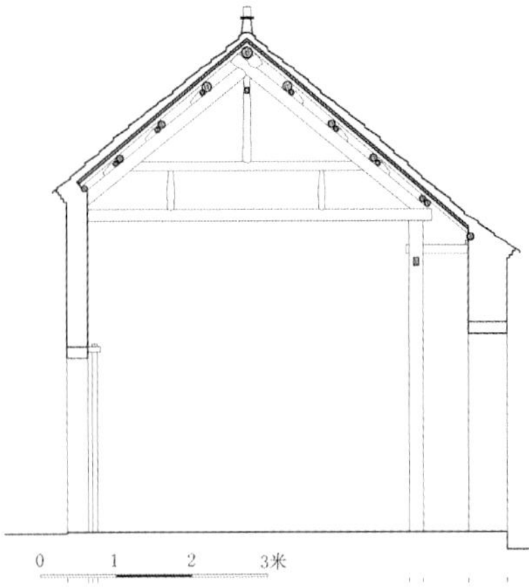

▲ 图8 新沂窑湾酱园店西路门房剖面图

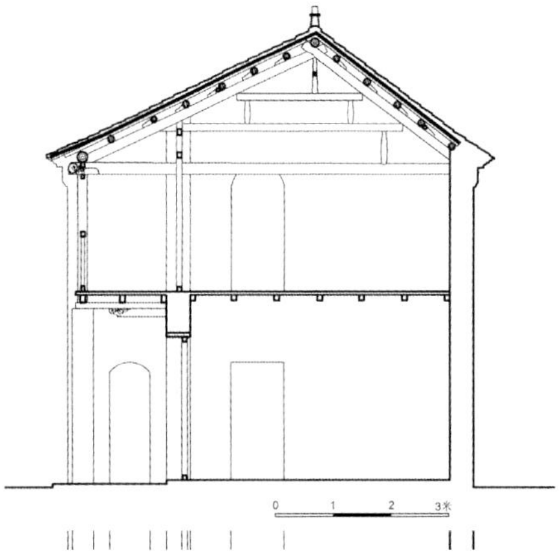

▲ 图9 邳州土山镇姚家大楼剖面

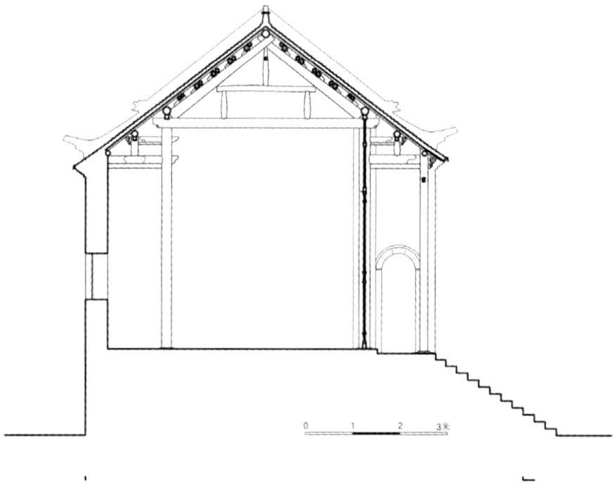

▲ 图10 窑湾三清观大殿剖面

张衡的《西京赋》有："反宇业业，飞檐献献" 李善注引薛综注：凡屋宇皆垂下向，而好大屋飞边，头瓦皆更微使反上，其形业业然[①]。

3 大叉手构架的缘起及其流变

3.1 大叉手构架的缘起

大叉手构架源远流长。新石器时代的窝棚，可谓其鼻祖。实物资料证明，半坡F13门道顶篷遗迹已说明大叉手的形成。它是这一时期的主要屋架方式。直至商、周的宫殿，仍然沿用[②]。

研究原始时期新石器建筑遗址表明，当时的屋顶构架多采用斜梁结构，绑扎手法，木骨泥墙。早期屋顶与墙体合一；晚期屋顶、墙体分离，各司其责。

傅熹年、杨鸿勋两先生在复原我国商周宫室建筑时，均采用大叉手构架形式。西周时期的大叉手木构架，已发展至相当成熟的阶段。傅熹年先生认为："斜梁实际也是古代传统，并延续了下来。在周原附近的农村中，很多传统建筑用了斜梁。"[③]

近年来，陕西临潼骊山汤发现倒塌的秦汉地面建筑遗址，出土了大量木建筑构件，且倒坍后排列颇有规律，为我们研究秦汉建筑大木构架体系提供了直观的实物资料[④]。因遗址揭示的范围较小，整个建筑形制未知；同时报告没有提到柱础，对涉及柱网布置的开间、进深等，资料也阙如。但是，相关发掘材料表明，此建筑可能采用大叉手构架，其斜梁承托檩条，檩条之上不排列木椽，采用竹竿竹竿与席箔等物替代，再上覆瓦[⑤]（图12）。

3.2 大叉手构架的流变

杨鸿勋先生在复原商代建筑宫殿、廊庑时，推测其构架"是采用大叉手（人字木）支撑檩、椽"。直至东汉洛阳灵台仍然采用此种构架形式[⑥]。

然而，采用大叉手构架的建筑往往内部空间进深有限，难以满足礼仪、生活所需。因此，要取得较大的室内空间，需要有较大的斜梁构件；与此同时，采用斜边长度的斜梁，增加的却是直角边的进深，显见事倍功半。或许，檐下接檐的方式逐渐兴起，即大叉手梁架之下再接梁架的做法逐渐被采用。譬如，汉代跌落式屋顶的出现，正在于此。此时，上、下檐坡度或一致，或不一致，但尚未发展出成熟的举折。因此，真正的歇山顶实际应当伴随着举折（架）的出现而来。

同时，采用大叉手构架之屋顶相对而言较为陡峭，进深过大时，存在檐口高度过低，不利于采光、防雨等，而檐下接檐方式之采用，或可能使得屋顶坡度至上而下逐渐减小，其技艺日趋成熟，举折（架）逐渐产生，并最终形成做法规则——法式。由此，在建筑内部增加内（金）柱，采用多根斜梁代替一根斜梁的做法，就成为必然之举，而水平向横梁的作用，必然得到越来越大的重视。这就促使大叉手斜梁构架体系逐渐向水平向的一榀榀屋架体系的转变，大叉手与抬梁、穿斗等构架体系融合（苏北存在的大叉手构架变体，可为佐证），相关构架体系发展起来并日臻成熟。

当然，同一时期的构架应是多样的，简单的抬梁、穿斗构架早就存在。故大叉手构架的逐渐衰退，就使得其他构架形式，如抬梁、穿斗等的使用范围加大、促进其加速发展，并发展出成熟的构架体系。

采用大叉手构架的建筑，由于构架本身之特性，或可谓构架方式的局限所致，其檐口应是平直的。而抬梁、穿斗式等横向构架体系，因是一榀榀屋架承重，屋架之间关系相对自由，才有建筑侧角、升起做法之产生、发展。以上分析，正与我国古代建筑魏晋以降之发展脉络相切合。

因此，伴随着追求大空间的愿望逐步实现，大叉手构架体系之使用范围在重要建筑中逐渐萎缩。

4 结论

大叉手构架是我国自古就有，并至今犹存的一种木构架体系。它源自原始社会新石器时代的窝棚，是地

① 任继愈：《中华传世文选 昭明文选》，28页，长春，吉林人民出版社，1998。
② 刘叙杰：《中国古代建筑史》，第一卷，103页，北京，中国建筑工业出版社，2003。
③ 傅熹年：《傅熹年建筑史论文集》，58页，北京文物出版社，1998页。
④ 唐华清宫考古队：《秦汉骊山汤遗址发掘简报》，载《文物》，1996（4）。
⑤ 周学鹰：《从秦汉骊山汤遗址看汉代单层建筑结构技术》，载《中原文物》，2006（4）。
⑥ 杨鸿勋：《宫殿考古通论》，31页，北京，北京紫禁城出版社，2001。

▲ 图11 窑湾三清观大殿勾头上的装饰瓦

▲ 图12 陕西临潼骊山汤发现倒塌的秦汉地面建筑遗址（《骊山华清览胜》，第32页）

面建筑木构架之肇始，夏、商时得到迅速发展，西周、东周渐趋成熟，秦汉是其发展之高潮，魏晋南北朝时急速衰落，六朝以降，仅在规模较小、等级较低、相对简单的居住、生产等建筑中采用。江苏、安徽、河南、山东、陕西、云南、贵州等地均有遗留，以苏北徐、宿、连三地，山东胶州湾等地留存得较为精致。其中，徐州地域构架体系相对成熟，具有重要研究价值。

由大叉手构架现存两种类型可知，无论是两端都支撑在墙体上，还是一端支撑在墙体、另一端支撑在内（金）柱上，实际均属于外围承重墙、内部木构架的土木混合结构。外围墙体（夯土、土坯、砖石等）起主要撑重作用，并可以加强建筑整体的稳定。内部大叉手木构架支撑屋面结构，创造使用空间等。这种建筑一般相对构造简单、规模不大、施工简便、使用范围广泛、适应性较强而沿用至今。当然，我国古代各时期的建筑结构形式丰富多彩，并非仅此一种。

大叉手构架在苏北地区的突出表现，与该地域自然地理环境、文化习俗等密切相关。苏北、鲁南等地遍布石灰岩丘陵，自古以来，该地域就多石少木。大叉手结构节省木材，因此被广泛采用，延续至今。秦汉时期，境内山丘逶迤，人文荟萃，是经济、文化发达之地。尤其徐州为西汉开国皇帝刘邦故里，也是众多皇亲国戚桑梓之地，遗存较多的汉文化遗迹，两汉王陵墓群、汉画像石、兵马俑等表现突出。而遗留至今的大叉手构架，简洁、平直、有力，或让我们遥见大汉遗风。

本刊更正

本刊第三期随感/短论栏目，马国馨院士的《从绝望开采希望》一文中，雕塑家名字应为雷宜锌，误写为雷宜梓，特此更正。向作者马国馨院士及雕塑家雷宜锌先生一并致歉！

本刊第三期P201，“《中国建筑文化遗产》对话程泰宁”一文标题应更正为“《中国建筑文化遗产》对话程泰宁”，特此致歉。

《中国建筑文化遗产》编辑部

本刊来函

尊敬的《中国建筑文化遗产》编辑部：

贵刊第3期已于春节前及时收到，十分感谢。本期第124页刊登了我在刘谞先生新书在京发布座谈会上的发言，读后发现，根据录音整理发表的文字有两处错误：

① 讲话中提到的徐中先生（天津大学建筑学院创始人）误写为徐忠先生了。

② 我在谈到梁思成先生的建筑语言功力曾因受到传统建筑观念的束缚，未能充分发挥出来而成为历史性遗憾时，特意讲到了他成功运用建筑语言的两个实例，其中一个就是天安门广场人民英雄纪念碑的碑顶设计——当时，在众人意见难以统一而时间又十分紧迫的情况下，梁思成先生“应急”作的这个方案实施之后，一直为大家认同而成了无以替代的“绝唱”了。贵刊在作录音整理时，由于没有搞清楚原话说的这件事情，结果，把意思的表达弄反了，以至我在读时愕然一惊。

梁思成先生和徐中先生都是德高望重的建筑界老前辈，看到这两处错误，我心里一直不安，特此来函，望尽早予以更正，并建议今后若涉及重要史料性或专业性很强的录音内容，还是先让发言人“过一遍”为妥，这样虽有点麻烦，但会让编者、读者和发言人都安心。

顺致节日问候。

布正伟　2012年1月21日

Heritage of Design Ⅰ

设计的遗产（一）

▲ 故宫角楼（东侧）（摄影：陈鹤）

▲ 1930年代的科隆市街道（摄影：奥古斯特·桑德）

▲ 广州中山堂（陈鹤摄影）

▲ 北京凤凰国际传媒中心

开栏的话：《中国建筑文化遗产》自2011年7月末创办时，我们就想到了“设计的遗产”的主题，之所以未开设固定栏目是基于如下考虑的：作为一本专门从交叉科学与多文化视角，以建筑为载体的专业学刊，它的全部内容就是以城市学、建筑学、设计学、艺术学乃至创意文化为研究对象，其专注并报道的对象正是以“文化为轴”的大遗产或称广义遗产的体系。当下，设计是无所不包的，设计有太多的人们知晓的定义，其本质不外乎是工程的、产品的灵魂之类，但“设计的遗产”是什么含义，其研究与传播的当代意义是什么，确值得省思。从设计历史乃至设计收藏的含义上讲，“设计的遗产”旨在为当下创造一个“古老也时兴“的设计文化发展氛围，在广义设计的所有领域开阔一种跨界的、文化的、城市的审视，不仅给设计界、更为中国设计教育带来一种具有勃勃生机的“新生”。时至今日，《中国建筑文化遗产》正具备着推出这个系列专辑的条件。本来2012年元月20日（农历腊月二十七）在国家图书馆文献馆“文津楼”举办了德国摄影家“旧京风物——德国摄影家镜头下的老北京”的作品展，北京城建筑及风俗的百年前图片虽并非设计作品，但它今天的文化遗产力量是强大的，它尤其让国人联想到为什么我们不呢？

现当代设计如果从英国的“工艺美术”运动始至今不过才100多年，其中有数十计流行过的大大小小的设计风格，自“工艺美术”后，就有“新艺术”、“装饰艺术”、“现代主义的包豪斯”、荷兰的“风格派”、俄国的“构成主义”、美国的“流线型”、“摩天大楼”风格、战后的“国际主义”风格、“典雅主义”、“粗野主义”、“高科技”与“后现代主义”，直至“新现代主义”、“解构主义”，等等。无疑，不论历史进程中时兴哪一种设计风格，有一点是永恒的，即它都为社会创造着财富，它为人类提供了日益丰富的服务，不论其产品是建筑的，是装饰的，是日用品，还是交通工具等。正如同历史建筑所保留的是一种历史空间，因此人们会日益感受到城市与建筑文化遗产的设计省思，它一定蕴涵着城市独有的空间文化。在这里“设计的遗产”不单纯是一种回忆与憧憬，更有“静谧”的文化活力，更可体现出本质的文化“原真性”。此刻我们想到建筑文化考察组于2009年策划主编的“建筑名家画传系列”，其一是《留下中国建筑的精魂——纪念朱启钤先生中国营造学社八十周年画集》，其二是《伟大的建筑——纪念中国杰出的建筑师吕彦直逝世八十周年画集》。如果说三年前，我们用建筑画集的形式展示了朱启钤先生及其中国营造学社的历史成就，向世人展示了中国近现代史上第一位受到政府褒奖的建筑师吕彦直先生和他的建筑设计瑰宝，那我们更以为“设计的遗产”栏目所要表达的正是传承设计思想的需要。设计，就其最广泛意义来讲，指“有目的的创作行为”，凡举城市规划、建筑设计、室内设计、景观设计、产品设计、交通工具设计，抑或平面设计、服装设计、舞台设计等门类，均服务于创造有形世界的目标，对塑造人类的观念世界发挥至关重要的作用。传统中国从不缺少对形式感的追求。礼乐中的器物，或是日常生活中的物品，大到城市规划、宫室建筑，小到服装染织、家具器皿，中国人创造出了灿若星河的物质世界。它们不仅承担满足生活需要的功能性要求，更是一种象征的符号，与中国人的精神世界互为表里，是中华民族心灵的写照。《中国建筑文化遗产》提出对“设计的遗产”范畴的新审视，基于时代对设计提出的热烈要求。曾经有一度，中国人在讲述自己何以被称之为中国人时，是充满美感与想象力的。如果说在传统中国，造物与心灵处于自洽的状态，那么现代性的来临则割裂了这种因果循环的联系。使观念与实践重新统合，是中国当代知识分子面临的首要难题，而设计师就其最高的意义上讲，是知识分子阶层的一部分，同样面对这一宏大的问题。具体而言，如何重新使造物与中国DNA对接，使得物质的创造合理、好用，同时使物质成为中国精神的表皮，是每个门类的设计师需要最终回答的问题。

从广义设计的视角看，“设计的遗产”有太多丰富的内涵，不仅有杰出的城市新形象的标志建筑（含历史文化经典项目），更有诸如家具设计、日用陶瓷与器皿设计的系列等。有设计史专家谈到荷兰当代平面设计的特点时，

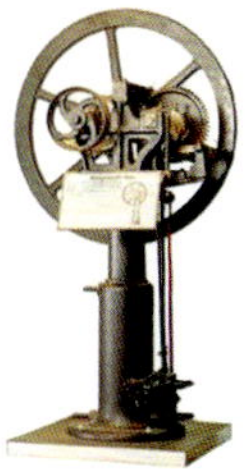

▲ 奥托内燃机，1870年德国制造，世界第一台内燃发动机

▲ 热带椅，西班牙设计师Patricia Urquiola作品，2007年

▲ 1937年Hans Ledwinka设计的Tatra轿车，是该车系第一款流线型车

用“小国大设计”予以解读。他认为与世界各国不同，荷兰货币设计全都为精彩的抽象图案而不是采用领袖头像。在荷兰其货币设计全是由设计师提出方案，在这里设计师拥有至高无上的权力，政府不做干预，自1997年由荷兰银行的一个专门委员会负责至今。作家杜斯与哈斯合作过一本关于荷兰设计的著作《平面设计和理性主义》就专门评价了设计师的作用。平面设计，算是设计门类中最可直接反映一个国家历史、经济、社会的一个活动了，如果社会文脉受影响，不论是中断、破坏、缺失、提升等负面及正面过程，都会通过平面设计的视觉传达反映出来。平面设计随手可及，从古典运输招贴到20世纪的零售设计，到享誉设计的20世纪60年代蓝调唱片公司的封套，乃至今日的时尚杂志及网页设计都是对“设计的遗产”的演变图景与特写，都有极为丰富的博物馆设计藏品。所以，面对无所不包的设计界，推崇遗产并非等于对创意设计的不尊重，相反，传承瑰宝文化恰是对遗产保护的“推进器”。

“设计的遗产”系列专辑将从这期走近读者了，希望设计界与社会文化同人们喜欢，因为在这里不仅能看到作品与设计师及其设计思想，也可品读到源远流长的中外设计历史及文化演变脉络，同时也能触到充满活力、多元化的数码化设计的边缘。因为当代有越来越强烈的设计民主化之浪潮，它正使经典作品经历质的变化、时尚变得更加人文、设计突显个人化。《中国建筑文化遗产》希望以“遗产”的概念为空筐，装入活跃在各个设计领域的思想者对于这些问题的回应。就一般意义上的分类而言，文化遗产分为有形遗产与无形遗产两种，前者包括文物、建筑与遗址群；后者指一个文化中非物质层面上有价值的思想与技艺。引申言之，遗产即有价值的思想或实体。《中国建筑文化遗产》拟邀各个设计门类具有代表性的中外权威专家，就设计的综合话题或分类话题，在与历史对话的过程中，展开他们的批判性或建设性的论述与思考，温故知新，为未来指明前进的方向。我们期望通过“设计的遗产”系列化及广义化研究，让更多的人理解设计的价值能改变疯狂变化的城市与建筑、日用品与奢侈品缺少原创、批量生产无个性的状况，还社会及城市一个丰富的、多姿多彩的“产品”境界与新观念。

（金磊　冯娴／执笔）

Opening Remarks: At the end of July 2011 when we launched the first issue of *China Architectural Heritage*, we thought of the topic of 'Heritage of Design'. However, we did not bring it up because as a specialized journal that investigates architecture from multidisciplinary and multicultural viewpoints, *China Architectural Heritage* discusses subjects ranging from urbanology, architecture, arts to creative culture, with its whole focus on the culture-oriented system of 'big heritage' or 'broad-sensed heritage'. At present, design involves everything and it has too many well-known definitions, which are actually nothing more than 'the soul of a project/product' sort of things. But what does the 'Heritage of Design' mean and what is the point of studying and spreading it? These are questions that worth thinking about. From the views of the history of design as well as the meaning of collection, the ‘Heritage of Design’ is aiming at creating an 'old but also fashionable' atmosphere for the development of the culture of design, providing crossover, cultural and city-based inspections for all the fields of broad-sensed design, in order to revitalize not only the design industry but also the education of design in China. Currently, *China Architectural Heritage* has been preparing for the show-up of a series of specials on this topic. On January 20th, 2012 (Lunar December 27th, 2011), an exhibition of German Photographers' works called *Things in the Ancient Capital – Old Beijing through the Lens of German Photographers* was held in the Wenjin Building in the National Library. Although those 100-year old photos of buildings and customs in Beijing are not design works, they have strong power as cultural heritage and especially make people think that why we don’t do this.

Modern design has come along for no more than 100 years since the Arts and Crafts Movement in the UK, which has seen a variety of design styles going on the stage, from 'Arts and Crafts' to 'New Art', 'Art Deco', 'Bauhaus', and then Dutch 'De Stijl' , Russian 'Constructivism' , American 'Streamline'and 'Skyscraper', post-war's 'Internationalism', ‘Formalism’, ‘Brutalism’, ‘High-tech', 'Postmodernism' as well as 'Neo-Modernism' and 'Deconstructivism'. Undoubtedly, no matter which style was popular in a certain period of history, what we are sure about is that design did create wealth for the society and provide people

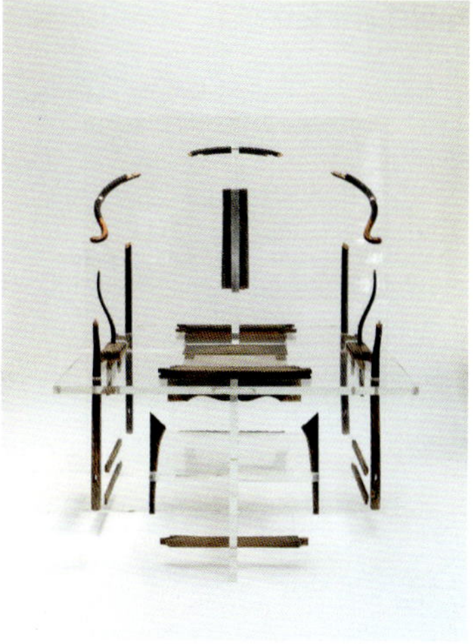

▲ 曲苑风荷，2004作品一号，邵帆作品

▲ 三把来自越南的无名设计师的作品塑胶椅，收藏于慕尼黑国际设计博物馆

▲ “灰姑娘”桌，荷兰设计师Jeroen Verhoeven作品

◀ 禄来系列双镜头反光相机（2.8F），在四五十年代乃至七十年代初，曾风靡世界一时

▲ 被尊称为世界第一位工业设计师的Peter Behrens1909年设计的电水壶

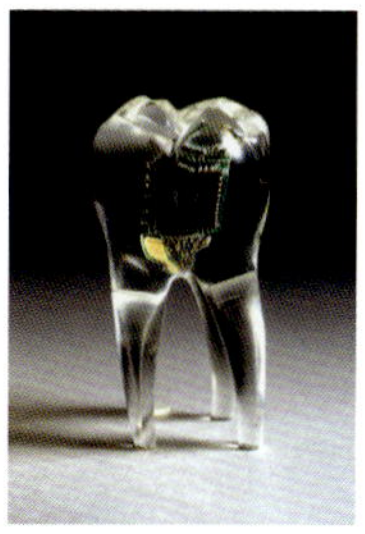

▲ 收音牙齿植入技术猜想，2001年

▲ 2011年首届北京国际设计三年展现场1

▲ 2011年首届北京国际设计三年展现场2

▲ 2011年首届北京国际设计三年展现场3

▲ 2011年首届北京国际设计三年展现场4

with increasingly abundant services, including building, decoration, commodities and vehicles. As historical buildings keep a sort of historical space, people will increasingly feel the reflections on the design of architectural heritage in the cities, which surely include the city-specific space culture. Here the 'Heritage of Design' is not merely a kind of memory or expectation. It is filled with a sort of 'tranquil' cultural vitality, and better presents the essence, the 'authenticity' of cultures. Now I am thinking of two books among the series of *Pictorial Biographies of Famous Architects* produced by the architectural culture study group in 2009; one is *Keep the Spirit of Chinese Architecture: Pictorial Album for the 80th Anniversary of Zhu Qiqian Funding the Society for the Study of Chinese Architecture*, and the other is *Great Architecture: Pictorial Album for the 80th Anniversary of Architect Lv Yanzhi's Passing-away.* Three years ago, in the form of pictorial albums we presented the historical achievement of Mr. Zhu Qiqian and the Society for the Study of Chinese Architecture, and introduced the first architect who received government award in modern Chinese history, Mr. Lv Yanzhi and his precious works; and now we are opening the column 'Heritage of Design' to meet the need of passing on design ideas, On the contrary, the inheritance of the cultural treasures will propel the heritage protection.

In its broadest sense, refers to a 'goal-directed act of creation'. All kinds of design, including urban planning, architectural design, interior design, landscape design, product design, transportation design, graphic design, fashion design, stage design and others, are serving the goal of creating the physical world and playing important roles in shaping human's idea world. In traditional China, people are always in pursuit of the sense of form. From ritual utensils to articles in everyday life, from urban planning and palace building to textile weaving and dyeing, furniture and vessels designing, Chinese people have created a splendid material world. It not only satisfies people's life needs, but also is a kind of symbol that is interdependent with Chinese people's spiritual world and is a portrayal of Chinese people's minds. *China Architectural Heritage* proposes a new perspective on the scope of 'Heritage of Design' in line with the demands of the age. There was a time when Chinese people explain why they are called Chinese they are full of the sense of beauty and imagination. If in traditional China, people's act of creation and their minds were consistent, the advent of modernity had broken the consistency. The primary problem encountered by contemporary Chinese Intellectuals is to re-integrate ideas and practices. And designers, who in the highest sense are a part of intellectuals, also face such a big problem. Specifically speaking, how to integrate the Chinese DNA into the acts of creation to make the creation of materials reasonable and useful, how to at the same time make materials become the representation of Chinese spirit, are essential questions that every designer needs to answer.

The special column 'Heritage of Design' debuts in this issue. We hope you enjoy it, because in it you can not only see works, designers and their design ideas, but also appreciate the evolvement of the history and culture of design. In addition, you can get a taste of energetic and diversified digitalized design. At present, the increasingly stronger trend of design democratization is making the classics go through qualitative changes, aiming at more people-oriented fashion and more personalized design. Around the notion of 'heritage', *China Architectural Heritage* expects to collect responses of these questions from active thinkers in various fields of design. In general sense, cultural heritage has two kinds: visible heritage and invisible heritage. The former includes cultural relics, architecture and relic groups; while the later refers to non-material and valuable ideas and skills in a certain culture. By extension, heritages are valuable ideas or substances. *China Architectural Heritage* welcomes experts from various fields of design and from various countries to contribute their critical or constructive opinions and thoughts on any topic of design, to shed some light on the direction to go in the future. We hope that through our continuous and intensive discussion in the column, more people would get to understand that design can really change the situation that the crazily-changing cities, buildings, commodities and even luxury products are short of originality, featureless and in mass production, bringing diversified products and new ideas back to our society and cities.(text: Jin Lei, Feng Xian)

Heritage: From Groups to Individuals Hu Yue Talks about 'Heritage of Design'

从“成片”的遗产到“点”的遗产 胡越谈“设计的遗产”

冯　娴（Feng Xian）

编者按：《中国建筑文化遗产》开启“设计的遗产”专辑时，特约全国工程勘察设计大师胡越做访谈，2011年12月末，在北京南礼士路的胡越工作室，《中国建筑文化遗产》记者与胡越先生就建筑遗产的定义、遗产的名单及作为“国家符号”的建筑等问题展开问答。胡越认为传统社会中建筑的遗产都是成片的遗产，而现代社会建筑的精华仅仅只能浓缩成一些点，并论述了这种变化产生的原因。

Editor's Notes: At the time *China Architectural Heritage* opened the special column 'Heritage of Design', we specially interviewed Mr. Hu Yue, who's titled as Chinese Master of Engineering Exploration and Design. At the end of December 2012, in the Hu Yue Studio located on Nanlishi Road, Beijing, our correspondent and Mr. Hu had a discussion on the definition of architectural heritage, the list of heritage, the architecture as 'national symbol' and other topics. Hu Yue believed that in traditional society architectural heritage was always groups of buildings, while in modern society the essence of architecture could only be found in a few individual buildings. He also explained the reasons of such a change.

▲ 胡越

一、古代的遗产与现代的遗产

冯娴：《中国建筑文化遗产》特别侧重于对“文化遗产”主题的深挖，金磊总编阐述过“事件遗产”、“遗产就是今天”等命题，试图拓展对遗产的理解。那么在您心目中，您怎样定义“遗产”的概念?

胡越：我认为建筑师基本上是谈当下，设计未来。因为房子现在还是一片虚无，以后才有实体，可能存续到五十年，一百年甚至更长时间。看了一下金磊总编写的“遗产就是今天”，我想这是一种泛化大概念的遗产。我们现在都在创造一些东西，用当下视点去看，不管是好与不好，总是一种存在，在将来有可能成为遗产，也可能成为人类的废品，但都是一种关于时代的记忆。所以我想这是一个挺宽泛的大概念，可以缩得很小，是为精华，也可以放大到无限，涵盖一切。实际上这个题目谈起来可以说这是我们的工作，解决当下，设计未来，但是把它纳入到一个遗产的概念当中，可能能够提示我们对当下的工作更审慎，采取一个更慎重的态度去做。我觉得特别是在中国，做什么事情都很急，功利心很强，只照顾眼下的利益，这现象非常普遍。尤其在城市建设当中，当然可能很多问题责任不在设计人员身上，而是多因素导致，这也提醒了我们要更谨慎地工作。

建筑师普遍来说给人的感觉是一种谋生手段，其实任何职业也都是如此。还有一些人提出更高标准，要有社会责任感，设计的时候就是在预测未来，当未来成为过去的时候，所担负的是很大的历史责任。至于说到建筑遗产，我感觉中国人没有深究。其实中国在传统历史上好像并不在乎实物遗存的保护，改朝换代带来很大冲击，特别是在建筑之上。可能过去传统文化比较菲薄物质这种“雕虫小技”而注重精神传承，比如道德、修养、人的情操，还有政治制度的建构。现在提到的“文

▲ 上海青浦体育馆训练馆改造项目（摄影：傅兴）

物保护”概念实际上是一种西方概念。人在一种生存状态下，特别是随着年龄的增长，回忆过去总是一件有意思的事情，比如同学聚会等等。放大到社会，我觉得城市和建筑是回忆一种非常重要的载体，事件过去了，再也不会来到现在重新呈现，但是相对来说比较固定的城市和建筑却是永远地留在这儿。现在城市化速度加快，街道转眼间旧貌换新颜，令人觉得承托人类载体被人为地破坏了，且不论好坏，对现代人是一个挺可悲的结局。好像变化太快，想回忆童年，已然物不是人已非，无从忆起了。

因此我认为从不同角度去看，比如欧洲那些留下来的建筑，应该是历史积淀中比较好的，破烂的被自然淘汰掉了，中国现在这种发展态势其实挺可惜的，现在建筑的发展模式大大迥异于古代。我原来在《建筑学报》上发过一篇文章，关于设计样式的问题。我觉得古代的生产设计模式留存下来的物质的本身意义，以好坏、环境与历史沉淀感来衡量，更有意义。到了近现代以后，不光是中国，从世界范围来说，现代建筑留存下来的意义没有古代那么具有普遍性。过去是一种非常缓慢的发展进程，虽然几千年下来建筑也有很大改进，但其实系统是一脉相承。但现在社会发展很快，存留下来的现代建筑或街区，可以说是凤毛麟角。

据联合国教科文组织统计的文化遗产，属于现代的只有以色列的白城，一个纯粹现代主义的城市。我看了看Google上它的街景图片，我认为跟古代的遗存无法相比，要差很多。世界范围内的遗产不论是欧洲的、中国传统的、阿拉伯的，甚至日本的有些城市实际保留得还可以，白城和这些城市平行来比我认为其实是比较差的。我们今天谈到这个遗产的时候，现代主义已经随着快速发展蔓延到东方大部分地方，也有可能很快发展到非洲，据说这几年非洲的GDP很厉害，成为世界上一个新的增长极。在现代快速发展的城市当中，这种东西用人过去的眼光来看，我觉得都不值得成为传统意义上的遗产。就是说现在的过去是成片的遗产，比如一座城、一个村子、一个街区，现在可能会浓缩到一些点，比如有重大纪念意义的建筑，等等。纯从历史意义和建筑审美上去找，我个人认为成片的遗产已经很难找到了。很多行内人都对城市发展提出很多尖锐的批评，认为都是垃圾。

冯娴：从“成片”的遗产到“点”的遗产，您认为产生这种变化的原因是什么？

胡越：这个原因总结来看是现代和过去建筑设计系统的不同，过去是一种缓慢积累的概念。为什么这么说？一位英国学者曾经谈过建筑造型设计的四种方法，我认为其中有两种方法，即法则性设计和象形性设计基本上是古代建筑设计最主要的方法。其中有一条是法则性设计：人们通过实践总结出一些法则并按照法则进行设计，特别是中国古建筑的设计方法，就是一种典型的法则性设计。实际上这是人类数万年从旧石器时代就开始记载到现在的成果，就像一种程序，只要依照这个程序，无须精心雕琢，朴拙民居组成的城市也会给人一种优雅的韵味，沿着一种与环境和谐的定式在发展。而现代建筑强调的是个性，每一座房子都需要新的灵感，独属于少数精英而非大众。但实际上，所有的建筑师都在追求这样的房子，换句话说，就是现代模式无法承载和复制所追求的目标，灵感难以寻觅，技术无法达到，环境和经费都难以大规模支撑，因此常有画虎不成反类犬之嫌，造成了现代建筑很烂，互相之间没有任何关系，不像一些古街区，房子都长得很像，但是放在一起非常和谐。

我认为在将来，在以现代建筑为支撑的快速发展的城市，特别是在东方，如何看待遗产可能会和过去大有不同，变得很令人担忧。当然事情有利有弊，在这种模式下，存在于建筑本身之外的功能可以得到扩展，就是我刚才所说的纪念意义，甚至还有从节约资源和环保角度考虑的衍生品。但建筑本身最后可能成为一个一个毫无关联的个体，很可悲。打个比方，就中国这种状态来看，如果我们国民的文化修养和欧美发达国家比肩，我不认为那时我们能够忍受如此丑恶的建筑还屹立在我们周围。

前一段时间我去了一趟法国和瑞士，当地一些小城市的博物馆平日没有人，若要参观的话必须要去旅游局，用护照做抵押把钥匙取走，打开参观。我觉得人家的博物馆做得特别好，包括建筑、展台以及展品。展品有可能就是一块石器时代的石头，但人家保存得很有意境。最近又去了一些国内小城市的博物馆，简直恶心得不能再恶心了，环境又脏又破，展品如果包装包装还是挺好的东西，可是在那种环境下简直无法让人接受。从城市的面貌来看，市政府、城市广场那些东西却非常体面。可见我们整个社会和国外的反差就在这里了。其实北京、上海这些大都会并不比巴黎、伦敦差，有的地方还比国外时尚，但从博物馆这类细节来看真是巨大的反差，说明我们民族的整体素质实际差得很远。我不敢给遗产下个新定义，从现在这种感觉，我们还不配有创造遗产的资格。我指的只是建筑本身，用建筑学去衡量的遗产，而不是人文事件遗产。

冯娴：刚才您提到“法则性设计”，指从古代甚至旧石器时代以来保存下来的样式，您认为这样的样式来自于何处呢？我觉得这是一个很神秘的东西。

胡越：这是一个长期的积累。人在很原始状态的时代并不注重知识的积累。在19世纪欧洲有一个工程师，他继承了他父亲制作传统马车轮子的作坊，当时工程师已经注意到用科学方法积累知识，比如写书，算承载力要多大断面结构才能结实。他发现，车轱辘是碟形的，不是一个简单的圆盘，就像打开的雨伞凹进去。他就问造车的工匠，为什么要这么设计，工匠说是师父教的，至于为什么他也不清楚。这说明在古代没有形成知识体系，整个人类社会在开始阶段是缓慢积累的过程，经过无数次经验的调整，房子做成这样就最好看，最舒服。这个时候就出现了简单的知识积累，记录下经验，变成模式，也是一代代工匠的总结，这可能需要几千年甚至几万年，或许没有人去探究其中原理，但这个模式被时间调和得和自然最和谐。

欧洲学者认为，当时社会发展非常缓慢，环境条件对设计的要求也非常简单和明确，产品本身与要求和整个氛围，用现在的俗话来说是非常的搭，而且没有经过二道手。现在来说，业主要求一把椅子，业主交给设计师，设计师交给工厂，这把椅子经过几次想法的传递，信息已经变形了，每一层融入了自己的认知和想法，最后到业主使用的时候，或许会有不适感。在古代则是一种最直接的体验，工匠身兼使用者、设计者和制造者，如此经过长时间传承之后，产品就像基因，绝对契合使用者的想法，完美无瑕。当然这仅限于较原始而直接的设计。

但现在这个模式已经无法解决问题了，每一个都是重新做，不再基于整个社会，而是基于设计师个体，很难将产品设计符合整个社会和环境的需求。所以我认为要是纯粹从记忆的角度衡量遗产，建筑已经不够资格，变成某些点。承载某些伟大的大事，甚至伟大的业主、伟大的施工者集合在一块才能出来一个遗产，规模化生产已经不可能了。这跟社会变迁、社会发展速度、生产力发展水平，还有人的思想都很有关系。我觉得现代主义运动实际上讲求个性解放，反对古代因循守旧，这是很大的思想转变，可是落实到城市建筑上是否有必要这么做？我认为挺有问题，虽然我个人来说是挺想做一个有个性的建筑师，但从整个社会层面来说，这是一件挺危险的事。所以在遗产上要用过去的标准衡量，现在都是垃圾，而且很难形成规模化遗产。

冯娴：我觉得您刚才讲的观点非常明确，就是说过去的东西比较容易出精品，但现在仅仅最可能的就是出些点，并且您也给出了一些原因，就是您觉得过去是一个缓慢发展的系统，而现在则变化非常快。关于这种现象产生的原因是否还有更深层的诠释？是否是说过去是一种精英主义的社会，所以出精品的几率比较大，或者和当时的哲学观念有关？古人认为天地人是一种系统，很和谐；但现在社会拒绝宗教，拒绝这些古老的系统，换句话说是否是多元化的民主社会造就了现在这样的建筑？是否还有更深层次的原因在指导着这一切？

胡越：从建筑文化长期的发展历程来说，肯定有一些社会因素，包括文化因素对它产生很大影响，但其实这历程并不是在一个明确的哲学的指导下进行。在过去，不仅在中国，欧洲在文艺复兴之前我认为建筑师仍是一个以匠人为主的系统。如刚才提到的，关于古代模式形成的原因，就是因为要解决的问题和解决结果之间的对应关系比现在直接得多，所以导致了浑然天成的和谐。在古代的生产力和生产条件下，人们有这么一种全社会的共识，认为建筑就应该是这样，这种形制这种格局这种造型这种砖这种瓦足以解决需求，解决问题就足够了，我认为这是最重要的一点。虽然因时代不同，建筑缓慢有风格的流变，这也是因为受到物质条件的影响。到了工业革命以后，人们有了科学知识，突然发现以前那些玄妙和神秘都不值一提，从而开始强调彰显个性，我想这未必适合于一个城市，一个社会。也许应该在一个新的层面总结一个法式去建造我们的城市，形成一个面，把这个面建好之后再在其上做个性的点缀。当然这仅是一个乌托邦式的幻想，因为我想这已经是不太可能了，现代是一种开放甚至恶性化的趋势，每一个建筑都要重新思考，力求避免雷同，不可能按照原来的方式发展了。这一切都取决于社会需求，从前和现在自然有所不同了。

从另一个方面来说，有一种社会动力，为高高在上的建筑学专家和教授们所不齿。那就是在民间，从经济利益的角度出发，做了很多模式，这个模式实际上中国有，外国也有。举个简单例子，曾经大面积建造的住宅有标准图，一种标准，大家做了同样的东西反复复制，只不过那个标准图其实只是在一个方针的指导下，符合安全适用的原则，在可能的条件下注意美观。至于西方，曾经也有工业化住宅，实际就是一种模式，就是大面积反复复制生产。现在有一些大企业，房地产开发商，他们自己有着自己的行业标准。像万科不需要建筑师做平面了，自己都做完了，形成了一个系统。然后有些项目因为面向不同人群再在这个系统上进行微调，专门请几个建筑师做做立面，做做造型就OK了。从严格意义上来讲，这已经不是建筑设计，变成一种流水线的设计。为什么这么讲？建筑设计主要还是讲求整体的原创性，而流水线的设计已经把这个整体分割了。这种模式为专业所不齿，但在运行中我觉得反而利于形成风格的统一规划。

冯娴：您最开始的时候说建筑师是一个设想未来的人，那么您觉得未来社会发展、未来新建筑的生成有没有可能恢复到古代的那种式样？如果有的话，什么东西是促成它发展的动力？

胡越：我想是不太可能回归，但有可能形成一种新模式，精神上是相同的，但物质形式上不一样。这种可能性仅是我个人猜想，基于社会普遍对高品质的要求，而这是现代社会普遍缺乏的，至少从中国来说，提出的要求是表面的。打一个不恰当的比喻，我们现在找女朋友就希望有个女孩子能够打扮得很艳丽、花哨、抢眼就可以了，至于说她是否比例结构长得很好，文化修养很高，根本没有这要求，只要花枝招展，晃眼就行。我想现代社会就是这个水平，连好看都说不上。我这不恰当的比喻其实就想说明社会正在走的这条路。

冯娴：这种审美缺失是整整一代人甚至数代人的问题。

胡越：就像我刚才提到博物馆的问题，到人家那里看看，才会发现落差之大。平常看北京、上海这些大城市常感觉并不比西方差，但这些细节方面最能体现一个城市整体的文化素养。西方那么一个小博物馆都能达到如此高的水平，那里人们的素质需要多少年的积淀？中国现在这种状态差别很大，当然跟我们的社会结构有关。古代是氏族社会，很多人虽然在城里当官但他的根在农村，退了休还是要回去的。现在基本是走了就是走了，若不是还有个户籍制度，谁也不会记得家在哪里。所以这就是导致社会发展不平衡的原因之一，越不平衡，环境越不好，那么精英和有能力的人就越想脱离，如此恶性循环，愈来愈惨。要解决这个问题是长久而重大的问题。中国这么大，不平衡可以理解，但这样下去差距越来越大，这个短板对国家的影响会越来越严重。

二、胡越的“设计的遗产”名单

冯娴：无论是从您吸取西方或者是中国的养料这方面来说，或者是从您成长的经历来说，您可否为我们列一下您心中可被称之为遗产的名单？当然这些太多了，您能否说说对您的成长有转折性意义的那种？

胡越：这个还真不好说，总而言之，古今中外，只要是工业革命之前缓慢发展阶段的物事，我觉得绝大多数都可以被称之为遗产，即使是很偏远相对比较落后的地方。那些民宅，那些小村，都会给人特别怡人的感觉。建筑师对这些还是比较敏感的，对这些东西有职业天生的感觉。当然我还是认为，那些成片的东西是特别好的遗产。但是到了近现代的时候，就仅剩下一些“点”了。它传达的信息和状态不是那么一致，有些地方令人感觉很好，并不是因为环境，更多是人的活动。当然我想这也是一种互动，环境好了以后，人就爱去，自然就有了活力；环境不好，聚不起人气，慢慢就破落了，这种关系是相互的。

谈到衡量现代建筑和传统建筑，包括中国和外国城市比，其实可以仔细想想，从我个人来看我很喜欢某些城市的环境，总想去走一走。有的时候我宁可绕点远也要选择一条比较舒适的路。城市中如果有些能够让人流连不忘的地方，城市就是合格的城市。组成这个城市的就是建筑，又是骨骼又是肉，道路什么的都是附属品。从古代来说应该是泛化的，都挺好的。近现代也可以作为遗产，要说让我感觉比较好的，我认为是意大利文艺复兴时期形成的一些城市，比较有意思，就像锡耶纳、佛罗伦萨之类。瑞士的很多小城市挺干净、挺好，但从文化沉淀的角度又无法和前者相比。

冯娴：用三个词形容一下意大利的城市？

胡越：三个词？不好形容，我不是搞文的。近现代的概念可能更宽泛一些，其实我只能从一些我看到的来说，视线范围毕竟有限，比如美国路易斯·康做的一些建筑，我觉得达到了特别高的境界，而且形成了一种小环境，我觉得这是很出彩的一个“点”。“面”特别好的也不能说没有，纽约其实还是一个让我感觉挺有意思的城市，它主要在20世纪形成，大部分建筑都是20世纪的房子。像以色列的白城我还真没去过，所以就无法加以评论了。剩下的，比如欧洲新形成的拉德芳斯新区，我觉得都是垃圾。多亏它是建在郊区，没有拆了中间的。还有就是巴塞罗那有一片新形成的区域，很小，但是令人很不舒服。

冯娴：我在采访您之前读了您很多的资料，有一篇文章不知道您记不记得，是以前《时尚家居》报道过您的一篇，特别早了，我是在网上搜索到的。文章说的是您家里的布置，里面有很多中式的家具、古玩，并且介绍说您的兴趣很广泛。我们的主题是“设计的遗产”，那么在建筑之外的艺术与设计的领域，您认为有什么可以进入遗产的名单呢？或者这些东西和您的建筑有没有互动的联系？

胡越：那肯定是有，从类型上来讲很多东西我都欣赏，从另外一个角度看，我对形式感特别强的东西非常偏爱，包括音乐、造型艺术、手艺品、工艺品。对形式感不强的，比如文学，我就不是特别感兴趣。它是一种概念，一种思想，我并不敏感。我对那种比较好玩的造型包括材料质感的东西都特别喜欢，感觉特别好。同时也对它非常挑剔，稍微有一点不合适我就觉得不怎么样。

人们大部分接受的是平面媒体传达的现代建筑照片，看了之后我觉得令我喜欢的很少，而古代建筑正相反，绝大部分都是“一见钟情”，觉得真好。对这个我还是挺挑剔的，包括刚才谈到的家具，人们都说中国古代家具设计水平很高，特别是明清。对我来说，清朝的我连看都不看，完全是垃圾。明朝的也并不是全都能看上。我看了很多官帽椅，真让我看上的那个椅子，达到了最高境界，但是我觉得，这样的精品很少。但其实就家具来说，明朝家具的确达到了顶峰，虽然只是极个别几件，因为当时每个师傅的手一哆嗦那个造型就会发生变化，它也有模式，但是还要去看感觉。

冯娴：我们做这个专题的出发点还是希望做出个性化的东西，希望具体到每一位建筑师和设计师他们自己趣味的选择，所以其他类别设计的遗产，您能不能也给我举些例子？

胡越：其实令我感动而又后悔的是摩洛哥的菲斯，整个城市是联合国的文化遗产，是一个典型的阿拉伯迷宫，这个城市若要没人带你，简直就是走不出来。我现在给大家讲课的时候老举这个例子。大家可以去Google查查菲斯，放大了之后那图案简直绝了，非常独特的城市。当年我生平第一次出国就是去的那里，那时没有直飞，所以先去的巴黎，在巴黎待了一天，就去了摩洛哥，在摩洛哥待了四十五天又回到巴黎。那是1991年，还没有数码摄像和摄影，只有胶片。挣的钱也少，胶片还挺贵，我记得一卷四十多块钱，在那个年代非常贵了。所以当时我带了十卷胶卷，就想留在巴黎拍，阿拉伯什么的我觉得没有意思，就没拍。我现在想起来真后悔，太无知了！那个城市也是人类文化遗产，以现在观点来说，居住条件也不是很好，建筑密度极高，如果不幸着火了的话，整座城市一起完蛋。可以说整座城就是一个房子，所有东西都穿插在一起了。它就像一个细胞一样一直生长，最后长成一大块。这样的城市我们国家古代好像也有，就如江南那边某一姓氏独属的村落，所有的房子都通在一起，很绝。

冯娴：这是不是和他们当时的数学水平有关？

胡越：也有可能吧，阿拉伯人的数学和几何很厉害。谈到音乐呢，和家具一样，我对音乐还是挺挑剔的。我年轻的时候特别喜欢摇滚乐，后来发展成重金属，然后就改成古典音乐了。对于古典音乐我也是比较挑剔，我不听浪漫派的音乐，就是听巴洛克和古典这两种，然后还有一些现代音乐我可以接受，20世纪一些旋律感不是很强的音乐我还是挺喜欢的。在器乐里面，管乐我基本不听，让我感觉不好。听的基本是弦乐和钢琴。小提琴或大提琴独奏相对来说我也不是特别喜欢。我就喜欢弦乐合奏和钢琴，还有一些交响乐。

另一方面我比较喜欢歌剧，它感动我的还是它的交响性，因为我觉得交响能把那么复杂的东西结合在一起是奇迹，这可能和我的职业也有关系。把特别复杂的东西搞得很和谐，很有条理，建筑师需要很高的功夫才能做到。有一句话："建筑是凝固的音乐。"两者的相同就在于这复杂的调和。音乐，通过作曲家、演奏家与指挥家的协作，结合场地音乐厅与合适的乐器，终为听众缔造一种完美的体验。建筑亦同，将业主的想法、建筑师的理性、施工单位、建筑材料和精华地段这些元素综合起来，从而形成一座建筑作品。

有了人声之后，交响的感觉更强，好多人无法理解瓦格纳的音乐，从俗的意义上来讲，瓦格纳音乐的旋律感不是很强，而且结构非常庞大。但瓦格纳和意大利歌剧有很大不同。在意大利歌剧中，乐队是人声的伴奏，它分为宣叙调和咏叹调，在咏叹调如果把人声关掉，就跟流行歌曲的伴奏带似的，没有旋律，只是一些和弦的过渡。但是瓦格纳不一样，它的人声和乐队是同等的，就是说人声加入乐队，成为一个乐器，所以它不叫歌剧，叫乐剧，音乐拉着特好听的段落是无法唱出来的，所以人声就变得没有歌唱性，旋律平平。但是它的交响性和结构感却变得更加突出。这就是我比较偏爱它的原因。

谈到绘画，也是个过程。年轻的时候比较喜欢西方绘画，可能因为受到的教育如此。西方的绘画中我比较偏重于文艺复兴绘画和印象派开始之前的近代绘画。比如说拉斐尔前派，在19世纪末，现代主义已经开始涌动。后来有些东西我觉得也挺好，但我为什么不喜欢？这跟人的文化素养也有关系，大家伙儿都喜欢的我就不喜欢，这算是心理暗示吧，其实也是自命不凡的一种衍生表现。我国的西画是由苏联训练出来的那套绘画，是以写实为基础的，但又觉得和欧洲文艺复兴那个时候的写实要有区别，所以就向印象派发展了一下。那个让我看得有点腻了，太多了，所以我对那套没有什么感觉。到了最近这些年，我基本上不看西画了，只看中国画，古画，不负责任地讲，我认为现代的新国画就是一堆垃圾，为什么？我觉得它已经发展到穷途末路了。国画需要文化境界，现在连文化都没有了，更别说境界了。画家都是职业画家，古代虽然也分文人画家和职业画家，但在那种氛围环境之中可以画得很好，现代却是一种脱离了文化氛围谋生的手段。西画其实也走到了穷途末路，可是它可以依照以前的路开始变法，直到变成一种全新的东西，还可以存续发展，而这恰好是中国画的悲哀，在19世纪末那种没落贵族文化和商业化的结合的新国画，让我觉得特别不舒服，特别不好，就是中国传统绘画传达的韵味没了。

说古典中国画也就是晋唐宋元。晋唐宋元就跟古代遗存似的，我可以说一大片，那个时代都值得去推崇，当然元朝时间比较短，只出了一个元四家和赵孟頫，这几个都还可以。到这儿我觉得中国画就走了下坡路了，当然明朝也可以找出一些挺有意思的画家，比如沈周我就觉得非常好，还有清朝的石涛，我觉得这个画家也挺有意思的。至于八大山人什么的我就觉得已经走偏了，在形式感上已经开始特别较劲儿了。还有一个清朝画家我比较欣赏的叫恽寿平，他是画工笔的，到后来画工笔的基本上已经不行了，到现在也没有什么地位，都是写意画家的天下。我特别欣赏恽寿平工笔的花草，我觉得工笔到了那个时代，形式让表现力变得很差，能在这种形式下画得有表现力，这难度比写意要难得多。因为写意本身就是一个强表现力的绘画形式，反而变得比较容易。工笔所有东西都画得那细，纤毫毕现，再想传达意境的时候就变得难了。我觉得从这个角度来讲恽寿平是个挺有意思的画家。

冯娴：中国人的韵味您能不能给我们定义一下？

胡越：中国古代主体思想其实挺俗的，就是入世，当官。但是在这种大框架下，寄情于书画中的山水与人物，是心灵的另一个出路。在唐朝，人物还是挺兴盛的，到了宋朝，山水才开始盖过人物了。我觉得中国画中山水人物传达的意境都挺有意思，非常好。

冯娴：在现代隔了这么久回头去看古代，就有一种新鲜感，但又是和我们一脉相承的。

胡越：我觉得古画百看不厌，一年我要去很多趟故宫，估计北京人这么干的很少。去故宫我就只看绘画馆，因为其他地方人实在太多。原来我还偶尔去陶瓷馆。中国陶瓷我觉得也就是宋朝，别的我都看不上。现在不是清三代卖的特别贵么？其实我觉得那些东西基本上都是垃圾。我想，随着全社会水平的提高，如果谁要长期囤清朝的东西趁早赶紧出手，要不到那时候小心烂手里。清朝东西那种雕琢艳丽琐碎的花纹，在历史长河中从来无法在艺术上占据一席之地，只是说它难度很高，工艺很高，的确是这样，但那是能用来衡量艺术水平高低的标准么？那是很低的标准。现在都是冲这个来的，哄抬到几千万、上亿，将来都会完蛋。当然说明代的青花可能会好一些，但我觉得感觉不好，一直觉得青花感觉不好，它没什么可看的。宋朝那些素瓷器令人看得特别舒服，尤其是器形。到了清三代，那东西上面什么招数都往上使，我就觉得这东西太恶心人了，有镂空、青花、粉彩、斗彩，多少多少种工艺都画满了，现在卖得最贵的东西就是这玩意，这是工艺，不是艺术。打个比方，一个武师有十八般武艺，什么都会，但是在打的时候总不能在敌人面前都耍一套之后，再和敌人打，那有什么意思？一招取胜就完了，这才叫艺术。真等到你十八般武艺耍完了仔细一看，人家都跑了。有什么意义？就整个中国社会来说，宋朝也达到了一个高峰，包括经济文化，等等。宋徽宗时的画院，我认为其写实的水平可以和西方的文艺复兴相媲美，非常写实，虽然只是画些花鸟鱼虫，但是写实的功力，堪比照相术发明之前欧洲给动植物做的图鉴，早西方足足一千年。

冯娴：我发现不论对家具还是绘画，您都不喜欢清朝。

胡越：对，我觉得清朝是一个很没落的朝代，包括江南园林。那东西在中国建筑园林里被捧得很高，其实是很病态的一种表现。其他朝代有很多病态却伟大的艺术作品，但不像清朝那样俗的病态。有一种病态比如说是批判的眼光去做一种很病态的东西，那是很高境界。清代不批判，它只是逃逸了，甘于堕落，我觉得很恶心。江南园林在细节上还是有可取之处的，尽管整体上都属于病态。

三、作为“国家符号”创造者的建筑师

冯娴：您刚才讲到了艺术的符号性，我觉得建筑师最伟大的一点就是他是一个符号的创造者，这种符号不是文字，不是常见的东西，而是一个形体，这种形体的符号承载了整个社会的精神气质。作为符号的创造者来说，您是怎么创造符号的？在这个创造的过程中您借鉴了之前哪些遗产性的东西？

胡越：在中国现有的状态下，越是重要的建筑我越不乐意做，因为它表达的不是建筑师的想法，是别人的想法。当然若是国际知名的大师，别人请你来耍一耍，那是另外一种状态，且不谈了。

冯娴：我觉得建筑师就像巫师，“神”借助巫师的身体来传达自己的意志。过去的故宫，现代的鸟巢，可能都有一个国家的意志在里面体现。建筑师如果接到这样的项目，如何通过自己去反映国家的精神？

胡越：其实作为建筑师我根本不想反映别人的意志，自己有对这个社会、对这个命题的理解。建筑师没有话语权。提到第29届奥运会做的那个项目，是非常典型中国目前状态的写照。简单说个过程，首先这建筑原创是瑞士建筑师，没让中国建筑师插手，用了瑞士建筑师的方案之后又不想照着

▲ 上海青浦体育馆训练馆改造项目，训练馆室外楼梯（摄影：傅兴）

▲ 上海青浦体育馆训练馆改造项目，训练馆南墙（摄影：傅兴）

人家的设计做，让中国建筑师在人家基础上改，之后就有点四不像了。这还没完，刚开头把局面撑得那么大，后来感觉不行了，有领导提出要勤俭办奥运。"咔"一刀把费了半天劲改出来的项目给砍了，让建筑师在原有的基础上再做一个便宜的，然后这便宜的就更加四不像了，也不能多花钱，又得在原来正方形的基础上砍掉一半，变成一个矮趴趴的方块。做到最后的时候，又把这个项目卖给了私人。私人老板跟公家想的肯定不一样，就想如何少投入多产出，于是找了个NBA建筑师来合作，强势介入，使劲地改。改完之后领导又说立面难看，又强行要NBA的建筑师给场馆穿了一件"衣服"，而这"衣服"本身很不安全，因为外国人没有设计权，又强迫我们替这个洋人签了字，算是我们设计的。整个过程我就感觉像被强暴了一样，特别恶心。

冯娴：上海青浦体育馆训练馆改造项目您为其设计了一个编织的形态，那个项目完全是建筑师意志的体现吗？看到那个项目我是非常有感触的，那是一种非常轻盈、非常优美的感觉，是否是我过度联想？这是否是你们对于信息时代的一种表达？

胡越：我不想抬高自己，这个事情实际上是现在一种时尚，就是说做表皮，我们是吃人家嚼过的东西，现在用一种比较软的材料，不是过去传统的砖瓦灰砂石，用一种软的、中性的、半透明的材料，表达一种美感，这不是我们独创的，是国际上一种时尚的潮流，我们只是把它在这个项目上具体化了。当然，我们是用心地做了，你要说拔高到别的什么我不敢说，没那么高的水平。

冯娴：我看到照片的时候立刻感觉到你们在项目中注入了情感。你们还做过上海世博会的改造项目，用很透明的概念来做。

胡越：我比较偏爱于完整，同时又不是绝对简单，要有某种力量藏在其中。建筑应该跟人一样，要有气质，不要像一个大美女特好看，但是一看就是没文化。我觉得建筑是能看出气质的，跟人一样，有气质和风韵在里面。

冯娴：建筑师怎么表达这种气质？

胡越：那是不能用语言表达的，它是个造型，就是凭直觉，不是能用语言表达出气质如何。可能文学家能做到，我觉得我在这方面比较贫乏的。我就是凭感觉，我能感觉出它是否是我要的那种气质。其实有的时候我挺欣赏鬼里鬼气的感觉，当然现在一般情况下我还没敢实现这种东西，因为这需要甲方有魄力。有很多项目其实不是设计的绝妙，而是甲方的胆识，才导致房子被设计出来。

冯娴：您的设计发展历程经历了从设计造型到重视技术，再到关注整个设计方法的变化，为什么会产生这种变化？

胡越：其实我所有的变化都是表面的，我真实的感觉是想设计出一个在限制条件下，如何把条件转换成动力，非常巧妙地解决问题还达到了完美感，表现出文化气质，我想这是建筑非常高的境界。实际上我所有的研究，比如说研究技术，研究外墙材料，研究方法，研究几何造型的逻辑关系，其实最后服务的目标就是一条，就是我想做一个有独特的气质，完美地解决建筑所面临的问题的建筑。

（录音整理 / 王燕嵩）

Conservation of Cultural Heritage: Difference of Language and Communication of Cognition

文化遗产保护：语言的差异与认识的互通

刘临安（Liu Lin'an）*

编者按：应《中国建筑文化遗产》之邀，刘临安教授为"设计的遗产"撰文。从分析文物、文化、遗产等词语的历史源流和中英文差异入手，刘临安教授认为我国在文化遗产保护的认识上一直重视物质层面的意义，而忽视精神层面的作用。而今天把"文物保护"上升到"文化遗产保护"，意味着认识观念的转变，文化遗产的精神属性更要得到弘扬和传承，只有这样，才能提振我国人民的文化自觉性和文化自信心。

▲ 刘临安

Editor's Notes: Invited by *China Architectural Heritage*, Professor Liu Lin'an shared his opinion in this article. Starting with analyzing the historical origins of terms such as culture relics, culture, and heritage, as well as the difference between the Chinese and English versions of these terms, Professor Liu thinks that in China when talking about cultural heritage preservation, we always take much count of the material aspect but overlook its spiritual aspect. Today we upgrade the notion 'cultural relic's preservation' to 'cultural heritage preservation', implying a change in our perception. The spirit of cultural heritage should be carried forward and passed on. Only in this way can Chinese people's self-consciousness and self-confidence about culture be inspired.

我国对于文化遗产保护的认识和行动充满着戏剧性的色彩。

1972年，联合国教科文组织刚刚通过《保护世界文化与自然遗产公约》的时候，我国正处在"文化大革命"时期的"批林批孔"阶段，对于"遗产保护"的事情，自然是自我隔绝的。直到1985年12月，在邓小平推行改革开放的大好形势下，我国政府的代表才在《保护世界文化与自然遗产公约》签字，成为公约的缔约国成员。然而，这已经是时隔13年以后的事情了。

1987年，我国拿出了以北京明清故宫为代表的一批项目申报世界文化遗产，结果，一下子有6个项目获得通过，被列入世界文化与自然遗产名录，拉开了我国"申遗"的历史大幕。接下来的行动更是凌厉，势如破竹：1992年有3项、1994年有4项、1997年有3项、2000年有4项①先后被列入世界文化与自然遗产名录。

进入21世纪以后，我国掀起了一股"申遗"热潮。那时候，但凡有些"历史遗产家底"的县市级领导几乎都在摩拳擦掌推动"申遗"。面对着来自于我国的这股强大的行动力量，世界遗产大家庭的"家长"们开始重新修订游戏规则了。2004年，新的规则要求是，各国政府每年只能申报一个项目，而且在申报以前，必须进入国家的预备名单。毋庸置疑，新规则具有明显的针对性。

2003年10月联合国教科文组织又通过了《保护非物质文化遗产公约》。这次我国政府的响应毫不迟疑，2004年8月就在公约上签字，成为缔约国之一。这次行动与1985年的那次行动相比，加入《保护世界文化与自然遗产公约》花费了13年，加入《保护非

① 1987年的项目是明清故宫、长城、周口店"北京人"遗址、敦煌莫高窟、秦始皇陵、泰山；1992年的项目是九寨沟、黄龙、武陵源风景名胜区；1994年的项目是承德避暑山庄、曲阜孔庙孔林及孔府、武当山古建筑群、拉萨布达拉宫；1997年的项目是平遥古城、苏州古典园林、丽江古城；2000年的项目是龙门石窟、青城山—都江堰、皖南古村落、明清皇家陵寝。

* 北京建筑工程学院建筑与城市规划学院教授，博士生导师

物质文化遗产公约》只用了10个月。接下来，国务院下发了《关于加强文化遗产保护工作的通知》，要求进一步加强文化遗产的保护工作。并且决定从2006年起，将每年6月的第二个星期六定为我国的“文化遗产日”。至此，我国在文化遗产保护政策环境的建设上基本达到了国际公认的水准。

截止到2011年底，我国在世界遗产名录上的文化遗产和自然遗产项目达到41项。从1987年第一次申报世界文化遗产项目到今天，我国只用了不到1/4世纪的时间，就成为世界文化遗产保护大家庭中排行第三的遗产大国，名列意大利（47项）和西班牙（43项）之后[①]。除此之外，我国还有被列入世界非物质文化遗产的项目29项。

但是，文化遗产的概念毕竟是西方的舶来品，在此之前，在我国与文化遗产概念相对应的是文物概念。从表面上看，文化遗产与文物的词义大同小异，实际上，从微观的词义本身到宏观的社会认识，文化遗产与文物都存在着明显的差别。这个差别，不仅显现于社会公众的认识上和文化遗产保护的理念上，更根植于文化基因的内涵中。

这个差别可以引用一个故事来说明。30多年前，笔者在大学曾经读到一本介绍卡尔·马克思（Karl Marx,1818—1883）的书，书中讲到马克思的晚年日子过得很清苦，逝世以后没有留下什么遗产。今天，若是我们基于文化遗产的概念再来认识马克思的贡献，他的思想财富不就是一笔丰厚的遗产吗？由彼及此地联想到，我国的孔子、孟子、老子等先哲们的思想财富不也是留给国人乃至世界的丰厚遗产吗？

中西方文化对于遗产的认识是有很大差别的。在中文的语境中，“遗产”指的是逝者遗留下来的财产。不论是什么财产，一定是具有物质特征的财产才能称为“遗产”，就像前面提到的那本介绍马克思的书那样。在英文的语境中，“heritage(遗产)”一词除了可以表示具有物质特征的财产以外，还可以表示“曾在某个社会中长期存在的重要品质、习俗和传统（important qualities, customs and tradition that have been in a society for a long time）”。这个词既可以指称具有物质特征的东西，也可以指称具有非物质特征的东西。因此，在这样的定义前提下，我们就很容易理解“非物质文化遗产”这个词语了。

对于“文物”与“文化”这两个词语的理解，差别可能会更大。

“文物”一词最早见于春秋战国时期《左传·桓公二年》的记载：“夫德，俭而有度，登降有数，文物以纪之，声明以发之；以临照百官。”东汉《后汉书·南匈奴传》有“制衣裳，备文物”的文字。这时期的“文物”指的是宫廷礼仪的制度特征，与现代所指的“文物”含义迥异。唐宋以后，“文物”一词逐渐发生转义，颜师古《等慈寺碑》有“即倾许之人徒，收亡隋之文物”，杜牧《题宣州开元寺水阁》诗“六朝文物草连天，天淡云闲今古同”，无疑都是指称前朝的遗物，含义接近于现代“文物”的概念了。

可是，“文物”这个词在明清以后却悄然鲜见，取而代之的是“古物”、“古董”或“古玩”。1930年，国民政府颁布的《古物保存法》曾做出这样的定义：“本法所称古物是指与考古学、历史学、古生物学及其他与文化有关之一切古物而言。”这里所称的“古物”与现代所说的“文物”是一致的。新中国成立以后，“文物”一词再度启用，例如我国政府在1960年公布的第一部《文物保护法》。

当今，“文物”指的是具体的历史物质遗存，它的基本特征是：第一，必须是由人类创造的，或者是与人类活动有关的；第二，必须是已经成为历史的过去，不可能再重新创造或复制的。结合我国文物的特征和文物保存的具体情况，把“文物”一词作为指称人类社会历史发展进程中遗留下来的、由人类创造或者与人类活动有关的一切有价值的物质遗存的总称。由此可见，物质特征是“文物”的基本属性之一。

至于“文化”一词，中西方在词义上的差别则是更大了。

首先，我国近代的“文化”与古代的“文化”

① 根据UNESCO 和World Heritage Convention 官方网站2011年12月在World Heritage List上公布的数据。

的词义迥异。“文化”一词原本是两个字，并且各有含义：“文”字本义是指各色交错的纹理，多用作名词。例如《易·系辞下》载：“物相杂，故曰文。”《礼记·乐记》称：“五色成文而不乱。”“化”字本义为改变、生成、造化，多用作动词。例如《易·系辞下》：“男女构精，万物化生。”《礼记·中庸》：“赞天地之化育。”尽管在《易·贲卦·象传》出现“文”与“化”并联使用的现象①，但是在词性和词义上并无实质性的关联。

我们今天使用的“文化”一词对应的英语是culture，这个词来源于拉丁语的cultura，原意是“耕作”或“培育”。大概在15世纪前后，开始用来比喻“通过教育而产生的文明举止和行为”，意思是说，人的成长如同植物，可以通过培育的手段可以得到品质的优化。打这以后，西方人在表达“文化”的概念时，几乎都借用cultura。例如，英语、法语写作culture，意大利语、西班牙语、葡萄牙语写作cultura，德语、丹麦语、瑞典语写作kultur，俄语写作культура，希腊语写作κουλτούρα，读音都很相似，词义皆出于一源。18世纪以后日语把culture翻译成了“文化”，后来，汉语又把这个词原封不动地借用过来了；更进一步，韩语（문화）、越南语（văn hóa）又从汉语把这个词借用过去，成为今天人人熟知的词语了。

弄清楚“文化”一词的来龙去脉以后，可以发现，“文化”的释义单纯从中文上寻根是没有实际意义的，还是需要回到culture上。最早对“文化”下定义的是英国人类学家爱德华·泰勒（Edward Tylor,1832—1917）。1871年，他在《原始文化》一书中指出，文化“乃是包括知识、信仰、艺术、道德、法律、习俗和任何人作为一名社会成员而获得的能力和习惯在内的复杂整体”。从这个定义可以看出，西方人首先肯定文化是一种人类创造的成果，同时文化兼具物质属性和精神属性。梁启超在《什么是文化》中对文化的解释也是沿用这个逻辑，说“文化者，人类心能所开积出来之有价值的共业也。”② 这个“共业”包含众多领域，诸如认知的（语言、哲学、科学、教育）、规范的（道德、信仰、法律）、社会的（制度、组织、礼仪、习俗）、艺术的（文学、美术、音乐、舞蹈、戏剧）、建造的（城市、建筑、道路、水利）、器物的（军事武器、生产与生活工具、器皿以及制造它们的技术）等。今天，我们给文化做出的定义更为简洁，那就是人类创造的精神财富和物质财富的总和。

在文化遗产保护上，不仅中西方存在着差异，西方语言之间也存在着差异。就“保护”一词来讲，欧洲英语喜欢采用conservation，而美国英语却经常使用preservation。两词的字面意义相同，不会存在理解上的偏差。但在词义的微差上，conservation侧重文化遗产是主体，保护手段的施用具有被动的含义；preservation强调文化遗产是客体，保护手段的施用具有主动的含义。

如今，文化遗产保护已经成为联合国组织框架下的一种国际行动，只有弄清楚语言上的差异才能实现认识上的互通，才能形成文化遗产保护的共同语言，达成文化遗产保护的共识。综合思考文物、文化、遗产这些概念，可以发现，我国在文化遗产保护的认识上一直重视物质层面的意义，忽视精神层面的的作用。例如，曲阜的孔庙、孔林及孔府，建筑、墓冢和树木都保护得很好，历代历朝悉心备至。相比之下，对于孔子思想及儒家文化的保护与传承，就不是那么悉数用心了。

我们今天把“文物保护”上升到“文化遗产保护”，不是单纯的词语的转变，更重要的是认识观念的转变。文化遗产的物质属性要得到保存和维护，文化遗产的精神属性更要得到弘扬和传承。只有这样，才是提振我国人民的文化自觉性和文化自信心。有了这种自觉性和自信心，才会更主动更积极地投身到文化遗产保护的行动中去。

（2012年1月24—26日，即正月初二至初四，南京中山门外）

① 《易·贲卦·象传》有：“观乎天文，以察时变；观乎人文，以化成天下。”

② 梁启超：《梁启超讲文化》，天津，天津古籍出版社，2005年。

IBA Emscher Park
From Dereliction to Science Landscapes

IBA Emscher 景观公园
从工业废墟到生态景观

丘小雪（Qiu Xiaoxue）*

摘要：德国国际建筑展埃姆舍公园（The International Building Exhibition Emscher Park，以下简称IBA Emscher公园）是由德国北莱茵—威斯特法伦州联邦政府和地方当局共同组织于1990年至1999年之间对鲁尔地区工业遗迹进行开发和实施的一个项目，通过生态建设方案，创建了杜伊斯堡和多特蒙德之间的IBA Emscher景观公园。它建立并实施了鲁尔地区生态重建的概念，促进了当地的经济、社会发展。

随着IBA Emscher公园重建的推进，这个曾经是世界上污染和环境破坏最严重地区之一的鲁尔区获得了重生。该地区曾经破败的工业地标已经转变为一个新的休闲好去处，同时仍保留了该地区丰富的历史遗迹。重建已赋予该地区一个绿色的形象，创造出了一个更具凝聚力的社区，并保持了该地区的历史特性。

IBA Emscher公园的整个建设过程共包含了120个独立的项目。除了经济、社会和文化的推动，项目填补了鲁尔地区所缺乏的自然和开放空间的空白。

对于工业遗迹，经济可持续发展的新用途不仅与基本的生态观念兼容，同时与IBA的基本经济、社会和文化的概念相吻合。如今，这些项目都是其所在地区的地标，是不可替代的现代城市景观标本。

关键词：IBA Emscher公园，工业遗产保护

Abstract: The International Building Exhibition Emscher Park (IBA) between Duisburg and Dortmund was a project organized by the state of North Rhine-Westphalia, the Federal Government and local authorities. Between 1990 and 1999 the project developed and implemented concepts for the ecological, economic and social renewal of the Ruhr District.

Once one of the most polluted and environmentally devastated regions of the world, the Ruhr district has been reborn. With the "International Building Exhibition (IBA) at Emscher Park" initiated in 1989, the run-down industrial landmarks of the region have been transformed to serve new recreational uses while still preserving the area's rich history. The redevelopment has given the region a greener image, created a more cohesive community and maintained the area's identity.

In total 120 separate projects were considered in the course of the International Building Exhibition Emscher Park. In addition to the economic, social and cultural impetus, the projects were tasked with dealing with the Ruhr District's lack of nature and open spaces through a programme of ecological development.

For industrial monuments, economically sustainable new usages were devised which are compatible not only with the basic ecological concept, but also with IBA's basic economic, social and cultural concepts. Today these projects are landmarks in their region and it is impossible to picture the modern townscape without them.

Keywords: IBA Emscher Park; Industrial heritage

* 国家一级注册建筑师，瑞士联邦理工学院景观建筑硕士

背 景

▲ 杜伊斯堡公园鸟瞰全景（图片来源：公园官网）

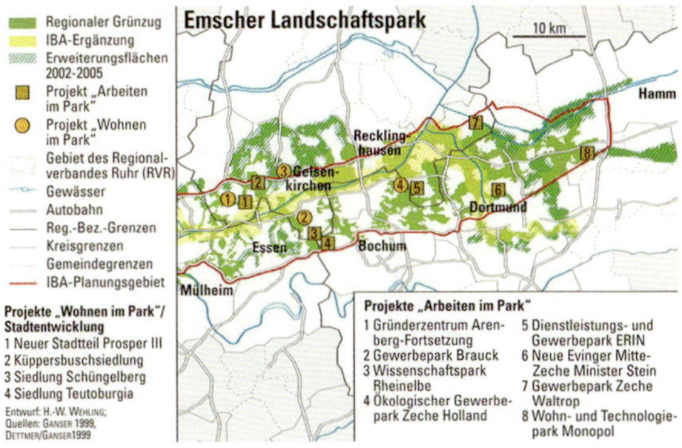

▲ IBA Emscher公园总平面图（资料来源：internet）

德国鲁尔地区曾经是欧洲最大的工业区，是欧洲的钢铁、煤炭等行业的心脏地带，钢铁、煤炭和铁矿石曾是鲁尔（Rhur）地区150多年历史的代名词。它也是欧洲最大的城市群之一，有奥伯豪森（Oberhausen）、杜伊斯堡（Duisburg）、埃森（Essen）、盖尔森基兴（Gelsenkirchen）、波鸿（Bochum）、多特蒙德（Dortmund）等德国的著名城市，居住着约530万人。在过去的30年中，随着矿业和钢铁行业的结构性转型的开始，这些重工业已大规模重组，造成许多钢铁厂停产和整个地区的煤炭开采业务的遗弃。煤矿、钢铁厂被关闭从而变为荒凉的绿地，这样的悲剧不断地在该地区的中心地带上演。因此，鲁尔区已成为高失业率和环境污染的重灾区，是作为老工业园区的疮痍遗留下来，成为需要修复的改扩建用地。

对于这些衰落的传统工业园地，人们最初是拆毁，但自20世纪80年代以来，当地的决策者和居民已经认识到在鲁尔地区经济发生结构性变化，承诺改造重建，停止威胁的拆

▲ 杜伊斯堡公园总平面（图片来源：公园官网）

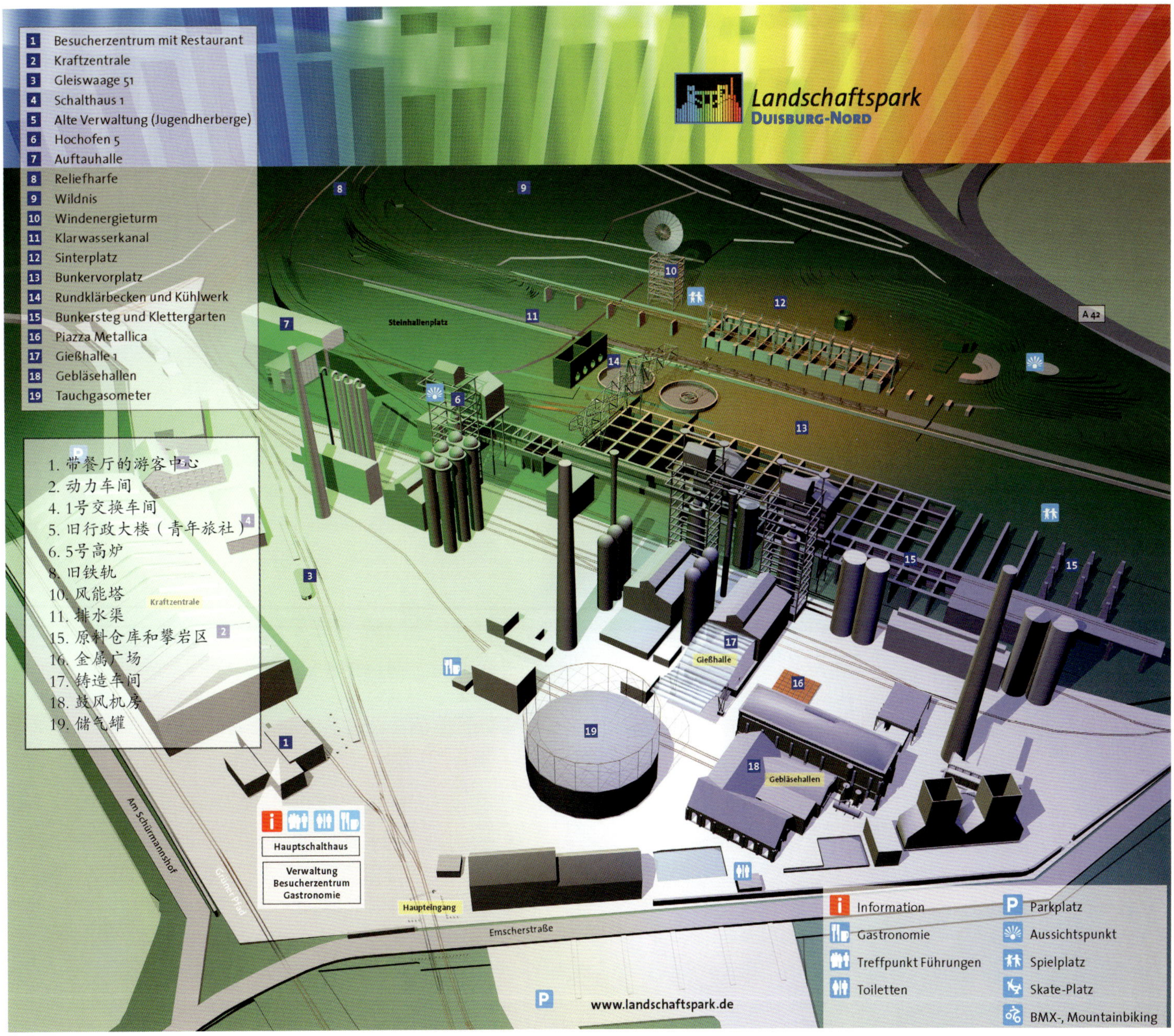

▲ 杜伊斯堡公园三维全景（图片来源：公园官网）

▲ 灯光工程，杜伊斯堡公园夜景（摄影：Horst Zielske）

▲ 杜伊斯堡公园日景（图片来源：公园官网）

迁。北莱茵—威斯特法伦州的州政府于1989年创建一个题为“IBA Emscher公园”的区域重建规划。重建规划的两个主要目标是给该地区赋予一个绿色的形象并为老工业厂房注入新的生命，这是一项为期10年的工程。在重建过程中，IBA Emscher公园通过与各机构，特别是与鲁尔区的17个地方当局的若干合作伙伴的共同努力，振兴了鲁尔河谷和Emscher河流域的生态、经济、和城市。

如今在这地区出现了越来越多的高新技术产业、研究实验室和知识中心，以取代旧的采矿坑和冶炼厂。此外，整个鲁尔区的城市开始将工业遗产变成了富有吸引力的、迷人的旅游景点。从来没有一个地区的重建像IBA Emscher公园那样具有如此深远的影响。

概 况

灰口铸铁和锈蚀的钢板往往是我们对废弃的炼铁厂的第一印象。IBA Emscher景观公园的整个思路显示所谓工业废墟可以进行自我提升从而改变我们对废弃钢铁厂的固有印象。公园开始仅仅只是个想法，就是将废弃的工业用地变成公园的有机组成部分，成为当地居民要享受和使用的地方。这个想法诞生于公民行动小组，抗议拆除旧的杜伊斯堡迈德里希炼铁厂，由此，IBA Emscher公园项目——一个文化、自然和休闲的公园在一片老旧的钢铁厂中悄然诞生。这个为期10年的尝试改变了一个独特的具有工业印记地区的永久性标记，并赋予它新的未来，同时使人们认识到自己和他们的环境有直接的关联。

IBA Emscher景观公园位于Emscher河两侧，长度70公里，覆盖面积460平方公里，是欧洲最大的重建项目。其多方面的结合使用在欧洲是独一无二的，是鲁尔地区的一个神话。它在鲁尔山谷之间的居住区之间扮演了一个“绿色连接器”的角色，并沿着Emscher河的路径，将废弃的工业区变为一个具有独特形式的绿色空间。除了连接位于河谷地带的17个乡镇，这个新的由东向西方向的绿色走廊加入了现有的7个绿带并将它们向南北方向进行了扩展。整个系列包括52个主题，这些系列中的25个所谓节点，组成了一个核心网络的轨迹，在那里你可以深入到更详细的某一地区或某一方面，如煤炭开采历史等。一个个工业遗迹随着时间的推移演变成为一个个富有吸引力的场所，吸引着数以百万计的游客的到来。

IBA Emscher公园设计的指导思想是：发展必须是生态的、创新的、经济合理的，能提供一个广泛的用途并能迅速完成。设计的目标是将工业遗迹中的开放空间建成一个与过去紧密联系的公园以改善周围的欠发达地区的环境质量。总体规划专门针对废弃的工业用地，并利用现有的基础设施以节省经费。

该公园是由工业废墟、再生的森林和现有的游乐区共同组成了一个对整个地区具有凝聚力的绿色基础设施。创建的公园系统通过简单的种植一些树木将大量休耕的土地面积发展成为小规模的建设用地。几乎所有的设施都以某种方式被重新利用，这些方式有自然和人工之间的区别，从而颠覆了我们对“公园”的定义。可口可乐的工厂、钢铁厂以及该地区的大规模的构筑物，就变身为现在的艺术长廊、文化建筑、住房、商业和办公建筑。演唱会在工厂老化的钢架上举行，从前的煤矿老山变成草地休闲区，远足步道和攀岩墙沿着工业区的道路和铁路线布置，林间空地的树木连接着公园的许多不同的组成部分。在这里，废物变成公园，生产变成过程，自然成为艺术，各种巨大的厂房构筑物变成了当地的地标。

自1994年对外开放以来，IBA Emscher景观公园里的大储气罐里一直活跃着潜水者，而登山者则在矿箱和种类繁多的旧工业厂房之间穿梭。步行、骑车、打球、发泄、享受、甚至从5号高炉上眺望并在啤酒花园或餐厅里放松，这些活动只是许多活动中的一部分。而晚上透过城市建筑，闪耀在公园的具有城市地标意义的灯光装置从很远的地方就能看见。

经过20多年的规划和实施，IBA Emscher景观公园已经从一个纯粹的幻想的愿景，变成了新的城市发展的一个现实。今天的鲁尔Emscher区是一幅美丽的绿色窗帘，上面点缀着一个个隐藏在树木后面的具有里程碑意义的历史性工业遗迹。该项目所涉及的城镇生活和工作环境取得了持久的改善，附近农村的生态和人们的审美素质也得到了提升。此外，通过重复使用和维护工业时代令人印象深刻的文物，鲁尔区一直能够保持其独特的身份和品牌作为工业社会的一个古老的纪念碑。这个项目提升了当地居民对周围历史性标志的的荣誉感。因为IBA Emscher公园的发展，这个地区的面貌发生了难以置信的变化，同时为当地提供了大约5 000个工作岗位。

IBA Emscher景观公园现在成了“工业遗产之旅”旅游项目，欧洲联盟理事会已指定埃森为2010年欧洲文化首都。IBA Emscher景观公园已经成为创新的象征，对于如何在一个充满挑战的地方确定其独特机会方面，它是一个成功的典范，整个项目为其他类似的工业历史地区提供了一种模式。

演变

IBA Emscher公园项目设计方案是通过设计竞赛产生的。其中的杜伊斯堡景观公园是IBA Emscher公园25个节点之一，也是这些主题的代表。德国景观设计师彼得拉茨（Peter Latz）与合作伙伴以其新颖独特的“后工业景观”设计思想和现实可行的实施对策赢得了1990年的国际设计竞赛。他的工作重点是更新被摧毁或受到污染的场址，表达出它的历史、生态环境和土地的性质，他的目标是改造这些场所，让人们对景观有一个新的认识和体会。他认为景观会有一系列“信息层”，可以被发现并通过设计的重要性来表示，“保持可见现有场地的精神”。这个设计成为其最有名的作品之一。

杜伊斯堡景观公园的前身是迈德里希钢铁厂，是一片破旧的工业废墟。该项目在重建中强调工业文化的价值，设计师用生态的手段处理这片破碎的区域，在工业性质用地的回收利用上花的精力要超过景观规划的设计，公园的设计重点主要表现在三个方面。

第一，建筑的循环再利用，工厂中的构筑物都予以保留，部分构筑物被赋予新的使用功能，设计试图尽可能多的利用现场材料和现有的建筑，包括直接使用和回收利用。如废弃的铁件被用在行人天桥、平台和大门上，其他材料则被用于铺路或混合着混凝土制成了攀岩墙， 金属广场的地面是由冶炼炉中未熔化的巨大的赤铁矿组成的。

第二，土壤的回收利用，工厂中的植被均得以保护，荒草也任其自由生长。

第三，水的循环使用。采用了科学的处理方式，将雨水和污水通过管道收集并进行净化重新利用，达到了保护生态和美化景观的双重效果。

拉茨的改造决不是零散的、破败的结构重建。他提出了一些独特的构思，对现有建筑和设施进行了充分的利用，最大限度地保留了工厂的历史信息。他利用原有的“废料”塑造公园的景观，从而尽可能地减少对新材料的需求，节省了投资。整个公园系统主要沿着铁路线做线性分布，其他一些元素，如小花园、露台、塔、行人天桥和广场则用来连接较大的区域。

▲ 5号高炉细部(图片来源：公园官网)

▲ 动力站内景（摄影：Thomas Berns）

杜伊斯堡景观公园向你展示的是："莱茵河上的工业遗产"，"工业自然教育区"，"鲁尔区的神话"和"城市代表艺术"，是IBA Emscher公园里最著名也是最有特色的一个典型。下面是杜伊斯堡景观公园内几个典型的改造实例。

5号高炉

迈德里希钢铁厂曾经使用过五个高炉，早期拆迁时毁掉了两个，剩下的三个保留到今天。5号高炉便是其中之一，生产结束前不久，它进行了一次完整的检修，因此得以在非常良好的状态下保存。

今天的5号高炉变成了一个观景平台，通过高炉的铁楼梯你能到达，这是公园的最有趣的亮点。从高炉高约60米的平台上可以看到一个令人印象深刻的全景，在这里你可以享受到杜伊斯堡城市、鲁尔区和莱茵河下游的美景。若仔细欣赏，你可能会看到比你预期的更多的绿色，在良好的天气条件下，甚至可以看见位于远距离的电视塔。据说在日落或在夜间是最美丽的，当城市的灯光闪耀，公园变成了光的艺术作品。

站在5号高炉的地面上，你有着与平台上眺望完全不同的视野，仿佛置身于一个机器的世界，可以看到包括大储气罐、高炉、风车塔和旧的生产车间等构筑物。

动力站

在动力站，有一个长170米、宽35米的巨型厂房，里面的巨型设备能产生很大的风能和热气，既为高炉输送加热的气体，同时它也为整个厂区和临近的工人宿舍提供电力。

这个巨型的大厅自1997年以来一直是地方文化活动场所，举办每年度的一个区域文化节，也经常在这里举行交易会、展览会、嘉年华和音乐会，动力车间为大型活动提供了令人印象深刻的场地，最多可容纳3 800人。

鼓风机房综合楼

从外观上就很容易看出鼓风机房综合楼以前的功能，因为它有着过滤器的开口和巨大的管道。这里有三四个鼓风机的风炉，工厂关闭后，机器和设备得以保存，他们现在"生成"了这些巨大建筑物的特殊氛围。

鼓风机房这种复杂的庞然大物对聚会组织者特别有吸引力，因为美丽的灯光打在这些旧机器之间，变幻莫测。这些复杂的设施，包括鼓风机房、大堂、水

▲ 鼓风机房综合体内景（摄影：Andre Laaks）

▲ 铸造车间，热铸造车间改成的露天电影院内景（摄影：Thomas Berns）

▲ 储气罐改成的潜水中心（摄影：Lars Behrendt）

▲ 储气罐外部（摄影：Thomas Berns）

▲ 储气罐潜水中心内景（图片来源：internet）

泵房和空压机房是聚会、歌剧和音乐会的舞台，不同的大厅几乎为每一个功能提供了空间。由于有了最新的舞台技术，这里可以满足任何舞台要求。瑞典皇家夫妇曾在这里举行招待会，隆重的电影首映和盛大的晚会也常在这里举行。

热铸造车间

对曾一度红火的三个热铸造车间，从鼓风炉熔化的生铁到外观都作了进一步的处理。1号铸造车间被改造成了露天电影院，杜伊斯堡的暑期电影常常吸引了许多人的到来，同时它也可用于举办其他会议、演出活动。2号铸造车间则变成了攀岩爱好者的天堂，混凝土墙变身成为攀岩墙，攀岩课程在此如火如荼的展开。毗邻5号铸造高炉的3号铸造车间则保留其原始状态，是许多公园游客的集合点。

在1号铸造车间的北侧是金属广场。它由49块重达七八吨的冶炼炉中未熔化的巨大的赤铁矿组成的方形铸铁板构成，设计师将它们排在一起，并通过水在铁板表面流动来象征其制造过程，它们表面的腐蚀状态构成抽象图案令人印象深刻。今天人们站在金属广场上，感受到了火一样的激情。

储气罐

在生铁制造过程中产生的大量高炉煤气除一部分用于发电机的能源外，其余的都储存在一个大大的储气罐中，现在这个建于1920年的巨型储气罐，在注入了2万立方米的水后已经找到了它的新用途，作为极限运动——潜水的场所，成了欧洲最大的人工潜水中心。在这里，潜水员可潜到13米下到罐底，并探索出一条独特的水下景观。沉船、飞机残骸、两辆车、人工渔礁和许多其他景象向每个潜水员发出了邀请，欢迎他们来进行探索和发现。

旧行政大楼

旧行政大楼有着独特的门面，于1907年开始建设，作为财务室和炼铁厂的会议室的大楼直至20世纪50年代初才进行了扩建，并对大楼进行了几次改造。

新行政大楼于1953年建成后，旧行政大楼成为炼铁厂的后勤建筑，还建了新的洗衣室和更衣室以及一个食堂，此外，还建了用于治疗的医务室和工人委员会办公室。

炼铁厂关闭后，旧行政大楼变成了游客中心。德国青年旅馆协会自2001年以来一直使用这座富有吸引力的建筑，作为拥有140张床位、休闲和会议室的青年旅馆。

新行政大楼

建于20世纪50年代的新的行政大楼从1953年起以其清醒的风格取代了旧的行政大楼，直到1985年炼铁厂关闭，它一直作为建筑公司的办公室，由董事及管理委员会使用。今天在景观公园，各种协会和公司的办事处以各种方式在此设立。此外，公园管理机构、场地和绿地的维护部门，利用了这座大楼的一部分，他们诙谐地称之为“工作人员小屋”。

▲ 旧行政中心，游客中心（摄影：Thomas Berns）

▲ 新行政大楼（图片来源：公园官网）

原料仓库

从1902年起，仓库是炼铁厂的最早的建筑之一，有着轮拱和铸铁窗框，是当时典型的建筑形式，所有这些因素到现在都清晰可辨。该建筑被用来作为一个车间一直到第一次世界大战，随后它被用来存储材料及零部件。景观公园从1990年开始园区规划时，最先恢复的是仓库，景观公园第一次的公民会议就是在这里举行的，随后设立了一个餐饮区并在一楼举办了炼铁厂的历史展览。自2002年以来，这里的房间被用做会议室。

在西边一片井字格形的原料仓库，现在则改造成为攀岩基地、儿童活动、室外展览等综合活动的场所，其中的攀岩基地巧妙地利用了原料仓库厚墙的高度坡度材质等，最受欢迎。

▲ 原料仓库，用仓库的厚墙改成的攀爬墙（摄影：Thomas Berns）

▲ 配电房（摄影：Lars Behrendt）

▲ 景观公园绿地，红色的装置艺术（摄影：Thomas Berns）

配电房

以前的配电房是最让人感兴趣的，该建筑从背后的街道上就能看见，门口丰富多彩的石碑，是公园入口的标志，这里设有餐厅、游客中心和公园管理处。其中的交换车间，正如它的名字一样，是炼铁厂的控制中心，由于这个原因，公园管理处也在此设有办事处，控制室的桌子和设备仍然在大会议室的原位。现存的两个巨大的11万伏电网变压器，一个在与餐厅相邻的主交换车间，另一个在游客中心，它时刻让人们记得建筑物的原用途。

游客中心是游客接触的第一站。在游客中心，你可以得到一个公园的广泛信息，如租用自行车或预订导游。在纪念品商店，你一定能找到一个可爱的纪念品作为您参观杜伊斯堡景观公园的纪念。

景观公园绿地

景观公园绿地，主要分布在厂区东西两侧的田野中，由人行天桥连接着绿地的不同部位：河道、花园和老矿藏占用的庭院，是当地的各种休闲娱乐的场地，既可作为重大事件的场所，也可作为一种休闲公园的场地。考贝广场、剧院、金属广场、矿山位于工厂特别的绿化构造体系中，是整个绿地系统的延伸。

绿地中种植的植物也很有特色，设计师认为在废弃的受污染的土壤里还能生存的野生植被应加以保护，允许它们自由生长，它们也形成了公园的另一道特殊的风景，自然而富有生命力。设计师还尝试利用工业废渣和污染的土壤，培植一个小型生态系统，即当地居民参与种植的演示花园，使用的是生产过程的废料，它用来研究那些能适应这种特殊生长环境的植被类型。

灯光工程

从1996年12月起，游客已经能够体验到景观公园的亮点，但仅仅是在晚上，那是英国艺术家乔纳森·帕克（Jonathan Park)在公园进行灯光安装工程，无数彩色灯、泛光灯、满天星灯、条形灯和高压气体灯让这个旧铁厂沉浸在了一个迷人的光与色的海洋中。

从它安装的第一个晚上，包括整个德国和邻国，报纸、电视和广播电台，都在报道杜伊斯堡壮观的灯光工程。即使是本地人也简直都不敢相信自己的眼睛，当灯光装置首次切换，杜伊斯堡警方接到报告说附近的高速公路上出现了一些意外，因为一些司机，也许以为他们看到了不明飞行物突然刹车而撞在一起。

自2009年以来，节能灯LED照明的使用不仅降低了成本，而且还创造了千变万化的动态色彩。最新的体育设施加上晚上公园内绚丽的灯光 吸引了世界各地无数的游客，难怪杜伊斯堡的景观公园是该地区最受欢迎的景点之一。

Emscher河流系统的再生

IBA Emscher公园项目的一个中心目标是清理Emscher地区受污染的土地和河道，重新引入绿色的区域，促进经济生产，它贯穿于该地区绿色规划的始终，从东到西绵延70公里。

几十年来，Emscher河有一个死气沉沉的“排污系统”的名声，从19世纪后期它只起到了排污管的作用，现在已停止在该地区的大部分采矿并安装地下污水管进行排污和净化，此外河流已经重新整治以提高抗洪能力。为了减缓水流速度，河流的一部分已改成了宽阔的池塘以取代原来的混凝土管道，同时沿岸边

▲ 灯光工程，杜伊斯堡公园夜景（摄影：Martin Gothe）

▲ 灯光工程，细部灯光效果（摄影：Thomas Berns）

▲ Emscher河流系统再生水渠（摄影：Thomas Berns）

种植了树木和原生植物以改善该地区的水质。

河流再生过程总共需要44亿欧元的投资，并一直进行到2014年。它具有一个显而易见改善的象征意义，应该能为鲁尔（Rhur）河谷地区带来持久的效益。

启 示

IBA Emscher公园不仅仅是一个公园的景观规划，它涵盖了环境、经济、社会多个层面的目标和措施，是综合性的城市工业遗迹更新改造项目，同时还推动了所在地区生态环境和经济结构的更新和发展，它向人们提出了更深层次的问题：

"什么是可持续发展的未来经济发展的规划框架？"

"当一个时代的重工业正在迅速失去其重要性时，什么可以定义一个地区的质量？"

"什么是可参考的生活方式和以生活方式日益分化为特征的社会共享的框架？"

可以说，在一个高度城市化和工业化的地区，其先前的经济和文化已走入了死胡同，IBA Emscher公园正是做了寻找这个死胡同出路的工作。

IBA Emscher公园在以下几个方面做出了创造性的尝试并且相当成功：

① 在19世纪和20世纪初已经发生的工业化以及非工业化过程，自1960年以来推动着鲁尔区的结构发展。IBA Emscher公园同时注重这些进程的经济、社会和文化后果以及目前鲁尔地区在工业遗迹基础上的改造。

② 产业化已给鲁尔地区的城市景观定了型，IBA Emscher公园探寻出了由此产生的城市形态的非常具体的形式，以及由此产生的振兴甚至创造新的城市中心的活动。

③ 重建了工业景观。对自然资源的大规模开发已经非常深入，对环境的影响有时是灾难性的，自20世纪80年代以来，IBA Emscher公园项目一启动，一系列"景观公园"创建起来，形成一种独特的文化景观和自然景观。

④ 在一个工业区域的形成过程中，鲁尔地区通过许多形式发展了自己的身份特征。IBA Emscher公园细细探寻过去和现在的在工业衰退和全球化挑战的背景下发展自己身份特征的这些进程。

⑤ 社会知识方面，对于欧洲高密度的学术机构来说，鲁尔地区已经成为一个科学和教育的巨大来源，这些机构在城市转型和整个区域中起了很大的作用，当然他们也面临着巨大的挑战。

在德国，IBA Emscher项目已被定性为推动了有着一百多年城市发展史的重建改造创新模式。IBA Emscher公园是IBA协会在整个鲁尔地区的重建规划进行的第一次尝试，它产生了一种新的文化景观的类型。

IBA Emscher项目对其他项目有着意义深远的影响。世界上的许多城市，都在向这个项目学习并从中寻找灵感。而我们看历史、我们看周围世界的方式也正在改变。作为废弃的一个工业园区，很多东西在人们看来是废物，但却是文化遗产的一部分，同时它是可以转化成一种享受的地方。设计师拉茨和他的团队从字面上把它定义为一个后工业景观公园，希望这个项目将影响人们不只是在工业区，对于任何地方或空间都能进行思考，以利于我们今后定义一种新的文化。

文章的最后，我要感谢德国的Claudia Kalinowski为我提供了精美的图片，也感谢图片的摄影师Thomas Berns、Michael Menschel、Lars Behrendt。（Before I finish my paper, I would like to send my thanks to Claudia Kalinowski for sending me pictures, and also to the photographer Thomas Berns, Michael Menschel and Lars Behrendt.）

参考资料（Reference）：

[1] 德国杜伊斯堡公园官网。http://en.landschaftspark.de

5 Links of Culture Heritage Institutes

文化遗产机构链接5则

本刊编辑部（CAH Editorial Office）

▲ English Heritage手册(2011—2012年)

▲ Midland Grand Hotel楼梯间

▲ 夕阳中的Snibston煤矿

英国历史建筑遗迹委员会（English Heritage）

ENGLISH HERITAGE

The state's legal responsibility for the historic environment can be traced back to the Ancient Monuments Act of 1882. Over the next 100 years central government developed and refined systems of heritage protection, introducing listing for buildings after the war and conservation areas in the 1960s. Local government has always played the key role in making conservation decisions locally.

In the early 1980s, Michael Heseltine, then Secretary of State for the Environment, proposed that national responsibility for the historic environment should be passed to a semi autonomous agency or 'quango' that would be able to operate with greater efficiency and enterprise, but under ministerial guidelines and to government policy. Consequently, in 1984, the Historic Buildings and Monuments Commission—or to use its less formal name, 'English Heritage'—was created to secure the preservation and enhancement of the man-made heritage of England for the benefit of future generations, and to directly manage the sites and monuments taken into state care since the 1880s.

English Heritage 的创立

英国对于历史环境保护的法律条文可以追溯到1882年的《古遗迹法案》。此后的100年间，中央政府进一步完善了遗产保护的相关系统，并于20世纪60年代制定了战后建筑遗产和保护区名单。与此同时，地方政府也在制定本地遗产保护条例的过程中起到重要作用。

20世纪80年代初，环境国务大臣Michael Heseltine提议，对于国家历史环境的保护工作应移交给半自治机构或非政府组织（Quango）接管，这些机构或组织活动需在内阁指导下开展工作，并遵守政府法律法规。因此，1984年英国历史建筑遗迹委员会（Historic Buildings and Monuments Commission，简称 English Heritage）应运而生，它的职责在于确保英国人造遗产保护工作的开展，以使后人从中受益，同时直接管理19世纪80年代以来受国家保护的遗址及纪念性建筑。

English Heritage的早期成就：20世纪80年代

● 组织公益性教育访问及交流活动。

● 成功主持阿克顿庄园保护工作。阿克顿庄园是一座位于布里斯托尔北部的都铎时期领主宅邸，历经几个世纪，已逐渐被人遗忘。English Heritage将其购入，重新修复，最终作为独立博物馆归还给英国政府。

● 历史环境的内涵在逐年扩充，20世纪遗产保护名单随之产生，先是Jodrell Bank天文台、皇家节日音乐厅，随后，同在伦敦地区的中心点以及位于谢菲尔德的帕克山市建住房群都名列其中。

● 1989年，English Heritage 在与开发商的“对弈”中获得胜利，开发商最终允许考古学家先行对新近发现的玫瑰剧院遗迹进行调研和保护。

遗产保护力量壮大：20世纪90年代

● 1991年，“大教堂补助金计划”正式启动，随后全国掀起遗产调研、修复行动的浪潮。截至2009年，该计划共计发放 5 230 000补助金。

● 1993年，“保护区协作拨款计划”(CAPs)正式启动，该计划旨在为历史街区发展提供资金支持。

English Heritage的职责

English Heritage的首要责任是为英国的未来，保护国内最为璀璨的物质遗产。基于此，它不只关注直接管辖的英国国家遗产名录中的遗产、遗址等项目，同时国家遗产名录之外的遗产项目也在其工作范围之内，其中包括近400 000座古建筑、纪念建筑、园林、船舶遗骸等。English Heritage 的具体职责包括以下几点。

（1）更完备的遗产保护措施

● 致力于使英国文化遗产为英国文化和经济做出贡献。English Heritage积极与政府合作，参与遗产保护区规划政策的制定，确保历史环境不遭到人为破坏。

● 谨慎合理的利用资源。English Heritage把工作重点放在“高、尖、难”的项目上。在听取专家建议的基础上，资金支持会更专注于濒临危险的项目维修中，协助国家相关遗产组织的工作，为重点项目提供专业建议。

（2）电子出版物发行

● English Heritage绝大部分工作内容都提供在线阅读和下载，如英国国家纪念建筑名录电子版。此外，English Heritage正着手收集、整理约95 000张年代久远并极具价值的历史照片，制作成电子版本供人们浏览，这些照片均来自国际知名的Aerofilm Collection。

（3）English Heritage出版物

● English Heritage 出版物种类繁多，主题丰富，包括考古学、建筑历史学、体育遗产学等领域都有涉及。这些出版物旨在帮助大众理解并认识历史环境的价值，启发人们的遗产保护意识。

英国皇家建筑师协会（RIBA）

The Royal Institute of British Architects champions better buildings, communities and the environment through architecture and our members. We provide the standards, training, support and recognition that put our members - in the UK and overseas - at the peak of their profession.

英国皇家建筑师学会（The Royal Institute of British Architects，RIBA），于1834年以英国建筑师学会的名称成立，1837年取得英皇家学会资格，在全球拥有会员超过3万名，与美国建筑师学会（AIA）并称当前世界范围内最具知名度的两大建筑师学会。它的宗旨是：开展学术讨论，提高建筑设计水平，保障建筑师的职业标准，尽可能提高建筑各方面的价值，美化环境。

根据会章，学会的成员有正式会员（corporate member）及非正式会员（non-corporate member）两种。正式会员不分等级，其必须是具有一定的教育训练并经过考试的合格者；非正式会员包括荣誉会员，他们分为以下几种。

① 荣誉资深会员（honorary fellow）：为学术上具有较高成就的非本国公民，其数额不超过正式会员的1%。

② 荣誉通讯会员（honorary corresponding fellow）：为学术上具有较高成就的非本国公民，对本会宗旨有促进作用者。

③ 学生会员（student member）。

④ 赞助会员（subscriber）：未取得正式会员资格，但对本会业务有兴趣者。

RIBA委员会与职能

协调委员会由RIBA主席亲自主持，负责总协调工作；资源规划及财务委员会由RIBA司库主持；教育及职业实践委员会；纪律委员会，对违反职业道德准信的会员给予惩处；宣传委员会，负责向公众介绍专业的社会作用；向业主提供顾问服务；颁发建筑奖，组织设计竞赛等；组织委员会，负责吸收会员；海外事务委员会，负责与国际组织及各国学会之间的交往

RIBA的附属组织

① 英国建筑图书馆藏有建筑书刊、手稿、照片、图纸等，并提供建筑期刊索引（AP4）；

② 建筑数据库向全世界提供电脑数据服务；

③ 节能促进会，推动建筑节能；

④ 三个分公司：RIBA服务有限公司、RIBA出版有限公司、业主顾问服务局；

RIBA斯特林奖（RIBA Stirling Prize）

英国建筑师皇家协会（RIBA）的斯特林奖（Stirling Prize），是为了纪念已故的英国建筑大师James Stirling（1926—1992年）所设立的奖项，为英国建筑界的最高荣誉。斯特林奖出自当年的RIBA国家奖作品中，是针对建筑设计的奖项，奖金额20 000英镑。2011年斯特林奖颁发给伦敦伊夫林·格雷丝学院的扎哈·哈迪德，这也是她连续两年获得此项大奖。

RIBA皇家金奖（RIBA Royal Gold Medal）

褒奖为建筑工程工作做出杰出贡献和国际化影响的建筑师，皇家金奖是由英女王陛下亲自批准，每年颁发给一位建筑师或建筑合作团体的奖项。2011年RIBA皇家金奖颁给了David Chipperfield。

RIBA鲁波金奖（Lubetkin Prize）

鲁波金奖的命名是为了纪念Lubetkin而设立的。Lubetkin生于乔治亚，曾工作于巴黎，19世纪30年代后来到伦敦，并建立了Influential Tecton Group。该奖项设立于2006年，主要是针对欧洲以外的RIBA成员而设立的，优胜奖出自RIBA International Awards。2011年鲁波金奖授予新加坡WOHA建筑师事务所。

RIBA欧洲奖（RIBA European Awards）：针对RIBA英国以外欧洲成员所设立的奖项

RIBA国家奖（RIBA National Awards）：针对RIBA英国国内成员所设立的奖项。

RIBA国际奖（RIBA International Awards）：针对RIBA欧洲以外成员所设立的奖项。

安尼斯宾建筑英才奖（Annie Spink Award）：该奖来自安尼斯宾信托基金，成立于1974年，奖励对建筑教育有巨大贡献的人们。

总统奖章奖（President' s Medal）：该奖项获奖作品主要来源于国内学生、从业人员，于秋天评审，当年12月揭晓。

英国AA建筑学院（AA）

The Architectural Association School of Architecture, more usually known as the AA, is an architectural school in London, United Kingdom. Its wide-ranging programme of exhibitions, lectures, symposia and publications has given it a central position in global discussions and developments within contemporary architectural culture. The AA is the oldest independent school and one of the most prestigious and competitive schools of architecture in the world. The Architectural Association, the pre-cursor to the school, was founded in 1847 by two dissatisfied young architects (Robert Kerr, 24, and Charles Grey, 24), to provide a self-directed, independent education at a time when the profession of architecture had yet to appear in the form recognised today. The AA School was formally established in 1890. In 1901, it moved premises to the former Royal Architectural Museum. In 1917, it moved again, to its current premises in Bedford Square, central London (it has since acquired additional London premises in John Street and a 350-acre (1.4 km^2) site at Hooke Park in Dorset). The school has also acquired property on Morwell Street behind Bedford Square, which it uses as studio space and there are plans for further expansion.

英国AA建筑学院（Architectural Association School of Architecture）作为英国历史最悠久的独立建筑院校，常简称为AA或AA School of Architecture，有时也译成建筑协会学院、英国建筑联盟或英国建筑学院，在当代建筑文化界享有盛誉。该校的成立理念最早来自于1847年，两位不满学院派建筑教育的年轻建筑师的发起，分别是当时19岁的Robert Kerr与24岁的Charles Grey。成立当时目的是为了向真心学习建筑的学子提供一个独立设计的教育系统，不需要他们拥有基础建筑教育。该校当时的师资都是一时之

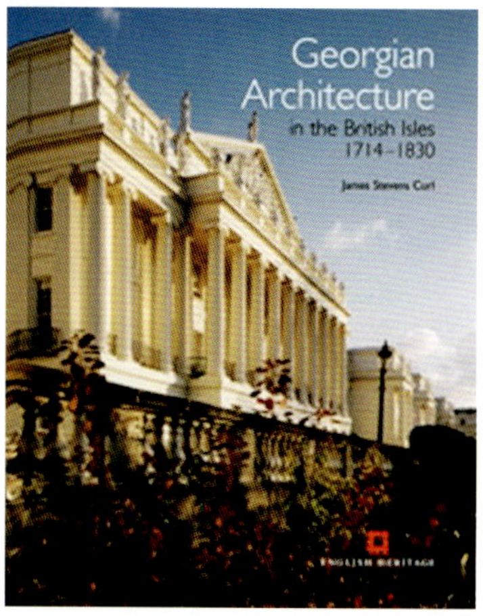

▲ 不列颠群岛的乔治亚王朝建筑（1714–1830）

▲ 玩在伦敦——伦敦体育遗产记录

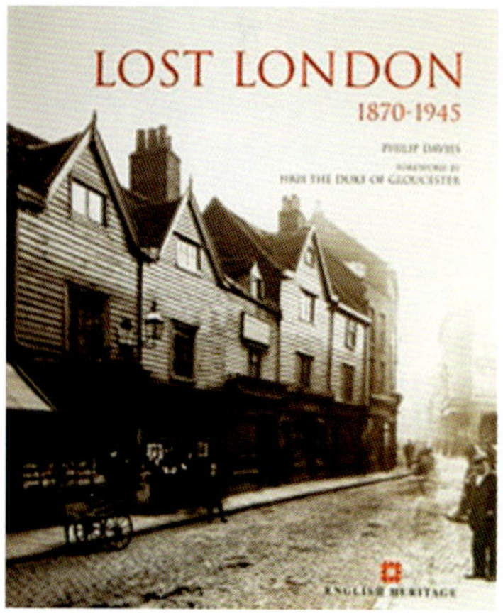

▲ 迷失伦敦

▲ 英国园林建筑

▲ AA学院入口悬挂的门牌

▲ AA学院设计学院亭阁

▲ AA学院贝德福德广场

选，诸如约翰·拉斯金与乔治·吉尔伯·史考特（en:George Gilbert Scott）。

1890年到1901年间，该校的教育系统逐渐成形。在1901年，校址移动到前英国皇家建筑博物馆的馆址。在1920年，再度迁移到英国贝得福得广场（Bedford Square），也就是在伦敦的市中心。在160多年的风雨历程中，该校坚持个性，开拓进取，成为创新萌芽的摇篮，校友遍布全球50个国家，培养出一批建筑规划、景观设计领域的国际级顶尖人物，在国际设计教育领域确立了自己的领袖地位。

AA影响力

AA的知名度，首先源自于其独特的办学理念。多年来AA一直努力保持着自身的学术活力和开放性，广觅名师，鼓励教师个性化授课方式，从不囿于政府与制度的限制。其次源自于其特殊的教学制度。它独立于英国国立大学系统之外，由于AA的教育系统具有相当的灵活性与竞争力，所以尽管学费高昂但仍受到国际学生追捧。第三源自于毕业学生的学术成就与社会地位。像2000年普利兹克建筑奖得主雷姆·库哈斯（Rem Koohaase，纽约Prada体验中心、中央电视台新楼的设计师），2004年普利兹克建筑奖得主扎哈·哈迪德（Zaha Hadid，德国BMW中心、广州歌剧院的设计师），2007年普利策建筑奖得主理查德·罗杰斯（Richard Rogers，黎蓬皮杜中心、上海陆家嘴城市设计第一名的设计师）以及伦敦大学巴莱特学院院长Peter Cook等，均毕业于AA学院，其对业界的影响可见一斑。

知名校友

2000年普利策奖得主：雷姆·库哈斯

2004年普利策奖得主：扎哈·哈迪德

2007年普利策奖得主：理查德·罗杰斯

课程设置

AA的课程分为两部分，一是大学课程，授予AA文凭学位；二是研究生课程，分为7个专业分别是：

设计实验（Design Research Lab）简称DRL，是AA的王牌专业；

新技术与设计（Emergent Technologies & Design）；

建筑历史与理论（Histories & Theories）；

住房与城市规划（Housing & Urbanism）；

城市景观规划（Landscape Urbanism）；

可持续的环境设计（Sustainable Environmental Design）；

建筑保护（Building Conservation）。

英国工业设计委员会（The Design Council）

Design Council

Since its inception in 1944, the Design Council has evolved in line with the political and economic landscape. It was originally established as the Council of Industrial Design by Hugh Dalton, President of the Board of Trade in Churchill’s wartime Government, to drive innovation at the time of austerity and rapid change: “to promote by all practicable means the improvement of design in the products of British industry”. Over time, its name and role have changed to include advocacy of other design disciplines alongside product design. It acquired charitable status and a Royal Charter in 1976 with the object of “the advancement of British industry and society by the improvement of design in the products and services thereof”. Annex B outlines the key milestones in the Design Council’s history.

自1944年创立以来，Design Council逐步涉足政治和经济两个领域。其前身为COID（Council of Industrial Design），创立者是时任战时丘吉尔政府的商务部部长的Hugh Dalton，旨在鼓励创新，并力争在短期内“通过所有切实可行的方式促进英国工业产品设计水平”。经过多年沿革，CODI的官方名称变为“Design Council”，其业务范畴也延伸到其他产品设计领域。1976年，它获得皇家特许执照，并成为慈善性质机构，机构宗旨也随之发生变化：“通过提升产品设计及相关服务水平，促进英国工业和社会的发展。”这也成为英国工业设计委员会历史上具有里程碑意义的事件。

历经多年，Design Council的人员规模逐渐精简，现任职员工60余人，与此同时，政府资助金额也在逐年缩减。Design Council 目前的定位是一家独立公共机构（NDPB），由英国商业创新技术部（BIS）于2010—2011年度注资560万欧元，英国商业创新技术部（BIS）、文化传媒体育部（DCMS）联合经营。近年来，机构收入持续攀升，收入主要来源为国营部门和私营部门。外部收入从2008—2009年度的210万欧元增长为2009—2010年的370万欧元。目前，Design Council主要为客户提升商业竞争力的相关服务，如为小企业提供商业设计指导，协助大学将技术投入市场应用，为国有企业提供设计支持，改善其服务设计，节约成本。

自1944年以来，英国工业设计委员会始终致力于将自身打造成业内的榜样，制度的制定者，其模式成为众多国外政府争相模仿学习的对象。在过去的68年间，“英国设计”已遍布全球，英国工业设计委员会无疑在其中起到了重要作用。作为一个全国性机构，Design Council无论是在工业行业还是公共领域，尤其是在服务产品设计方面的作用不可磨灭，它的工作也体现了英国当今主流的经济和社会需求。

Design Council有很多出版物，其中包括年度报告、项目介绍以及杂志DCM。DCM是Design Council的获奖期刊，每半年出版一期，2006年至2009年期间出版7期，由Haymarket传媒集团出版。

英国皇家艺术学院（RCA）

The Royal College of Art started in 1837 as

the Government School of Design, located in Somerest House in the Strand. In 1967 the College was granted a Royal Charter, endowing it with university status and the power to grant its own degree. To this day, the RCA remains the world' s most influential wholly postgraduate university institution of art and design, offering MA, MPhil and Phd degrees in fine art, applied art, design, communication and humanities. It is the most concentrated community of young artists, designers and communicators.

Royal College of Art
Postgraduate Art & Design

英国皇家艺术学院（Royal College of Art，简称RCA）的历史可以追溯到1837年，起初为一个政府的设计学校（作为工业设计学校），到1896年晋升为皇家艺术学院。现在经过一百多年的发展，英国皇家艺术学院已成为全球最富盛名的全部培养研究生的艺术与设计大学，专门从事美术、应用艺术、设计、传媒和人文等学科的教学与研究，并可以跨越这些学科授予文学硕士、哲学硕士和博士学位。课程讲授者均为国际知名艺术家，从业者和理论家和著名的访问学者。

RCA被称为世界的创意源泉，它是全球艺术家和设计师最为集中的社会团体之一，每年吸引了无数来自世界各地的众多颇具才华的学生。许多从这里毕业的学生已经对我们的日常生活产生了显著的影响，我们所穿的服装、参观的展览、驾驶的汽车以及购买的日用品，都有他们的设计作品。其毕业生在诸多创作性行业中成为领军人物。

RCA坐落于伦敦的金斯顿（Kensington），面对海德公园，毗邻皇家艾伯特礼堂，周边分布多个学院和博物馆，艺术氛围浓厚。宁静和谐的城市风貌为艺术创作提供了良好的人文环境。皇家艺术学院共拥有三个校区，其中两个校区距伦敦市中心为半小时车程，另一个校区距伦敦是一个小时车程。

RCA现代化的图书馆拥有藏书超过7万册，每年订阅的期刊超过120份，为学生及教师提供了广泛可参考的艺术信息。图书馆还提供一系列优质的服务，包括彩色或黑白相片复印、图书馆设施查询系统等。大量的画室向广大学生开放，每间画室都配备专业的指导老师，随时给予学生专业的指导。学院拥有多个现代化的授课礼堂，提供包括互联网、OHP、PA系统、16/35mm胶片、录音录影及回放设备等多种设施。其中最大的授课礼堂可以同时容纳136名学生。此外，学院还拥有多个视听教室与美术工作室，向广大师生免费开放并提供服务。

RCA开设的研究生课程

建筑学、玻璃制陶学、传播艺术与设计、当代艺术、交互设计、时装设计、珠宝设计、设计历史学、工业设计、汽车设计、电影电视学等。RCA提供MA、MPhil和PhD三种学位，总学生数约800人，平均年龄26岁，拥有约100多教职员工，全部为著名艺术家、设计师、作家。

RCA的学院设置

应用艺术学院（School of Applied Art）、建筑与设计学院（School of Architecture & Design ）、传达学院（School of Communications ）、设计制造学院（School of Design for Production）、时尚与纺织品学院（School of Fashion & Textiles ）、美术学院（School of Fine Art）、人文学院（School of Humanities）

RCA的知名校友

詹姆斯·戴森（James Dyson）：工业设计师，发明家，真空吸尘器的发明者，戴森工业的创始人。

雷德利·斯科特（Ridley Scott），闻名世界的电影导演，在皇家艺术学院学习电影与舞台设计。

戴维·艾德加耶（David Adjaye），著名建筑师，曾获得英国皇家建筑师协会建筑奖。

菲利普·崔西（Philip Treacy），是当代超现实帽饰设计师和艺术鉴赏家，被喻为“全世界首屈一指的帽子魔术师”。

（本刊根据相关网站翻译、整理，执笔苗淼）

▲ 英国皇家美术学院外景

▲ 英国皇家美术学院Dyson大楼

▲ DCM第一期

▲ DCM第三期

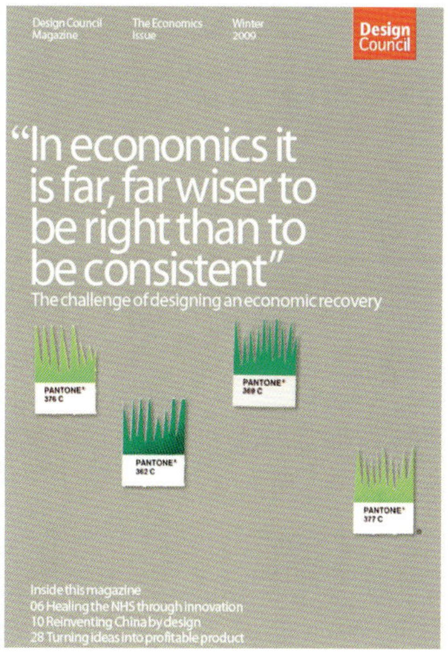

▲ DCM第七期

Unveil Government Awards for Architectural Design Chai Peiyi Comments on Award-winning Projects of 2011 National Awards for Engineering Survey and Design

揭开中国建筑设计政府奖的面纱 柴裴义大师评析2011全国优秀工程勘察设计奖获奖项目

文 微（Wen Wei）*

▲柴裴义大师近照

编者按：在一个初冬的清晨，我们请到柴裴义大师为读者们点评2011年全国优秀工程勘察设计奖国家奖（国优）的获奖作品。柴大师一直奋战在我国建筑设计一线，2004年获国家设计大师称号，2008年荣获梁思成奖。他身材魁梧，一头银发，金丝边眼镜的后面总是闪烁着一双充满笑意的眼睛。他坦言，自己已经出任了七八届全国优秀工程勘察设计国家奖（国优）及部奖(行业优)的评委，在这两个奖项几十年的评奖历史中，不仅有传承不变的设计理念，比如“实用、经济、美观”的评价标准，更有不断开创潮流和与时俱进的设计元素，比如在设计概念中中国本土地域文化与外来西方文化的博弈以及不断追求体现当代科学技术为建筑带来的演变，正是这些因素共同构成了全国优秀工程勘察设计奖——这项我国最高建筑设计政府奖的独特魅力。

Editor's Notes: On an early winter morning, we were honored to have Chai Peiyi, a senior architectural designer, give our readers some comments on the award-winning projects in the 2011 National Awards for Engineering Survey and Design. Working in the field of architectural design for years, Chai had been granted the title of 'Top National Designer' in 2004 and had won the Liang Sicheng Architecture Award in 2008. He's a tall man with white hair and smiling eyes, wearing a pair of gold-rimmed glasses. He said he had been the judge of both the National and the Industrial Awards for Engineering Survey and Design for seven or eight years. Over the decades of history of these awards, some ideas of design, such as practicality, economy, beauty and other criteria, have never changed; whereas other design elements keep pace with the times and always lead the trend, for example, the interaction of Chinese local culture and western culture in design concepts, the reflection of architectural evolvement caused by modern technology. It is these factors that contribute to the unique charm of the National Awards for Engineering Survey and Design, the top government awards in the field of architectural design.

记者：作为一名多年参评建筑设计国优奖的评委，您认为中国建筑师在当代建筑文化创意方面有何新的尝试与追求？这种建筑文化的渗透，是不是能涉及各种类型的当代建筑？

柴裴义：自改革开放以来，我国在建筑设计领域有着突飞猛进的发展，尤其是近十年举办北京奥运会、上海世博会带来了国内的建设高潮，为建筑师们提供了不少建筑创作的好机会。在不少大型建筑的设计过程里，我们引进了中外合作设计、国际竞标等工作模式，带动了国内建筑设计水平长足的进步。进入21世纪，通过国际竞标，不少世界上最好、最先进的建筑相继出现在中国；最近几年，中国本土建筑师也在很多大型的国际竞标中开始拔得头筹，例如几个“国字号”的大设计院以及以华南理工大学设计院为代表的一批新生力量，用作品证明了中国建筑师的实力；更令人欣喜的是，在众多国优获奖作品中，每年都能看到一批由青年建筑师作为主创的“亮点”工程。2011年参加国优评奖的设计项目数量虽然比较

*《中国建筑文化遗产》副总编辑

▲ 图1 1#楼修缮后鸟瞰

▲ 图2 内部廊桥空间

▲ 图3 多功能厅

▲ 图4 入口骑楼柱廊

▲ 图5 西立面

多，而且没有“奥运”、“世博”等建设中心事件的策动，好作品相对略少，但我们仍然可以从中了解当代中国建筑设计的水平。

我认为，当代建筑文化在设计领域的渗透是全面的，并因此出现了很多好作品。今年，以前很少得国优奖的一些中小型建筑，比如学院建筑、博物馆建筑和纪念建筑，还有一些更小的项目——因为建筑师在文化方面的特别考量，都获得了评委们的青睐。此外，旧建筑改造同样令建筑师大有可为。这个新时期的命题不但能解决我国建筑“短命”和大拆大建的问题，而且通过建筑师的巧妙构思，照样可以达到很好的空间效果和艺术效果。例如，内蒙古工业大学建筑系馆原是一处工业厂房，建筑师经过深思熟虑将其改造成为办公楼和教学用房，虽然仅仅花了几百万元，而且没有任何高级装修，却不失为一座建筑的精品；中国美术馆改扩建工程，建筑师选择了在原有建筑的基础上原汁原味地扩建，既增加了功能又保持了建筑特有的风韵；由中元国际设计的上海“1933老场坊保护性修缮”（图1～图5)则是另一类成功的例子，它把一座1933年建成的已废弃的宰牲场改造成了现在的创意园，虽然建筑的功能改变了，但建筑的气质没有改变，时尚和创意为老建筑的存在开辟了新方向。

记者：我们注意到了近些年中国建筑师在本土文化和建筑地域特色上的不断追求和努力，您认为今年的国优获奖建筑设计作品中有没有在此方面表达得比较恰当的建筑，为什么?

柴裴义：本土文化和地域特色是建筑之“中国性”的本源。在这里，我要向读者们推荐三个在此方面堪称优秀的获奖作品：第一个南京大屠杀遇难同胞纪念馆扩建工程，第二个是是浙江美术馆，最后一个是同济大学教学科研综合楼。

由华南理工大学何镜堂院士领军设计的南京大屠杀遇难同胞纪念馆扩建工程（图6～图8）是个很有“气场”的建筑，建筑的形象设计隐喻一把“断刀”，通过无声的建筑语汇再现当年南京大屠杀的悲怆场景，使参观者产生心灵的震撼。这个项目的一期工程“万人坑”由齐康院士设计，二期工程是对一期纪念馆的扩建。它巧妙地与一期结合起来，并融为一体，使得空间序列完整而渐进高潮。

浙江美术馆（图9～图11）的设计平面十分规整，功能也较合理，建筑师在屋顶的设计上别出心裁——有意将其巨大的形体化整为零，通过不规则的、折线形的外轮廓将建筑与周围的环境和远山融为一体。建筑师程泰宁院士借鉴加拿大渥太华美术馆屋顶的钢结构构造技术，写意中国江南民居的形态，使建筑内外的空间都非常有视觉冲击力。评委们一致认为，这个项目在本土文化的基础上搞创作，又不流于复古，很有新意。

同济大学教学科研综合楼（图12～图15）位于大学校园的东北角，建筑体形方正，是一座十来层高的办公楼，对一般建筑师来说本是个不易出彩的项目。但最终完成的作品在空间构成上构思独特，

▲ 图6 南京大屠杀遇难同胞纪念馆扩建工程鸟瞰

▲ 图7 南京大屠杀遇难同胞纪念馆扩建工程东部

▲ 图8 南京大屠杀遇难同胞纪念馆扩建工程屋顶纪念广场

▲ 图9 浙江省美术馆外景

建筑师在建筑的每层平面上都预留出垂直空间作为建筑内部的拔风道，通过平移、错动，组织成为大小不同的内部使用空间，并将其反映在建筑的外表皮上，使之成为很有新意的立面设计。当下，不少设计师在建筑外表皮上煞费苦心地大搞“表皮设计”，令作品肤浅地流于表面形式，而同济大学教学科研综合楼项目则在设计手法上做到了内外空间表达的高度吻合，使内部功能与外表面形式能够比较深刻地融为一体。说实话，这么多年办公建筑在国优评奖中很难评上较高的奖项，但是这个作品让人看到了建筑师的追求。类似的项目还有前几年在行业评优中获奖的中石油大厦，它在体形和色彩方面对企业形象和文化内涵做出了恰当的表现，因此获得了好评。

记者：当下在刚刚闭幕的南非德班世界气候大会上，各国对利用清洁能源和节能减排展开了激烈的讨论，您认为今年的国优获奖建筑中有没有在建筑和城市环境可持续发展问题方面考虑得比较成熟的作品？

柴裴义：在2011年参与评奖的建筑中，几乎每个报优建筑在设计说明里面都会提到节能、生态的技术和理念，但评委们觉得能够完美地表现这一理念的作品实在很有限。建筑师应当敏感地嗅到节能、生态设计的意义。建筑设计应考虑生态和节能，不是让我们必须采用什么新技术，而是通过我们的设计尽量让建筑节约，让它减低污染，减低有害排放，不要让正在发展中的中国因为我们设计的建筑而背上包袱。

记者：您可以向读者们再推荐几个不错的作品吗？

柴裴义：除了前面提到的那几个作品，我就再挑选几个获奖项目给读者们简要介绍一下。这些项目中有中外合作设计的项目，也有中国建筑师自主创新的项目。

（1）上海环球金融中心大厦

作为上海陆家嘴金融中心城市规划中的标志性建筑之一的上海环球金融中心（图16），是一幢跨世纪的、具有国

▲ 图10 浙江省美术馆入口

▲ 图11 浙江省美术馆大厅

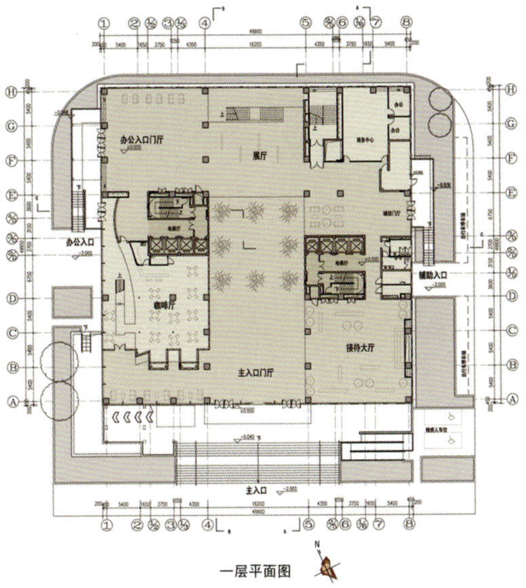

▲ 图12 同济大学教学科研综合楼首层平面图

▲ 图13 同济大学教学科研综合楼东北角教学楼建筑群

▲ 图14 同济大学教学科研综合楼外立面玻璃幕墙和波纹铝板幕墙

际一流设施和一流管理水平的智能型、超大型建筑。其傲人的建筑高度——492米以及标志性的外形设计是这个建筑的设计亮点。

（2）北京首都国际机场T3航站楼

北京首都国际机场T3航站楼（图17）是国际上公认的、中国目前最好的航站楼，也是目前世界上最大的单体航站楼。2008年初（奥运会前夕）投入使用的T3航站楼，外形宛似一条巨龙，向世界展示一个全新的中国“国门”形象。

（3）常州市体育会展中心

常州市体育会展中心（图18）把城市的奥体中心和会展中心等几座现代建筑集中在一起规划设计，既节约了土地、造价和能源，又将几座小尺度的建筑体量叠加，成为常州市的新型会展建筑群和体育中心。体育馆屋盖使用了世界上目前跨度最大的椭球形索承单层网壳屋盖技术，不但为国家节省了钢材，还比一般大跨度钢结构屋盖显得更轻盈、更时尚。

▲ 图15 同济大学教学科研综合楼入口大厅

▲ 图16 上海环球金融中心

▲ 图17 北京首都国际机场T3航站楼

▲ 图19 国家大剧院

▲ 图18 常州市体育会展中心

（4）国家大剧院

国家大剧院（图19）是我国目前建设水平最高的观演建筑。它外部为半椭球形钢结构壳体，由18 000多块钛金属板拼接而成，金属光泽感塑造了这座建筑个性化的外表，内部空间有10层楼那么高。椭球壳体外环绕人工湖，行人需从一条80米长的水下通道进入演出大厅，被称作“城市中的剧院、剧院中的城市”和“湖中的明珠”。

（5）上海浦东国际机场T2航站楼

上海浦东国际机场T2航站楼（图20）着眼于机场整体建设，构成了与原有航站楼的协调呼应。T1航站楼波浪形的屋顶给人留下了深刻的印象，T2航站楼则巧妙地延续了这一造型特征，简洁、精致的屋顶和天窗细节，让人们感受到建筑与结构形式的完美统一。

（6）广州科学中心

广州科学中心（图21）的“科技航母”主体建筑位于整体建筑的中心位置，采用了仿生学的建筑造型概念，塑造出富有新意的建筑形象。从空中俯瞰，它宛如一朵盛开的木棉花，用广州的市花来做造型，充分展现了地域特色。

（7）西山艺术工坊

西山艺术工坊（图22）依托北京海淀区丰厚的历史文化积淀，为主流艺术家和设计师量身打造了创作、展示、生活和交流的空间。建筑师以“圈子”作为创作构思的理念，将每套艺术家工作室单元分为上下两个空间，利用错动、组合的设计手法，形成了建筑中间的内街和庭院，它们相互交融、相互渗透，构成艺术家群体的独特聚落建筑。

（8）多哥共和国总统府

多哥共和国总统府（图23）是一座仅有7 000多平方米的二层建筑，位于首都洛美市的城市视觉中心，用地呈三角形。建筑师在总统府外侧加建了一圈外围廊，不但使这座建筑获得了应有的体量，而且起到了遮阳隔热的作用。建筑大量采用橙色面砖和浅米色石材，利用“方”和“圆”的符号构筑出非洲粗犷的原始文化与西方欧式建筑混搭的效果，成为中国与多哥友谊的象征。

（9）凉山民族文化艺术中心

月牙形的平面围绕圆形火把广场逐渐展开（图24），其形态与日月同辉的意境不谋而合。大剧场圆形的观众厅从艺术中心长长的立面格架上撞击而出，仿佛来自天体的力量，体现了彝族的原始自然崇拜。建筑很多细节均取材于绚丽多彩的彝族民族服饰和用品，加之混凝土、木材和贴石的外表装饰，极具地域风格。

（10）百度大厦

百度大厦（图25）的设计简洁而规整，它的平面呈“目”字形，立面设计更是纯净大气，其外形酷似一个巨大而时尚的“搜索框”。设计师在主立面探索性地采用了波浪形的外皮，柔化了建筑与外部空间的界面，使百度大厦看起来更像是一个巨大的立体广告牌，随时都向外界传播百度“框计算”的理念。

▲ 图20 浦东T2机场航站楼

▲ 图21 广州科学中心

▲ 图22 西山艺术工坊

▲ 图23 多哥共和国总统府

▲ 图24 凉山民族文化艺术中心

▲ 图25 百度大厦

（11）汶川县第二小学

汶川县第二小学（图26）是一所特殊教育学校，除了一般的孩子，它面向全自治州招收三残（智残、肢残、体残）学童。建筑的风格融合了经过提炼的传统羌式建筑元素，体现出鲜明的民族和地域特色，而且在校区内广泛应用了各种无障碍设计，安装了大量的低位观察窗、无障碍卫生间、无障碍坡道等设施，为残障学生提供了方便。

▲ 图26 汶川二小

（12）中国禄丰侏罗纪世界遗址馆

作为目前世界上唯一在同一地层剖面上找到侏罗纪早期、中期和晚期3种不同类型恐龙化石的地方,云南省禄丰县川街乡阿纳村恐龙化石点已引起国际上的极大关注。以开发遗址为目的的建筑拥有与自然共存的特殊要求，在对遗址充分理解与尊重的基础上,才涉及表达与展示。建筑师把遗址馆设计为山的形状（图27），而馆内可供自然通风的中空混凝土斜柱（拔风道）看似一群群恐龙的头颈，不但使展馆内部省去机械通风的开销，更具有仿生设计的效果。

（图片来源：报奖资料）

注：有些文中提到的作品是在全国优秀工程勘察设计奖部奖（行业优）中得奖的项目，为了说明问题也在这里提出,获奖名单详见中国勘察设计协会文件。

▲ 图27 中国禄丰侏罗纪世界遗址馆

Bring Nature Inside
To Create People-oriented Space for Business Office

植入自然
创造商务办公的“人本”空间

刘震宇（Liu Zhenyu）*

摘要：生态办公的概念已经出现多年，人们已从行为需求、文化意识、技术措施等各种角度解读过生态的环境对于传统封闭的办公空间会带来怎样的革新。本文试图从引入自然空间的角度阐述商务办公空间的优化思路。与自然的贴近，是人们发展反思的结论，是一种最好的生存方式。居住如此，办公也是如此。追求自然，不是一种强加的意识，而是一种必然的生活追求，是一种文化。

关键词：自然，办公，空间

Abstract：We have seen the concept of Eco-office for years and interpreted what kind of innovation ecological environment would bring to traditional closed office space from aspects such as behavioral requirements, cultural awareness, technical measure and others. The article tries the ideas of optimizing business office by introducing natural space. Being close to the nature is the result of the development of reflection, is the best lifestyle, not only in residences but also in offices. The pursuit of nature is not an imposed idea at all. It is a life that everyone definitely wants to live. It's a culture.

Keywords: Nature; Office; Space

设计的逻辑——化繁为简，少即是多

“少即是多”是现代建筑设计大师密斯的著名格言，认同者其众。“少即是多”突出的是“少”，它的背后却强调的是“精”。密斯的另一句名言“God is in details”（上帝存于细节中），展示了“少即是多”所追求的宗旨精髓。这里的“精”意为精致，包含两层意思，“精巧”与“极致”，是指对细部的精巧构思和对细节的极致雕琢。

对于商务办公建筑的设计，由于其建筑类型实属贴近大众、非常常见的功能范畴，因此相关设计要点早已长篇累牍，事无巨细地阐述过。在此笔者根据多年商务办公设计中的一点体会，从一个特定的角度总结一下商务办公空间植入“自然”的来龙去脉。从“少即是多”的设计逻辑上看，植入“自然”可以算是在商务办公空间设计中努力追求一种精心的细节，并力图将其设计构思做到极致。

商务办公空间中需要植入“自然”吗？

商务办公的空间功能需求包括：

① 完美的形象展示；

② 高效的交通组织；

③ 灵活的办公格局；

④ 舒适的商务体验；

⑤ 周到的服务设施；

上述五点的功能需求，是从理性的角度完整地阐述了作为办公而必备的功能和用途，是从实际的“功用”上去解读设计要点。这些需求仅仅可以视做合格

* 加拿大宝佳国际建筑设计集团亚太区执行总建筑师

商务办公楼的基础要求，而商务办公品质评价标准的核心还将落在空间体验上。这也是建筑设计中最重要的行业本质，是完美结合“功能与形式”才能带来的结晶——空间的创造。

相对来说，博览建筑、纪念建筑、文化建筑、商业建筑等类型，建筑的使用者、观赏者多是短时间感受或是偶然的驻足，其建筑空间的体验感具有突然性或是启发性。人们欣赏、体验的心情源于一种发现的心理，因此人们往往会关注建筑出其不意的形态、色彩、质感、环境等要素，并容易就上述内容形成主要记忆点，且津津乐道。这种空间的新奇感在办公建筑中也确实需要，尤其是对于访客来讲，创造一种吸引眼球的第一印象也是不错的效果，容易收获外界感观上的追捧，假如对于办公建筑的地标形象需求来讲，那也是不可或缺的要素。

但另一方面，办公建筑空间体验的创造性更多地针对目标不是访客，而是常年在此办公的人员，相当于建筑的常驻“居民”。他们形成的空间印象会少了许多“标新立异”所带来的新奇感，更多的是源于日常使用时所产生的点滴感受，汇集形成的空间体验，是潜移默化的结果。设计者如能从这个角度去精心思考，方能赢得商务办公所真正倡导，必获欢迎的空间体验。

追寻办公场所中的空间体验可以从点、线、面三方面进行。局部的场所所传递给使用者的是点状的空间体验，如电梯厅、轿厢、卫生间等，而沿日常行进中的交通路径所传递的空间感则形成了连续的线状空间体验，包括走廊、楼梯间等。面状空间体验则是较长停留的场所给人提供的持续的空间感受，如休闲区、会议厅及标准办公空间等。而其中办公空间内的场所体验创造需要设计者从单纯功能性需求的立场中解放出来，转而专注于力图增加一些附加的空间体验上。“源于功能又高于功能”的设计立场，方能真正创造一种使用者能身心享受的空间体验。休闲性空间虽然是办公场所中最小的组成部分，却往往又是一个办公场所中最重要的空间体验来源。植入一个“自然”空间，对于这种休闲性的辅助空间功能是最恰当的选择——不但必要，而且必须。

能在哪里“植入自然”？

商务办公楼宇中，能够植入自然的场所可以选择以下几种。

1. 大堂空间

大堂空间是办公楼宇之中除外观以外首先为访客或使用者塑造形象的空间场所。其大堂的空间尺寸，风格、区域组成，甚至是导引系统，都是空间体验感的来源。接待与休闲是大堂中的功能组成部分，也是植入自然最好的载体。自然空间感的引入，形成了一个由室外向室内的过渡性空间，也能恰当地表达出大堂的空间属性——介于封闭室内与开放室外之间的空间特点，既是引入也是过渡，是一种半开放区域。自然空间特色的引入，最能体现这种空间的二面性。一石一木一树一花，皆可创造自然。

大堂的自然空间引入，除开常规的自然景观手法，还可利用大堂空间特有的高度优势、区位优势，创造出不一般的自然空间特色。例如，大堂的部位非常有利于将室内的景观室外化，同时将室内外的景观元素连通起来，如溪流、水景、叠石等，内外环境融为一体，形成室内大堂休闲区的特色空间（图 1）。

▲ 图1 自然景观式办公大堂

再如，大堂空间结合室外下沉庭院景观非常容易实现立体大堂的空间层次，在扩大自然景观视野的同时，丰富了大堂步行路由，使内部空间层次更立体化（图 2）。

2. 屋顶空间

建筑中的屋顶本身即是室外自然的一部分，如引入自然式的绿化景观，规划舒适的休闲设施，会变成极具吸引力的场所。尤其是高层建筑中的屋顶往往比首层的室外庭院更方便到达，如恰当规划、精心设计，将是楼内办公人员首选的休闲场所（图 3）。

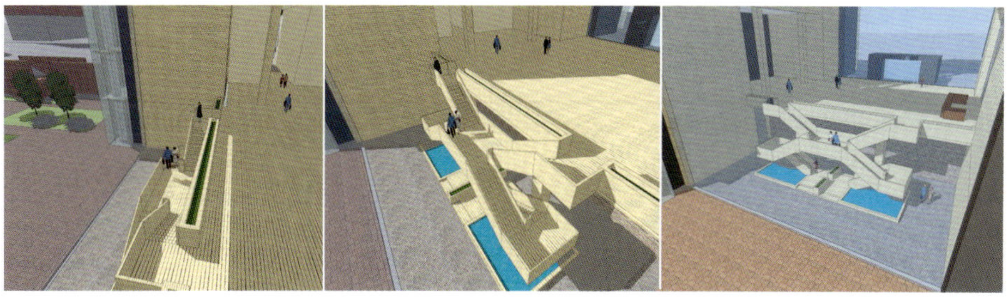

▲ 图2 立体大堂景观（中原出版产业园）

▲ 图3 屋顶花园

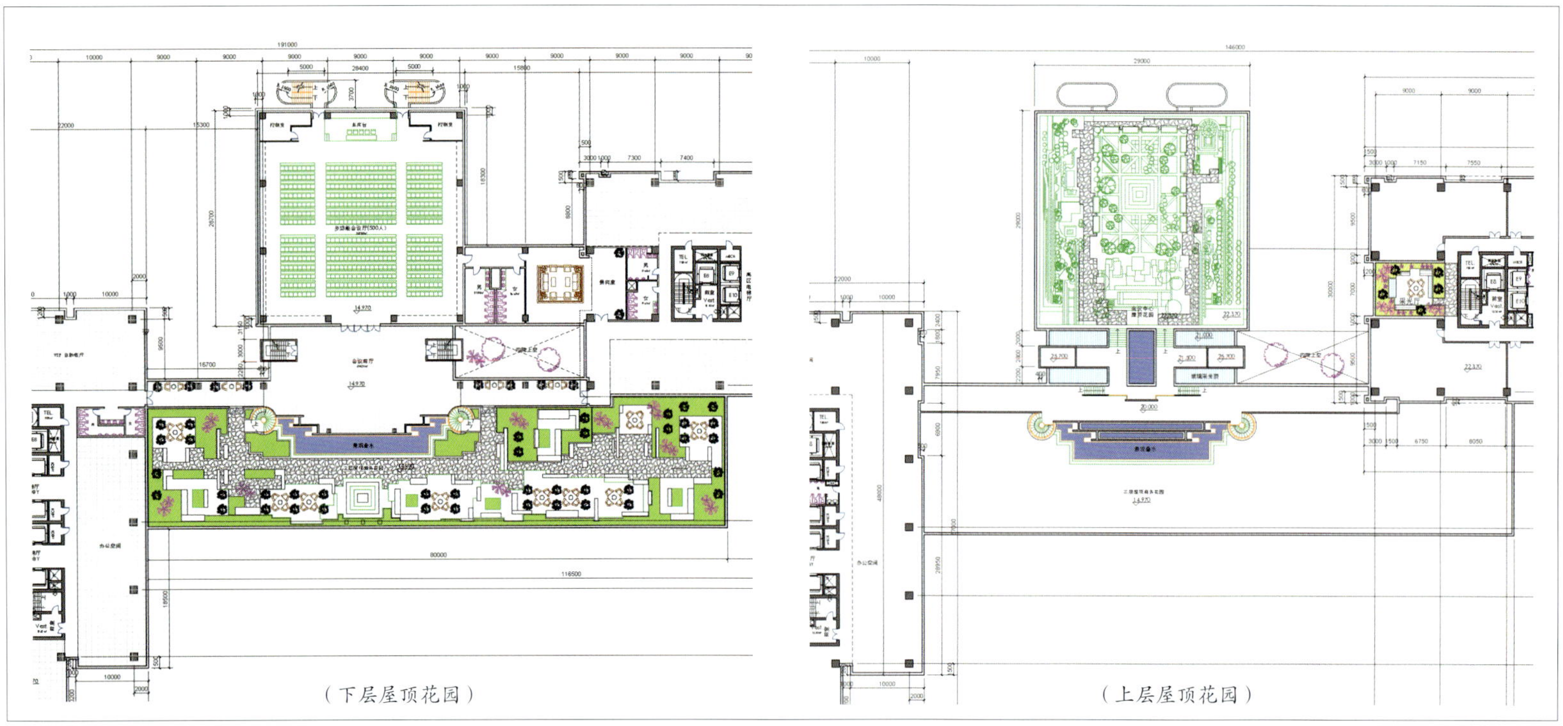

▲ 图4 郑州IFC中心屋顶花园平面

▲ 图5 裙房立体屋顶花园（郑州IFC中心）

▲ 图6 商务楼层咖啡角

在带有裙房的办公建筑中，裙房屋面更是不容忽视的场所。引入绿化，合理设计交通路径，往往会化普通为神奇，为人们呈现一个立体化的自然风格休闲场所。（图 4~5）

3. 标准办公区

标准办公区是人员办公常驻的场所，受制于商务办公所常规追求的空间规整性、空间高效性、分隔灵活性、交通便捷性等要求，往往标准层的空间布局稳重有余，创新乏力。而恰当的“植入自然”往往能使“乏善可陈”的办公空间有了“点睛之笔”，顿生活力。

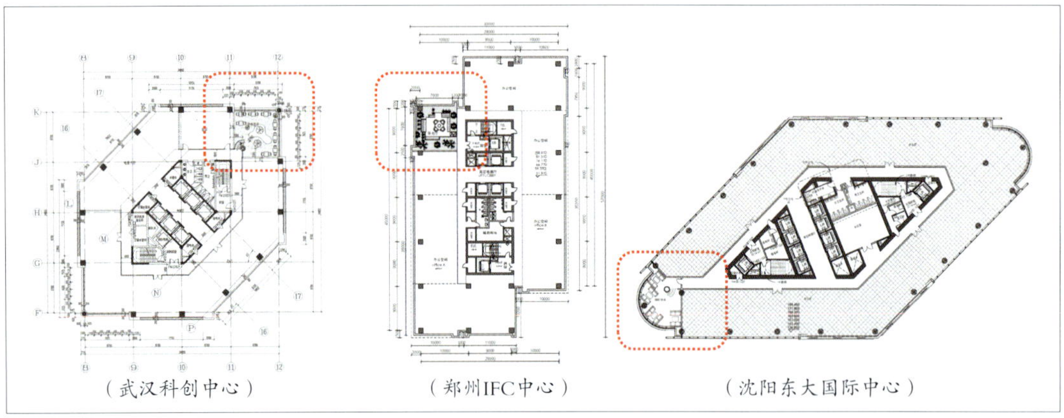

▲ 图7 标准层咖啡角设置实例

标准办公区的“自然”空间植入也有几种选择。

（1）咖啡角。

在建筑平面布局的尽端局部容易形成自然化的空间角落，利用开放的形态，引入自然的景观要求，结合办公中的休闲需求，打造一个“景观角”、休憩点。根据当地气候特征及楼宇外部景观特点，进一步可以自由选择设计成开放式、半开放式或是封闭式的空间形式（图 6~7）。

（2） 接待区。

商务办公标准层平面中正对电梯厅的区域往往是办公平面中最受关注、价值最高的场所，其主要原因是交通便捷，易于寻找，便于展示企业形象。同时，该场所也恰恰是由于最先为访客到达，而更可结合自然景观的植入，将该区域塑造成一个令人印象深刻的独特的接待空间。相当于

▲ 图8 跃层办公接待空间

▲ 图9 办公室外休闲露台

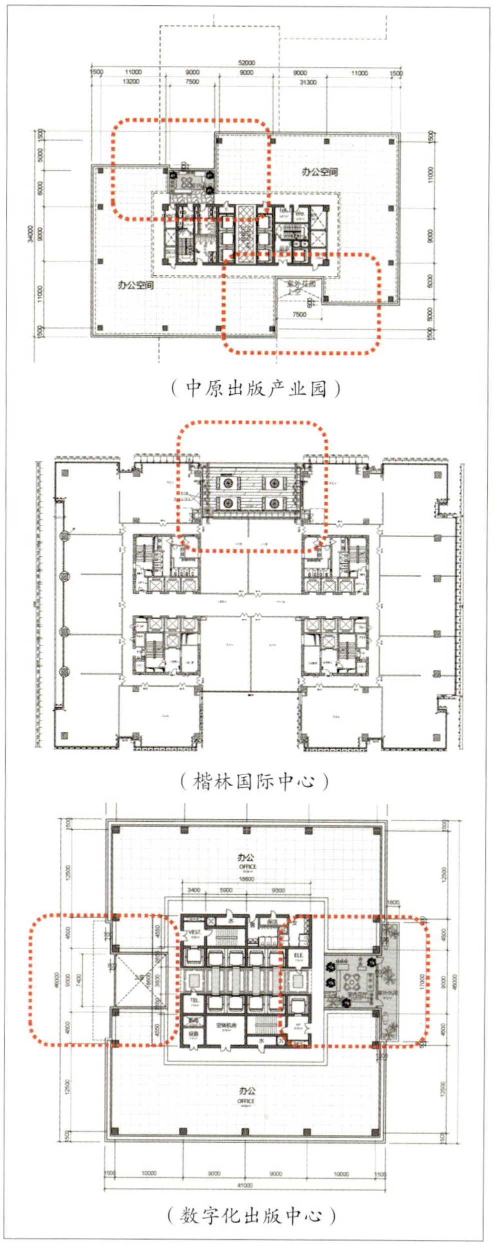

▲ 图10 标准层空中花园设置实例

▲ 图11 办公标准层开放花园

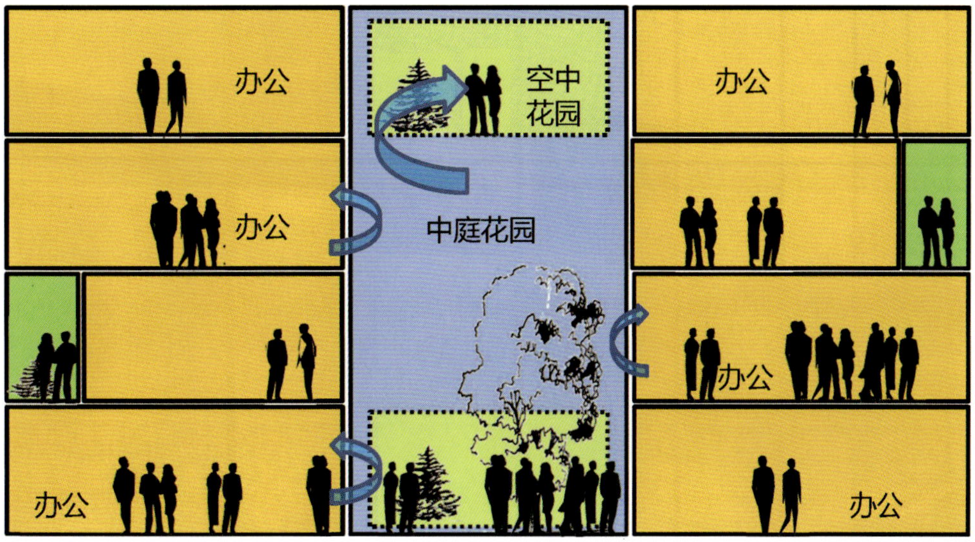

▲ 图12 标准层中庭模块剖面示意（每四层一个模块）

企业的第一张“名片”。如果办公空间跨层存在，还可将该接待区域利用跃层的空间优势，进一步设计出一个空间立体层次丰富，景观特色鲜明的“自然”场所。场所的空间体验也即是企业LOGO的一部分（图 8）。

（3）标准办公单元的过渡区。

在标准办公单元之间，依据不同的建筑平面特征，插入自然空间，既是休闲场所，也是分隔办公单元最好的“绿篱”。室内绿庭与室外露台均是可以因地制宜采用的空间形式（图 9~11）。

（4）中庭。

高层标准办公格局中由于核心筒置中是最常见的平面形式，因而中庭的引入并不多见。但对于组合式的建筑形式如双联塔（板）或多联塔（板），或者偏心布置的交通核心筒等平面形式时，中庭的引入将是办

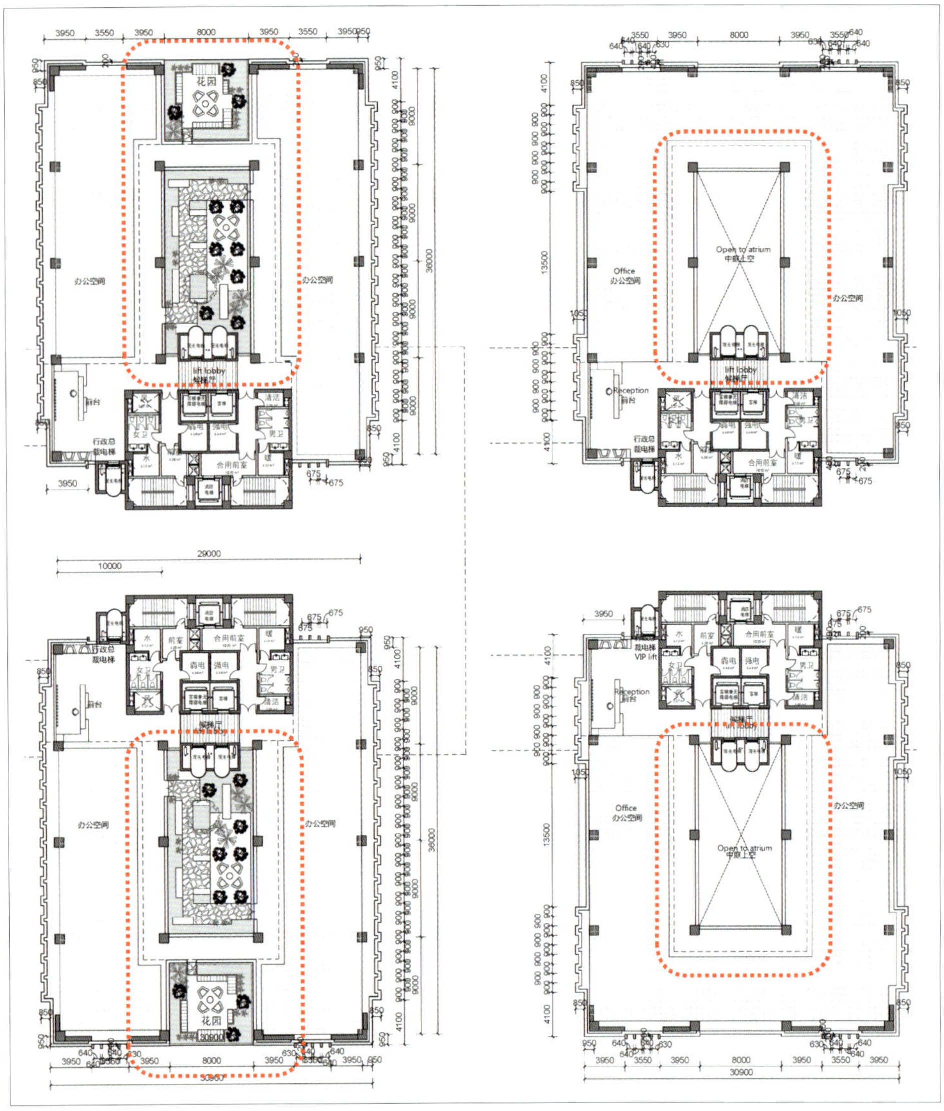

▲ 图13 标准层中庭设置（东方鼎盛国际中心）

▲ 图14 办公标准层室内中庭（东方鼎盛国际中心）

▲ 图15 下沉式地下光庭

公层中最具特色的“自然”景观，也将为办公人群提供一个日常可用，别具特色的休闲场所。办公标准层中的中庭有别于大堂等完全共享空间的一点即是其功能性要更强于景观性需求，使办公人员易于到达且能方便使用是第一要求，因而其挑高的层数不宜过多。过于高大的挑高中庭将形成单纯观赏性的空间，只适远观，不便亲近。一般标准层设置的景观中庭以二至三层挑高为宜，辅以轻巧美观的开放楼梯联系上下层，适合办公人员简便到达，乐于亲近。（图12～14）

4. 地下空间

地下空间尤其是地下一层由于靠近自然地坪，也是易于植入“自然”的光线及景观。下沉式的庭院或仅仅是“光井”的引入也足以使封闭黑暗的地下空间活跃生动起来（图 15）。

地下空间引入自然的理由往往也同地下空间的功能规划有关。地下空间中常见的办公辅助功能如员工餐厅、健身中心、商务中心等结合下沉自然光庭将会是非常必要的。实现地下空间地上化，改善地下空间的环境品质，将

▼ 图16 下沉式景观庭院（中原出版产业园）

▲ 图17 出版产业园（宝佳国际作品）

▲ 图18 沈阳东大国际中心（宝佳国际作品）

▲ 图19 东方鼎盛国际（宝佳国际作品）

▲ 图20 河南楷林国际大厦（宝佳国际作品）

▲ 图21 郑州IFC中心（宝佳国际作品）

▲ 图22 北京国际财源中心（宝佳国际作品）

会极大促进这些功能性空间的利用效率（图 16）。

即便是地下空间中的停车场，如能引入自然的光庭、自然的景观，也能创造出宜人的空间体验，在气候适宜地区，开放的下沉光庭，充分利用自然光线及自然通风，为地下车库运行节约能耗，从经济角度，环保角度也是合理的措施。

后记

植入“自然”的想法，在商务办公建筑设计中，仅仅是从一个微观的角度去提出的概念，但对于一个日臻完善的常规建筑类型来说，使之脱颖而出的往往不再是宏观逻辑观点、系统设计理论，而是细节。这恰是印证了本文开篇一段所借用的名言“上帝存在于细节中”。对于细节的专注并力图做到极致，往往是设计制胜的法定。这是笔者多年设计实践的感悟，并越发深信不疑，基于此，赘述上文，抛砖引玉，以图再进。

附：部分植入“自然”实施作品一览（图17-22）

The Study on Tianjin Nanshi Area Marketplace Space and Culture

天津南市地区市井空间及市井文化研究

侯 凯（Hou Kai）*

摘要：市井及市井文化作为中国传统文化中以市民为主体形成的一种亚文化，虽根深蒂固且不断发展，但自古始终受社会主流文化的制约和影响，而其包含的内容也并未得到广泛的认识和理解。时至近代，天津南市地区作为中国近代四个市井文化发源地之一，对天津近代历史的发展和影响不可忽视。长期以来，南市地区地位得不到认可，其市井空间及文化也未得到客观的评价，本文以此为契机，以南市地区的市井形成、市井空间及文化所包含的内容为考察对象，依托古、近代对于市井的理论认识及相关文献，结合其他市井文化发源地的特征展开研究，旨在对于南市地区的市井予以客观描述和评价，并展现其市井空间及文化的特殊性。

本文首先对于市井这一概念予以解释，并结合社会政治、经济及文化背景对市井空间及文化的起源、发展过程以及于各个历史时期所包含的层面及特征予以描述；再通过结合近代天津历史发展的社会因素，探究南市地区市井形成的过程，主要包括市民的集聚、市井空间的形成及市井文化所包含的一般特征这三个方面。其次，一方面通过对南市地区市井空间具体的街道空间、建筑环境等例证予以分类描述；另一方面对其市井文化包含的各种类型予以介绍并对其积极和消极方面予以客观评价。在此基础之上，通过将市井的形成、发展过程和市井空间及文化与北京天桥地区和上海城隍庙地区进行对比，总结出南市地区市井的特性。最后，对南市地区20世纪40年代之后没落的缘由及过程予以剖析，揭示致使其现今消亡的种种原因。通过对南市地区市井的描述、客观评价及缅怀，阐述其作为天津近代市井发源地及对天津城市空间体系的发展和对市民思想活动的影响的重大价值。

关键词：天津南市，市井，市井空间，市井文化

Abstract: Marketplace and the Marketplace Culture, to the citizen as the main form of a subculture in the traditional Chinese culture, though deep-rooted and growing, are throughout restricted and influenced to the community mainstream culture since ancient times, and its content and connotation included are not widely recognized and understood. To modern times, as one of the four birthplaces of Marketplace Culture of modern China, the influence of Tianjin Nanshi on the development of Tianjin's modern history can not be neglected. For a long time, the status of Nanshi area was not recognized, and its marketplace space and culture have not gotten an objective evaluation, so as this for a turning point, with the formation of the Nanshi area marketplace, marketplace space and cultural for the surveying object, this paper relies on ancient and modern theoretical cognition and related literature, combines with characteristics of other birthplaces of Marketplace Culture to conduct research, aims at getting an objective description and evaluation of the Nanshi area marktplace, as well as demonstrating its particularity of marketplace space and cultural.

Firstly, this paper interprets the concept for the marketplace, and combines with social political, economic and cultural background to describe the origin, development process and the aspects included in different historical periods and characteristics of the marketplace space and culture. Then through a combination of social factors of modern Tianjin historical development, researches into the process of the formation of Nanshi area marketplace, which contains three aspects that the gathering of citizens, the formation of marketplace space, and the general characteristics of marketplace culture. Secondly, on the one hand it

* 作者现为铁道部第三勘察设计集团有限公司建筑分院助理工程师，本文系作者天津大学同名硕士论文的摘录。

makes classified description of the marketplace space of Nanshi area by examples of specific street space, architecture environment; on the other hand, it introduces the marketplace culture through its various types included, and objectively evaluates its positive and negative aspects. On this basis, by comparison on the formation, development process of the marketplace and marketplace space and cultural with Beijing bridge and Shanghai Old City God's Temple area, this paper summarizes the characteristics of Nanshi area marketplace. Finally, it makes analysis of the origins and the process that the region became downfallen after 1930s to reveal the various reasons resulted in its extinction today. Through the description, objective evaluation and recall to the Nanshi area, this paper elaborates that as the birthplace of Tianjin modern marketplace, it has great value of the impact upon Tianjin urban space system development and citizens' ideas and activities.

Keywords: Tianjin Nanshi; Marketplace; Marketplace space; Marketplace culture

南市在天津近代城市发展过程中，曾有过无可替代的作用。回顾清末民初租界以外的天津华界，南市无疑是最具传统民族色彩的繁荣之地，其经济和社会地位不逊于各国租界。

南市是市井，承载的是市井空间，展现的是市井文化，在这片区域内，不存在高深的智慧，存在的只有市民谋事求生的手段；这里不存在血雨腥风，只局限于娱乐、饮食等常见之事；这里不存在高雅的文化，凡人俗世的那份自然和沧桑却蕴涵其中。在南市，天津的市井空间最为丰富，市井文化表现得最为充分，显露得最彻底，保留得最完全。这里虽然不是天津历史发展的主流，但却是我们城市文化的一部分，应该如实记载，并有所传承。

天津人在“三不管”（泛指南市）里创造了一种生活方式，也创造了一种天津独特的文化模式。“三不管”是天津这方水土所养育出来的一种社会现象，你几乎可以在每个天津人身上看到“三不管”的影响，“三不管”文化已经融进了天津人的血脉①。

在天津，没有一片土地像南市繁复庞杂，也再没有一片土地有如南市这样五色杂陈，其历史文化的复杂性是老天津任何一片土地所无法相提并论的。从城市建设的角度来讲，南市地区于1900年自发形成于天津老城厢南部。从1900年至20世纪40年代初，在这近半个世纪的时间里，南市共修建有广兴、大兴、平安、闸口、荣吉、建物、永安、慎益、华乐、华安、福安、升安、治安、保安、禄安、荣业、庆善、广善、东兴、首善及旧城南官沟等街②。南市将天津的黑暗发展到极致，它是赌毒娼盗的集中地，是劳苦百姓的人间地狱；同时，它又是新时期新文化的孕育之地，在这里创办的进步报刊热情宣传马克思主义，李大钊、周恩来、邓颖超等中国共产党员，在这里留下了早年革命的足迹；它还是许多戏曲艺术门类的发祥和衍生之地，话剧、京剧、评剧、河北梆子、相声、杂技、评书、大鼓等艺术的发展过程都曾融入天津南市的骨血、累汗，许多著名艺术家由南市走向全国。天津菜系“八大成”饭庄、回民菜系“九大楼”和山东菜系“十大饭庄”的部分老字号均于南市，名震津门。黑暗与进步同生，污垢与明媚共处，南市历史文化的复杂性是老天津的一个缩影，正是由于浓缩，它才将这种复杂性推向了极致。

然而，就是这块孕育了祖辈劳苦百姓的地方，

① 林希：《其实你不懂天津人》，103页，天津，天津人民出版社，2007年。
② 政协天津委员会文史资料委：《天津文史资料第八十辑》，72页，天津，天津人民出版社，1998年。

却长期被评判为赌毒娼盗的老巢，藏污纳垢的根源。地痞、流氓、军阀、土匪在这里横行霸道，敲诈勒索，欺压善良，无恶不作，是劳苦百姓的人间地狱。这种表述存在很大程度的片面性。我们必须正视上述事实，但事分两面性，存在的就是合理的，南市的市井空间及文化底蕴也是本土市民文化中不可忽视的一部分，其不仅反映了一段时期天津下层市民生存的状态，也反映出市井空间及文化的所有特征。然而一直以来，南市似乎被无限扩大其中的负面，而正面则被湮灭在历史的灰尘之中，并随新时期的开发淡出人们的视线。

南市的历史地位是不可磨灭的：在物质文化遗产上，表现为反映近代下层市民的生存和娱乐环境，包括居住空间、街道环境、各类商业、娱乐建筑的形态、各项公共配套设施等方面；在非物质文化遗产方面，主要表现在反映天津近代市井文化（积极的与消极的）涵盖的内容及发展脉络、民俗风情、市民活动状态，当时社会的普遍价值取向等。笔者希望在前人研究成果的基础上，利用现有史料从宏观的角度对20世纪初天津南市地区近代化建设的推动因素、发展过程及其承载的市井空间及文化内容做全面考察，希望能通过正视南市，重新给南市地区做准确的定位，并且对南市市井空间及市井文化上的特殊性予以记录，给南市还以真实的面貌。同时，通过将南市地区与同时期形成发展的其他三个近代市井文化发源地中的两个——北京的天桥、上海的城隍庙做出对比，挖掘南市作为天津本土市井空间及文化代表地的特殊性。

在天津近代史书、地方志、笔记、文集等文献资料中，蕴涵着与南市地区的形成、发展有关的原始资料，经过相关学者的探求和整理，已累计部分相关研究成果。比如李正中、宋安娜的《南市文化风情》一书，内容以众多文集汇集，对南市的各色市井文化有所记载。除此以外，没有独立出版的著作对南市进行描述，均是在著作中有部分章节或段落提及，且不作为著作中的主要阐述内容。比如，《天津文史资料》第八十辑《天津旧地漫忆》中周恩玉的《解放前的天津南市概况》；赵遂初的《天津“三不管”之所见所闻》以及王子民的《“三不管”的形形色色》；张仲编著的《天津卫掌故》中的一节“三不管——南市”，对南市地区的起源进行了简述；周旗俊编著的《民国天津社会生活史》中于“第九章　娱乐生活的丰富化”中一节“‘三不管’——平民游乐场”，也对南市所包含的娱乐空间进行了简述；天津档案馆主编，周利成、周雅男编著的《天津老戏园》一书对南市的部分戏园的坐落区位、表演类型予以记录；林希编著的《津门旧事》、《其实你不懂天津人》以及《天津和平文史资料选辑》第二辑第三部分对南市的阴暗面予以简述；《天津城市建设》丛书编委会主编，刘文藩、高仲林编著的《中国近代建设》中对南市地区的变迁和建筑仅有所提及；冯骥才的《话说天津卫》、乔虹编著的《天津城市建设志略》对南市的开发过程有所描述；文科领域有刘立荣所著的《浅析天津南市与报纸》，刊载于《历史研究》。

从现有的相关研究成果分析，学者们多对于南市的负面现象和影响进行记录。南市作为近代四大市井文化发源地之一，包含市井中的优与劣，学者们却较少以客观的眼光来评价南市的这种特性，忽略了其作为市井空间环境的价值和蕴涵的市井文化中积极的一面。直至2008年，由天津市建筑遗产保护志愿者团队主编，王振良、王和平、张元卿、穆森等编著的《天津记忆》创刊。刊中由张建撰写的第四期对南市的本土居民予以采访；由王和平撰写的第三期、第十五期第一次对于南市的部分区域、环境予以介绍，并对南市市井文化的先进性予以客观评价。

纵观以往著作，对市井的研究主要集中于人文科学界的层次，可概括为“重文化而轻形态”的研究思路；而针对于南市地区，建筑界对于其市井文化的客观性认识尚不全面，而对于南市市井中“承载市井文化的市井空间”形态上的记录更是无人问津，也没有将其是天津近代市井文化发源地这一特征作为主要研究对象的论文著作。本文从建筑学的角度对南市地区进行研究。天津大学建筑学院于2008年对南市历史街区进行了尚存历史建筑的测绘和整理工作，为进一步研究奠定了基础。

一、市井空间及市井文化

“市”这一字，描述的是一种行政单位，即工业、交通、商业和文化科技比较发达、人口比较集中的城市。“市”还有另一种含义，是指集中做买卖的场所，即城市里特定地段或特定时间里的商业活动，如闹市、集市、菜市，等等。农村集中从事商品交易的场所，也可称为市，如集市、农贸市场等[1]。

“市井”这一名词，出现于春秋时期，《国语·齐语》中就有“处商，就市井”的原文。市为什么称为市井？其中一种说法就是：市由古老的井田制

① 鲁威：《中国文化五大层面—市井文化》，第2~4页，沈阳，辽宁教育出版社，1993年。

度而来。井田制把土地划分为“井”字形，“井”四周的土地分别由八家耕种，中间的一块是公田。公田与私田的连接部分，也就是“井口”的周边一带，是“井”四周的八家相互沟通最为便捷、最频繁的区域，因而又是“同风俗”、“合巧拙”、“通财货”的中心地带[①]。清代著名学者赵翼的《陔余丛考·市井》条中，在分析了关于市井的众多种说法之后，认为“此较为有据”。由此得知，最早的市，是“井口”边上的市，而且只是“井”周围八家人家“通货财”的极小市场[②]。

“市井”一词，原本之意为城中之市。市井可概括为由三个部分组成：市民、市井空间及市井文化。

由于市井是商人从事买卖活动的特定场所，因此，古人也把商人称为市井之民。此后，凡是居住在城市中的平民百姓，也均称为市井之人，以与城市中的达官显贵、士大夫以及驻军等相区别[③]。“市井空间”就是承载市井之民进行居住生活、货品交易、公共活动、娱乐消遣的区域。“市井空间”作为普通民众，特别是社会下层市民所处的区域，是构成城市空间不可或缺的一部分，容易被外来空间环境影响和支配，其往往能体现城市下层空间的特殊性。市井空间是由市民创造、承载市井文化的场所的统称。对应而言，“市井文化”就是主要由市井之民创造并体现他们的生产活动、生活方式、行为习俗、宗教信仰、伦理观念、审美情趣、价值取向等特征的文化[④]。“市井文化”作为一种亚文化，是中华传统文化的一个重要组成部分，受到主体文化的制约；它又是一种有相对独立特征的层次文化，是最为活跃的一种层次文化，并以其特有的文化内涵丰富着主体文化，推动者主体文化的演化与发展。

市井这一名词春秋时期诞生以来，形成市井格局和制度，一直沿用至唐代，变化的地方在于“市”的规模和对“市”的具体政策。从宋代起，主要城市中的商业区不再被禁闭于特定的市内。唐代被禁止开店设摊的京城御街，宋代就不予干涉，成为繁荣的商业区，诸多的有力因素，导致市井的构成成分也发生了巨变[⑤]。宋代的市井成员中，除了唐代的商业和手工业以外，又出现了众多文化娱乐行业，饮食、旅店业种类大增，“下九流”行业也逐步出现，众多文人加入了市井之中，宗教寺庙也逐步变为闹市。可以看出，现今的市井文化内容在宋代已经出现雏形。（图1-3）

时至明清，特别是明代中期之后，手工业的发展水平和规模，陆路、水路交通运输的能力和规模，均超越之前各代。所谓的“三百六十行”，有许多是在明清时代才陆续形成的新行业。由于城市商品经济发展繁荣，市井文化也呈现出崭新的面貌：反映市井生活、心态的文学空前繁荣，在文学史上大放异彩[⑥]（图4）。短片结集“三言”（《喻世名言》、《醒世恒言》、《警世通言》）和“二拍”（《初刻拍案惊奇》、《二刻拍案惊奇》）为其代表；戏曲艺术方面，明代形成的传奇体式，还有清代蓬勃发展的地方戏曲和说唱艺术，主要在市井中流传发展；绘画方面，明代有身居市井以唐寅为例的“明四家”，清代盛世郑板桥等“扬州八怪”，他们均于市井中作画，以市井方式售卖[⑦]。

▲ 图3 宋代《清明上河图》局部

▲ 图4 清代《羊城夜市图》局部

至清代末期，市井的发展已经较为成熟，此时又涌现出四个近代市井文化发源地：北京的天桥、上海

▲ 图1 魏晋南北朝时期草市图

▲ 图2 东汉市井画像砖

① 赵伯陶：《市井文化与市民心态》，第20页，武汉，湖北教育出版社，1996年。

② 鲁威：《中国文化五大层面——市井文化》，第3页，沈阳，辽宁教育出版社，1993年。

③ 丁显：《家长里短话市井》，第38~40页，郑州，河南大学出版社，2005年。

④ 王赛时，张学书：《市井百态之汉唐流风——中国古代生活习俗面面观》，第8~12页，济南，山东友谊出版社，2000年。

⑤ 蒋和宝，俞家栋：《雅俗文化书系——市井文化》，第16~18页，北京，中国经济出版社，1995年。

⑥ 刘良明，刘方：《市井民风——“二拍”与民俗文化》，第117~121页，哈尔滨，黑龙江人民出版社，2003年。

▲ 图5 天津南市之“三不管” 摘自《近代天津图志》

▲ 图6 上海城隍庙 摘自《话说上海城隍庙》

▲ 图7 北京天桥 摘自《想起老天桥》

▲ 图8 南京夫子庙 摘自《往事追忆》

的豫园城隍庙、南京的夫子庙以及天津的南市。市井于此四个城市的诞生时间虽然不相同，但其均见证了从清末至今市井文化新的发展和变化，且由于地理和空间环境以及城市的文化底蕴的特异性，均体现出各自不同的特质。（图5~8）

市井以商贾为基，但纵观历史，其重要特征却是“经济上抑，政治上困，理论上贱”。春秋时期，商人从奴隶变为四民之一，正如司马迁在《史记·货殖列传》中所写，“从贫求富、农不如工、工不如商”。劳动最苦却难求富的农民，纷纷流入城市，弃农经商。但由于农业经济是封建制度的基础，统治者为巩固制度，明确提出农为本业，商为末业。而基本国策也自然是“重农抑商”，采取了高赋税等经济手段，歧视商人以及宣扬求利为耻等政治和舆论手段[①]。这一国策一直沿用至封建社会末期，并一直影响至现代。

但是，即便如此，市井之商依然凭着“各守其业，各秘其术，各结其帮”[②]的方式，蓬勃向上地发展着。由于社会经济的发展，市井的行业分工愈加细密，种类不断增多，“三百六十行”（出自徐珂：《清稗类钞·农商类》）的俗语就出现在明初的戏剧作品中，正是行业不断增加的反映。明清时期，全国号称存在北京、苏州、汉口和佛山这四大商业都会，均可说明市井发展的繁荣。

此外，市井也是“腾龙跳虎、藏名钓誉”的绝佳区域，同样也是“毒焰弥空、刑罪暴尸”的病毒温床[③]。自古西汉的君主刘邦、名相韩信等，于市井中崭露头角，于近也有众多表演艺术家中获得赞誉。但是，由于城市中存在高度的的消费性和寄生性，不可否认，市井中也滋生了大批下层寄生性乃至犯罪

① 鲁威：《中国文化五大层面——市井文化》，第48页，沈阳，辽宁教育出版社，1993年。
蒋和宝，俞家栋：《雅俗文化书系——市井文化》，第24~25页，北京，中国经济出版社，1995年。
② 鲁威：《中国文化五大层面——市井文化》，第96~97页，沈阳，辽宁教育出版社，1993年。
③ 鲁威：《中国文化五大层面——市井文化》，第225~226页，沈阳，辽宁教育出版社，1993年。

性阶层、行业、团伙，诸如赌窟、妓院、劫匪、乞丐等，使市井文化中出现不和谐的色彩。而且，市井还承担着是处决犯人的刑场的作用，这一点殷商时代就已出现，并形成法律。“凡杀人者，踣于市，肆之三日；刑盗于市；凡罪之丽于法者，亦如之。”（《周礼·秋官·掌戮》）以至于清末后北京的天桥、天津的南市内依然有某一区域存在刑场。

市井以“商贾为基，以文化为耀”。市井对于文化发展起到重大的推动作用，可以概括为“催生文艺，萌生科学，变易风俗”这一特点。[1]在传统文化中，由于长期的重农抑商观点的影响，人们一直用片面的眼光去审视市井。乌烟瘴气、生奸育诈，只是市井的阴暗面。从整个历史来看，市井绝不是促使社会堕落的消极之物，而是社会进步、文化发展的推动者。市井的聚集城乡、四海、中外财货的固有职能，“百工居肆”的技术优势，财货集散中心的信息优势，各类人物会聚的知识优势，以及其自身的财力优势都说明了市井的积极方面。[2]

市井推动着文艺、技术的萌生、发展，促进社会习俗观念的演变。如果没有市井，中国文学特有的章回小说、戏剧、曲艺等体式，就不会繁荣。而市井对于科学技术的发展，表现在应用于产生和应用市井之中，例如用于市井交易的纸币以及推广应用于市井的印刷术和艺术纸张等。在移风易俗方面，主要通过市井的人员流通和交流便利的优势，促使生活方式和思想观念的影响和相互作用。例如国内各民族之间的风俗中，汉族的风俗习惯就是在不断吸收各兄弟民族的文化成分的过程中逐渐丰富和演变的，而这些，均是以市井中或间接区的交流为基础。

二、南市之形成与市井空间

（一）南市的形成及包含层面

明永乐二年（1404年），天津设卫筑城。清雍正三年（1725年），天津卫改为天津州，升为直隶州。雍正九年，天津州改为天津府[3]。八国联军入侵前，天津的商业中心位于北门一带，此时的北门大街上金店、银楼、首饰店四处林立，珠宝玉器令人眼花缭乱。北门外大街，俗称北大关，则是百货、钟表、鞋帽店、药店、饭馆、风味小吃、鸡鸭鱼肉等店铺比比皆是。主要经营绸缎、呢绒、棉布、皮货的店铺都云集在锅店街和估衣街。宫南大街及宫北大街（现古文化街）位于津旧城东门外海河西侧。当年漕运繁忙，加之天后宫香火兴旺，民众聚居，商贾随至。此几地商景涌动，呈现出热闹非凡的景象[4]。

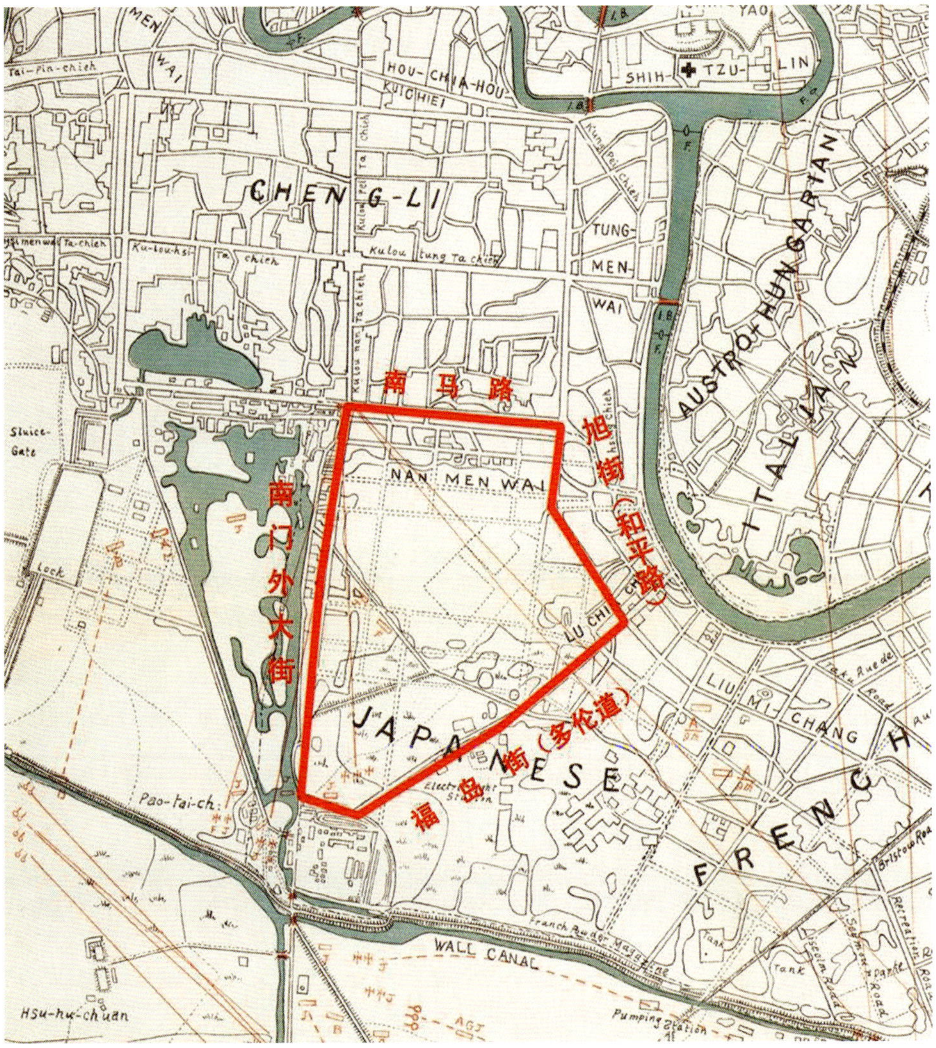

▲ 图9 南市地区范围图，以1900年地图为基础

直至光绪二十六年（1900年），天津城被八国联军攻陷，侵略者到处烧杀抢掠，使商贸繁荣的北大关一带被夷为平地。天津本土地区商贸经济倍受打击，破产的大小商号收拾残剩商品，纷纷到南门外和东南城角一带摆地摊另谋出路，从而出现了露天市场。由于这里地处城南外，东临海河，一些农民、船工来此解决吃、穿、住等生活问题，逐渐使此地繁荣起来，为此得名“南关市场”，简称“南市”[5]。这就是“南市”的形成过程。南市地区泛指天津城南一带，北起南马路，南至多伦道，西起南门外大街，东至和平路（图9）。1901年，天津的城墙被八国联军强行拆除，并在天津强占并设租界，八国联军侵占天津，成立了都统衙门，以统辖天津日常事务。在帝国主义瓜分天津时，日本侵略者强行扩张，占领了衔接日租界南城墙至南门外海光寺一侧，也就是南市一带。日本人要强占“预备租界地”约八十坪（折合264.4万平方米）[6]，并要求都统衙门批准，然后还把“预备租界”写进了由日本中国驻屯军司令部编写的《天津志》书中，企图“合理”侵占更多的中国土地，变为他们的租界地。

1903年4月，清政府同意日本再次扩充租界，9

---

① 鲁威：《中国文化五大层面——市井文化》，第309~311页，沈阳，辽宁教育出版社，1993年。
② 蒋和宝，俞家栋：《雅俗文化书系——市井文化》，第190~192页，北京，中国经济出版社，1995年。
③ 天津市地方志编修委员会：《天津卫志》，卷四，见《天津通志·旧志点校卷》（上），第20页，天津，南开大学出版社，1996年。
④ 来新夏，郭凤歧：《天津的城市发展》，第28页，天津，天津古籍出版社，2004年。
⑤ 周骥良：《南市沧桑》[A]，李正中，宋安娜：《南市文化风情》[C]，第18页，天津人民出版社，2003年。
⑥ 刘文藩，高仲林：《天津近代建筑》，第7页，天津，天津科学技术出版社，1990年。

▲ 图10 南市地区鸟瞰图 摘自《近代天津图志》

月26日，津海关通唐绍仪与日本驻津总领事伊集院彦吉正式签定《天津日本租界推广条约》，规定日租界四至为：东北临海河，东南与法租界毗邻，南濒墙子河，西至南门外大街，西北则和南市相邻，占地2150亩[①]。

1903年，日本又与都统衙门签署《天津日本租界推广章程》，章程规定将日本擅自划定的城南洼退还中国，退还地四至为："(北界)沿城基新道水沟（即今南马路及由原护城河改造的管沟街），向西至旧南门，西界自北界尽头起向南至海光门止，南界字海光门顺土墙（即今墙子河）至原定租界界限（即今多伦道）止之地。"其范围恰为南市地区。（图10）

1922年、1924年两次直奉战争期间，北大关及宫北大街一带又遭兵燹掠夺，几番劫难，有产者逐步进入租界区居住，商人则纷纷进入租界区及南市地区营业[②]。1913年4月，南市地区属东区六所管辖。1928年6月20日，天津特别行政市成立，南市地区属公安一区一所、六所。1938年3月，伪天津特别市政府调整区划，南市地区属行政第一区。1945年后，国民政府时期属第七区7保至22保、一区1保、25保[③]。

自1901年起，与日租界衔接的天津城南这一带逐渐繁荣，"南门外一望荒凉，向多积水。自庚子年后，外人租借地逼至东南（城）角及海河东岸，歌楼酒肆，丛错其间。"[④]饭馆、商铺、旅馆、澡堂、电影院、戏院、书场、当铺、烟馆、赌场、妓院等场所相继出现，各行业商贩、江湖艺人在这一带谋求发展，人口与日俱增，并形成一定规模的商业区和游艺场所。从此，南市地区呈现出蓬勃发展的景象。

1900年八国联军进入天津后进行了经济上和物质上的掠夺，原天津最繁华的商业区北门外、河北大街、估衣街、针市街、大胡同等地区横遭洗劫，使整个天津的经济受到空前摧残。1901年天津城墙被迫拆除，之后城市空间也陷入混乱，市民日常生活也受到极大影响。劫后，商店无力修复，商贩们只好化整为零，化店为摊，不能恢复营业的商民只好聚集在城南洼和北营门的空地上形成两处摊贩市场，前者后称为南市，后者称为北市[⑤]。由于经济上的掠夺的活动空间的缺失，使得部分市民不得不寻找新的聚集地，伴随着商业主体的迁移，市民环境也随之南移。因此，南市成为下层市民无可避免的聚积之地。

天津自明代设卫筑土城，清代改建为砖城，城南一带芦草丛生，俗称卫南洼、芦子坑。后海禁大开，天津作为口岸发展迅速，逐渐有人家填坑平地，以此地为居住地[⑥]。其名也从芦子坑更名为芦庄子（位于清和大街与大兴街交口）。在南市成为"市"前，芦庄子已经有居民定居于此[⑦]。南市地区以芦庄子为形成点，是基于二点原因。

其一就是上文所提到的，由于城南地区靠近日本租界地，日本肆意将该地区划为租界扩充地，虽然于1903年归还，但从政策上对此地区拟定并实施了一些发展计划，一些大烟馆、妓院赌场和游艺场所最初就是由日本侵略者进行投资建设的，而最初兴建地点就是位于毗邻日租界的芦庄子地区。

其二是由于芦庄子距白河岸边（今海河）较近，南粮北运的漕船都靠于此地，以应劫后城市人民的粮食急需。漕船靠岸，粮贩自然云集，为满足粮贩的消费需要，相应地摊商铺也迁移至此，并逐步定居发展。促使南市建设开发的主要原因是外界因素的推动。

八国联军入侵津城后，对老城区环境肆意破坏，众多居民由于生存环境遭到破坏，流离失所，被迫迁于相对稳定的城南地区进行摆设摊点谋生，依此需要广建住所，以供居住。其次，南市地区北接天津老城厢、南连日租界区，毗邻奥、意租界区。由于地理位置的特殊性，成为自主式发展的老城与外围输入式发展的新城区（租界地）的链接区域。此区域必然受到自主式发展和外来输入式发展的双重影响，同时，也是衔接老城区与租界区的经济与文化枢纽。

① 天津市地方志编修委员会：《天津通志·大事记》，第140页，天津，天津社会科学院出版社，1994年。
② 杨秉德，蔡萌：《中国近代建筑史话》，第35-37页，北京：机械工业出版社，2004年。
③ 天津市和平区地方志修编委员会：《天津市·和平区志》（下册），第1152页，天津，天津社会科学院出版社，2004年。
④ 王守恂：《天津政俗沿革记》卷9，第46页，金氏刻本，北京师范大学图书馆藏。1938年
⑤ 来新夏，郭凤歧：《天津的城市发展》，第128页，天津，天津古籍出版社，2004年。
⑥ 天津市地方志编修委员会：《天津通志·旧志点校卷》（下），第435~441页、天津南开大学出版社，1999年。
⑦ 魏东波：《天津地方志考略》，第21页、吉林省地方志编纂委员会吉林省图书馆学会出版社，1985年。

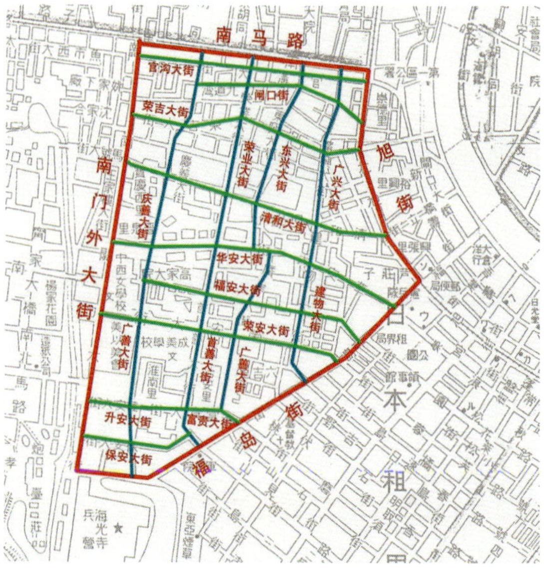

▲ 图11 南市地区道路分布图，以1940年地图为基础 地图摘自《天津城市历史地图集》

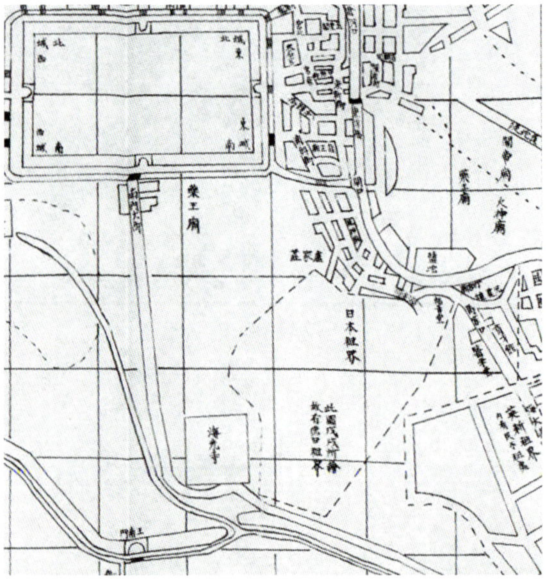

▲ 图12 1898年南市地区地图 摘自《天津城市历史地图集》

▲ 图13 1900年南市地区地图 摘自《天津通志·附志·租界志》

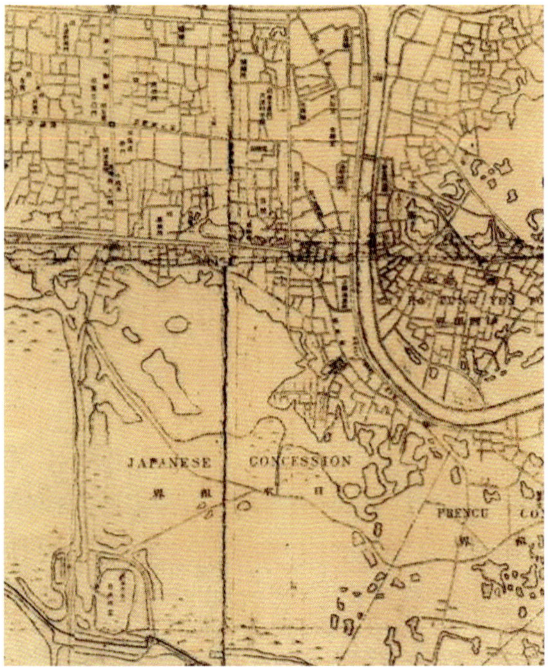

▲ 图14 1902年南市地区地图 摘自《天津通志·附志·租界志》

（图11）因此，南市的市政建设是必然的。

南市地区的主要道路建设源自1900年八国联军入侵之后，虽然咸丰九年（1895年）围绕天津城垣修建壕墙，并阔围36里的外城（外城包括南市部分地块），且以壕墙为起点建设与外界沟通的十一个出口，其中只有一条与南市区道路有关，即“由东南门至西南赛马场”[①]此路段。光绪二十三年（1897年），英法总领事、天津海关道台、海关税务司、各航运与船舶公司，津商会会同直隶总督成立海河工程局，利用疏浚海河淤泥，吹淤垫地，初步改善了城东南地势低洼的劣势，为道路的修筑提供相应有利条件[②]。1898年，南市地区仅有南门外大街与老城厢及日租界连接（图12）。光绪二十六年（1900年），八国联军入侵，帝国主义为长期盘踞和殖民经济的发展，对道路修建和管理有所加强。光绪二十八年，都统衙门利用就城基修建东、南、西、北四条马路，南市地区的道路进行实质性建设阶段。1900年，南市地区进入道路修筑发展阶段。清乾隆五十六年

---

① 政协天津委员会文史资料委：《天津文史资料选辑》，第46辑，第163~164页，天津，天津人民出版社，1989年。

② 天津市城市规划志编纂委员会：《天津城市规划志》，第48页，天津，天津科学技术出版社，1994年。

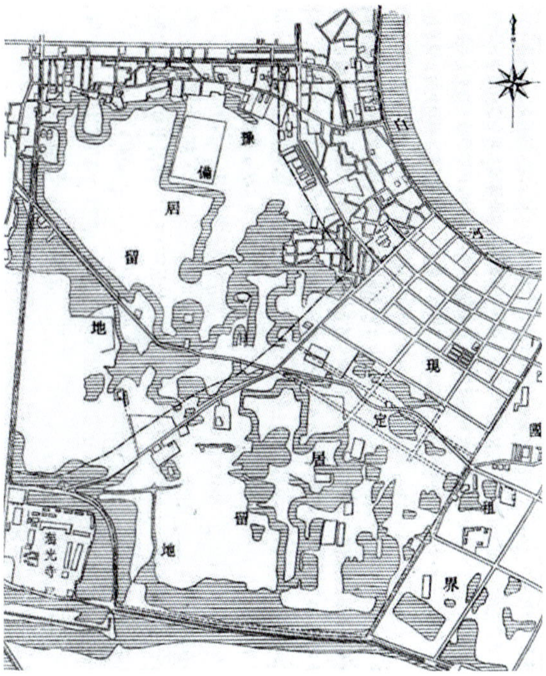

▲ 图15 1906年南市地区地图

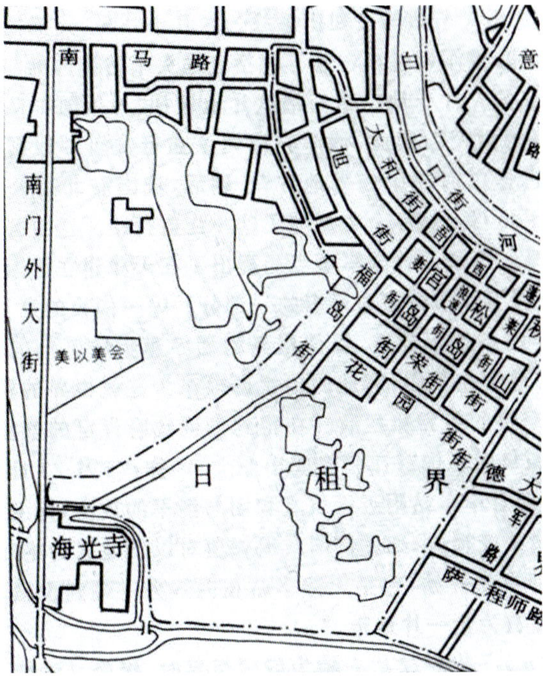

▲ 图16 1913年南市地区地图 摘自《天津通志·附志·租界志》

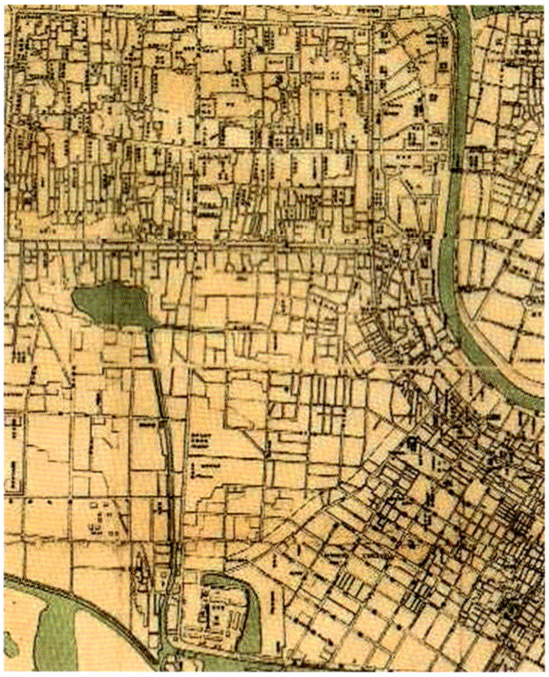

▲ 图17 1927年南市地区地图 摘自《天津城市历史地图集》

（1791年），清政府于马家口附近，兴建单空面闸两座，闸口内外，各挑引河一道，渲泄天津南门外积水。政府为解决填垫后城内排水出路，在城南濠建造第一条大型砖砌暗沟，名为“官沟”[1]。该沟东起海河右岸的海拉尔道，西至西南角外的南开蓄水池，既可以向海河排水，也可以向西排入南开蓄水池。1901年填沟筑路，此街遂以“官沟”命名。同年，闸口街修筑土路，因东临水闸口故名[2]（图13、14）。1902年起，荣业房地产公司修筑荣业大街的南马路至荣吉大街路段，并以该公司命名。1903年，日方将旭街至海河段的清河填平，修筑道路，名为“桥立街”（日本投降后称为北安道）。1906年，南市地区作为日租界预备居留地，官沟及闸口二街已修筑完毕通路。荣业大街已修筑南马路至闸口街路段（图15）。

1913年，清和大街路段的清河被市政当局填平，正式命名为清和大街。同年，修筑升安大街。荣业大街自北已修筑至荣吉大街路段。建物大街自1895年始建南马路至慎益大街路段，至1913年已修筑至清和大街路段。至1913年，荣吉大街已修筑旭街至东兴大街路段，此时名为南市大街（图16）。1916年日本建物株式会社承筑慎益大街以南路段，[3]并以该株式会社命名建物大街[4]。1921年，东兴房地产公司在清和大街之南建成清和大街至多伦道段，名为首善大街，为土质路面[5]。同年，该公司始建广善大街，取光施仁善之意命名。1923年侯家后、针市街、大胡同等九条道路建为踏石路，官僚买办等于南市一带领地建设房屋，逐步修缮东兴大街、慎益大街、荣业大街、清和大街等街为踏石路[6]。1927年，福安大街修筑荣业大街至建物大街路段并命名，至此年，荣业大街此时南市地区已形成较为完整的道路系统。东西走向的慎益、荣吉、华安、升安、保安大街以及南北走向的建物、广兴、荣业大街已完成主路面的修建（图17）。福安大街路段东端尚未与旭街相接，与大兴街相交；西端与广善大街相交。

① 天津市城市规划志编纂委员会：《天津城市规划志》，第48页，天津，天津科学技术出版社，1994年。
② 天津市城市规划志编纂委员会：《天津城市规划志》，第38页，天津，天津科学技术出版社，1994年。
③ 王铁崖：《中外旧约章汇编》，第1册，第800页，上海，三联书店，1982年。
④ 乔虹：《天津城市建设志略》，第47页，北京，中国科学技术出版社，1994年。
⑤ 天津市和平区地方志修编委员会：《天津市·和平区志》（上册），第141页，天津，天津社会科学院出版社，2004年。
⑥ 政协天津委员会文史资料委：《天津文史资料选辑》，第46辑，第168页，天津，天津人民出版社，1989年。

▲ 图18 1930年南市地区地图 摘自《天津城市历史地图集》

▲ 图19 1946年南市地区地图 摘自《天津城市历史地图集》

1930年，因南市地势坎坷不平，影响地方繁荣，日本建物株式会社遂对福安、华安、建物等七街予以承修[①]（图18）。

1946年抗日战争胜利后，国民政府收复扶桑街更名为海拉尔道，平安大街并入荣吉大街。1954年，政府对荣业、慎益、华安大街进行沥青铺路。（图19）

1975年，海拉尔道并入荣吉大街，直至海河西面的张自忠路，统称为荣吉大街。同年，清河大街与北安道，统称为清和大街。此后，随着福安大街的延长拓宽，和平路以东地段的清和大街已不复存在。建物大街与广兴大街合并，统称为建物大街。

清末民初，一些军阀、官僚、遗老和富商们发现南市地区的价值和房地产开发的需要，于是蜂拥而至，争先恐后在此占地填坑，开路建房，出租牟利，经营房地产业。1902年5月4日，都统衙门首先将南门外一地段准给新设的大广公司垫地盖房，减值出租[②]。至20世纪初先后成立了荣业、东兴、荣兴、广兴、福顺、永安、两益、聚福等九家房地产公司[③]。若干年之间，南市地区形成一片除老城厢之外的又一本土居民聚居地。其中，以清代末代皇帝溥仪的岳父、婉容的父亲荣源等人及江苏督军李纯开设的房地产公司最具规模，所建房屋占南市房地产的80%以上[④]。荣源及金融大亨岳乾斋合资成立了荣业公司。江苏督军李纯开设的东兴房产公司，在南市东起东兴市场，北至荣吉大街，包括东兴大街，及清河、华安、永安三条大街的一部分开发土地146亩，修建大批房屋[⑤]。湖北督军王占元，下野后投资于房地产，建起了一批里弄、公寓、住宅，在南市广善大街建起了一百余间多层和单层建筑。

其中专营房地产开发的荣业公司1906年由三家股资组成，投资者荣源（清末皇帝溥仪的岳父）岳乾斋和倪远甫三人，每人投资白银一万两。荣源投资时现金，岳乾斋用他手中部分地产作价，地产按每亩四五两白银投资价格计算，而买进价每亩只花费八到十两白银。倪远甫原来是大清银行总办，是岳的老上司，准予倪远甫将其坐落在南市慎益大街98号（民国时期）私宅一座，作为投资股份。由于股东、创建人荣源、岳乾斋（名荣堃），都有“荣”字，故公司取名“荣”，另辅以“家业”的“业”字命名，以示其产业。后来公司所在地南市投资建设项目所属房产多用“荣”字命名，如荣业大街、荣吉巷、荣平巷、荣福巷、荣顺里等都是来源于此[⑥]。

在南市专营房地产的荣业公司，设有经租处、会计、总务等股室和收租人员，瓦木工四五名。荣业公司的房地产范围：东起东兴大街，西至南门外大街，南起福安大街，北至荣吉大街。公司初期有公司所建房屋约两千余间。由于八国联军瓜分天津，致使商业繁荣昌盛的本门一带惨遭洗劫，破产的中小商号只好收拾残剩货物来摆摊谋生。加上这里地处南门外，东临海河，一些过往商船多在此靠岸，便逐渐热闹而形成市场，因在城厢以南，故使南市是各方艺人、商贩在此集聚谋生的场所，说书、唱戏、卖艺、游医、饭馆及各种摊贩应有尽有，对物流流通，繁荣市面起到了一定作用。由于旧中国政府的腐败无能，社会风气败坏，地痞流氓横行，荣业公司和地痞流氓串通一气，向在南市的各路艺人及摊贩收敛苛捐杂税及欺诈社会各阶层劳苦大众。荣业公司于30年代后期，对公司大片空地逐步采取租地建房办法进行经营，即房主（承租人）可向公司租用土地建房，由建房者收租

① 东京建物株式会社社史编纂委员会：《东京建筑百年史》，第87页，东京，东京建物株式会社，1998年。

② 天津市地方志编修委员会：《天津通志·大事记》，第136页，天津，天津社会科学院出版社，1994年。

③ 张仲：《天津城市住宅的演变》，见《天津卫掌故》，天津，天津人民出版社，2000年。

④ 政协天津委员会文史资料委：《天津文史资料选辑》，第1辑，第113~123页，天津，天津人民出版社，1978年。

窦守镛，苏雨眉：《李纯一生的聚敛》，天津，天津人民美术出版社，1978年。

⑤ 政协天津委员会文史资料委：《天津文史资料选辑》，第80辑，第72页，天津，天津人民出版社，1998年。

⑥ 乔虹：《天津城市建设志略》，第47~48页，北京，中国科学技术出版社，1994年。

到规定年限（八年至十五年）将其所建房屋无偿交还荣业公司，在此期间内公司不收地税。建房者为在期限内收回建房投资并获取高额利润，所以对建房质量不加考虑，在施工中粗制滥造很不规范，因此所建房屋质量相对较差。荣业公司利用此方法使房屋数量增至为四千余间（楼房、平房），仅影剧院就有升平戏院（黄河剧场）、聚华戏院（劳动剧院）、上权仙剧院（淮海剧院）、大舞台剧院等。荣业公司对承租房屋，并未按期维护修缮，且因房屋建设时质量低劣，致使危陋不堪的房屋甚多。这也是历史上南市地区危房形成的根本原因。

20世纪30年代从天津20多家房地场开发公司的开发量如下[①]：

管”、“东兴市场”等。

② 以商为基础的行业均“秘其术，结其帮”。其中主要的商业类型包括餐饮、旅店、洗浴、戏园等，多被公认为同时期同类行业的佼佼者，例如戏园中有闻名至今的下天仙戏园（人民剧场）、中华茶园（中华曲苑）、燕乐升平（燕乐剧场）等；饭店有天津菜系“八大成”的全部八家饭店，回民九大楼饭庄的燕春楼、会宾楼等以及山东菜系十大饭庄的登瀛楼、全聚德等；浴场有同时期规格档次最高的玉清池、新化池等。而由此构成的餐饮空间、戏院空间、洗浴空间等即成为南市市井空间的特色和代表区域，饮食文化、曲艺文化及洗浴文化也自然成为南市市井文化的涵盖内容。

20世纪30年代从天津20多家房地场开发公司的开发量表

名称	主要股东	成立时间	产业间	主要房产地址	备考
荣业公司	荣源 岳乾斋	1911	3 000	南市	
东兴房产公司	李纯	1919	5 000	南市 陈家沟	敌伪时卖出2 000间
利津公司	方若	1901	1 300	和平路 利津里	
务本股份有限公司	胡苹农	1935	600	求志里 景福里 寿德大楼	
中国济安房地产公司	卢开瑗	1940	2 000	民园大楼 心田新里	
三义里经租处	周振东等	1938	1 700	华中路 惠中饭店	原名诚成公司
和利房产公司	耆善	1903	1 000	河北大经路	
安宁公司	经租人沈友眉	1941	3 000	景明大楼 昆明路	代理他人房产
铠记房产公司	杜金山	1930	3 600	马场道 睦南道	代理他人房产
劝业场事务所	高星桥 载振	1927	1 250	和平路 滨江道	商场

南市在道路及建筑开发过程中，逐渐形成中国近代一个典型区域的市井文化，几乎体现了上文市井空间及市井文化的所有特征。

① 以“商贾为基”，并包含“理论上贱”的特征。南市由商而生，1900年后，天津商业中心从老城厢迁移，逐步填坑平地，才有了南市作为“市”的诞生，曾经有人评价过南市是作为纯消费性质的商贸区域， 这种表述虽然不全面，但是却说出了南市以商业为主的特征，而且，南市确实形成了多个以商业、娱乐为根基的特色区域，包括“三不

③ 南市地区也体现了市井积极方面与消极方面共存的特点。众多戏曲、艺术门类于此衍生和发展；无数曲艺、相声表演艺术家于此成长、成名；无数革命者于此写下奋斗、宣扬进步思想的诗篇，充分体现了“腾龙跳虎”的盛世之景。同时，妓院、大烟馆、赌场等当时社会环境下产生的畸形衍生物也充分体现了“毒焰弥空”的腐朽之象。

④ “催生文艺，萌生科学”的特点也于南市有所体现。南市曾建立《益世报》、《大中时报》、《中南日报》等十五家报馆，《国风通讯社》、

① 林希：《老天津——津门旧事》，第178页，南京，江苏美术出版社，2000年。

《民益通讯社》等三家通讯社、新闻社，[①]是新时期新文化的孕育之地，在这里创办的进步报刊热情宣传马克思主义及社会人文知识。而且例如成美堂及中西女中等设施优良的院校的建立，也为南市地区的人文教育提供了优势，使得进步思想和科学文化得以迅速传播。

（二）南市地区市井空间

市井空间是由市民创造，容纳市民活动、展现市井文化的区域。其作为普通民众、特别是社会下层市民日常起居、消遣娱乐、交流共事的区域，是构成城市空间不可或缺的一部分。在南市，市井空间包含市民活动的街道及沿街的店铺；露天游乐场“三不管”及东兴市场；市民的居住空间及周边可供交流的院落、巷口；供消遣娱乐、展示曲艺文化的戏园、茶楼及剧场；满足裹腹的食品摊铺及体现饮食文化的各色饭庄；也包括满足清洁需要、放松休闲的浴池、提供暂居的旅店；体现市井异态的妓院、赌窟以及思想先进或低俗的各色报馆等。通过对街道规制、街阔环境、沿街店铺样式的分析以及对戏园、饭庄、浴池、妓院的分布规律、建筑类型、内部环境的案例研究，即可将南市的市井空间具体化、形象化，从而体现南市作为天津市井发源地在空间的特殊性，并展现市井中各色市民的生活百态。

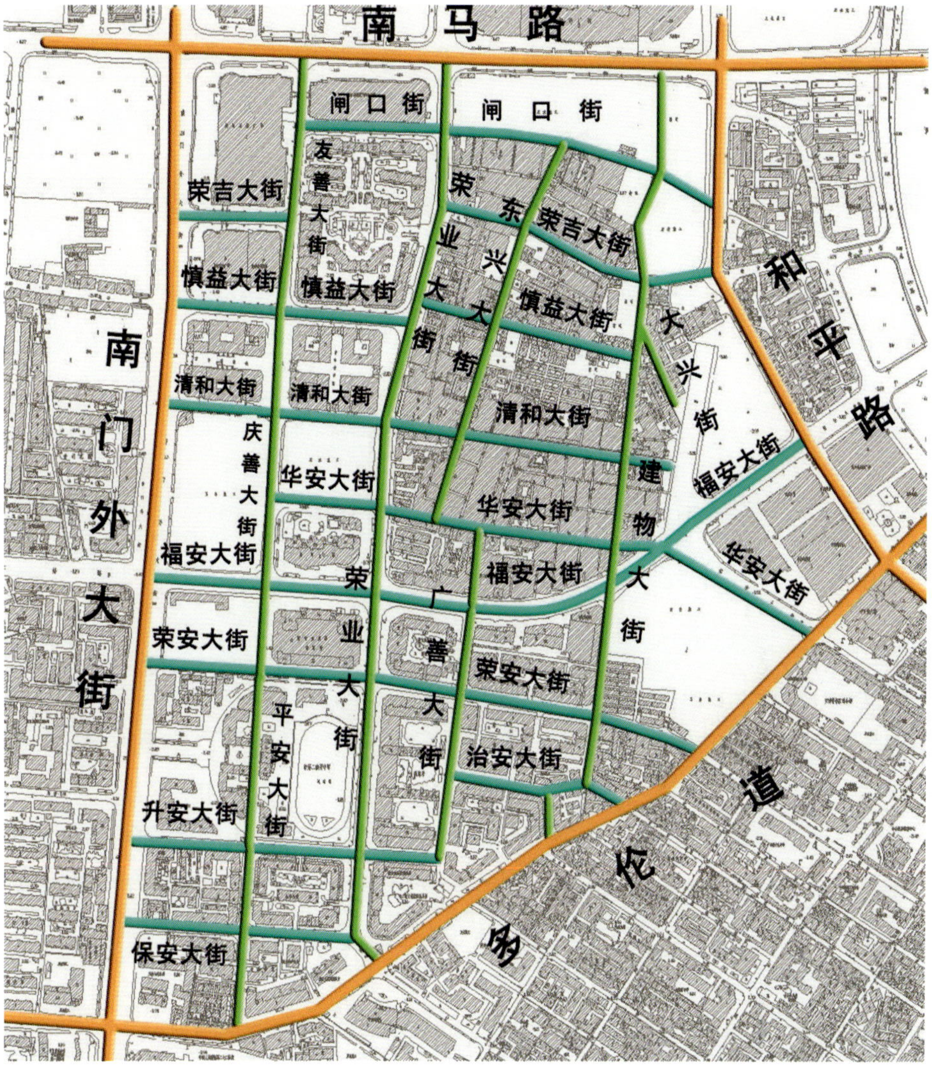

▲ 图20 南市地区的四至范围及内部道路（以2006年地形图为基础）

1.街道及沿街空间

街道的自然环境不可避免地会对市民的日常生活产生影响，街道不仅是城市规划中的基本，所有建筑，特别是沿街的建筑空间，常常不自主的限定了市民的公共活动空间范围。在南市，街道空间是除市场以外市民交流活动最为频繁和密集的区域（图20）。除”三不管”区域和东兴市场这两块公共活动和娱乐空间之外，南市的主要市井公共活动一部分集中于街道及沿街的商业、娱乐空间，主要包括戏园、剧场、茶馆及各大餐饮老字号等；另一部分集中于以居住空间为主的街道可供驻停的空间，包括街头，巷口等。因此，市井之民也自然多活动于此两类繁华或易于停驻的街道。含商业、娱乐区的街道干净整洁，商铺林立，建筑立面造型丰富，而在居住，尤其是小空间民居为主的街道中，例如一些休闲、交流的活动，往往于街道进行，所以尽管街道狭窄，却常常充满临街摊店或流动摊点。可以说，南市的市井空间主要由街道为主要构架串联，由不同体量、不同业态的建筑及环境来体现市井空间的多样性。

以商业为基础形成市井空间的街道主要包括荣吉大街、慎益大街、东兴大街、荣业大街等，以居住为基础形成市井空间的街道主要包括建物大街、清和大街等。

2.以商业为主的街道空间

（1）荣吉大街

荣吉大街是南市中商贸繁华的一条街道，构成南市区域业态空间最为丰富的街道及沿街商业空间，其空间形态包括居住空间、沿街底商及独立的商业空间（餐饮及食品供应为主）、戏园剧场等。街阔形态连续完整，以二层建筑为主，并包含较大面积的独立商业空间及剧场空间。荣吉大街也是南市人文气息最为浓厚的区域，是南市曲艺文化的灵魂所在。这里云集的老字号、凭借丰厚的历史底蕴，目睹着南市的辉煌

① 马艺：《天津新闻传播史纲要》，第32页，北京，新华出版社，2005年。

▲ 图21 荣吉大街北侧立面图（图左至右 荣业大街至东兴大街路段 2008年拍摄）

▲ 图22 荣吉大街北侧立面图（图左至右 东兴大街至建物大街路段 部分建筑已拆除 2008年拍摄）

▲ 图23 荣吉大街（建物大街至东兴大街路段）沿街空间 2007年拍摄

与变迁。千余米的街道中，有大舞台、生平戏院（黄河戏院）、燕乐戏院（红旗剧场）、丹桂影院（南市新闻）、玉壶春茶楼、中华茶园（中华曲苑）、下天仙戏院（人民剧场）总共七个剧场。荣业大街从南门外大街至庆善大街北口方圆一带，是居民区域，至20世纪80年代也只有两三家规模较小的工厂和几家小商店，例如宝元昌食品店、荣吉街大肉铺、保合商店等。南市里的人们和此处的居民习惯统称这一带为“大舞台”。南市地区是从荣吉大街（原平安大街）与和平路交口的南市牌坊算起。这个牌坊坐落于全聚德饭庄西侧，名为“平安大街”牌坊处。这座大牌坊经历、目睹了老南市的市井种种，每一次社会变迁，都会在牌坊身上留下当时的烙印，从老照片中就曾经反映出，当时牌坊处悬挂“中国人不要忘记鸦片给予我们的国耻”的大幅标语。并且，这里也是市民多自发形成摊点的区域，是街道空间附属的延伸。

荣业大街与东兴大街相交的荣吉大街路段（图21）较短，但沿街商铺居多，以百货店、副食店等日常配套供应为主，砖混结构，街阔形态连续完整，高度较为统一，以一层建筑为主，高度为3~3.5米，进深6~8米。南市的沿街商铺有较大部分规制多是如此。于荣吉大街与东兴大街交口的西北角，是著名的“天一坊”饭庄，是这一路段的标志性建筑。

东兴大街与建物大街相交的荣吉大街路段（图22）以饭店及戏园、剧场建筑居多，街阔形态连续完整，建筑虽以二层建筑为主，但由于建筑功能的多样化，高度差异较大，相比于荣业大街至东兴大街路段，此路段建筑体量较大，其中著名建筑包括增兴德饭庄、白素斋，著名戏园燕乐升平及玉壶春等。

荣吉大街内商业建筑密度较大，业态空间丰富，笔者选取荣业大街至建物大街北侧路段，即包括饭庄三座、戏园两座，同时还包含具有代表性的一层沿街商业空间（图23）。荣吉大街的剧场密度可谓是中国街道中绝无仅有的。据居住于此的居民描述：“荣吉大街店铺众多，人流如织，特别是戏园开唱及饭店纳客之时，尤其位于街角处的餐馆和商店，更是火爆。”[①]由此可见荣吉大街的繁华程度。如今，这些华美的建筑多已经不复存在，他们带着曾经的辉煌，肩负着“北方曲艺发祥地”的重任，结束自己的百年之路。关于这些宝贵的市井空间，如何看待，一位朋友的话，深刻而有韵味：“应让它原汁原味的速冻冷藏，保存在博物馆中，等待着数百年后有真正审美能力和欣赏时间的人们来好生善待。”

① 采访信息：被采访者姓林，原居华安大街，现居南开区黄河道。

▲ 图24 东兴大街西侧立面图（图左至右 清和大街至慎益大街路段 2008年拍摄）

▲ 图25 东兴大街东侧立面图（图左至右 慎益大街至清和大街路段 2008年拍摄）

（2）东兴大街

东兴大街，可以说是南市地区承载其“市井灵魂”之处。旧时，闻名遐迩的天津“三不管”即坐落于东兴大街。老南市东兴大街南端与华安大街成丁字相交，北口直抵南马路，东兴大街商贸林立，街阔空间连续，天际轮廓线错落有致，沿街居民住房亦开设沿街商业店铺。东兴大街两旁多为圆拱型的青砖瓦房，漫步于此，即可领略到南市的百年沧桑（图24、25）。这里曾是南市最为繁华的中心闹市区，是天津卫和投奔天津卫下层市民谋生的宝地，是天津乃至华北各阶层、各色人等的休闲之地，更是南市地区最能体现市井空间及市井文化的代表区域。新中国成立前后如一，即便是在20世纪60年代节粮度荒的困难时期，依然如此，可见此地的繁荣程度。

东兴市场大门前的丁字路口，俗称“小市场”，无论昼夜，热闹异常，各色商业俱全。在各类商业区内，分为“坐商”和“行商”两种，经商摊点是否固定为标准划分[①]。其中的“坐商”也在这里特指是“撂地开张”，基本不存在正式商铺。“坐商”中包括一些民间诊所，多半是以诊治镶牙、修脚、点痣、拔牙等小疾为主；出售小吃的摊点：包括清真水爆肚、使用龙嘴大铜壶作为容器贩卖的茶汤和油茶、还有天津传统美食扒糕、煎焖子、五香花生等。“行商”中以贩卖糖葫芦、药糖以及看面相、算命这几类为主。

东兴大街内含比较著名的建筑有：群英戏院、广和楼戏院、全聚德鸭子楼（其前身名为“什锦斋”后文详述）、南市照相馆、南市地区唯一的邮局、南市百货商场以及进步报刊“午报社”旧址。

（3）慎益大街

慎益大街东西走向，与建物大街相交丁字路口相交，建物大街至东兴大街路段商家林立，建筑以

▲ 图26 慎益大街南侧立面图1（图左至右 建物大街至东兴大街路段 部分建筑已拆除 2008年拍摄）

▲ 图27 慎益大街南侧立面图2（图左至右 东兴大街至荣业大街路段 部分建筑已拆除 2008年拍摄）

▲ 图28 慎益大街（东兴大街至建物大街路段）街道空间 2007年拍摄

① 王和平：《天津记忆》，第三期，第31页。

二层及三层为主，平屋顶砖混结构建筑居多，沿街多巷道出入口，街阔形态间断性连续。于建物大街交口处商业环境较好，例如慎益大街东端、也就是建物大街和大兴街的三角地带，有名为“九春堂”的中药铺。丁字路口西南角是中国银行永安街分理处，银行西侧为眼镜店和永安旅馆，紧邻旅馆是“慎德里”，这条胡同中有益民、大众两家旅馆。胡同口西侧，为一家纺织品商店和长盛百货店。（图26、27）

荣业大街至东兴大街的慎益大街路段主要以居住用地为主，共和戏院西侧有几条胡同，例如新昌里、新华里、新中里、聚德里，建筑密度较大，支路及巷道宽度较窄，此路段内含一座旅社。其余区域除了一家卖砖泥石的建材商店及旧木头商店和一家火石厂之外，大多是居民区（图28）。坐落于慎益大街的知名饭店包括马家仁义馆、戏院包括权乐茶园、共和戏院、新声戏院等，旅店包括永兴旅馆、和平旅店及新化池浴池等。

（4）荣业大街

南市荣业大街最初由两条相接的街道组成。从南马路至清和大街为止为荣业大街，向南至多伦道称为首善大街。20世纪80年代两街合并为今天的荣业大街。荣业大街是贯通南市的三条重要南北大道之一，如今也是比较繁华的一条街道，天津著名的南市食品街、旅馆街即坐落于街西。从南马路步入荣业大街，存在十余米的高差，这个高差一直延续至与其相交的官沟街十字路口，南市地区地势偏低，造成雨水屯积成灾。

荣业大街东侧街阔形态为不连续界面，多为二层以上建筑，业态多样，以戏园、影剧场及规制较高的饭店等建筑为主。聚庆城、先得月等著名饭庄以及劳动局场、黄河戏院等戏园均坐落于荣业大街与荣吉大街交口处，玉清池则位于荣业大街与慎益大街相交的东北角（图29）。

荣业大街的发展在一定程度上也得益于交通上的优势。天津卫有一句老话说“白牌电车围城转”，说的是围绕着东西南北城环马路行驶、编号为白牌的电车。直到20世纪五六十年代，天津的有轨电车线路仍然没有拆除，那时如果乘坐白牌电车从东南角沿南马路行驶，第二站便是荣业大街站了。

3.以居住为主的街道空间

（1）建物大街

建物大街南北走向，从北至南与闸口街、荣吉大街、慎益大街、清和大街、福安大街、荣安大街呈十字相交。建物大街与荣吉、慎益大街交口处均是商业密集之处（荣吉大街、慎益大街已叙述），建物大街街阔形态较为单一，以一、二层居住建筑为主，除天津近代本土民居形态以外，有部分日本风格砖木居住建筑，为日租借扩张时期建造，多为砖木结构。

福安大街至清和大街的建物大街路段多为单层建筑，沿街开辟为店铺的较少，此路段内绿化植被较好，树木较多，街道常成为居民休憩活动之处（图30）。

清和大街至荣吉大街的建物大街路段内多为商

▲ 图29 荣业大街东侧立面图（上图左至下图右 荣吉大街至华安大街路段 部分建筑已拆除 2008年拍摄）

▲ 图30 建物大街东侧立面图（图右至左 福安大街至清和大街路段 2008年拍摄）

▲ 图31 建物大街东侧立面图（图右至左 清和大街至荣吉大街路段 2008年拍摄）

▲ 图32 建物大街东侧立面图（图右至左 荣吉大街至南马路路段 2008年拍摄）

▲ 图33 建物大街的沿商铺空间——体量较小，多为民居

▲ 图34 建物大街的市民活动空间——街道两侧或街巷口

业服务配套设施，除登瀛楼，真素斋及会宾楼等饭店外。此路段内聚集众多旅店，例如京津旅馆、永兴旅馆、大中旅馆、振东旅馆、电子招待所等，此外，一些门市企业包装公司技校、水产专卖店（福安大街东南角）、建物街小学、建物街煤店，还有南市照相馆、南市委托基层店等。（图31-34）

（2）清和大街

南门外大街与荣业大街之间的清和大街路段，多为平房居民区，北侧是以“德”字打头命名的胡同，例如德福巷、德仁巷、德华巷等，其余就是居民区的配套设施，包括经营副食、蔬菜、水产、牛羊肉的副食店；南侧是以“清”字打头命名的胡同，例如清华巷、清乐巷、清楼巷等。在这段区域内，较为有名的是“南门外第一副食商店”，居民称其为“南一店”，1949年前为山西人经营的“公益碱店”，之后改为副食店，是当时南市地区一处综合性的大商店，规模较大。

东兴大街与建物大街之间的清和大街路段，新中国成立之后是居民聚集区，之前则多是妓院所在。南市里有名的大小翠柏村、绿杨村、红叶村即坐落于此。妓院空间由居住空间转变而来，内部空间较小，众多暗娼即隐藏于居民区内。长时间以来，在众人印象中，南市里的胡同里巷均为妓院，其实并非如此，即便是妓院众多的大小翠柏村，也不是家家俱同，许多院落门前悬挂“此宅民宅”的牌子，以作区分。（图35、36）

位于清和大街与大兴街交口处，这一带即是上文提到过的南市最初发源地“芦庄子”，是一个商铺林立的丁字路口（图37、38），集中自行车修理、机电修理、道具修理、中药批发、以及食品副食店商店于此，所以无论是早晨还是傍晚，总是熙攘如织。

4. 小结

（1）南市的街道空间主要受沿街建筑、环境空间的影响

在传统中国城市，街道不仅作为交通承载的主体，而且人民普遍用沿街地带作为休闲空间及商业空间。早在宋代，中国城市的沿街人员最为集中，商业活动最频繁，而且“饭馆、旅店、酒肆、茶房、以及歌女表演等数目繁多。”[1]于近代，街道的商业功能愈加明显，沿街空间及街道两侧建筑逐渐成为影响街道空间的主体。

① 周时奋：《市井》，引《后汉书·循吏传·刘宠传》注引《春秋景田记》，第72页，济南，山东书报出版社，2003年。

▲ 图35 清和大街南侧立面图（图右至左 荣业大街至东兴大街路段 部分建筑已拆除 2008年拍摄）

▲ 图36 清和大街北侧立面图（上图右至下图左 荣业大街至建物大街路段 部分建筑已拆除 2008年拍摄）

▲ 图37 清和大街休憩、下棋的居民

▲ 图38 石质、固定于街边的棋盘

沿街戏园、饭庄等商业空间建筑体量较大，立面丰富，多为二层及二层以上建筑。由此类建筑构成的街道如荣吉、荣业、慎益大街街阔形态连续，高低错落。沿街以居住建筑（包含沿街底商）构成的空间体量较小，此类建筑多为一层和二层砖混结构，以天津近代本土院落式空间、里弄式建筑及部分日式风格居住空间为主，由此类建筑构成的街道如建物大街、清和大街为主，街阔高度为4～8米为主。

(2) 南市的街道及沿街空间活动主要分为两种

一类是以沿街商铺和饭店、戏园等消费活动支撑的娱乐型空间，此类街道的代表包括荣吉大街、慎益大街、东兴大街各荣业大街,而且街与街相交之处为人流最密集区（由于店铺的集聚）。此类市井活动的承载空间不仅是街道，而且包括位于街道的戏园、饭店内部，街道承载了连接、组织以及整体空间的展示作用,所以此类街道所表现的市井活动是流动、有序的，并且受用餐时间、演出时间等其他因素的影响。

另一类是以居民环境为主的，供市民日常休憩的活动空间，此类街道的代表包括建物大街、清和大街等。此类街道沿街绿化环境较好，商业不密集，大型商铺较少，沿街空间多为民宅出入口，街道或巷口街邻四坊交流便捷，常聚集人群于此。而且，街头往往就成为了日常的市场，居民可根据需求将沿街的一面开辟为小商铺，此类街巷多民居与小商铺或小作坊并存，因此，此类街道所表现的市井活动，人员及数量是较有规律的，多为居于附近的居民，交流的所受的外界干扰较小，户与户的交流只需跨出门槛，进入街道即可。

三、南市之消失

南市地区于从20世纪诞生，于20世纪20年代发展至鼎盛，成为繁荣之地，40年代初起走向没落，历经四十多年，成为天津市井空间最丰富、市井文化最具代表的区域，成为天津旧时市民游览和娱乐的特殊历史街区。

这里有过浅唱低吟，有过百艺陈杂，有过饭庄林立，有过红灯区妓院，有过军阀、盗匪、奸商、恶霸、日寇造成的重重苦难；也有过仁人志士的慷慨激昂、劳苦大众的苦苦挣扎。在南市这片市井空间内，穷苦百姓可以寻求生计；在南市，中国商人可以创业发展；在南市，中国人感到这里是自己的生存空间，而不用奴颜婢膝，因此老百姓才可以“没钱可以到南市挣，有钱可以到南市花”，乃至天津周边地区的客商和游客才有“不到南市逛一逛，白到天津走一趟”的说法。

新中国成立以来，天津的整体文化构架出现了断裂。象征西方文化的的租界区伴随着空间的没落而消散，而以本土文化为象征的市井文化则继续延续。天津文化名人冯骥才曾这样品评天津的文化：“天津的文化本身即有排外心里，本土市民的生活、娱乐方式、买卖交流本身就与租界联系不大，就连洋务运动的主力军都是由外地人和租界牵头，解放后也就人去楼空了。”可以说，市井文化一直融入天津本土市民的血液，但是，承载市井文化的空间却于城市建设和市政改造下逐渐消失。

自20世纪70年代末，我国改革开放以来，伴随着经济体制的转变和建设速度的加快，沿海城市进一步加快了城市化进程。天津本土的市井空间、尤其是南市地区多以传统民居和质量一般的公建为基础构成，由于其面貌日益衰落，基本的生存质量较差，以致不能满足需求，加之改造后再利用的成本需要较高，大面积的消失也就成为了最直接、简便的再利用途径。1984年，南市第一批拆改项目正式进行，福安大街以南至多伦道、荣业大街以东至南门外大街地区逐步消失，2002年起，南市第二批拆改项目启动，拆除区域为南市剩余区域。至2010年3月，南市地区的原有空间环境（除玉清池和赵家祠堂作为第三批文物保护单位得以保留）已全部消失。探求老南市的市井空间及文化的原貌也只能通过为数不多的记载和访谈等方式来实现。

笔者为天津当地人士，自年幼起目睹了天津的城市发展和种种变化。记忆中对于南市的片段，历历在目。在大学阶段的学习过程中，渐渐以建筑学和人文学等相关领域的目光去洞察南市的变化。2008年，笔者参与了徐苏斌和青木信夫两位导师对于南市地区市井空间及文化的相关课题研究。力图从空间和文化角度全评价已经消失的南市，还南市一个真正的面貌和身份，以及其应有的评价，不要让一个承载天津百年商业文化、饮食文化、娱乐文化的本土市井发源地，以不公平的评判记入史册。

由于市井及市井文化作为中国传统文化中的亚文化，在中国一直以帝王、戎马等文化为主流的思想下，以市民活动为背景的研究虽然被越来越多的学者关注，但其对于城市建设发展和文化发展的影响和其承载的市井文化的价值尚不能被政府和民众普遍认识；再加之由于经济利益的追求，城市建设中过多的盲目开发使得众多历史文化遗产加速消亡。由于不能被多数人认知，市井空间便成为城市化建设进程中消失最迅速的区域，天津南市更是其中的代表。

南市地区虽然已经消失，但是相信其应有的历史地位不会被湮没。笔者希望通过对天津南市地区的历史研究，能唤起越来越多的学者和民众能够对市民活动及市民文化有一些深入的认识，作为文化遗产重要的组成部分之一，市井空间及市井文化应该得到珍视和保护，而利用何种方法对其进行适当的保护并使其原有风貌得以展现还将是学术界面临的需要深入研究的课题。

作者致谢：本文自搜集资料和现状调研伊始，就面临理论资料不足和现状环境已消失等难题。在调研、搜集资料及写作的全过程中，论文指导老师徐苏斌教授以及青木信夫教授给予我深切的关怀和指导，每当课题研究陷入迷茫之时，两位老师总能为我指点迷津，让我豁然开朗。此外，王和平、王振良老师对本人的论文研究也提供了莫大的支持，两位对于南市的影像资料及文字记录让本人受益匪浅，在此感谢。

Successful Practices of Event Architecture Sidelights on the Release Ceremony of Memorial Architectual of Xinhai Revolution and Forum of Protection and Development of Modern Architecture in China

"事件建筑学"的成功实践 "事件沉淀遗产：《辛亥革命纪念建筑》首发式暨中国近现代建筑保护与发展论坛"侧记

本刊记者（CAH Reporter）

编者按：百年中国，回望辛亥。1911年，岁在辛亥，10月10日夜的枪响，将一个封建的东方帝国震荡得如泰山之崩。百年激荡，回望辛亥，大革命留下了历史的灿烂群星。大革命留下的纪念建筑，为历史的发展演变留下了惊鸿一瞥。《辛亥革命纪念建筑》是一本摘掉格式化面具的著作，它不为尊者、圣者，尊重史料，勇于辨识历史事件、历史人物和历史建筑的本来面貌，敢于提出创新性的观点"事件建筑"，以近代史、文化史、科技史等多学科的文化视角进行梳理，是坚持了四年的"中国近现代建筑经典丛书"的又一次全新实践及"大整合"，是基于建筑传媒人价值立场的建筑界、文博界同人的共同理性思考和人格力量的成功实践。

2011年12月3日，"事件沉淀遗产——《辛亥革命纪念建筑》首发式暨中国近现代建筑保护与发展论坛" 在南京中国近现代史遗址博物馆（总统府）举办。此次活动为国家文物局主办，江苏省文物局、南京大学、天津大学、《中国建筑文化遗产》杂志社联合承办。国家文物局局长单霁翔、中国工程院院士马国馨、江苏省文物局局长龚良、全国建筑设计大师孟建民、天津市国土资源部房屋管理局副局长路红、湖南省委宣传部长蒋祖烜、《中国建筑文化遗产》杂志社社长高志以及清华大学、北京工业大学、天津大学、同济大学、南京大学、东南大学、广州及全国文物系统等数十名专家学者出席了会议。会议第一阶段由龚良局长主持，第二阶段由本刊总编金磊主持，本文按发言顺序将讲话内容整理如下。

Editor's Notes: After a century of progress, we now look back upon the Xinhai Revolution. In 1911, the Xinhai year, the gunfire at the night of October 10th, shocked a feudal empire in the East to collapse. Over 100 years of ups and downs, the great revolution has left brilliant heritage. The memorial architecture of the great revolution has recorded the passing beauties in the development and evolution of history. *Memorial Architectural of Xinhai Revolution* is a convention-breaking book that is not produced for the superiors and sages. It respects the historical data, devoted to reveal the original look of historical events, figures and architecture. It bravely brings forward the innovative idea of "Event Architecture", carrying out discussion from perspectives of modern history, cultural history, science and technology history and other disciplines. It is a whole new practice and "grand integration" of *Chinese Modern Architecture Classic Series* which has been

▲ 南京总统府

▲ 首发式热烈开幕

gone through four years. It is also a successful practice of rational thinking of people in the field of architecture, culture and museology based on the value of media practitioners, as well as a perfect demonstration of their personality strength. On December 3rd 2011, an event titled "Architectural Heritage, Traces of Historical Events"— the Release Ceremony of *Memorial Architectural of Xinhai Revolution* and Forum of Protection and Development of Modern Architecture in China was held in China Modern History Museum (Former Presidential Palace) in Nanjing. It was hosted by the State Administration of Cultural Heritage, and organized by Jiangsu Provincial Administration of Cultural Heritage, Nanjing University, Tianjin University, and China Architectural Heritage Magazine. Shan Jixiang, head of the State Administration of Cultural Heritage, Ma Guoxin, academician of Chinese Academy of Engineering, Gong Liang, head of Jiangsu Provincial Administration of Cultural Heritage, Meng Jianmin, national architecture engineer, Lu Hong, deputy director of Tianjin Municipal Bureau of Land Resources and Housing Administration, Jiang Zuxuan, Hunan Provincial Party Committee Propaganda Department, Gao Zhi, president of China Architectural Heritage Magazine and dozens of experts from Tsinghua University, Beijing Industrial University, Tianjin University, Tongji University, Nanjing University, Southeast University, and the system of cultural heritage in Guangzhou and nationwide. The first session was chaired by Gong Liang and the second session by our chief editor Jin Lei. The speeches are as follows.

Section 1——首发式 以建筑的名义向辛亥革命致敬

龚　良

龚良（江苏省文物局局长，南京博物院院长）：

辛亥革命是中国近代史上最重要的民族革命，对中华民族发展进度影响深远，《辛亥革命纪念建筑》是我国20世纪珍贵的文化遗产，研究并整理出版这些文化遗产，对推动中国近现代文化遗产保护工作、弘扬民族建筑文化具有积极意义。《中国建筑文化遗产》杂志社勇于担当，与全国文物、文博、建筑、历史、文化专家一起，大胆探索，为建筑事业编著了集建筑历史研究、文献与遗产的专著。江苏省文物局在这个过程中积极参与，并承办相应活动。邀请这么多的专家学者集聚南京，我们感到非常荣幸。

金　磊

金磊（《中国建筑文化遗产》总编辑，本书作者）：

今天我们齐聚中国近代历史博物馆——总统府，举办“事件沉淀遗产——《辛亥革命纪念建筑》首发暨中国近现代建筑保护与发展论坛”，颇感意义重大。因为在这古老的建筑群中上演过一系列历史大戏，仅就辛亥革命而言，南京因为开启历史新纪元，所以成为辛亥革命不可或缺的地标性城市，总统府是这座中西合璧的大型建筑群中最为精彩的，孙中山在此宣誓就任临时大总统。在我开始简短的发言时，首先说两句感谢的话。

● 代表编作者：感谢国家文物局单局长的方向性导引，在2009年9月末他就提醒我们要高度重视辛亥革命百年的纪念活动，尤其要研究辛亥革命兴起前后对中国近现代建筑的影响，要研究中国20世纪建筑遗产与20世纪中国大事件的关系，这些思路是《辛亥革命纪念建筑》编撰的魂；感谢全国文物部门在文化共识下的鼎力支持，广东省局、广州市局、湖北省局等，特别是江苏省局在龚良局长的全力支持下，反复精选会址方案，确定了意义非凡的会场。

● 以我个人的名义代表“中国近现代建筑经典丛书”及本卷的牵头人，感谢我的同道，那些发奋而忘我的中青年学者，他们是（按作者在著作中出场顺序）：殷力欣、陈飞、周学鹰、彭长歆、邹容、张天洁、赖德霖、刘江峰及其他们团队中数十计的合作者，更感谢多年来给予这套丛书全力支持的天津大学出版社杨欢社长、韩振平副社长和北京华联印刷有限公司的同人们。

下面我主要讲两点体会。

1.《辛亥革命纪念建筑》一书是“中国近现代建筑经典丛书”，它不仅是纪念辛亥革命百年的国家级图书，更是当代中国建筑与文博学人跨界研究的成果。《辛亥革命纪念建筑》在它的选题得到国家肯定的同时，全书各篇章领衔专家都深深感到，虽然大家对中国近现代建筑史有所研究，但要在如此短的时间内撰写一本政策性、学术性有分量，且代表国家水准的著作太难了。为此我们的对策是开展研究型、挖掘型、探索型、创新型的写作。该书今天面世，我们不敢对自身做填补空白的评价，但至少可以这样说，《辛亥革命纪念建筑》丰富了中国辛亥革命百年纪念图书的品种，它的大胆探索不仅彰显辛亥革命百年城市与建筑的发展，更以建筑的名义使积淀的伟大事件发扬光大，该书无疑是史料、学术极重要的参考书。

2.《辛亥革命纪念建筑》一书圆了建筑文化考察组在四年前承诺要完成“中国近现代建筑经典丛书”之梦！历史的看，自1988年清华大学汪坦先生率“中国近代建筑考察团”访日，到1997年8月中国建筑学会近代建筑史学会成立，再到2008年《中国近代建筑研究与保护》（第六辑）的出版，无疑都标志着中国近代建筑研究的进程。那么，中国跨界的非政府组织——建筑文化考察组（2006年9月组建）自2008年开启的“中国近现代建筑经典丛书”的研究、编撰、出版工作的出现并非巧合，它不仅缘于建筑、文博学人的文化自觉与自信，更缘自要传播中国建筑文化遗产的决心。2009年孙中山奉安大典80周年推出的《中山纪念建筑》、2010年纪念抗日战争胜利65周年推出的《抗战纪念建筑》，乃至今天呈现给大家的《辛亥革命纪念建筑》一书，均延续了一个共同的主题——中国近现代史上的重大影响力事件，由于它与同时代伟大的建筑息息关联，因此我们希望学者们的努力能成就并丰富“事件建筑学”的相关构想。我以为，在我们这个举国关注文化大发展的背景下，凝炼并总括“事件建筑学”不仅对历史学、文化学，乃至建筑学本身都是潜力无穷的。

2011年是孙中山先生诞辰145周年，是梁思成先生诞辰110周年，是杨廷宝先生诞辰110周年，我再次代表建筑文化考察组及《中国建筑文化遗产》同人及朋友们表示，我们要继续扎实走好集理论研究、历史资料精粹、建筑田野考察为一身的综合研究与跨界之路。

高　志

高志（《中国建筑文化遗产》社长，加拿大宝佳国际建筑师有限公司驻华首席代表，北京大学城市规划与房地产研究所所长）：

首先，我代表加拿大宝佳国际向《辛亥革命纪念建筑》一书的出版表示由衷的祝贺。这本书是在国家文物局的指导下，由建筑文化考察组、天津大学出版社、《中国建筑文化遗产》杂志社等单位集结了数十位全国文博、建筑、历史、文化专家用两年时光倾力编著出版的，是极具中国建筑文化价值且面向海内外的一部著作。辛亥革命时期的建筑对中国的建筑意义重大，全世界特别是一些发达国家，对历史文化的建筑，尤其是重大历史事件建筑是非常重视的。众所周知，著名的斯大林格勒保卫战之后的双方争夺的拖拉机厂的水塔，今天还作为一个重要的历史建筑被保护起来以供俄罗斯人民鼓舞士气、教育他们的人民。美国“911”被爆炸的两座大楼，通过美国各方面专家反复论证，建筑遗址被保留下来。保留下来的都是当时被炸踏的弹坑，用景观和大的玻璃罩将其围起来保护，用事件建筑激发美国人民对反恐的真实认知。

《辛亥革命纪念建筑》的出版，集中了诸如此类的事件建筑，像武汉首义纪念馆、美国建筑师墨菲设计的南京“国民革命军阵亡将士”纪念馆、南京的总统府、七十二烈士墓等建筑精品，虽然从体量上无法与现在的一些大型公共及纪念建筑相比，但它们精湛的建造工艺、融会东西方建筑理念设计的表达方式，令人叹为观止，并起到一定的爱国主义教育作用。从传承意义角度讲，辛亥革命是从封建走向共和的关键一步。辛亥革命以后，中国逐渐开始树立了共和意识，走向现代文明，这对建筑的影响也是非常大的。“中国近代建筑经典丛书”已经编撰出版了第三卷，无论从爱国主义意义、教育意义以及建筑本身的科学规律，都对建筑文化发展起到了引导的作用，我们将总结经验、继续努力。《辛亥革命纪念建筑》一书是国家新闻出版署“十二五”重点选题，是中宣部纪念辛亥革命100周年重点图书。它的出版，表现了中国建筑界、文博界、传媒出版界以建筑的名义传承百年辛亥的不朽精神；反映出中国一批公共知识分子对历史事件的极大关注与热情。作为建筑师及设计企业管理者，我为我们能有机会跨入承担社会责任的行列而欣喜，我更愿在未来的中国建筑文化传承事业之路上不断努力。

▼ 部分作者合影

▲ 首发式会场场景

马国馨

马国馨（中国工程院院士，北京市建筑设计研究院总建筑师，全国工程勘察设计大师）：

今天在这样一个有着厚重历史意义的场所举办《辛亥革命纪念建筑》首发式，意义非凡。我想从三个层面谈谈我自己的感想。第一个层面是作为读者，我觉得《辛亥革命纪念建筑》的出版对读者来说是个好消息。耗时两年，百余位文博、建筑专家通力合作，使这部鸿篇巨制得以顺利问世，所以它的问世对读者而言是一件幸事。第二个层次是，作为中国人我们怎样理解辛亥革命。辛亥革命是中国历史上意义重大的历史事件，是中国从帝制转为共和的标志。正如梁启超先生在辛亥革命十周年时所言：辛亥革命对于中国大众来说起到了“启发自觉”的作用，即“民族的自觉”和“民主的自觉”。我觉得我们在纪念辛亥革命一百周年的时候，要看它的历史意义和现实作用，同时，《辛亥革命纪念建筑》一书的出版，对于大众而言也起到了启迪和教育的作用。第三个层次是从建筑师的角度，《辛亥革命纪念建筑》作为“中国近现代建筑经典丛书”的第三卷，它的推出必然会进一步引发社会对中国近现代建筑保护工作的重视，对于辛亥纪念建筑本身也是很好的总结和梳理，为近现代建筑的研究发展提供更好的契机。我很同意之前两位的发言，除了我们已经出版的“中国近现代建筑经典丛书”三卷，我希望这个系列能够不断出版下去，不要“事不过三”，到三就停止了，我们还要有第四卷和第五卷……继续传承下去对建筑界、文博界等社会各界都是件好事。

孟建民

孟建民（深圳市建筑设计研究总院有限公司总建筑师，全国工程勘察设计大师）：

今天非常高兴能参加这次论坛。首先非常感谢本次论坛对我的邀请，我认为民国建筑是近现代建筑的一种形态，我对民国建筑有特别的感情，在中央大学（现东南大学）读书的时候，基本是被民国建筑氛围一直浸染着。本次论坛本质上是以“民国建筑”为主题，我想通过今天的论坛可以汲取很多知识和养分，也可以向各位专家和老师学习。我对历史建筑的保护有自己的观点，除了做好建筑的保护外，对于艺术形态和环境的保护也是要重视的。在稍后的论坛我会做详细的分析，再祝《辛亥革命纪念建筑》圆满出版。

蒋祖烜

蒋祖烜（湖南省委宣传部副部长）：

百年辛亥，巍巍湖南，作为湖南的代表，我感到特别荣幸。湖南是辛亥革命重要省份之一，岳麓山上有辛亥英烈的耿耿忠魂。由黄兴，蔡锷、蒋翊武、宋教仁举旗的湖南先锋群体乃使我湖湘继武昌首义之地而成首义之区，作为辛亥先烈的后裔之一，我对他们为辛亥做出的重大贡献和壮烈牺牲而感到荣幸。蒋翊武先生为辛亥贡献了28岁的年轻生命，他是辛亥武汉文学社社长，武昌首义的总司令，在桂林和长沙有两个墓碑，其中桂林的墓碑由孙中山先生亲自发起建设。100年前这场伟大的辛亥革命，世界震惊，改变中国，可以被视为一座非人工的纪念碑，那建筑在大地上的为数不多的辛亥建筑则可以被视为人工的建筑碑。在这个时候出版《辛亥革命纪念建筑》一书，特别有意义和价值。从辛亥革命的文化内涵而言，2011年举办了很多场的辛亥活动，但是以“建筑”的名义纪念辛亥的活动是唯一的。它拓展到历史文化建筑保护的一个全新领域，革命建筑已慢慢进入学术保护的事业中。它作为一种新的尝试，集合了学界、建筑界、企业界和文物考古界上百位专家学者共同完成的鸿篇巨作，是一项保护辛亥革命纪念建筑的大工程。我想，如果辛亥的先辈有知一定会为之含笑九泉。我更认为，如果我们的后代有幸能得到这套丛书，一定会为之肃然起敬。

单霁翔

单霁翔（时任国家文物局局长，现故宫博物院院长）：

《辛亥革命纪念建筑》一书的出版发行，对于建筑领域、文化遗产领域而言都具有重要的纪念意义。回想几年前，几位致力于中国建筑文化遗产保护的中青年建筑师组成了建筑文化考察组，他们延续着梁思成先生、刘敦桢先生等建筑界前辈走过的道路，走向田野，进行建筑调查，做了大量的基础性工作；同时，以前瞻性的目光进行了系列性的研究。它的意义首先在于对我国传统建筑文化的研究和弘扬。

这些年城市建设日益拓展庞大，一个城市的建设比整个欧洲建设量还大，例如北京、上海。但是“建筑工程”这个词越来越平凡，“建筑文化”这个词，相对边缘化。我觉得是不是把建筑也作为文化遗产来保护、研究、传承是非常重大的事情。众所周知，现代考古学是在20世纪二三十年代引入到中国的，文化遗产是从考古学开始起步的。那么，20世纪三四十年代，包括梁思成先生在内的专家学者开始研究建筑文化，但始终没有把它作为文化遗产领域的重点，直到今天。建筑文化遗产在中国有5000年了，在这样一个跨度里是一脉相承的，我们应加大它的研究密度。现在国际社会所说的文化遗产，实际包括三方面：文物、建筑、历史。我们应该占有重要的一席之地。

《辛亥革命纪念建筑》一书对近现代建筑进行系统的工作是庞大而富有挑战性的，在金磊主编、殷力欣先生和各位学者的努力下，在马国馨院士领衔指导下的《辛亥革命纪念建筑》，克服了重重困难，从《中山纪念建筑》、《抗战纪念建筑》一路走来，著作内容越来越丰富，越来越有深度，凝结了我国很多建筑文化遗产领域专家学者的心血结晶，他们的这种敬业精神令人感动。对于古代的遗址、古代的建筑来说，大家觉得今天我们的文化遗产是该被保护的，关于这一点我们越来越达成共识；但是那些不足百年的近现代建筑往往被认为历史不久，并“生活”在我们身边，而被忽视，不注意保护，它们的消失反而更快。文化遗产的保护关键是传承，我们任何人都是历史长河中的一瞬，我们要为未来的时代多想。未来时代对近100年的风云变幻，几乎等于过去千年的积累，而在这个过程中我们丢失了太多。今天对于近现代建筑的研究唤起人们对完整的中华文明的历史保护，建筑文化的保护，意义重大。今年是辛亥革命100周年，在这个过程中很多书和文章让我们更多地想到文化复兴和民族的复兴。我在很多场合都在谈一个观点，中国的复兴是指我们有这个资格和能力去复兴，所以我们今天才谈。我想，不是每个国家和民族都能够谈文明。前提是这个国家必须要有辉煌灿烂的历史，三百年前的蛮荒之地它还没有谈复兴的资格。第二，谈复兴的前提是这个国家的文化和文明是一脉相承的。今天的中国人是五千年前祖先的后代，是中华民族的一份子，我们是一脉相承的，四大文明只有中国一脉相承。那些古老文明，无论埃及、伊朗、伊拉克，今天居住的居民已经不是当年创造文明的人的后代，他们经过迁徙、战争已经变了，但是我们有这个资格，我们今天所复兴的是我们祖先所创造的。第三，今天谈到的复兴是因为我们的文明、文化、民族遭受过苦难。我们曾经有过被屈辱、被压迫殖民地、半殖民地历史，但我们奋起，我们经过斗争，我们建设自己的国家，实现我们民族的独立。这个过程就是辛亥革命揭示的百年历史。在这百年中延续下来，才有我们今天的民族复兴。第四点也很重要，今天我们谈民族复兴、文化复兴，是因为我们有这个能力。国家繁荣昌盛，经济社会持续发展，我们今天要复兴我们的文化，复兴我们的民族大业。如果国家还尽受金融危机怎样谈复兴？生在这样的时代，《辛亥革命纪念建筑》的出版对于唤起我们的爱国心、民族感，对于我们更加深入地研究我们的历史、我们的建筑文化历史，是非常重要的。现如今，文化遗产保护的领域蓬勃发展，每天都有一座博物馆诞生。上周我们在荆州开“大遗址”会议，原来准备十几个城市的200名代表，结果听到消息后，40座城市有600名代表，这反映大家都渴望上保护文化遗产的项目。今天上午我们召开文物博物馆专业硕士指导委员会会议的时候有一个共识：越是这样我们越要从数量增长走向质量提升。无论各方面我们都不能浮躁，我们要冷静地、可持续地进行研究。看看我们的这几

部书，在浩如烟海的出版物，包括电子出版物中居然我们能够有上百名的专家学者冷静地进行刻苦的学术研究，这种质量的书就是今天建筑文化图书的典范。

龚良：

谢谢单局长，五个月前当金总编带着编撰团队来到南京的时候，我觉得今年要完成《辛亥革命纪念建筑》一书得编撰出版还是个不可能完成的任务，但是今天通过编撰团队的共同努力，该书就庄重地摆在我们的面前，它代表了编撰团队及建筑文化考察组特有的力量！下面有请单局长、刘叙杰教授为本书亮相剪彩。

Section 2——研讨会：纵论近现代建筑的传承与保护

龚良：

辛亥革命是民国建筑的组成部分，江苏省对民国建筑的保护也有一个考虑的过程。十年前江苏省大部分民国建筑还没有被纳入文物保护的范畴，在保护的过程中没有一个具体的办法和条例。当时江苏省文化厅文物局就给省政府打了报告，请示能不能出台一个关于加强民国建筑保护的条例。2003年我们与南京市文物局等文物部门一起考虑把最重要的民国建筑纳入了文物保护的范围，2004年仅仅南京市就一次性公布了60处民国建筑拯救文保单位。通过几次这样公布，应该说全省最重要的民国建筑都得以保护了。其实我们说民国建筑，包括辛亥建筑其实是重要的历史事件建成物。在保护的过程中我们不能只看零零星星的点，而应关注面。南京市在杨书记的建议下，计划将包括辛亥建筑在内的民国建筑作为世界文化遗产中来保护。《辛亥革命纪念建筑》一书出版，从某种意义上反映了南京的民国建筑和民国事件建筑，我相信这对辛亥革命建筑的保护和民国建筑的保护是非常重要的。

殷力欣

殷力欣（《中国建筑文化遗产》副总编辑，本书作者）：

大约在2006年，已故文博学人刘志雄先生与金磊先生和我商议编著出版“中国传统建筑经典丛书”，以后又扩展到 “中国近现代建筑经典丛书”。这一系列丛书的策划，最初是受已故著名建筑历史学家陈明达先生的《应县木塔》启发。《应县木塔》一书被誉为重新发现中国古代建筑学体系的关键性著作，其研究水平之高，后人难以超越，但对我们而言，其编撰体例的完备，是完全可以效法的。这个体例将考察报告、研究论文、图纸资料、照片资料和历史文献等基本要素汇编一体，是研究成果，也是基础文献。我们虽然不一定能到达到前辈大师的学术水平，但为后人留下基础资料是完全可以做到的。现在，经过数年的努力，这两个系列丛书共出版了《蓟县独乐寺》、《义县奉国寺》、《中山纪念建筑》、《抗战纪念建筑》和《辛亥革命纪念建筑》五部著作，基本达到了预期的目的。如果有可能，我将继续与大家合作，将这个“为建筑经典树碑立传”的工作持续下去。

彭长歆

彭长歆（广州大学建筑学院副教授，本书作者）：

我参加《辛亥革命纪念建筑》的写作计划是从2011年7月开始，当时很痛苦，因为整个暑假都要耗在研究及撰文中。但是，今天我觉得对中国近代建筑研究来说，这是重要的贡献。以往中国对纪念建筑研究，尤其是对国民党纪念建筑，从历史形态来说可能有些话我们无法展开。但从意识形态来说，它是属于革命的话题。历史纪念建筑的研究更专注世界性的运动，如果我们刻意回避，那是对于文化遗产和现代建筑史研究的重大缺失。天津大学出版社、建筑文化考察组从《中山纪念建筑》、《抗战纪念建筑》到《辛亥革命纪念建筑》一路走来，揭开了中国近代纪念建筑史研究长期未敢、未能深入发展的题目。

我所研究的是广州纪念建筑，按道理来说，我对广州应该算是比较了解，但这也是我第一次接受该类的命题。经过我们的研究发现：国民党人在广州关于纪念的话题具有其系统性。大致我将其具体总结是这样的：具有纪念与象征意义。比如很多的墓园：庚戌新军烈士墓、黄花岗七十二烈士墓。它纪念了肉体，但宣扬了思想，它还具有事迹与功绩。坟墓对于过去的我们而言主要是对逝人的一种寄托形式，但到了民国，纪念墓和公共墓此类纪念建筑以公共技术的方式变为一座功绩。很多雕塑也是与城市空间结合起来的具有革命精神的产物。其中还渗透着民族主义与世界主义。我们看中山纪念堂、中山陵，辨其为民国时期的纪念建筑，但同时发现它们也是世界主义对建筑的支持。在中国的移植过程中，民族主义相结合所产生的产物。当然还有地方与国家，广州是省级的空间，但由于北伐和统一全国的进程，孙中山等国民党人在广州的实践，最后把这套地方模式推广到全国，当然还包括空间与聚落。再比如说，黄花岗七十二烈士墓是以黄花岗为中心，以坟墓形成了聚落中心，然后把这种空间精神渗透到整个城市。所以你会发现整个广州的历程是一个系统化的策略，这种策略使这座城市和城市纪念物、城市近代发展史都受到不同的影响。通过对《辛亥革命纪念建筑》的研究，相信能够开拓一个新的研究领域。

周学鹰

周学鹰（南京大学历史系教授，本书作者）：

前几天是感恩节，我觉得今天我们也要感恩。首先，我有了这个机会去感恩我的老师们，没有他们就没有我们的今天，我和多位老师坐在此会场感到非常荣幸；第二，我要感谢国家文物局、江苏省文物局给了我们这个机会做学术论证；第三，我要感谢诸位作者、学者。虽然有很多专家我们是第一次见面，但是我们共同做了一件很有意义的事。下面我讲一些我学习民国建筑中的一点体会。2010年有部很好的电影《让子弹飞》，里面有一句很好的台词我想作为我今天讲话的标语：惊喜。这个惊喜包括我对这次活动的惊喜之情。我认为民国建筑有几个特点，第一是它的多样性。传统建筑的材料是有限的，在同一个建筑体系之下，它的类型实际上也是有限的。但是民国建筑是中国传统建筑和现代建筑的结合，有银行、工厂，各类办公建筑使得传统建筑从单一走向了多样。第一是技术和材料的应用使得我们国家的民国建筑有一个和未来很好的结合点。第二即是民国建筑的生活性，正如单局长刚才所讲，很多民国建筑老百姓都在用，它很快会有一些变化，这种变化使得我们要及时将我们的研究成果融入到民国建筑的保护和修缮之中。第三个是民国建筑的时代性，民国建筑是在我国民族、政治、经济、求强变化的时期产生的，民国建筑作为这一时期的产物，是这个时期的鉴定者、继承者，也是传播者，为此深入研究民国建筑的特性是非常重要的。这是我个人方面的惊喜，我下面讲的是对此次活动的惊喜，第一是我没想到这本书能在2011年出版，正如龚良局长所言，根据今年上半年的情况来看，我认为今年下半年我们的活动可能会低调一些，没有想到我们的书籍真的出来了，这是我第一个惊喜。第二个惊喜是，首发式的举办是在南京，如果我们把首发式定在北京，可能也是很好的选择，不过现在看来最好的选择就是南京的总统府，我们脚下的这个地方，我觉得这是对于民国的建筑更深的寓意。第三个惊喜是以上两个惊喜的惊喜，中国近几年更加的开放，这是我没有想到的，我们更加的包容和自信也更加深刻的认识历史，面向未来。未来之路，我们会逐步地接近历史真相，还原历史的真相。

陈　飞

陈飞（湖北省文物局干部，武汉理工大学土木工程与建筑学院博士生，本书作者）：

我参与编写这套丛书是从《抗战纪念建筑》开始，《抗战纪念建筑》是项伟大的工程，我很荣幸参与并写作了一章，而后金主编和殷老师对我的评价是我人生的一种启迪和鼓舞。当时他们就问陈飞你还能不能参与《辛亥革命纪念建筑》，当时我刚好写了这方面的一篇文章，我说我愿意，态度很坚决。对于这本书我认为我这部分的章节我准备得比较充分，但最后是“起了早赶了晚集”，最后的文稿是于2011年10月在湖北省交的。通过这一年中的过程，我有三点认识，这三点认识我总结为三扇门。第一扇门是民国之门，孙中山先生的孙子在辛亥革命武昌纪念馆参观时提了四个字“民国之门”，他认为辛亥首义，武昌第一枪打开了中华民国之门。但通过我们这本书的编撰过程，对很多史料的了解，对很多遗迹背后故事的了解，对很多辛亥先贤的了解，最后我感觉其实打开中华“进步之门”的是辛亥革命。第二扇门是我对“中国近现代建筑丛书”的一点感觉，这本书开启了一扇“研究之门”。我对此经历比较复杂，我本科是学考古的，硕士是学建筑，后来又学了管理，所以我一般见到学建筑的人说我是学考古的，见到学考古的说我是学建

筑的，这虽是一句玩笑话，但是有没有一个工作平台把这两种学科沟通起来，共建一个平台，开拓一个视野。“中国近现代建筑经典丛书”就是开创了一个平台，它把建筑学、考古学、田野调查学、文献学和民族学等学科整合起来，搭建了一个研究平台，应该说开启了研究方法的一扇大门。第三扇门是“展示之门”，我们在看建筑的时候实际上是看建筑讲述自己背后的故事，通过建筑我们可以了解一个人、一段历史，一种精神，而“中国近现代建筑丛书”不管是从《中山纪念建筑》，还是《抗战纪念建筑》，到今天的《辛亥革命纪念建筑》，它展示的是建筑背后特别是我们中华民族在近代过程中一些革命鲜血所做出的数功，以及中华民族为实现民族独立、民族富强所做的不懈努力。通过这套丛书我们可以看到中华民族的精神，通过历史事件和事件建筑的了解，同时它也是激发名族自豪感及爱国精神一个重要途径，这便是“展示之门”的综合评述。系列丛书展示的文化遗产，如果用一句富有诗意的话描述就是：这是一场正如中华历史夜空中的颗颗明星，永远值得我们去回眸。

邹　容

邹容（潇湘晨报湖湘地理工作室主任，本书作者）：

《辛亥革命纪念建筑》一书里关于湖南的章节是一个集体性的署名，是《潇湘晨报》湖湘地理工作室编写，这一部分所有的文字，都是湖湘地理工作室团队编写而非我本人独立完成。不管是这一次的《辛亥革命纪念建筑》，还是上一次的《抗战纪念建筑》，两本如此隆重的书里出现了我这个非专业的学者时，我的内心是很忐忑的。但是在和金总编和殷老师合作这两本书的过程中，我想从传媒的角度和大家探讨快餐式的报纸媒介在保护近现代建筑过程中的角色以及我个人感到颇有困惑的地方。湖湘地理工作室每星期出8页纸的周刊，可以称为新闻类地理杂志。从开始我们对这本杂志就有一个自己的界定——地理，我们把它定义为大地的伦理，除了大地地质、地貌本身的自然东西以外，我们也很关注大地本身所承载的人事与大地之间的相互关系和相互作用。可能就是因为有这样的界定，我们也特别关注人文地理，工作中有个奇特的发现：凡是报纸杂志只要一做到关于老建筑的题材，不管它是国家级、省级、文物单位保护的老建筑，还是现在离我们时间更近一点的近现代的建筑，每次这样的话题一出来，读者反馈热情就有点出乎意料。他们对这种题材报以非常积极的响应，他们会说：我们那也有类似这样的建筑，或是说：你说的这个事情我也从父辈祖辈那里听说过，他也会说：现在的老建筑在城市建筑扩张当中，它们到底该怎么样才能和谐、妥善的保护等。就是这种民众回应是积极的共鸣。我的困惑是，这种题材能够架起老建筑与普通民众的情感上的桥梁，但是往往做不到一些有真正有力度的介入，比如我举个例子，湖南长沙，很多老建筑即使被挂上了文物保护的牌子，但是在开发建设的潮流中，它很可能被推掉和毁坏，当媒体把这些报道出来时，往往它的成效是不明显的，我们一直很困惑媒体到底能起到的作用是什么？除了让民众有一个比较深入的认知外，它在实际保护与利用上能够起到什么作用？无论怎样，作为传媒人的我们非常愿意关注这类话题，而且特别感谢今天给我这样的机会，可以学习到更有用的知识，更严谨的方法和态度。

张天洁

张天洁（天津大学建筑学院教师，本书作者）：

今天很荣幸能够作为《辛亥革命纪念建筑》作者一员来参加这样盛大的，具有特殊意义的首发仪式。谈到辛亥建筑，众所周知是以“孙黄”并称，那么在1905年时，孙中山和黄兴会晤促成了同盟会的成立，而孙中山作为革命运动的理论家，和革命经费的募集者，黄兴是作为军事领袖和多次武装起义的执行领导人，两人鼎力合作，首创共和。民国初立的时候，有关国民党政策大部门的公开声明也以“孙黄”两人联名发表，但由于种种原因，在这两位领袖当中，孙中山曾被广泛宣传为“国父”，而黄兴却很少谈到，所以在收到这本书的约稿函时，我就想尝试对黄兴纪念建筑做一点初步的探讨。民国时期就有各种类型的中山纪念建筑，这一点也是由建筑文化考察组发行的《中山纪念建筑》中有相应的体现，相对于丰富的《中山纪念建筑》，关于黄兴的纪念相对比较黯然，对他的关注相对较少，所以非常感谢这次有这样的宝贵机会能够做一次初步的探讨，还请各位专家多多批评指正。

马　晓

马晓（南京大学建筑与城市规划学院副教授，本书作者）：

我承担了这本书部分图纸测绘的工作。在这个过程中，能够感受到我们前辈工作的严谨，我们不仅仅是测绘，且在测绘的过程中学习，我们感受到团队对于建筑选取的把握及总体比列的把握，还有细部推敲过程都是非常严谨的。印象最深刻的是人的行为活动尺度的把握，近代建筑设计中考虑很多。今天的会议在辛亥革命一百周年召开，是具有历史意义的。佛教说：学有三益，自觉、学他、学而圆满。刚才马院士说到了民族的自觉，这本书本身就是出书人自觉的产物。我们不仅自觉还有它的心理，通过书籍的介绍让大家更了解辛亥革命建筑运用到设计上的意义，更是在思想上辛亥革命对我们的改造，所以通过大家的努力能够进而的使我们的个体，全民族进入到一个学成圆满的境界，谢谢！

路秉杰

路秉杰（同济大学建筑学院资深教授）：

我一直教授中国建筑史，但是每次讲完古代建筑就不知所云了，因为中国近现代建筑史完全是一片空白。所以我觉得上述的同事做了很好的工作，真正的把中国建筑史完整起来，这让我很振奋。按照过去的观点，中国介入建筑史是从1958年，全国推行建筑专史。所谓建筑专史，包括中国古代建筑史、中国近代建筑史和中国现代建筑史。我生于1935年，1937年日本侵占华北，所以对近现代建筑史一片模糊，中国辛亥百年的纪念我觉得收获很大。古代建筑史是歌颂中华民族光辉灿烂的近代，建筑史是中国社会的注解，没有辛亥革命哪有共和？没有共和哪来的总统府？通过近期一系列活动，我感觉辛亥革命建筑的提法及关注的意义实在是太重大了，伟大事件辛亥革命在让中国人开始觉悟之时，更为中国建筑留下了丰碑。

刘叙杰

刘叙杰（东南大学建筑学院资深教授）：

《辛亥革命纪念建筑》的题材和内容都是不简单的，在有限的时间里完成如此的巨著，又有如此的收获，的确出乎我的意料。我觉得这个成就是决策正确、积极努力的结果，因此我要向所有参与这项工作的同志们表示感谢和尊敬！辛亥革命在新中国成立后并没有得到很大的重视，很多时候单纯的用政治观点，来决定很多事物包括建筑，我觉得这不是很恰当的。新中国成立以后，对于建筑史而言，古代要批评，因为是帝王的要批评，近现代的也要批评，因为是为帝国主义服务，为国民党反动派服务的，唯一值得表扬的值得推崇的就是我们的红军、新四军留下的革命纪念建筑，而这些需不需要重视？当然需要，但是不能因为我们对此的重视而忽略了整个历史的发展。我很同意刚才很多领导、专家、学者对此方面的意见，我觉得这本书的出版发行对建筑史研究和恢复过去建筑本来面目有很大的作用。我过去很喜欢看这类型的书籍，我从小就生活在国民党的政策下，所以整个抗日战争对我印象非常深刻，1949年一直到现在我发现我还有很多的东西不知道，而这本书里都包括了，这本书的意义已经超过了建筑的范畴。我很希望像这样的书籍能够更多地出版发行，它不但还原了中国历史原貌，同时也起到爱国主义教育作用。孙中山先生不顾个人的得失，他的一生很辛苦，他在伦敦被清代大使馆扣押，回来后他在美国夏威夷、日本都做了很多革命活动，但是直到他死都没有留下什么个人遗产，这样的精神我们可以从这本书里领悟到。该书团结了海内外一些关心中国的学者，并得到了他们的帮助，为此我很荣幸再次祝贺这本书的出版！

孟建民：

我简单地补充下自己的一些观点，近现代建筑史以民国建筑为主要内容。民国建筑的特点：第一个，中西合璧，是由留洋的大师回国后遵照国情创作出的设计作品；第二个，讲求品质，现代建筑相比民国建筑就比较浮躁，过去更讲求科学、时间和品质，更强调建筑的专业、精致和创作精神；第三个，民国建筑创作思想的轨迹很明显，现代和民族风格的体现相互融合。我想《辛亥革命纪念建筑》的出版，为我们研究民国建筑提供了一个很好的总结，亦是一个开始。

▲ 首发式论坛现场

它是我们未来研究民国建筑的文献，如此短的时间，能够出版这么有分量的文献类著作，其为专业人士提供一个很好的示范和样板。

航　鹰

航鹰（天津市作家协会副主席，近代天津与世界博物馆馆长）：

我想说两句话，第一句话是祝贺，第二句话是钦佩。我特别有深刻体会：金总编归纳的“事件建筑学”，和单局长的大作《从“馆舍天地”到大千世界》中关于广义博物馆的思考，这两个思考把我十来年感性的行动换成了理论，使我更加坚定自己的信念。关于事件建筑学，广义来讲，事件建筑学可以延伸到事件和历史人物。近代建筑的保护有广义博物馆的理念及事件建筑学理念，所以使我们的研究具有无限拓展的可能。以天津市为例，我们既可以事件为专题来研究建筑，也可以以历史人物为专题来研究建筑，并可以从空间说长沙、南京、天津，正如单局长所说：对一座历史性很强的城市，这座城市本身就是一座博物馆，关于天津很多人对天津有个误解，就是在“走向共和”这部电视剧之前，人们认为天津只是一座肤浅的商铺，作为天津人我们很不服气。天津有一个最大的特点是辛亥革命发生的结果造就了天津，比如说小德张出宫了盖的庆王府，今天为了对消失了的建筑、消失了的事件进行抢救工作，我就在天津和一些老的侨民取得联系，走访了十几个欧美国家、上百位外国侨民，从他们的家和后代那里去搜集历史照片和历史资料。我们惊喜地发现，原来天津这个城市当年是这么漂亮！我们现在搜集到外国人私藏的大相册里就找到了上千张照片，这里其中很多建筑已经消失了，我们只能以这些照片为载体说某某建筑曾经存在过，不然后代就不知道了。

我在天津曾经的英租界创建了天津近代博物馆，虽然规模不大，但是我们更注重人文历史。清朝闭关锁国的时候不准洋人进京，所以一切洋人都必须在天津候旨进京，李鸿章在天津待了25年。天津作为一座外交城市，有20个国家领事馆，签订了53个中外条约，如今现存10余个领事馆，所以我就乐此不疲地研究。很荣幸单局长曾经光临过我这个博物馆，这是对我们的鼓励。我想，如果我们更关注人文精神那我们以后研究的范围就更广，通过建筑看故事，可以令保护建筑的事业朝着可读性、普及性发展。我们希望关于这方面的工作今后能够多和在座的各位合作。

崔　勇

崔勇（中国文化遗产研究院研究员）：

今天是颇具意义的盛会，也是一次历史事件的聚会，下面我谈谈对“中国近现代建筑经典丛书”的感受。第一，这是建筑史研究思路上的一次突破，在座的各位有我们的老前辈，刘先生和路先生，您们写的建筑史著作，我们这代人是无法超越的，也没有那样的才气超越，天津大学邹德侬先生的著作与思想，也是无法超越的。那么我们这代人该怎么办呢？我们必须要有一个新的思路，新的研究方法，来展示我们能够感受到的历史、历史事件和历史人物。很长的时间里中国建筑史没有自己的史学观点和研究方法，我觉得“中国近现代建筑经典丛书”在研究学术思路方面有所突破，这种方法不是用以前边缘的方法研究历史，而是用历史事件研究历史。历史事件、历史人物更深入到历史，给人留下感动的一瞥。这本书的价值意义在于辛亥革命历经百年，在这百年里崛起很多历史人物，有“国父”孙中山，也有带领中国人们走向一个新的中国的“救父”毛泽东，还有总设计师邓小平。三位人物随着历史事件，新的思路研究100年的历史，通过建筑的载体来展示，本身就具有历史意义。我想100年后，《中山纪念建筑》、《抗战纪念建筑》、《辛亥革命纪念建筑》三本著作本身就是历史事件，它们会被人们提起，感谢建筑文化考察组领衔为中国建筑史所做的非凡贡献！

路　红

路红（天津市历史风貌建筑保护专家咨询委员会主任）：

连续参加的建筑文化考察组发起的新书首发式，以及跟首发式并行的近现代建筑保护论坛，每一次都像是在战斗了一个瞬间、一个阶段以后的一次集结号。在这次集结号以后我们又重新找到了奋发的力量，这样的活动我觉得越多越好。作为中国近现代建筑的保护，应该有更多的政府、部门、文化学者及各部门的参与，在这里我们感觉到归宿的力量和吸收到好的精神，在分别回到各地去继续我们的行动。今天我就简短地谈三点感想。第一个词是激动，参加这种活动，是做具体工作中精神上的喜悦，对我们今天的工作有很好的方向性的把握。看到这篇鸿篇巨作的时候，我感觉这里面这不仅是对辛亥革命纪念建筑的发起，更召集了一种新的研究方式，它包括建筑、文博，是为大众普及和专业研究构架了一种媒介，在这里传播。这使近现代建筑的保护更具有规模化和渗透力，这类保护事业不单是学者、政府要做的，更重要的是唤起民众。还有一个激动是：作为湖南人，我真心地看到《潇湘晨报》的工作室对湖南先贤革命遗作的追溯，刚才蒋部长也谈到，作为首义之躯的后人，我们为我们的先人感到自豪，同时对今后我们要承担的责任有了更清醒的认识，这是我的激动。第二个词是感动。以金磊总编为首的建筑文化考察组在近几年做了一系列重大的学术工作，这无疑对近现代建筑的保护起了很好的作用，其中克服了重重困难，我想今后第四本、第五本都会陆续地出，我为你们感动，同时向你们致敬！宝佳集团的董事长高志先生也给予很多的支持，我想这是令我们感动的。最后，建筑遗产的保护应落实到我们每个人的具体行动，在各个岗位和生活的各个城市，我们怎么发现身边的文化遗产？我们怎么保护？我想这是我们出版这些书籍最终的目的。我曾在天津市的庆王府向有关领导介绍时说过：“历史文化遗产保护下去，是在向人们昭示：我们对历史文化的尊重，是我们信心的体现。”如果一个城市没有对过去的尊重，没有对民族的尊重，那么我们的未来是非常苍白的。我们应该做的就是行动，这种行动是对建筑的保护，对文化的爱护。这样，我们才能够无愧我们的子孙后代。

杨　欢

杨欢（天津大学出版社社长）：

首先，作为这本书的出版者，我代表天津大学出版社感谢国家文物局单局长的指导，以及在座的专家学者、对这本书出版的支持，你们把自己辛勤汗水的成果交给我们来出版是莫大的信任，再次对各位专家表示真诚的感谢！下面我简单说说对本书的理解。天大出版社在1982年以来就一直以建筑类图书作为天大出版社的特色。到目前为止，我们在中国的建筑图书中还是具有比较大的影响力的。天大出版社从2009年开始在中国建筑遗产保护方面先后出版中国建筑、古代建筑类的图书。长期以来我们与建筑文化考察组合作出版了具有历史题材的图书，还包括一些重大的现实题材，例如：上海世博会、北京奥运会、广州亚运会，和即将开始的伦敦奥运会。作为出版社的载体，我们得到很多的收获，《2008年北京奥运建筑》已经走出国门，被伦敦奥组委作为礼品书将在2012年向全世界发出。上海世博题材的有本书名为《一切始于设计》，已经被评选为“中国最美的图书”，打算2012年参加“世界最美的图书”的评奖，《建筑中国六十年》是建国60周年的重大事件、是国家重点工程图书，而我们今天探讨的《辛亥革命纪念建筑》是国家“十二五”时期重点图书。这说明我们在做的事情是非常正确的，国家也是全力支持的。我们也得到了单局长的肯定，这一切的获奖是对我们的肯定。恰逢其时，十七届六中全会落幕之际，是文化产业是前所未有的机遇，我们要感受着责任，为中国建筑文化保护与传播之路继续开道。

单霁翔：

借南京论坛会场及南京市地域，我谈谈近现代建筑和民国建筑保护问题。南京方面正对民国建筑归纳整理资料，准备申报世界遗产，我认为是一件

很好的事情。就我国申报世界遗产走过的路来说，最美丽的是过程，这个过程可能会唤起人们对遗产的关注和对遗产精心的保护。西湖曾经申报列入世界遗产名录，对西湖申遗的过程，我们担心了很多年，但是结果很欣慰。现在一想，不仅仅在于西湖“榜上有名”，更在于的是，西湖文化得到了保护和关注。我不敢想西湖当年不申遗或者不按照申遗标准去做会发生什么问题，杭州近年来的地价、房价超过了北京、上海、深圳，哪个开发商不想在这个城市的西湖边上做一个项目？那真是一本万利，绝对是一平米十几万的买卖。幸而由于申遗，西湖边上任何的项目民众都有其监督权和议论权。比如杭州大学曾经要建一个90多米的高楼，引起百姓哗然，所以没有建成。我们在呵护西湖的同时，申遗的道路也愈发平坦了。最后申遗全票通过，人们认可了西湖的文化价值，西湖的完整也得到了公认，尽管它位于一个高度繁荣发达的城市中心。杭州为此做了一个很大的转变，北京没这么幸运，还有中国许许多多的城市也是如此。杭州在钱塘江畔建立新城，西湖得以三面环山一面临城，一如旧貌，景观得到了保护。西湖申遗成功之后，国家文物局和杭州市政府联合创立西湖世界文化遗产监测管理中心。我希望我们的首发式能够引起社会公众更加关注“百年建筑”，关注辛亥革命纪念建筑。在南京首发更有其重要意义，南京民国建筑所具有的巨大规模和它在城市文化中的作用影响甚深，它包括政府、学校、医院、宗教建筑还有很多民间建筑，如果深入挖掘把它的价值，使得这座城市能够凸显出它独有的文化价值和文化魅力，市民也能感到城市的底蕴和未来发展前景。我说这个过程会是非常美丽的。

谌　谦

谌谦（天津大学建筑设计规划研究总院副院长）：

今天非常荣幸能有这样一个机会参与《辛亥革命纪念建筑》首发式这件盛事，有很多感慨。我是学建筑学的，在我的求学和职业生涯里，其实有几件事还是和文物保护和古建相关的。1987年，我跟随我们建筑系老先生参加了十三陵测绘的工作，天津大学建筑系从50年代末开始做了很多古建测绘的工作，延续了很长时间，就是今年的暑假还有很多老师带着学生去做测绘。当年十三陵还是比较荒僻的地方，大家还没有重视到，我们也是第一次去参加测绘。当时我也是对建筑的历史感有了一种特别深刻的感触，有的时候在大山大野之中，站在大风大雨之中，感受几百年前的建筑的记号，有一种天地合一、人在其中的感觉。另外一次工作是我在20世纪90年代初追随周祖池老先生做了一次天津近现代建筑的调查工作。当时一方面是非常有幸能参加这方面的工作，另一方面也是当时年轻，对它的意义没有更深刻的理会，可是终究参加其中了，有了很多的收获。当时用了三四个月的时间，步行和骑车把天津几乎所有的近现代建筑都走了一遍，做了一些工作。我说说我的感受，就是为什么我今天特别感动于诸位老师所做的工作呢？天津其实也有很多的传承，可是在最近一段时间的建设过程中，尽管租界区获得了很好的保护，可是老城区还是有一些老建筑因为开发没有得到好的保护，一是迫于开发形势的压力，一是迫于资金的压力。从这点来说我想今天《辛亥革命纪念建筑》文集对于未来国家建设发展过程大有裨益，我们会有更多的人去意识到对于我们国家民族文化历史，有更多的保护，不能基于政治意识形态去考量。

刘彤彤

刘彤彤（天津大学建筑学院副院长）：

来南京参加这个会议心里有一种格外的感受。我之所以学建筑很大程度上是高中时看了杨廷宝先生的那本建筑摄影集，因而对建筑发生了非常非常浓厚的兴趣，才考入天津大学建筑系。今天在这样一个环境，又是《辛亥革命纪念建筑》这样一个首发式，心里十分激动，也是觉得我们在做一件值得后人们记住的一件非常有意义的事情。刚才谌院长提到我们上学的时候参加古建筑测绘的事情，对于一名高校里教师来说，承担的责任是培养人才，主要是通过各位老师们的努力使学生从专业的角度得到专业的技能，胜任一个专业的工作。编辑出版这样一本专著也是同样，图书起到了教育人的作用，不仅仅是教育学生，而且教育民众，教育普通的老百姓。我想这个工作跟高校是异曲同工的。希望以后我们在不同的领域，为了共同的目标把我们优秀的建筑文化遗产保存并利用好，传播好教育我们全体人民，还有专业学生，让更多的人能够继承优秀的遗产。

贾珺

贾珺（清华大学建筑学院教授）：

非常感谢主办方的邀请，让我能以一个倾听者的身份，来到首发式的现场，能有更多的机会感受到这本巨著的出版给大家带来的鼓舞和振奋。辛亥革命是20世纪初中国历史上的重大事件，同时也是中国几千年社会发展进程中的一个重要转折点，对于它的评价和深入研究，是百年之后今天非常热门的话题。应该说这本书的出版是我们建筑界和文博界的同人们以自己特殊的方式向辛亥革命所做出的纪念。20世纪初不但是中国革命风起云涌的年代，同时也是中国传统建筑面临艰难转型的历史时期，大概是从一百来年前开始，一些外国建筑师在中国作出了自己的作品，更多的我们本土的建筑前辈也进行了很多的探索，其中辛亥革命纪念建筑是非常重要的一部分成果。这些建筑不仅见证了重要的历史事件，还承载着丰厚的政治文化意义，同时也记录着建筑前辈们在新时代的背景下继承传统、披荆斩棘的重要意义。对我们今天来说，它们既是可珍贵的建筑文化遗产，同时也是当前城市建设创作当中可以去积极借鉴和学习的榜样。从这个意义上来说，我觉得价值非常高。我本人在清华大学建筑学院从事建筑历史的教学工作，和书的关系非常密切，因为我自己写过书，也编过书，同时还长期兼职图书管理的工作。但是我觉得自己更主要的身份是一个读者，对于建筑学的图书有非常的兴趣。其实我们也知道，从读者的角度来看，出版业非常红火，但好书却并不多见。一本好书的练就，需要一个痛苦而湮远的修炼。《辛亥革命纪念建筑》这本书是一个非常正面的榜样。另外我粗粗地翻了一下，与金老师和殷力欣先生做了一些简单的交流，能够令人体会到，这本书包括之前出版的《中山纪念建筑》和《抗战纪念建筑》一系列从书提供了一个非常可贵的撰写大部头巨著的模式。能够跨越不同学科、不同地域、不同经历，甚至不同背景的学者都会聚到一个团队来，能够在相对比较短的时间里拿出一个非常有分量的成果，这种模式是很值得建筑历史研究和文物保护同人们借鉴的。实际上这样能发挥出社会的力量，打破个人的局限，能够碰撞出更可贵的成果。

李华东

李华东（北京工业大学建筑学院副教授）：

我是一个普通的读者和文化遗产保护工作人员，有幸能在这样的场合听到非常重要的讨论。对于建筑文化考察组在这短短这几年来取得的成绩，我非常感动。我有一个非常粗浅的想法，文化遗产工作的科学研究、理论研究和各种保护规范是一方面，更重要的是建筑文化遗产理念的传播。我个人认为，有价值文化传播的成败，决定了我们国家文化遗产保护的成败，文化传播占有很大的因素。建筑文化考察组这些工作对文化遗产价值传播卓有成效，我既高兴，也感动，也佩服。我也非常希望能有更多的机会参与到工作中，我既做理论学习，在学校里也做教学，也希望参加一些文化遗产保护的工作，希望我能在这个过程中学到一些东西。我有一个建议，就是我们的队伍一定要扩大，网络在社会里占有了一个重要的位置，社会已经转型为参与性社会的时代，所以网络传播是重中之重。

薄宏涛

薄宏涛（中联筑境建筑设计有限公司副院长）：

刚才听在座的很多领导和专家的发言，其实很多人都提到一个感动和钦佩，我也是感由心生，看到这么一篇鸿篇巨制呈现在面前，可以看到这本书背后的点点滴滴和每一位编撰者付出的心血。我们作为在第一线做设计的建筑师，这种更具专业性和学术性的工作和我们平时的工作有一种距离，我们每每面对到一些具体的实践项目推进的过程中，面对当下开发商非常急功近利的操作的现状，从一个建筑专业从业者的角度来看，都是希望能通过自己的手能够把当下的城市问题解决好。在学习建筑史的时候，我发现中国近现代建筑这一块几乎是一片空白。《辛亥革命纪念建筑》这本书的出版，与其说它只是从文化层面上记录了一些东西，不如说它从精神层面激励大家，或说让大家去发现我们还保留着近在眼前的文物。中国的建筑历史是通过建筑点点滴滴的变化写成的，如果大家用一种启发的精神和探索的态度去对待当下建筑创作实践，对待每一座建筑的设计和实施，去真正发掘出其中能够给予我们每一位后来者不断前进动力的精神，那么中国建筑史的发展才可能在一辈辈人的手中不断地被传承。

张丽丽

张丽丽（天津市建筑设计院主任）：

大家都是学者，我不班门弄斧。我就想表一个态，祝贺《辛亥革命纪念建筑》出版。我院正在承担《20世纪中国建筑遗产大典（天津卷）》（简称《大典》）的编撰工作。我以为其思想方法与今日该书出版是同一层面的问题，《大典》一书不仅要向这个方向努力，更要扎实、深入并注重其思想内涵的延续性。

徐　楠

徐楠（广州市中山纪念堂管理处干部）：

今年是辛亥革命一百周年纪念。对我们广州中山纪念堂来说，则是建成八十周年，在今年的9月16日刚刚举行了纪念活动。刚才粗略翻看了一下这本书，我有一个感觉，各位专家能把散落在全国各地的辛亥革命有关建筑编撰成这么厚而全面的一本书，令我非常钦佩。同时作为一名纪念中山先生纪念馆的管理人员，我和各位有同样的历史使命感。虽然专业不同，领域不同，但我们都有共同的目标，需要为此做好自己的本职工作。关于这一点我想谈两个方面。第一个是恢复研究资料，对广州中山纪念堂来说，目前可以拿出来做研究的一是档案材料，包括纪念堂的筹建，讨论建设管理和研究方面的档案材料目前主要是集中在各大档案馆和图书馆；第二类是当年留存下来建设广州中山纪念堂的历史图片资料，主要是得于当年建设纪念堂的建设委员会所保留，是非常珍贵的。第二个是加强和建设纪念堂建筑师后人们的联系，他们仍保留着大量的珍贵材料，有文字，也有记忆，关于当年建设纪念堂的一些细节。我们应做的是仿效南京中山陵档案史料汇编的做法，把相关资料汇编成册。第一是避免史料流失不可挽回，第二是为以后类似《辛亥革命纪念建筑》这类学术研究图书提供帮助。

奚江琳

奚江琳（解放军理工大学军队文化遗产保护中心教授）：

这本书的第17页，有南京原中央军校大礼堂，它的修缮复原设计是2010年我跟我爱人设计的。我看到这张照片非常激动，我是解放军理工大学军队遗产文化保护研究中心的负责人。我们前几年做了军队的历史建筑普查工作，其中近现代建筑占76%，如果彻底地普查数量还会更多。普查这么多的军队遗产建筑，我觉得这一个半世纪的遗产是沉甸甸的，除了我们熟悉的民国建筑，清末和洋务运动留下的建筑也很多，包括北洋水师时期的教堂和医院。这一系列的建筑都是引进的法国技术和材料，而研究到近现代的时候很多是空白。我一直在找近现代建筑的研究和保护中我们所研究的成果可以算哪一部分呢？这是我一直在思考的问题。还有一类建筑很重要，我们说民国建筑是民族振兴的建筑文化，但是近代还有一种文化也不能回避，也是很痛苦的，就是八国联军留下的军营遗产，怎么看待像“旅顺要塞”和“关东要塞”这样的东西？要不要把它们纳入中国建筑史?这一切都不是租界建筑，是外国人把它当做是在自己的国土上兴建的。所以我在调查、考察这些建筑的时候，我的心情特别复杂，但是这些建筑是需要记录的。此外，我还有一点要说，关于军队遗产建筑，在“文革”中得以保护的有很多并且很完整，但是现在随着城市化建设的步伐加快，我们有了危机感。我们军队遗产保护中心是一个平台，我也希望把这些建筑都收录在金总编的 “中国近现代建筑经典丛书”里，并希望借此机会得到大家的支持帮助，让我们一起联合起来开展深入的保护研究。

高志：

我就说四句话：第一句话，我们有东西可以保护。刚才解放军理工大学遗产研究院的老师说得非常好，其实保护不仅仅是局限于胜利的革命。每次我走到大连都特别有感触，帝国主义抢中国的地盘，却在中国的土地上做建筑，这是我们民族的奇耻大辱。但是这些东西留在这里可以告诉我们自己以及后人，我们的民族被人欺负过。我在长春看关东军的司令部，它的空间技术，建筑空间的把握以及它前面交通的处理，现在长春也没有几个建筑可以比拟。承认也好，不承认也好，这是个事实。所以这些历史遗留的建筑，不论正面与否，都应留下来，正面用以纪念，反面则做为历史的教训提醒子孙后代。第二句话，我们有资格恢复。何解？我们曾经奋斗过，在帝国主义的侵略面前，我们中国人没有低下头，昂头走过来了，所以我们有资格大声说：“中国人从此站起来了。”所以我想民国建筑作为一段历史对中国意义非凡。从1911年辛亥革命到今天，我们一路走来并不平静，抗日战争、解放战争、朝鲜战争、中越战争、中印战争、包括西沙保卫战。我想起去过海军司令部做项目，司令部接待酒店的总经理就是从南沙回来的，他给我讲了烈士的故事。海上分为岛和礁，礁是一涨潮就消失了，战士为了守礁就要把杆子支在礁上，涨潮的时候不至于淹没。他有12名战友就是在守礁的时候失踪了，有可能是天灾，更有可能是被越南偷袭。这些浸满烈士鲜血的岛礁都是我们的历史。第三句话，我们有能力恢复。现在中国国民经济总产值已经在世界排名第二位了，我们现在有钱了，回顾历史我们有资格，以前连饭都吃不饱，现在有条件了为何不恢复呢？这就是我作为宝佳国际中国区的负责人为何拿出几百万的利润投入这件事。我做了三十年建筑师了，这是建筑师的责任，我们有能力，能力有大小，当然我无法和开发商相比。希望大家都来做这件事，我觉得做这件事的人还太少，有道是“众人拾柴火焰高”。第四句话，我们有必要恢复，忘记过去就意味着背叛。我们今天能坐在大元帅府，能坐在总统府，能坐在中山先生宣誓的地方来纪念他领导的辛亥革命，我觉得我们完全有必要纪念这段历史，不忘历史，把中国建设的更好，希望大家共同努力。

金磊：

今天的会议由于时间原因还有很多专家未来得及发言，我们有《中国建筑文化遗产》这本杂志，大家可以在这本杂志里再抒己见。今天的会议为我们提供了意义非凡的场地，在这里孙中山先生宣布了临时大总统的成立。我想，把这样非凡的场地做为《辛亥革命纪念建筑》一书的首发会场，是值得记忆的。今天的事件，表达了我们对中国建筑遗产的关注，对建筑文化的执著，表达了我们有信心继续做好诸如此类事业的种种行动，我想在这里代表主办方，对专家们的光临表示感谢，希望我们下次再见！

（刘晓姗、王燕嵩文字整理 / 陈鹤、李沉摄影）

附：

天津大学建筑学院徐苏斌贺信

欣闻建筑文化考察组编著的《辛亥革命纪念建筑》正式出版，首先向编著者以及此书的指导者国家文物局、参与编撰工作的有关单位、学者表示衷心祝贺！

辛亥革命是中国历史上反帝反封建胜利的标志，是中国近代史上的里程碑，几乎家喻户晓。在近代史研究方面已经有很多关于辛亥革命的研究，但是辛亥革命对于建筑的影响则鲜有研究，首先是中国近代建筑史方面对于清末民初建筑的研究尚有待深入；其次，建筑学和政治学的研究一直处于分离状态，缺乏跨学科的研究。因此辛亥革命历史与建筑的综合研究是一个新的展开。

值辛亥革命100周年之际，很多地方展开了有关辛亥革命和其他学科影响的探讨，我因为写过辛亥革命第一碑成都“辛亥秋保路死事纪念碑”的文章，也应邀接受中央广播电台的采访和参加香港中文大学等主办的公开研讨会。在这样的跨学科研讨中我们又能够看到建筑历史研究的新的可能性。

在这样的背景下，《辛亥革命纪念建筑》问世具有重要的意义，它是辛亥时代建筑的记录，也是探讨辛亥建筑的平台，更是上文所说“跨学科综合研究”的良好开端，相信更会给进一步的研究提供多方位视角！

再次向你们表示祝贺！

徐苏斌

赖德霖教授贺信

建筑文化考察组诸同人：

得知《辛亥时期建筑》如期面世，作为一名撰稿人，我非常高兴，特此向你们表示祝贺。

辛亥时期标志着中国从帝制走向共和的重要转变。无数先烈为了争取民权，唤醒民众，驱逐外虏，不惜前赴后继，取义成仁，抛头流血。他们的英名豪言、伟绩丰功，至今追念，仍令后人感怀奋发不已。辛亥时期建筑是中国这一历史巨变的见证，是推翻专制的纪念碑，是国民教育的课堂，是全球华人国族认同的纽带。二位主编在辛亥百年之际，以对国人和历史负责的态度，不辞辛劳，组织学者、搜集史料、撰写论文、编辑出版了这部大型专著，功莫大焉！承蒙二位主编信任，邀约撰稿，德霖也深感荣幸。

相信这部史书将与它记录的史料一道，昭先烈之勋劳，启来者之心智，表共和之理想，兴爱国之观念。

余馨香祝之。

德霖于路易维尔，2011年12月1日

Opportunities and Challenges of World Heritage in China Interview with the UNESCO World Heritage Centre Specialist Lin Chih-Hung

中国作为世界遗产大国的机遇和挑战 专访联合国科教文组织世界遗产中心专员林志宏先生

本刊特约记者 刘江峰（Liu Jiangfeng）*

编者按：作为联合国教科文组织世界遗产中心的文化专员，在中国台湾出生的法籍华人林志宏先生对中国未来的世界遗产认定与传播上无疑是重要人物。借助2011年8月11日被天津大学建筑设计研究总院聘为文化遗产保护顾问仪式之际，他就中国的世界遗产的现状和发展趋势等问题，接受了专访。同时参加访谈的还有天津大学建筑设计规划研究总院院长洪再生教授、遗产中心朱阳院长、张春彦老师等。

Editor's Notes: As the programme specialist of UNESCO World Heritage Centre, Lin Chih-Hung, who's Taiwan-born French, is no doubt an important person for China's world heritage nomination and protection in the future. On August 11th, 2011 at the time of his inauguration as the cultural heritage consultant at Tianjing University Research Institute of Architectural Design and Urban Planning, Mr. Lin had some words with our reporter Liu Jiangfeng on the current situation and future development of the world heritage in China. Experts who also joined them were Hong Zaisheng, the director of Tianjing University Research Institute of Architectural Design and Urban Planning, Zhu Yang, the director of the Heritage Centre and Zhang Chunyan.

刘江峰：林先生您对中国的遗产保护现状做何评价?

林志宏：题目太大不好说，我倒可以说我最近一次（2011年8月）重走丝绸之路的感受。我走了3个省，从陕西西安、宁夏固原、宁夏回族自治区到甘肃敦煌。中国与中亚合作跨国申报的世界遗产“丝绸之路”，在中国境内目前共有48个点，横跨6个省份。这次我再走一遍有关佛教在中国境内的丝绸之路预备名单中的14个点，相较我六年前第一次走丝绸之路后，觉得有一些策略性的、价值性的改变。

这些预备名单的点扣上“西部大开发”是策略性的改变。六年间，一些已列为世界遗产预备名单的点，从设计规划、遗产修复、文化旅游、大众教育等角度出发的思考，大部分是正面的，可是有一些仍有待考虑。对于遗产地的策略考虑，有三个主要目标应该关注：第一，对于文化遗产的保护；第二，旅游及公众教育；第三，如何成功申报世界遗产。而这三个目标如何适当地配合在一起？再加上国家整体的发展目标、区域化的发展目标、行政上的有效积极的管理目标，这些都需要更全面整体地进行考虑与规划。天津大学规划设计院也配合了其中一些点的成功规划与保护工作。例如麦积山，此地因为有好的规划与保护，目前越来越多人愿意在此居留及工作，居留及工作人口比六年前要多出好多。另外一方面，在空间使用上的各方面区分得很清楚，其中有一些民宅继续被保留下来，当地居民依旧在这里生活，这样就留下它原有的乡土建筑原貌，继续其乡土生活文化的发展；同时，在核心保护区、历史保护区与旅

*《建筑创作》杂志社建筑学编辑

▲ 从左到右为：天津大学规划设计研究总院遗产保护中心主任朱阳、天津大学规划设计研究总院院长洪再生、联合国科教文组织世界遗产中心专员林志宏、胡莲博士、天津大学建筑学院风景园林研究所副所长张春彦

游开发区之间也划分得很好。第三部分，对于文物本身的核心保护区，做得比以前更好，来参观的人数比以前多了，这些是好的例子。可是也有一些不好的例子，我不知道是不是还没有做好保护规划的原因。例如离张掖不远的马蹄寺，感觉上还有很多可以好好规划和完善的机会。例如马蹄寺的洞窟以外，以前的生土或夯土的寺庙建筑体都还在。从文化景观角度来看，整个生土的马蹄寺旧址与北山崖的石窟群其实有很重要的文化关联性。可是现在它却变成景点式的两个各自独立的东西，没有从生土文化遗产保护的角度、规划的角度、设计的角度、旅游的角度做较全面的考虑，而只是单从旅游的角度来考虑。所以就重走丝绸之路的感受而言，对大陆遗产保护评价有正面的，也有负面的感受。

我个人感觉每个文化保存项目应该有五个重要的方面要做。第一，抢救性的。世界遗产不应该变成抢救性的，可是无法避免地还是会有一些（需要）紧急性的保护。第二，科学性的记录。如天津大学建筑学院及设计院做的科技性的记录是重要的事情。第三，在抢救、科技性的记录之后，还要有整体的保护、规划、发展、利用及了解的全面性文化保存启动项目。第四，当地的参与。第五，如何宣传与教育。

要以什么为目标是关键："修旧如旧"及旅游开发是唯一的目标吗？还是好好地再让它呈现出独特的地域记忆是目标？还是整体和谐地发展是目标？或者是以各种文化产业为目标？各种目标都不一样，需要分清楚，考虑清楚价值判断，目标确定之后是如何实做，最后才有可能获得很好的保护与可持续发展。我认为：文化遗产保护学术很重要，产业也很重要，官方各方面的支持也很重要。今天很荣幸接受天津大学建筑设计规划研究总院聘我当三年的文化遗产保护的顾问，任重道远。

刘江峰：联合国教科文组织对重建的概念是怎么理解的？

林志宏：我个人觉得"memory"（记忆）是很重要的，你留给下一代的是哪一种记忆？是场所的记忆？还是建筑体的记忆？它的最重要的价值是在哪里呢？我们讲《奈良宣言》和日本的神社，每过六十年就会重建一次，但是它最重要的价值是在使用上及宗教上的价值，而不只是该建筑物质本体。在喜马拉雅、不丹、尼泊尔等佛教世界的壁画，每三十年就会重绘，它是庙宇宗教住持跟神灵沟通的艺术遗留文物，感觉上它的最重要的价值是在宗教层面上的体现。但是，在谈及宗教对世界遗产的正面和负面的影响，还是要经专家经由严谨的科学手段加以认定的。

从世界遗产的价值来讲，我不同意重建世界遗产。因为世界遗产的评审其价值的十条标准里面，前面五条都是较为关注在形态上的物质价值体现。第六条，是审视与事件相关及宗教上、历史上、文学上的价值，这种就比较不好认定。反过来讲比如说中国的圆明园，它一定是有杰出的普世价值的；其次，它又是中西方之间的交流体现；另外，又铭刻着一个特殊的事件——八国联军的血洗。怎么样把历史事件的价值、记忆的价值挖掘出来？或许就有可能找到另外一种切入点，不见得一定是百分之百或较大比例的建筑元素来体现圆明园的价值和记忆。另外关于遗址公园该复建或不复建，现在是个过渡时期。关于遗址公园的保护、规划、发展，不该像英国那样把旧的都看成遗址，也不应该像中国目前的保护性重建，我个人不大同意重建。关于重建问题，我举例说，阿富汗巴米亚大佛被炸掉，至今刚好满十周年，它的两处大佛，一个55米高，一个38米高，要不要重塑？这个问题从各个方面来考量，在技术上是一个问题，而在视觉上能否满足审美的要求？或者是有一些人需要可以碰触，还有一些是要考虑到宗教信仰的问题。到目前为止，联合国教科文组织的态度，首先考虑到它是世界遗产，所以按照世界遗产标准它不应该重塑；第二，它被列为世界遗产是文化景观整体性的，所以更应重点考虑的是从整个文化景观、线性的角度来思考，而不只是从年代远近来考虑；第三，它也是个事件，2001年炸掉这两座大佛在文化上是不好的事件，它在历史上也是个可以用来提醒反思的一个案例。所以这个案例，如果要进行重塑，也需要谨慎小心考虑到上述谈及的几个问题。目前有几个相对比较好的方案正在论证完善中：德国ICCOMOS正在试验怎么样将被炸碎的佛像组合起来，尽量恢复这些碎石原来的位置，他们觉得这个是有可能做到的；但是，日本的专家团体认为，不应该做任何的添加东西，就应该留下它目前的这个样子；而意大利专家认为维持现状的基础下，可以稍微再加上一些适当的改善，变成遗址博物馆，有点生态性的展览，然后可以在特定的时机，打上一些影像艺术的效果，在不改变现状的情形下，增加展览的效果。所以，针对一个项目人们会有三四种不同的考虑角度。

从世界遗产的观点来讲我比较不希望重建。芬兰籍的Jukka Jokilehto（《中国建筑文化遗产1》第219页提到的ICCROM那本书里，他提出很多这方面的问题）对重建的行为觉得是不应该的。但是现在有越来越广阔的（遗产对象），技术越来越好，而科学的资料越来越齐，对保护的态度较开放了，因此对重建的定义就有些不大一样。

朱阳：在中国其实有条“潜规则”，就是在申报世界遗产之前有些东西能重建就赶紧建完，申报世界文化遗产以后再重建可能性就不大了。当然，重建也是很严格地经过合格审批、专家论证等正常程序的。

林志宏：你讲得很对。如果国家的西部大开发是在丝绸之路申报世界文化遗产成功之后，有一些预备名单上的点就不会有那么大的基础建设、一些旅游服务区会动那么大的手笔，等。从文化遗产保护的角度来看丝绸之路的改善，专业者以及行政主管单位，更注重表面化视觉上的完整性，对于真实性反倒不见得像欧洲那般重视。在欧洲，再造的当代完整性很不容易做到，可是在中国若是国家认为这是重要的、具有申报世界文化遗产的潜力，表面化视觉上的完整性不可思议地就可以很快被确保下来（呈现），在其他国家可能需要20年的时间才可以做实，但是在中国只要有20个月就可以做实了。我听说北京中轴线在申报世界文化遗产，我考虑这个完整性涵盖的范围将会很大，真实性问题将需要很多的论证，应该是不容易做的。可是我看丝绸之路的完整性，比六年前更确切了，整个圈都圈出来，整个旅游区越铺越大。可是我震惊的是真实性有点丢失了。

林志宏：朱院长规划了这么多的保护的项目，从学术上、从实做上、从管理上，从跟主管单位的沟通上，您遇到的比较瓶颈的问题是什么？当然经费不用谈，经费在各个国家都是问题。

洪再生：中国现在提的词以后会成为主流。在经济快速发展过程中，保护和利用不是对立的。现在大家对文物保护、文化遗产的意识都加强了，保护的方式方法也多种多样，包括怎么样把保护跟利用结合起来，让保护跟发展更密切。保护的同时要与经济发展挂上钩。保护的结果一旦提升了城市形象，这也是利用。

林志宏：2012年是《保护世界文化和自然遗产公约》40周年，这次世界遗产会议的主题将会是如何把文化理念、世界遗产和发展结合在一起。从联合国系统来讲，千禧年发展的远景总共列了八大系统，一开始文化不在里面，可是联合国教科文组织文化保存处认为文化和发展可以合在一起。所以从各个角度，2013年希望以联合国教科文组织组委为主联合17个其他联合国系统的专门机构召开“从文化到发展之间的契合”这样的会议，经过约两年时间的努力，现在“文化带动发展”在联合国千禧年发展目标中已经立项。西班牙和联合国教科文组织合作，选择了世界上十多个国家，希望从实质的案例、从文化理念推动物质文化遗产。

朱阳：国家文物局单霁翔局长说：“保护不是目的是手段，利用也不是目的也是手段，传承才是目的。”

洪再生：把利用本身说得更大一点是发展。保护和发展确实都可以做得很好，投入很大精力保护，但是保护之后成为禁区；虽然是很封闭的，但对提升整个城市的文化、带动整个城市的知名度也是它起的作用，这也是发展。

林志宏：我自己1993年、1994年做博士论文，田野调查，到扬州、苏州去看了看。那时觉得修复跟保存不被地方领导重视。然后在五年前我开始觉得中国人多、旅游市场多，所以开始觉得除了保住它的完整性、核心区，旁边会做一个缓冲旅游区，甚至造假，可是它留住了中间的核心区。从外国专家角度觉得不应该造假，可是我觉得它是个过渡时期，是为了留下那个核心区，旁边的过渡区就是为了把它留住。目前我又看到一些为了市场经济，除了留住这个核心区旁边有旅游区，而在更旁边，留下一些街道的纹理，几乎用原来的修旧如旧，它不是在核心区，也不是在旅游区，而是再造一个区，这个似乎又是另外一个阶段，可这个生活场景还不是当地居民的。

刘江峰：从世界范围看，东方体系是独特的呢还是跟西方体系在一起？东方体系是个什么位置？

林志宏：这是我感兴趣的课题，从2011年到2012年，我在天津大学、同济大学讲教博士生的课程“亚洲遗产”，希望有一些人可以开始了解世界遗产大范围。从亚洲世界遗产上来看，亚洲有亚洲的特色、中国有中国的特色，日本、东北亚、东南亚、南亚都有自己的特色。当然从学术的角度，是否可能有一些相同性、地域性？一直到1990年，世界遗产还是以欧洲为主，目前在敦煌通过了《中国文物古迹保护准则》，感觉西方人Getty Foundation（盖蒂基金会）概念还是蛮多的。

文化景观，从遗产保护来讲，就是发展的重要类型。文化景观和自然之间是有互动的，文化景观真能传下来就是它能够持续发展、持续在生态环境中生产，这也是一条线性的遗产。联合国教科文组织现在正在努力，虽然不大容易达成，可是我觉得很有意义的就是《保护景观国际公约》，我们很希望在四年以后能够顺利推动此国际公约的实现。就欧洲本身而言，他们有《景观欧洲公约》，是在2000年签订的公约，蛮不容易的；在日本的《景观保护法令》也是刚刚签订的；在台湾也有类似的景观保护法令，但是我们不得不承认，景观保护法令的推动与落实确实很不容易。

刘江峰：中国的大学里还没有遗产保护这个专业，文物工程修缮是工科的和文物保护是文科的，林先生认为中国从事遗产保护的专业人士够不够多。

林志宏：我认识的总的来说中国的专家很多，每个专业都有。一些博士生他们的概念也不错，技术层面也不错，但是较欠缺的是，一个是社会文化层面，另一个是国际理论的层面，国际交流也不太够。日本的概念就比较好，从事工科的人也会去做社会调查，这样就能够地提出更多问题来，就可以跨领域地在一起切磋。不止是发展，还有从经济层面、从决策层面、从规划等各个层面……一个项目在刚开始成形之前，不应该只是请工程技术人员来做，还应该请跨领域的人员一起切磋，应该先有个计划。在德国与比利时的一些年轻人，根据其专业技术，可以配合一些项目去西班牙实践。其实在国内也有这个可能，虽然学校会有很多事情忙，但是抽出一两个月，助理教授与他的研究生可以一起做一些项目。另外，国家文物局或是地方负责文物保护的领导们，代表政府参加一些跨国的会议，我觉得也很有必要。引进一些年轻学者，有外语才能的、有实质学术成果的、有雄厚资金的、有政治支持的，慢慢地就会有国际合作项目。

洪再生：很多东西是相通的，比如中国的改革，当时包括俄罗斯、越南、北朝鲜都在学习，当然都会与国情结合。对于保护规划其实也是这样，这最早不是我们创立的，从梁思成先生他们也是在学习西方的东西，从理论到手法，然后，结合自己的怎么样建立自己的理念、自己的方法，再建立自己的标准。

林志宏：东方建筑相对比较少，现在中国有40个世界遗产，算是世界遗产大国，法国、意大利、中国，中国排第三。欧洲从历史文化名城中心发展过来有它每一阶段的理念（像中国的核心保护区、世界遗产保护区）。比如法国波尔多这个世界文化名城，它有一溜海港，政府没有钱，专业人士也不是我们想象的那么多，跟中国“三线”城市差不多一样的比例，可是法国波尔多一步一步做，整个系统性的、学术性的、社会经济性的逐步做起来。也许它的尺度不大，进度不快，可是它为什么可以做成这个样子？它从各个方面做，它是有系统性的，有系统性的东西值得我们去参考。日本其实也有一些系统性，我觉得是可以参考的。

刘江峰：中国已经进入遗产大国行列，那以后会不会限制给它的名额？或者申报的困难会加大？

林志宏：世界遗产有一定的游戏规则，所以每个国家每年最多报两个。中国一直到目前是“每提每上”，但是2011年在一开始时，吴良子山自然遗产的申报可能被退回再度从来，最后中国自己撤下不申报，2010年好像另有一个退回重修。中国以前是每投必中，现在也要好好地考虑一下哪些项目适合提出申报，因为竞争越来越激烈了。二十几年前罗马申请世界遗产时缴交的文本就只有三五张的16开纸，而现在内蒙的元大都，缴交上来的是一大册，制作得很漂亮、精致，但这还不算多。虽然我不负责欧洲国家的业务，但是我知道挪威提交上来的是一只很大的木箱，里面有绘册、还有一些纪录片什么的。从以前只缴交5页、3页，甚至一张图都没有的情况，到现在是一大箱子的申报材料，教科文组织的工作量增加很多。

法国塞纳河是世界遗产，可是巴黎居民并不知道塞纳河是世界遗产，不收费，西湖现在也不收费。它是一个过程。1954年的时候，埃及阿斯旺水坝建设把埃及的达布斯围堰往上移了15公尺。那个时候，教科文组织号召世界共同推动“国际古迹文化修缮工程”，合作推动30个世界遗址保护工程，我觉得是很正面的，可是现在各个国家都有自己的古迹修复组织，除了战乱国家（中亚、伊拉克）。这个历史时期过去了。从1972年开始到1992年，还没有太多人关注世界遗产。我以前是在文化遗产处，1992年6个同事从文化遗产处分派出来成立了专门一个小组负责管世界文化遗产；1999年发展到30个人；2006年，文化遗产处整个收编到世界遗产中心。我在想，2022年的时候，世界遗产中心会不会解散？世界遗产越来越多了，是否还会有会员国继续申报？

刘江峰：现在中国对评选世界遗产的依赖性还是很强的，申遗后大家才有准绳，把它保护起来。

林志宏：透过世界遗产概念，文化遗产保护的整套体系慢慢有一些改变，当初是为了申请，申请之后价值就确定了，目标也确定了，一系列的东西才能确定。印度的Hampi，申遗之后文化遗产保护的整套体系才开始启动。我希望，天津大学以后做的不止是申遗，还有后续的遗产地。我不希望中国所有的城市都一样，步行街都一样，我觉得这有点可惜。海上丝绸之路泉州有没有可能与其他的城市，比如重庆，有不一样的地方？它有自己的特性，去泉州不只看海上丝绸之路，还有其他的。我与台南市的市长说，你要注意啊，不要跟台北比，从你自己的历史文化及水文地质出发，要有自己的特性。从这个角度来看，天津大学以后应多推动天津文化遗产保护的整套体系及理论，天津有很好的特色，法租界及工业遗产还是大问题，还是有许多东西可以探讨的。

Contemporary Mission of Architectural Heritage Studies
Cultural Reflection upon the Protection of the Forbidden City and the Buildings along Beijing's Central Axis

建筑遗产学的当代使命
故宫与北京中轴线建筑保护的文化省思

金　磊（Jin Lei）*

摘要：故宫是中国两千年封建社会遗留下来的唯一完整的皇宫，尽管中国两千年封建社会曾建立过近三十个王朝，但真正留存至今的只有明清紫禁城宫殿。本文基于这座现存最宏大、最完整、最豪华的建筑瑰宝，在追溯沉浮历史的同时，还从文化遗产学的视角研究了北京中轴线建筑的保护策略。笔者相信，对故宫与北京中轴线建筑文化渊源的理解不仅有赖于对建筑遗产学的完整认知，更对思考建筑设计与城市文化的社会责任及职业精神有指导价值，重在实现历史城市在现代化进程中的新生。

关键词：建筑故宫，北京中轴线，建筑遗产学，传统与当代，世界遗产

Abstract : The Forbidden City is the only imperial palace that fully survives the two thousand years of feudal society in China. Over the two thousand years, China has seen nearly thirty dynasties. But only the Forbidden City built in Ming and Qing dynasties has been well-preserved till now. This article, based on this grandest, finest and best-preserved architectural treasure, discusses the strategies of protecting the buildings along Beijing's central axis from the angle of architectural heritage studies. The author believes that the understanding of the cultural origins of the Forbidden City and the buildings along Beijing's central axis not only depends on the absolute comprehension of architectural heritage studies, but also provides guidelines for people to think about the social responsibilities and the professional spirits of architectural design and city culture, focusing on realizing the revitalization of historical cities in the course of modernization.

Keywords : The Forbidden City; Beijing's central axis; Architectural heritage studies; Tradition and present; World heritage

引言：2012年是壬辰龙年，龙年说龙，在无穷遐想中，我想到已故挚友文博学人刘志雄先生等的专著《龙与中国文化》（人民出版社，1992年11月第1版）。该书强调龙乃宗教偶像，龙属权威象征，龙为文化本源。从现存的大量龙文化文献看，刘志雄的《龙与中国文化》是较早期的学术与普及结合得较好的著作。龙不仅是华夏民族大融合的参与者和见证物，龙的精神还是造福人类的精神。历史地看，龙纹是明清建筑中最重要的纹饰，如故宫明代升阶石雕“二龙戏珠”。故宫建于三台之上的太和殿是我国现存的最大的木构建筑，其面阔

*《中国建筑文化遗产》总编辑

十一开间，进深五间，建筑面积逾2 300平方米，殿内空间开阔高大，其间擎立72根巨柱，中间开间的6根大柱为蟠龙金柱，其上龙纹用我国特有工艺“沥粉贴金”制成。这6根金柱分为两排，每根柱上缠绕着一条昂首张口的巨龙；东三柱龙纹自西上望，西三柱龙纹自东上望；龙下纹海水江崖，汹涌的海浪崩云裂岸，烘托出六龙沸腾于海上的磅礴气势。据不完全统计，太和殿内外的龙纹、龙雕等各种形式的龙竟有13 844条之多，这恰恰构成了万龙朝圣的室内设计的特殊效果。与故宫相关的中轴线，始建于元代，明北京城虽有拆毁元故宫的行动，却继承了元大都城的规划建设中轴线，并将钟、鼓二楼迁到它的北端，作为中轴线的标志性建设。于是便形成了古都北京的“脊梁”和“龙脉”，构成了“东西对称”的棋盘式格局。中轴线以故宫为核心向南北延伸，北至钟鼓楼，南至永定门，贯穿了故宫、皇城、内城和外城，全长7.8公里，集中了钟鼓楼、景山、故宫、太庙、社稷坛、正阳门、天坛、先农坛、永定门等。由故宫建筑与北京中轴线的龙脉，让人不仅联想到有关于建筑与龙的一系列符号，更对中国建筑文化遗产的精神图腾有了新认知，这些内容对于中国传统建筑传承及其当代建筑设计的溯源都极具价值。本文希望提供的不单是对故宫与中轴线建筑的一般建筑学意义上的再分析，而必须是建构在北京城市历史发展演变的建筑描述，或许笔者的分析轮廓有这样那样的缺失及欠完整，但它一定要趋于中国建筑文化遗产理念下的“建筑遗产学”的发展模式。

一、由《北京中轴线建筑实测图典》的“四书”谈起

笔者任《建筑创作》杂志主编（1999年6月—2011年元月）期间在北京市规划委员会、北京城市规划学会的大力支持下，围绕北京城市中轴线空间先后完成了在今天看来尚属有前瞻意义的四部著作，它们是：《长安街——过去·现在·将来》（机械工业出版社，2004年1月）、《北京中轴线建筑实测图典》（机械工业出版社，2005年1月）、《北京中轴线城市设计》（机械工业出版社，2005年2月）、《北京朝阜大街城市设计》（机械工业出版社，2006年1月）。北京中轴线建筑保护是个老命题，早在20世纪40年代在朱启钤先生的倡导下，一代建筑大师张镈带领北洋大学数十名学生完成了迄今都会感到十分艰难的北京中轴线建筑，尤其是故宫建筑的测绘，上述《北京中轴线建筑实测图典》正是对它的全面写照。2011年全国“两会”期间，时任国家文物局局长的全国政协委员单霁翔专门就北京中轴线申遗做了政协提案，在2012年北京市第十一届委员会第五次会议上，如何推动中轴线历史风貌保护又一次成为北京“两会”的焦点之一。据统计，中轴线及周边区域曾排列着40余座古建筑，因各种原因部分建筑被先后拆除，如天桥、地安门等。无疑，这些建筑的拆除，影响了中轴线建筑结构的历史完整性，失去了古都北京的一些重要标志，造成中轴线建筑文化的缺失。此外，某些古建筑被长期占用，严重影响了中轴线承载历史文化的完整性，如天坛外坛内、先农坛、故宫西华门内侧等至今被某家机构占用。还有，几十年来在中轴线两侧不同地段出现体量高大的现代建筑，极严重地破坏了中轴线的传统风貌。正是从这些意义上讲，重新审视“四书”是一个有些敬畏的阅读过程，因为从“四书”中可读到北京的“真经”。这里分别有如下感受。

1994年5月在北京市、建设部支持下，北京市建筑设计研究院在张镈于1955年设计完成的北京友谊宾馆举行了“张镈建筑创作六十年及《我的建筑创作道路》一书首发式”，张镈在该书中较为详尽地介绍了故宫测绘图的诞生过程。在出席会议的众多专家中，尤以鸿才硕彦的“国宝卫士”故宫博物馆顾问单士元（1907—1998年）的讲话给我留下的记忆深刻。这位被学术界誉为“故宫学”研究的第一大家高度评价了张镈等人在故宫测绘图上的贡献。1999年7月1日第20届世界建筑师大会在北京刚刚谢幕，张镈大师便仙逝了，在尔后有幸参与的博物馆、文物学及传统建筑的研讨会中，多次听到学界对古建测绘图珍品的评价。应该说由于上述的“历史”事件，更由于对文化北京及“人文奥运”的新认知，我以为作为建筑专业媒体人，有责任为属于华夏文化精髓的故宫建筑的留存做出贡献。为此，从2001年春，我便与天津大学出版社韩振平副社长开始了该书的策划。北京中轴线上的故宫是中国文化的一部通史，紫禁城及其相关坛庙、陵寝、行宫等皇家建筑的规划设计思想、历史沿革、科学技术、建筑艺术价值等宫廷典制文化已引起学界广泛关注。为此，对紫禁城的认知必须要实现几个超越：① 它是一部通史，是物化了的中国传统思想文化的总汇，是凝固了的辉煌与悲壮、睿智与轻灵的交响乐章；② 要超越紫禁城城垣的界定，它是首都城市规划中不可缺少的诸多因素中首屈一指的要素，是北京持续发展过程中任何阶段都要引以为傲的民族历史文

▲《龙与中国文化》书影

▲《长安街——过去·现在·未来》书影

▲《北京中轴线城市设计》书影

▲《北京中轴线建筑实测图典》书影

▲《北京朝阜大街城市设计》书影

明的象征；③ 基于此，它的测绘图典所揭示的不仅仅是古建测绘图的范例，更是向中外城市建筑界的一种最根本建筑渊源的弘扬。如何说中外世界文化遗产已面临挑战，那么最大限度地将故宫测绘图挖掘并传承下来无疑是一个带有根本性质的保护方式。

《长安街——过去·现在·未来》一书，将“建成长安街、完善天安门广场规划”这一宏大主题予以综合性记录，该书的价值在于将长安街历史沿革、建筑功能、建筑艺术、街道空间、环境行为、道路交通、市政设施等方面予以全面展示；《北京中轴线城市设计》一书基于分析中轴线作为城市规划建设的“脊骨”对城市整体形态和社会生活的影响，进一步强化中轴线在城市中的地位，使其既可保护与传承历史，又反映时代精神，最终形成将东方传统文化和悠久历史与现代文明相结合的独一无二的城市中轴线；《北京朝阜大街城市设计》一书的研究对象是与长安街平行的东起朝阳门、西至阜成门、东西横贯北京旧城中心的朝阜大街，它既代表了中国封建社会后期都城规划水平，也代表了街巷制城市的特点。朝阜大街的韵味，除了体现在这些历史沉淀所形成的物质空间外，还体现在它丰富的精神内涵上。历史上的朝阳门至阜成门是不贯通的，1276年忽必烈建成元大都时，东城墙有三门，其中南为齐化门（今朝阳门），西城墙也有三门，南为平则门（今阜成门）。齐化门内、平则门内这两条路被元大都城的皇城阻隔，大都的街道十分宽直。意大利旅行家马克·波罗层赞赏大都的街道“全城地面规划有如棋盘，其美善之极，未可言宣”。1421年明王朝正式迁都北京，1436年开始修筑城楼，齐化门改为朝阳门，平则门改为阜成门。1931年打通故宫博物院北门道路，亦即景山前街，从此封闭的禁地变成交通要道，朝阳门至阜成门这条地处内城中心的东西向城市道路才真正贯通。在这全长约7.45公里的北京重要历史文化街区中，其历史文脉十分丰富：拥有众多建筑文化遗产（如故宫）、拥有时代各异的历史建筑（如有辽、金开辟的北海琼华岛，元代的妙应寺白塔及万松老人塔等）、拥有可见证近代革命的策源地（如北京大学红楼等）。

▲ 作者金磊与张镈大师合影（1994年）

二、北京中轴线的城市设计与建筑遗产价值

中国第一代建筑学家林徽因教授在20世纪50年代初为《新观察》杂志撰文时如此评介故宫：“故宫建筑本身是这个博物院中最重要的历史文物。它综合形体上的壮丽、工程上完美和布局上的庄严秩序，成为世界上一组最优异、最辉煌的建筑纪念物，它有无比的历史和艺术价值。”对于北京中轴线的特征，林徽因教授专门从城市格局上做出分析，她认为：“凸字形的北京，北半是内城，南半是外城，故宫为内城核心，也是全北京的布局重心，中轴线是贯通的一根直线，全世界最长，北京独有的壮美秩序正由这条中轴的建立而产生……从正阳门楼到中华门，由中华门到天安门，一起一伏，这中间千步廊（民国初年已拆除）御路长度，和天安门面前的宽度，是最大胆的空间处理……由天安门起是系列轻重不一的宫门和广庭，金色照耀的琉璃瓦顶，一直引导到太和殿顶，以神武门为尾声……再往北，又‘奇峰突起’地立着景山做了宫城背后的衬托……由地安门，到鼓楼、钟楼，高大的建筑物都继续在中轴线上了。钟楼，中轴线便有计划地，恰到好处地结束了。”单士元曾说：故宫是一部中国通史，它不只是皇宫，从建筑布局、空间组合，到匾额楹联里，都能体现中国五千年的社会发展史、文明史、文化，其收藏文物是传统。侯仁之先生也讲：较之华盛顿城市规划的东西轴线，北京城的中轴线有它的特殊含义。中轴线的南北向确实有深厚的历史文化渊源，是受自然环境的影响加上人工的创造而发展起来的，在意识形态上形成这么一个思想。紫禁城在这条中轴线上，应被视为城市规划发展进程上的一个里程碑。从城市规划结构上讲，它是中国历史上皇权统治时期最后、最完整、宝藏最丰富的一个建筑群。

用借鉴之思看西方国家城市轴线的演变。欧洲文明发端于古希腊，此后文明的中心转到罗马。虽然中世纪在罗马灭亡之后阻碍了发展，但它终以文艺复兴的方式在意大利再度崛起，并在法国又得到新的发挥直至发展成现在的西方世界。城市是各种文明的集中体现，其中轴线系统的发展，则更多的是对实用、精神、美观的追求。如在15世纪末，法兰西国王在城市资产阶级支持下统一了全国，建立了中央集权的民族国家，入侵意大利的战争，带回了它特有的建筑文化。可法国文化并未完全意大利化，却随着法国超过意大利成为欧洲当时最先进的国度，形成了有自身城市特色的古典主义文化。到了17世纪下半叶，古典主义成为法国文化的主要潮流，主张以几何和代数为基础的理性判断代替了直接的感性审美，于是创造出了绝对君权的建筑——凡尔赛宫。凡尔赛宫的中轴东西长达3公里，还有一条横轴，其总布局对不少欧洲城市规划有积极影响。先是巴黎的主轴线，后来建成的从卢浮宫到星形广场的一段，总长度以及道路旁小广场等节点位置，与凡尔赛的中轴线相符。1543年建成的卢浮宫是巴黎轴线建设的开端，1755年建成的协和广场出色地起到了从丢勒花园过渡到爱丽舍大街的作用，成为丢勒里宫到星形广场主轴线上的重要枢纽。拿破仑加建了新旋门，又为中轴线增加风采。拿破仑三世，由霍斯曼主持开始了巴黎大规模的整治活动，将丢勒里花园以北道路经巴士底广场与民族广场相联，又完成了主轴线的东半部分，西向与爱丽舍大街相联，完成了西半部分，南北轴线也在这次整治中完成。为整顿市容和防止街垒起义，在市区内开辟了很多的大道，无意中为今日现代化汽车交通奠定了基础。巴黎轴线平行于塞纳河，它充分利用开阔的水面绿地，使城市空间异常明快，以塞纳河及沿河绿化为脊柱，构成了一个完整而有变化的轴线体系。1791年开始规划设计的华盛顿，不同于巴黎，从开始便考虑城市轴线系统，其设计师法国人埃朗方，幼时在凡尔赛生活过，因此，他的规划构想受着凡尔赛宫的影响，虽规划使用对角线形的斜线这种凡尔赛式的手法，但绝大部分仍是在使用北美殖民时代居民区特有的格网状道路系统填充在那些斜线间。规划利用地段中部一块小高地设国会大厦，并在另外两地设总统府及华盛顿纪念碑，用道路将三者连接起来。虽然最高法院偏于国会大厦旁，未能形成“三权分立”的形象，但迄今这种规划也被认为是合理的。1902年在尊重原规划的基础上，又增建了林肯纪念堂、映像池、杰佛逊纪念堂等建筑，便形成了现在的华盛顿轴线系统。

纵观巴黎、华盛顿乃至堪培拉、巴西利亚等城市轴线虽名有其特点，但其规律体现在：① 轴线是在公共生活发达的前提下出现的，一定为市民所共享；② 中轴线主要是道路，并伴有大片绿化及水面；③ 较多地利用对景、借景的设计手法使轴线富于变化；④ 丰富的城市格局是多轴线成组、成系统的出现；⑤ 各城轴线的不断完善是自然生长、刻意追求，在人工组织下完成的等。据此，对比北京中轴线建设就不难发现，明朝对元大都中心台以南的中轴线进行了彻底重建，这部分虽直接师承明中都，但仍可看出它建筑在历史诸代都城的基础上，其主要特点是：① 符合集中反映儒家思想《考工记》历代营都的通则，追求《考工记》所提出的理想而形成的城市结构，使都城轴线成为全城结构的对称中轴线，无转折；② 体现极权的皇城并创造着高潮；③ 继承元大都水面轴线与宫殿轴线平行的布局，开凿南海，发展丰富了“引水灌都”的理念；④ 用修建外城之机，将先农坛、天坛收入城内，将中轴线向南发展至永定门；⑤ 仿汴梁、金中都及元大都的处理方式，在轴线北端设立钟、鼓二楼，作为轴线的结束点；⑥ 师承元大都和明中都，皇城外建有“T”形广场和千步廊，千步廊两侧借鉴曹魏邺城、北魏洛阳、明中都等的做法，在轴线两侧安排衙署；⑦ 从风水理论出发，仿明中都，在宫城以北堆造景山，创造出了中轴线上的制高

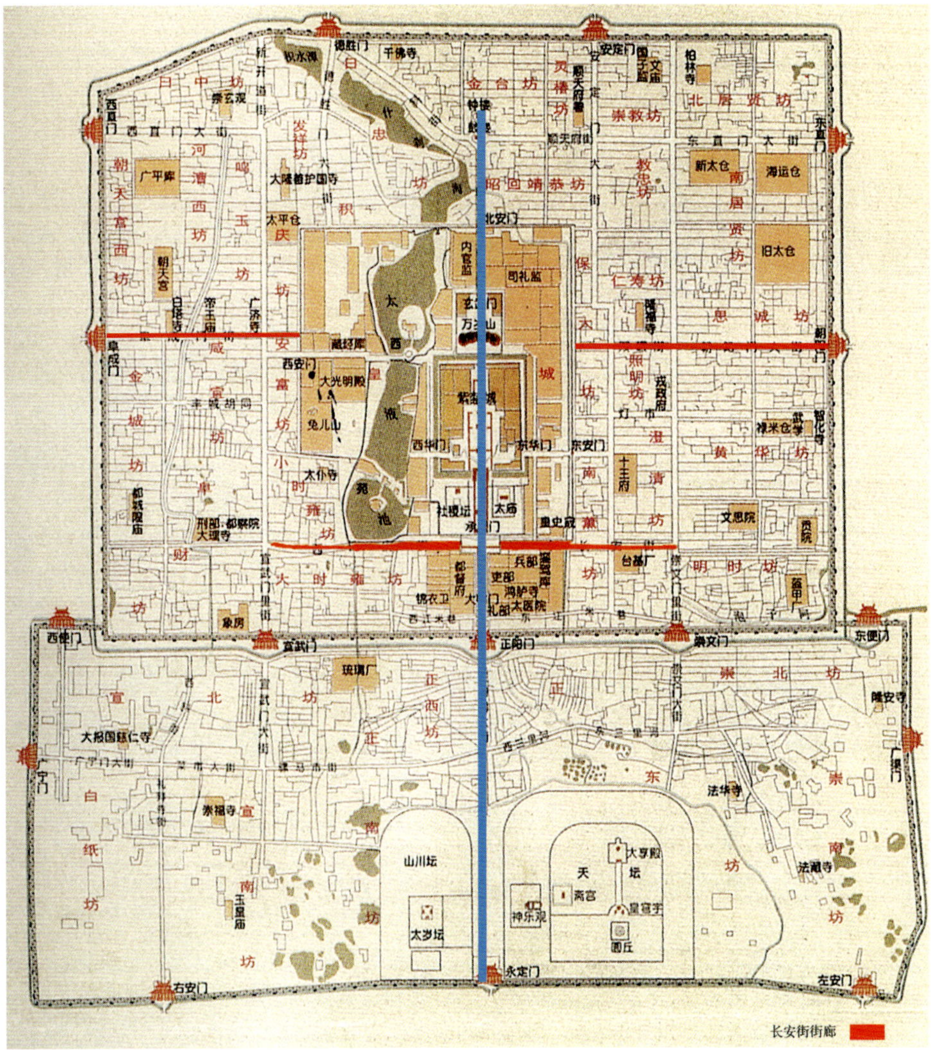

▲ 明代北京地图，作者收藏（图中红线为“两横”，蓝线为“一纵”）

▲《故宫乾隆花园鸟瞰示意图》，作者收藏

点；⑧ 借皇城扩建之机，在午门与承天门（清朝改为天安门）之间的两侧，设立了太庙和社稷坛，将二者与中轴线相连接，从而创造了一条突出全北京城，有始有终、有主有次、起伏跌宕的壮美中轴线。

无论用现代的眼光还是历史的回眸，北京城都不该是钢铁、水泥、玻璃的堆砌，更不是建筑、街道、汽车、公共设施的聚集体，而是有灵魂、有生命的有机体。对北京城的认知必须抓住城市空间之魂。早在1991年侯仁之先生就提出北京规划建设上的“三个里程碑”的理念：① 紫禁城是北京明清历史的中心建筑，它自建成迄今570多年历程中，其巍峨壮丽的宫阙，显示了皇权时代帝王至上的思想；② 第二个里程碑当属新中国成立之后对天安门广场的建设，它在拓展宫廷广场为城市广场的基础上，融合古今建筑，显现出在都城建设上的“古为今用，推陈出新”的时代特征；③ 历史上北京城的中轴线一直是向南发展的，即“面南而王”，自1990年第十一届亚运会兴建起国家奥林匹克体育中心后，使中轴线第一次转向北发展，它是北京城乃至中轴线建设史的又一里程碑，是北京城开始走向国际的标志。要理解，虽在那时，侯仁之先生无法预测2008年北京会成功举办奥运会，更难知晓已经向北的中轴线又再向北拓展了，成为全世界瞩目的奥林匹克公园。对于北京中轴线各段重点保护对象，北京“十二五”历史文化名城保护建设规划征求意见稿指出，它们主要涉及：钟鼓楼至地安门段、皇城保护区、前门大栅栏地区、珠市口至天坛北段、永定门地区等。对此国家文物局单霁翔局长在《关于推动北京传统中轴线申报世界文化遗产的提案》中强调：数百年来，北京传统中轴线始终处于驾驭全城的至尊地位，众多重要建筑、广场和道路，或有序安排于中轴线之上，或对称布置于中轴线之侧，形成空间的韵律与高潮，“就像北京的一条文化血管，里面流淌的是一种北京的特有血液”。单霁翔评价道，北京传统中轴线整体保护，将极大地推动北京历史文化名城和文化遗产保护，使人们重新审视北京传统中轴线的重要价值，审视中华传统文化的无限魅力，审视北京城市的繁荣今天和壮美未来，通过保护和恢复传统中轴线的文化景观风貌，深入发掘其文化内涵，使传统中轴线成为北京最富魅力的文化旅游路线。

三、几点新认知

第一，北京传统中轴线的保护与传承原则。

凸显中轴线各段不同的主题特色，强化北京中轴线的独一无二的中国气质；保护传统轴线，使北京传统中轴线整体具备申报联合国世界文化遗产之能力；确保以人类文化遗产观念去重新认识中轴线，倡导“原真性”保护原则；拟定传统中轴线的设计控制导则，从促进城市可持续发展的角度，进行积极的文化遗产保护。作为几个节点的城市设计应重点关注：传统中轴线北端点收在钟楼与鼓楼，它阐明了古人独特的设计理念及城市文化思想，反映出中国传统文化的宇宙观和哲学观。所以，保持钟鼓楼作为传统中轴线北端的终点和保护钟楼北侧民居肌理，禁止在钟楼以北开辟道路，恢复原北城墙印记，就等于增强钟鼓楼

▲ 太和门，日本摄影师摄于20世纪初期，作者收藏

的可感知性。保护钟鼓楼作为焦点建筑的城市轮廓线和保护钟鼓楼与周边民居背景建筑在空间尺度上的强烈对比并严格限制建筑高度是至关重要的。再有鼓楼至地安门区段的地安门外大街，是传统中轴线上的重要街景控制段和重要的轴线空间序列，从城市识别性设计看，要注重地安门至鼓楼的传统轴线空间气质的把握，保护地安门至鼓楼的视廊通达；要注重保护轴线的传统格局，遵守什刹海与南锣鼓巷等历史文化保护区的规定，保护鼓楼与地安门西门间的地安门外大街街廓尺度和青砖灰瓦的北京传统建筑风貌；要注重地安门外大街的轴线空间秩序格局，突出钟鼓楼、后门桥和地安门作为轴线上结构性要素的标志作用深入研究等。

本文特别推崇时任国家文物局局长的单霁翔在2011年全国“两会”上《关于推动北京传统中轴线申报世界文化遗产的提案》中对加强北京传统中轴线保护工作的建议，他认为：其一，北京市政府要加大传统中轴线的整体保护力度，扩大传统中轴线的保护范围；其二，北京市政府要组织专业力量，对中轴线沿线文化遗产资源再次进行全面调查，制定北京传统中轴线文化遗产保护专项规划，并将其纳入北京核心功能区规划统筹考虑实施；其三，北京市政府要将传统中轴线申报纳入中国世界文化遗产预备名单，及早启动北京传统中轴线申报世界文化遗产工作。笔者认为，单霁翔博士关于北京传统中轴线申遗的分析与建议，体现了对北京城历史文化价值的高度认知，代表着世界文化遗产发展建设的基本思路。历史文脉是北京过去与未来“伟大的城市”的原动力，无论是建筑师、还是规划师，都必须责无旁贷地用守护般的规划设计行为对北京建筑历史遗产进行有效的继承并实质性的尊重，从而昭示北京传统中轴线的恒久生命力及不息活力。

第二，北京天安门广场与长安街的交会作用。

（1） 保持天安门广场在轴线上的中心地位，增强其可读性；必须保护与突出作为“天地之道”的文物实证——中央“御道”，严禁在其上新置空间遮挡物。

（2） 保护“御道”作为中心轴左右对称的格局秩序，利用铺设“御道”与国家博物馆的联系，增强天安门广场作为轴线中心的地位。

（3）天安门广场与长安街的交会作用，对探讨中央“御道”增强公众对皇家文化感知性意义大，因此可否设置提示“御道”作为皇家“禁道”和中央子午线介绍的历史图说印记等。

第三，建筑遗产学的创立旨在落实当代的“广义遗产观”。

兔年已逝，龙年即至。呼应尊重中国建筑文化的现实，不能不从记录与传承历史开始，因为在历史的回响中可汲取到太多前行的智慧。“建筑遗产学”是门需要建筑界、文博界集中力量总括并发展的学科，它是理解并传承中外建筑学家精神遗产的需要，它更是中国建设“全球工地”的“西而中”创作实践的当代需求。无论单霁翔博士的遗产观，还是吴良镛院士的广义建筑学理论，都符合国际建筑师协会《北京宪章》（1999）、国际古遗址理事会《木结构遗产保护准则》（1999）、联合国教科文组织《世界文化多样性宣言》（2001）、国际古迹遗址理事会《建筑遗产分析保护和结构修复原则》（2003）等国际遗产保护的规则，值得重视的是2007年6月9日至11日，在北京召开的城市文化国际研讨会，共有来自世界23个国家和地区的千余位市长、规划师、建筑师、历史学家及文化学者，共同研讨全球化时代的城市文化转型、历史文化保护、当代城市文化建设等议题，提出了《城市文化北京宣言》（2007，以下简称《北京宣言》）。《北京宣言》中达成了五点共识，都极大地丰富并支撑着建筑遗产学研究及广义交叉学科体系的建构，即：① 新世纪的城市文化应该反映生态文明的特征；② 城市发展要充分反映普通市民的历史追求；③ 文化建设是城市发展的重要内涵；④ 城市规划和建设要强化城市的个性特色；⑤ 城市文化建设担当着继承传统与开始创新的重任。“建筑遗产学”作为一个正建构中的庞大学科体系，需要引起关注，其中不仅有建筑、文博界熟知的传统建筑与园林，更大量涉及近现代建筑保护与城市更新的命题；既有作为注入故宫的世界文化遗产，也有在中国、在北京、在上海、在天津各具特色的全国重点文物保护单位的项目。因此，无论从个案分析还是学科划分都不可能是简单归一的。学科本身有各自的形成、发展、分化与衰亡过程，任何学科的形成，往往来源于某一领域研究课题的集合，更是专业分工的必然结果。从“建筑遗产学”的建构及内涵看：城市学、建筑学、文博学、历史学乃至艺术设计学都不可或缺，谈到跨界，两院院士吴良镛说：“时代也在孕育大艺术。有人称大地、城乡聚落是巨大的艺术品，它既是自然、人工的综合创作，又需要通过更为综合的艺术进行丰富的、有机的结合。对于音乐与建筑的关系，歌德早就提出，建筑是凝固的音乐，因为建筑传达给人的心情与音乐相似。文艺复兴时称建筑、绘画、雕刻为‘三艺’，有综合艺术之称。综合集成，就可在更宽阔的领域里展现美的创造。”（《清华大学学报》，2001年5期）

本文基于对故宫博物院及北京中轴线建筑与城市格局的浅析，提出了“建筑遗产学”的相关问题，其目的并非仅仅为了基础科学，重在探讨并制定有效的保护与发展的利用策略。笔者认为，无论是北京中轴线申遗还是世界文化遗产故宫的总体保护策略，都不可缺少三件要事的“投入”：其一，制定遗产保护的城市政策，以形成最严格的保护制度；其二，在整体保护策略下，加大对历史文化名城的权威性城市设计，在挖掘历史建筑遗存的基础上，处理好历史与未来的共融关系；其三，在关注“建筑遗产学”学科建设的同时，必须向全社会推出诸如《建筑文化遗产知识读本》类全民普及类必读书系，从根本上提高全民族建筑文化素质。只有这样，我们才能肩负起建筑遗产学的当代使命，才会形成更有说服力及话语权的传播机制，引导城市遗产保护与利用之思进入全民自觉态。

参考文献

[1] 单霁翔. 从“文物保护”走向“文化遗产保护”[M]. 天津：天津大学出版社，2008.

[2] 张镈. 北京中轴线建筑实测图典[M]. 北京：机械工业出版社，2005.

[3] 侯仁之. 北京城市历史地理[M]. 北京：北京燕山出版社，2000.

[4] 林徽因. 林徽因讲建筑[M]. 北京：九州出版社，2005.

[5] 方可. 当代北京旧城更新[M]. 北京：中国建筑工业出版社，2000.

[6] 张钦楠. 中国古代建筑师[M]. 北京：生活·读书·新知 三联书店， 2008.

[7] 联合国教科文组织世界遗产中心. 国际文化遗产保护文件选编[M]. 北京：文物出版社，2007.

[8] 张玉明. 梁思成古建筑摄影：记录之外的价值[N]. 中国摄影报，2010-3-30(3).

[9]《建筑创作》. 建筑中国六十年[M]. 天津：天津大学出版社， 2009.

[10] 朱剑飞. 中国建筑60年（1949-2009）历史理论研究[M]. 北京：中国建筑工业出版社，2009.

[11] 刘志雄. 龙与中国文化[M]. 北京：人民出版社，1992.

[12] 金磊. 中国建筑文化传播要有遗产之思[N]. 中国文物报，2011-12-30 (6).

[13] 金磊. 北京中轴线建筑遗产传承的文化思考[N]. 中国建设报，2011-12-5(4).

[14] 金磊. 建筑文化遗产保护研究与实践——为纪念中国“文化遗产日”设立五周年而作 [J]. 建筑创作，2010(6).

[15] 李合群. 中国古代建筑文献选读[M]. 武汉：华中科技大学出版社， 2008.

Extracts from *Recollections of an Architect* by Fei Lin

建筑师费麟《匠人钩沉录》摘录

费　麟（Fei Lin）*

编者按：这是一本承载了岁月风尘的传记体巨著，笔如流水，钩沉起一位新中国“匠人”生命中的奉献与无言。作者费麟在书中深情回忆了自己的建筑生涯和母亲张玉泉的谆谆教诲，相依成5篇34节醇厚的文字，分别为“启蒙篇、“成长篇”、“迷茫篇”、“务实篇”与“静思篇”。《匠人钩沉录》自2011年1月付梓以来在业内反响强烈，2011年9月《作家文摘》特别摘编，实令人浸于真情实感中有所感言。本刊摘录书中前言、第18节内容，窥知在整个世界混乱颠倒的年代，作者是如何追溯当年他的困惑以及思考？他以一个公共知识分子的视角在狂流怒洋中颠簸记述，既有历史别有韵味的角落，也是多年后回眸的辛酸，读后会心一笑。

Editor's Note: This is a biographic work carrying the dust of time. It records a Chinese architect's quiet devotion in a style as smooth as running water. Fei Lin, the author, recalls his career as an architect and the lessons he received from his mother Zhang Yuquan, and comes up with thirty four articles, organized in five chapters which are Childhood, Youth, Mid-life, Practice, and Reflections. The book has aroused strong reactions in the industry since it was published in January 2011. The magazine *Writer's Digest* extracted and compiled some parts of it in September 2011, which are really impressive and touching. We now extract the foreword, the 18th article from the book, to see how the author reflects his bewilderment and his thinking in those chaotic and disordered years. From the angle of a public intellectual, he notes down the ups and downs in the frantic times and hence the book. It's the charm of history; it's the bittersweet of memory; it's a smile of relief after all these years.

前言

关于这本小册子，引出了下面的对话，就作为开场白吧！

问：你是谁？你从哪里来的？

答：我是一名“匠人”，喝长江水长大的，祖籍苏州，生在广州，长在上海，落户北京。这注定了我的南腔北调。“建筑”与我结下了不解之缘。在中国，“建筑师”不是个传统称呼。从我的实践看，因循古制，自称“匠人”为妥。

问：那你的称呼呢？

答：我姓费，名麟，字明威。姓名称呼虽然只是符号（FEI LIN），但每个字母所代表的含义，多少反映了我的个人特性：

F—amily，家庭观念较重；

E—ngineering，从事建筑工程设计；

I—nstitute，一辈子没离开过学院和设计院；

L—ove，热爱生活，关爱建筑；

I—ntegrity，正直，爱说实话；

N—ature，一切顺其自然。

问：你是中国一级注册建筑师(特许)，为什么还自称“匠人”？

答：自古以来，中国有很辉煌的建筑成就，都是在皇权统治下，由“工匠”、“匠人”完成的。

* 中元国际工程设计集团总建筑师

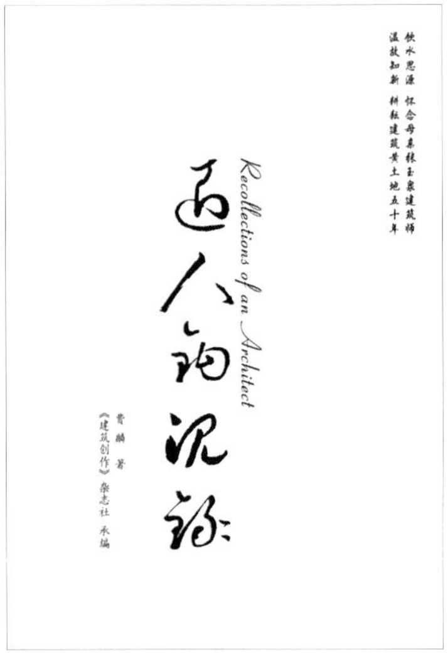

▲《匠人钩沉录》封面

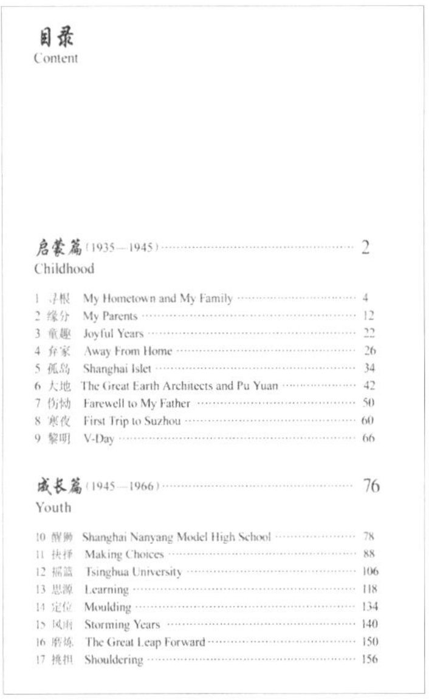

目录
Content

▲《匠人钩沉录》目录 1

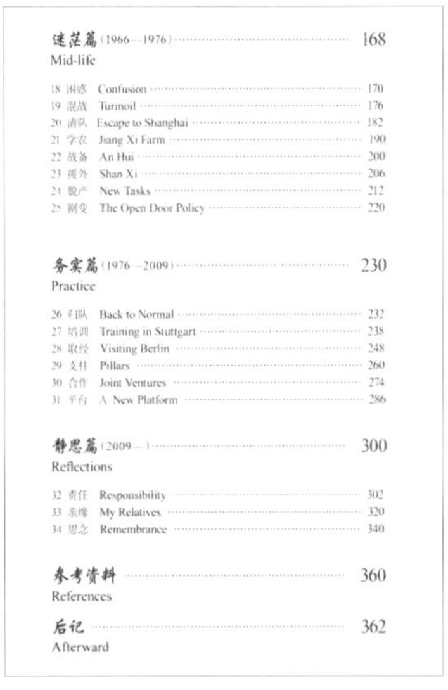

▲《匠人钩沉录》目录 2

中国没有建筑师这个称呼，在中国人事制度技术职称一览中，只有“工程师”，没有“建筑师”。外国人称邓小平是中国改革开放的“总建筑师”(Chief Architect)，可到中国人手中，就翻译成“总设计师”(Chief Designer)了！有一本中国近代重要建筑师、建筑事务所名录取名为《近代哲匠录》。清华建筑系是“拙匠之门”，梁思成先生的论文集，取名为《拙匠随笔》，吴良镛先生为清华大学建筑学院建院60周年(1946—2006)出版的纪念册题字“匠人营国”。老师是匠人，我当然是名副其实的匠人。

问：对业外人士来说，建筑师这个称谓不易被理解，能否简单地描述一下？

答：当然可以按我的理解来描述。

问：那什么叫建筑？

答：建筑是可感而无言的历史教科书。

问：什么叫建筑学呢？

答：这是一门艺术性很强的系统工程学。

问：建筑是艺术，又如何理解？

答：建筑是实用艺术，无法追求纯粹与超然。

问：建筑哲学是什么？

答：归根结底是老子的名言：“凿户牖以为室，当其无，有室之用。”

问：什么是建筑设计？

答：建筑设计是集体创作实践，没有指挥，就会杂乱无章。

问：那什么叫建筑师呢？

答：建筑师是“建筑交响乐”的指挥和艺术指导。

问：建筑师的生活有何特点？

答：建筑师经过训练，擅长求同存异；乐见理想化为现实，常因违心设计代人受过而烦恼。

问：什么是建筑师的特质？

答：建筑师爱好古今中外，难免孤芳自赏，贵有自知之明。

问：建筑师的教育有哪些？

答：三人行必有我师，学无止境；略有心得，就已到退休年龄。

问：建筑师要读哪些课本？

答：无字的为“现实生活”，有字的还数维特鲁威的《建筑十书》。听起来，老调重弹，想超越却难。

问：看得出，你对建筑还是很有感情的。那么你怎么会选择建筑学这门专业的呢？

答：这和家庭教育有关。我父母都是建筑师，1934年同时毕业于原中央大学建筑系。父亲费康和母亲张玉泉于1937年3月27日取得了建筑师的开业资格，并于1941年初在上海成立了“大地建筑师事务所”。由于耳濡目染，我从小就对建筑感兴趣，并喜欢画画。1953年考上了清华大学建筑系，从此开始了我的建筑生涯。

问：听说你的女儿也是学建筑的？

答：是的，有两个女儿都是注册建筑师。

问：那可以说是建筑世家了，三代人都是建筑师。

答：这也算是一种缘分吧，和建筑有缘。

问：这次怎么想起要写这本书呢？

答：我已过古稀之年，去日苦多。当我回首往事时，百感交集。碌碌无为，匆匆而过，在平凡的经历中，度过悲欢离合，体会世态炎凉，经历风雨磨炼，饱尝人间沧桑。我从先辈处学到了很多哲理，从同龄人中找到了很多共鸣，在新生代中看到了一线希望。我产生了一种责任感，想在脑子还未痴呆前，赶紧把我的感受留下。这些都可以作为素材，为祖国大地的百花园添铲肥料。

问：为什么取名《匠人钩沉录》呢？是自传吗？

答：我是以匠人的身份来记录一些往事，只是一些片段。虽然是按我的成长顺序来记录，但不是自传，也谈不上回忆录。我选择了各个阶段，感受较深的人和事；前后并不连贯，也没有主次；想到就写，写到就止。就是利用这本册子，把沉睡已久的往事，勾引起来，“反刍”一下而已。这也算是温故知新了。

问：既然是钩沉录，总应有一条主线吧？不然会很散。

答：是的，当然不能开无轨。我有两条主线。一条是“母爱”，另一条是“建筑”。这两条主线，往往又交织在一起，互相补充，互相衬托。

问：那采取的是什么表达方式呢？

答：考虑再三，还是以第一人称的方式，夹叙夹议，以记录史实为主。

问：是否会涉及真人真事呢？

答：那是肯定的。根据需要，有的是真名，有的是用代号。我会选择一些有纪念意义的照片、图稿、手迹、报刊新闻作为附图，加强可读性。

问：你打算何时付梓和大家见面呢？

答：2009年适逢共和国成立60周年、我大学毕业50周年、亲爱的母亲离开我们5周年。这本册子，作为记录自己50年来的成长轨迹，献给父母在天之灵，献给亲人，献给老师学友和业内曾经关心、支持我的同事同行。

18.困惑

我爱较真，对任何一件事都不愿意糊里糊涂地混过去。因此，我经常在各种“运动”中感到困惑，老觉得跟不上形势，自责自己是否思想未改造好?“社会主义改造”时如此，“整风”“反右”如此，“大跃进”如此，批“新富农”思想时也如此。没想到全国刚刚摆脱“三年困难时期”之后，正在恢复元气、重新整顿之时，竟爆发了“无产阶级文化大革命”，全国又陷入新的灾难，造成新中国史无前例的十年大动乱。我的困惑也就更多了。

在“文化大革命”爆发之前，农村开展“四清”运动，学校里也派出了工作队(教职工脱产参加)。由于我正忙于9003工程的施工配合以及验收工作，没派我去。有一次在工地检查施工质量时，我爬进了恒温室的钢吊顶夹层中，不小心摔了一跤。当时我没觉得膝盖有疼痛感，到第二天，感到不适，走路也隐痛。去校医院检查后知道，右膝盖的半月板受伤，产生了积水。大夫诊断后认为可以不开刀，采用封闭疗法，但要做长期理疗。自此，我天天去校医院理疗室，先做电烤，又做蜡疗。过了一段时候大夫教我一个自己做理疗的方法。把酒精涂在膝盖上，用火柴点燃，让酒精在膝盖表面燃烧。开始有点紧张，后来也习惯了，感觉不比蜡疗差。这样可省下去医院的时间，疗效还不错。

在我作为设计代表配合施工时，又遇到了一件事，给我上了一堂课。9003工程的楼面采用现浇水磨石，用铝条分格。在检查施工质量时发现铝条边上有许多气泡。请教了一些有经验的工程师后，才知是水泥中的石膏$CaSO_4$和Al发生了化学变化，产生了氢气H_2，分子式如下：

$$2Al+3CaSO_4+4H_2O+O_2 \rightarrow Al_2(SO_4)_3+3Ca(OH)_2+H_2\uparrow$$

于是将铝条作了阳极氧化处理，解决了气泡问题。我在中学时，对化学最不感兴趣，没有学好。没有想到在工作中却遇到了不同材料之间的化学腐蚀问题。

在配合9003工程施工阶段，我还在兼课。教研组老师曾征求过意见，问我是否有兴趣搞科研，譬如防微震、防尘洁净或恒温节能等专题。我很明确表示，还是喜欢搞建筑设计。我想，刚毕业，还缺少许多工程实际经验，不宜去搞理论性很强的科研工作。何况这些题目要有很好的结构、空调、热工理论和数学基础，绝非我所长。至于在做完一项工程设计的全过程之后做一些技术总结，倒是我应做的事。于是我抓紧时间参与了《精密仪器厂建筑设计参考图集》的编写工作。除了负责部分实例的绘制工作之外，我还编绘了有关精密光学仪器制造的工艺流程图。接着就精密恒温室的地板材料设计与施工经验，写了《浮铺聚氯乙烯卷材地板设计总结》。此二份技术资料分别于1963年、1965年由清华大学出版社出版。这时9003工程已接近尾声，我开始着手编写《9003工程设计总结(建筑部分)》，其他如结构、暖通、给排水、电气也准备分头写专业总结。记得当时有这样一个说法：做工作不做总结，等于只做了一半。有关9003工程设计中的经验与教训，我都准备记录下来。学校里提的教学与生产、科研三结合的方向，我认为是很切合实际的。建筑系没有实验室，成立了设计院，参与实际的工程设计，配合施工这就是建筑实验室，可以促进教学更切合实际。

为了写自己的全面思想与工作总结，我通过人事部门要求看一下过去写的“思想小结”与“红专规划”，便于回忆参考。在翻阅这些旧材料之时，我发现在字里行间有很多铅笔符号，在一些字上有圈有钩。我顿时恍然大悟，这在查笔迹！清华大学在“整风鸣放”时期，出了很多匿名大字报，如“庶民社”的《神·鬼·人》、《还政于民》等，这都是很有影响力的鸣放大字报。我看后深有感触。认为这些匿名者文笔非常高明，简单的几笔就把问题说透，而且是用春秋笔法，指桑骂槐。为了破案，查出匿名人，保卫科肯定对师生的笔迹进行过排查，我一定被列入了排查对象。这件无意发现的秘密，在我心中留下了一层抹不去的阴影。我有一种“原罪”感，为家庭社会关系背上了沉重包袱。我也常为妈妈祝愿，像她一个从旧社会出来的知识分子，千万不要被历次运动所伤害。“不求有功，但求无过”，成为我的一种“赎罪”信条。那时整个社会风气很“左”。小孩子从幼儿园回家后，唱的儿歌是：“小皮鞋，嘎嘎响，资产阶级臭思想！”我本来想教小孩读一些经典启蒙读物，一看都是“封资修”的东西，只能作罢，别好心办坏事，“毒害”了无辜的下一代。

根据毛主席的指示，落实“备战、备荒、为人民”的方针，1964年开始，为了应付“原子弹时期”，全国来个工业大搬家，要进行“三线”建设。当时提出了“山、散、洞”(靠山、分散、隐蔽)。一院正在负责设计德阳第二重机厂，妈妈和李桐都下了现场，从事现场

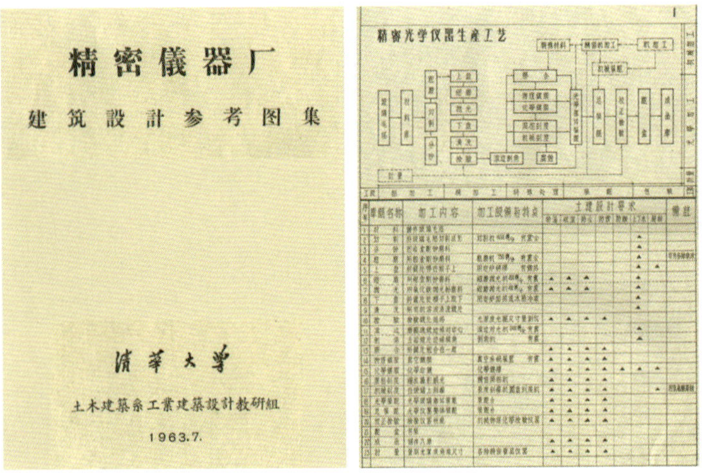

▲ 精密仪器厂建筑设计参考图集（1963），光学玻璃工艺流程（1963）

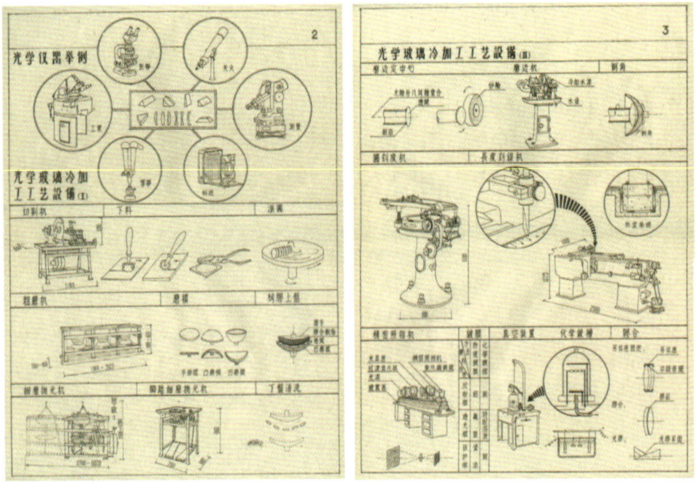

▲ 光学玻璃工艺设备

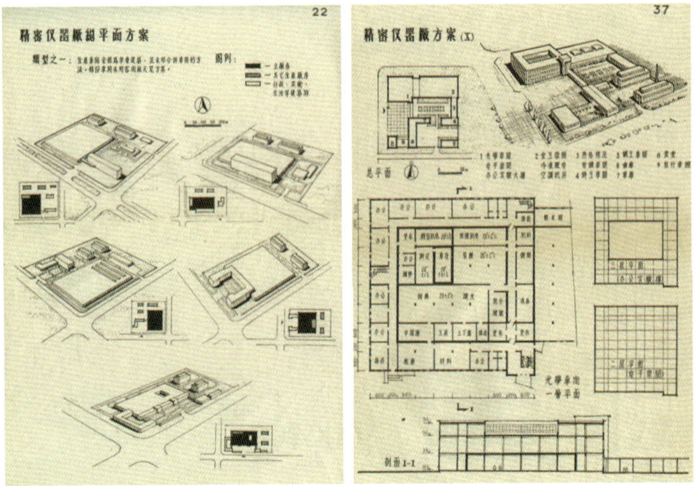

▲ 精密仪器厂总平面方案（左图），学生作业实例（右图）

设计。设计要“先生产，后生活”，“设计要以工人为主体”，提倡“干打垒”精神。为响应号召，建筑师与工程师们积极研究用单砖墙盖楼房、“旱厕上楼”等课题。在工业建筑车间中要取消钢筋混凝土的吊车梁，改用砖拱吊车梁。1965年2月4日，毛主席在《关于北京修建地下铁道问题的报告》上作了批示：“精心设计，精心施工。在建设过程中，一定会有不少错误失败，随时注意改正。”全国各设计院的设计人员纷纷下楼出院，大搞技术革新、技术革命，大力提倡“干打垒”精神。

这时我正在学校从事9003工程的收尾、验收工作。觉得全国设计行业比清华学校走快了一步。清华大学土建综合设计院成立后，正处于全国继大跃进之后贯彻“调整、巩固、充实、提高”八字方针的阶段。设计院传达了陈云副总理在杭州召开半山现场会议的精神。设计院总工程师殷一和先生带领一些老师专程到一机部第一设计院去取经，学习设计院的管理、制度等经验。学校里经过“大跃进”之后，先后建起了主楼、9003、200号(低功率原子能发电站)等工程。殷一和先生要求我们参与设计的人员，好好总结成文，并准备陆续出版一些技术文本，为今后设计工作参考。当我埋头写9003工程总结时，看到报上不断有批判文章，大有“山雨欲来风满楼”之势。1965年11月10日上海《文汇报》刊登了姚文元的文章《评新编历史剧〈海瑞罢官〉》。《海瑞罢官》是吴晗在1959年写的剧本，1961年初由北京剧团公开演出。记得毛主席曾说过，应当提倡魏征精神和海瑞精神，因为海瑞敢讲真话。我很担心，是不是像批《武训传》电影一样，又要批一下海瑞了？1966年5月8日，江青主持写作、署名高矩的文章《向反党反社会主义的黑线开火》在《解放日报》发表。5月10日上海《解放日报》和《文汇报》同时发表姚文元的文章《评“三家村”——〈燕山夜话〉、〈三家村札记〉的反动本质》。平时每天在《北京晚报》上连载的《燕山夜话》是比较受欢迎的“豆腐干文章”，怎么一下子成为反动的了？这是否又要搞一次“反右运动”？我的思想恐怕又跟不上形势了。不几日，彭真所领导的旧市委解散了。中央改组北京市委，李雪峰担任市委第一书记，吴德任第二书记。5月16日发布了《五一六通知》，宣布撤销彭真领导的“文化革命五人小组”，重新设立以陈伯达为组长、江青为第一副组长、康生为顾问的“中央文化革命小组”，隶属于中央政治局常委之下，直接具体领导“文化大革命”。从此，一场标志着否定历史、不要文化的“文化大革命”在全国展开了。

《五一六通知》批评了“在真理面前人人平等”这一“资产阶级”的口号，提出“凡是错误的思想，凡是毒草，凡是牛鬼蛇神，都应该进行批判，决不能让它们自由泛滥”。引人注目的是在通知中提出了“那些支持资产阶级学阀的党内走资本主义道路的当权派”是混进党内的资产阶级代表人物，是一批反革命的修正主义分子。这些提法促使人们猜谜，“在真理面前人人平等”是错了?牛鬼蛇神指的是谁?“走资派”又指的谁?清华园里有吗?蒋南翔校长有问题吗?根据“反右”的经验判断，运动的矛头是不能向上的，那么这次运动的重点对象会是谁呢?面对着一系列问题，我无法猜透，再一次地困惑了。

在这阶段，我有些空闲时间，在岳父家无意中看到一本《孙中山选集》，我借来看了一下。我知道孙中山的著作不会被批判，每年国庆时在天安门广场上还要挂他的像。《三民主义》《建国大纲》《建国方略》是孙中山的核心文章。他在政治上提出了军政、训政、宪政三个阶段，提出全民政治，主张五权宪法。在建设上，提出了北方大港、东方大港、南方大港和有关铁路、粮食、衣服、居室、印刷以及矿业、冶金等工业建设的系统设想，而且是图文并茂。他提出“平均地权，节制资本”。在土地定价上，他并没有让政府兴师动众、成立什么委员会去评估各地的土地价格，而是在政策控制下让市场自动调节。他要求地主自报地价，规定“地方政府则照价征税，并可随时照价收买”。地主抬高地价，则交税也高；如果有意降价避税，政府即按法收购。我真佩服孙中山的品格，又为他那深思熟虑的战略气魄和科学务实精神所感动。

In Memory of the 115th Anniversary of Liu Dunzhen's Birth

纪念刘敦桢先生诞辰115周年

殷力欣（Yin Lixin）*

编者按：2008年，笔者曾撰《仍应加强对重要学者学术生平的专题研究——刘敦桢先生忌辰40周年之际读〈未完成的测绘图〉有感》一文[①]。此文发表后，得到了一些朋友的肯定，也有一二素昧生平的读者来信，对一些中国建筑史学史上的问题提出质询和商榷。总的意见是：最好能对抗战期间中国营造学社古建筑考察工作再作一些补充说明；另有一些初涉建筑史的读者表达了想初步了解刘敦桢先生生平事迹的愿望。

适逢刘敦桢先生诞辰115周年，《中国建筑文化遗产》编辑部将与南京博物院等单位联合举行"2012年重走刘敦桢先生建筑文化遗产研究之路"学术考察及研讨活动。借此机会，笔者觉得有必要对尚不熟悉刘敦桢先生生平的读者做一点基本的介绍，并对笔者2008年的旧作做一点补充说明。谨此纪念这位中国建筑历史学科的奠基人，并对某一个具体问题做一点梳理工作，聊以抛砖引玉，希望得到业内专家学者们的批评指正。

Editor's Notes: In 2008 I had written an article titled *The Research on the Key Scholars' Biography Should Be Strengthened: Reading Liu Dunzhen's Uncompleted Mapping* on the 40th Memorial Day of his Death. After the article being published, it was recognized by some friends. I also received a few readers' letters regarding some problems in the history of Chinese architecture. In general they hoped that I could add some additional explanation on the ancient architecture investigation carried out by the Society for the Study of Chinese Architecture during the Anti-Japanese War. In addition, some readers expressed their desire to know more about the life stories of Mr. Liu Dunzhen.

This year is the 115th anniversary of Liu Dunzhen's birth. The Editorial Board of *China Architectural Heritage* will cooperate with Nanjing Museum and other organizations to hold the academic investigation and research event titled 'Follow Liu Dunzhen to Study Architectural Heritage'. I think it is necessary to take this opportunity to make a general introduction about Liu Dunzhen's life to readers who do not know him well and add some notes to article written in 2008. In memory of the founder of the studies of Chinese architectural history, I would like to review a specific topic to induce deeper research and better understanding. Criticism and comments from experts and scholars are far more welcomed.

▲ 图1 刘敦桢（1897—1968年）先生的学生时代

▲ 图2 1937年冬摄于湖南新宁，刘敦桢先生旧宅正屋及西屋（刘叙杰教授提供）

一、刘敦桢先生生平事迹

（一）刘敦桢先生年谱要略

1897年（清光绪二十三年）9月19日，刘敦桢先生出生于湖南省新宁县曹家码头后街祖宅。父刘永涛、母李氏。刘家系当地名门望族。

1909年（清宣统元年）迁居长沙，先后就读楚怡小学及楚怡工业学校。

1913年（16岁，民国二年），以官费生身份入日本正则学校。（图1、图2）

① 殷力欣：《仍应加强对重要学者学术生平的专题研究，载《建筑创作》，2008(12)。

*《中国建筑文化遗产》副总编辑

▲ 图3 刘敦桢先生设计的湖南大学教学楼（殷力欣摄）

1916年，入东京高等工业学校（今东京工业大学）机械科，次年转建筑科。

1921年，毕业，在池田建筑事务所服务一年。

1922年，回国，与柳士英创第一家华人建筑事务所于上海霞飞路。

1923年，与朱士圭、柳士英等创中国第一所中等建筑专业学校——苏州工专。是年开始古建筑实地考察（京沪杭等地）。

1925年，在湖南大学土木系执教。设计湖大两座教学楼（图3），重修长沙天心阁（此为首次接触古建筑修缮、复原工作）。

1926年，返苏州工专，结识营造业匠师姚承祖先生（字补云，日后在刘敦桢的支持下整理民间木构建筑典籍《营造法原》）。

1927年，携工专学生至南京，与刘福泰等共建我国第一所高等学校建筑系——中央大学工学院建筑系。

1928年，发表论文《佛教对中国古建筑之影响》，为目前已知刘敦桢的第一篇中国建筑历史文论。

1930年，率中大师生赴山东、河北、北平考察。加入中国营造学社。

1932年，辞中大教职，转任中国营造学社法式部主任。发表《北平智化寺如来殿调查记》、《大壮室笔记》等。

1934—1937年，与梁思成先生分别携研究生等进行古建筑遗存实地考察，其中刘先生的足迹遍及河北、山西、河南、山东、江苏、陕西等80余市县、古建筑900余处，著有《大同古建筑调查报告》、《河北省西部古建筑调查纪略》、《苏州古建筑调查记》、《河北、河南、山东古建筑调查日记》、《石轴桥述要（西安灞、浐、丰三桥）》、《江苏吴县罗汉院双塔》、《清故宫文渊阁实测图说》等各类文章40余篇。（图4~6）

1937—1942年，辗转北平、长沙、新宁、昆明、宜宾李庄、重庆等地。此期间刘先生为川滇二省古建筑考察的主要领导者，走访约计53县市，古建筑920余处；与中央博物院合作，主持古建筑模型图绘制工作。

1943—1949年，任中央大学建筑系教授、系主任、工学院院长，开展古代建筑、园林、民居考察与研究。

1950年，考察南京市内外文物古迹多处，如六朝墓葬（图7）、栖霞寺、明故宫、孝陵等。

1952年，考察安徽歙县民居。

1955年，当选中科院学部委员（今中科院院士）。

1956—1957年，所著《中国住宅概论》、《苏

▲ 图4 刘敦桢《苏州古建筑调查记》书影

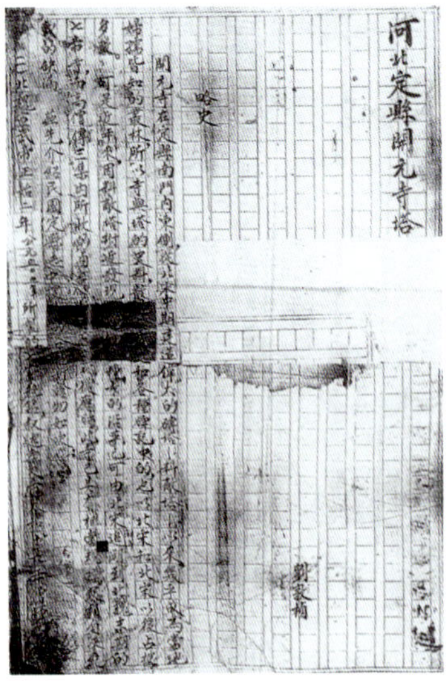

▲ 图6 最新发现的刘敦桢先生遗稿《定州开元寺塔》手迹

▲ 图5 刘敦桢绘吴县双塔效果图

州园林》引起学界高度重视；参加“建筑三史”编撰工作。

1959年，参与编撰之《建筑十年》出版。

1963年，指导研究生从事印度古建筑研究。

1964年，作为主编，领导众多学者完成《中国古代建筑史》第八稿的编写工作。

1966—1968年，在“文革”中饱受冲击，因伤病住院。

1968年4月30日，病逝于南京。

1978年12月22日，各界为刘敦桢先生隆重召开平反大会。

1979年，遗著《苏州古典园林》正式出版。

1981年，遗著《中国古代建筑史》正式出版。

2007年，《刘敦桢全景》（10卷本）正式出版。

（二）刘敦桢先生生平主要业绩

刘敦桢先生一生涉及建筑历史与理论研究、建筑设计、建筑教育、建筑遗产保护等多项工作，而以建筑历史与理论研究最为成果斐然。

1. 主要建筑作品（据东南大学建筑学院2007年统计，约22项）[①]

① 上海纱厂厂房及办公楼设计（1922—1924年），为现代主义建筑风格之工业建筑。

② 湖南大学教学楼设计（1925年），折中式文教类建筑，风格端庄典雅，突出其使用功能之便利。

③ 长沙天心阁修缮、复建（1925年），首次实践古建筑修复工作。

④ 南京中山陵光化亭设计（1931年），虽为建筑小品，至今为仿古建筑的典范。（图8-1、图8-2）

⑤ 南京栖霞山舍利塔修缮（1931年），古建筑修缮工程之范例。

⑥ 北平鼓楼平坐及角梁修整方案（1933年）。

⑦ 西安碑林修缮工程（1937年）。

⑧ 南京中央大学教师宿舍、学生宿舍设计（1946年，近30栋）。

⑨ 南京中央图书馆阅览办公楼设计（1947年）。

⑩ 南京瞻园整修规划设计（1960年），古典园林修复与创作的经典之作，体现了对古典园林艺术手法与文化内涵的精深理解。（图9）

2. 建筑历史研究（详见《刘敦桢全集》十卷）

以十卷本《刘敦桢全集》做初步统计，撰写文论约500万字（含图纸、照片等），可初步分类为以下5种。

① 古代建筑文献整理校勘工作。其中对《营造法式》、《鲁班营造正式》、明清建筑档案等建筑史料的搜集、疏证等，均有开创性的贡献。

② 古代建筑遗存考察。一生实地考察各时代各类型建筑遗存2 000余处，为重新认识中国建筑学体系积累了惠泽后世的基础资料。

③ 古代建筑通史写作。所主编《中国古代建筑史》一书，是对1930年中国建筑历史学科奠基以来的研究工作的总结，以其科学的研究方法、精当的史料甄选、完备的编撰体例和高远的读史眼界，至今为建筑历史学界的权威著作。

④ 古代建筑分项研究。在以古代官式建筑为建筑发展主干的同时，刘先生十分重视中国建筑的丰富性、多样性和地域差异等，是中国古代园林研究和民居建筑研究的开拓者之一，代表作有《中国住宅概论》（民居）、《苏州古典园林》（园林）等。（图10）

⑤ 近现代建筑。作为现代知识分子，刘先生从事古代建筑文化研究，但根本目的在于探索民族文化的复兴，故对现当代建筑现象始终保持着密切的关注。除早年从事建筑设计实践外，1949年以后，也极为重视当代建筑现象的分析研究。1959年所参与编撰的《建筑十年》图集，即是这方面的代表性成果。

3. 建筑教育

刘敦桢先生前后任教于苏州工专、中央大学工学院建筑系、南京工学院建筑系，在中国营造学社期间，也实际承担着知识传承、人才培养工作。可以说，建筑教育工作与建筑历史研究工作同样是其持续一生的事业。其立足民族传统、博采中西方现代文明成果、注重实地考察与文献考据相参照等教学原则，使其门下学生多有笃实、严谨而思路开阔的门风。在建筑设计、研究、教学等领域，均有栋梁之才出自门下。仅以建筑历史研究方向为例，即先后有辜其一、陈明达、王璧文、卢绳、叶仲玑、罗哲文、刘叙杰、郭湖生、潘谷西等为建筑史领域成果斐然的知名学者；而在建筑的其他领域，张镛森、张镈、林宣、钟训正、齐康等均曾受教于刘公师门。

4. 刘敦桢学术成就对后世的影响

刘敦桢先生是与梁思成先生并列为中国建筑历史学科奠基人，在学术界素有“北梁南刘”之称，代表了20世纪30至70年代的学术指向和时代水平。总的来说，以建筑为途径寻求民族文化之复兴，是那一代建筑学人根本的学术追求，而立足民族传统，博采世界潮流，倡导科学实证的治学方法，此为这个特定时代的必然。而具体到个人治学，我以为梁思成先生主要

▲ 图7 1950刘先生考察六朝陵墓石刻（刘叙杰提供）

▲ 图8-1 刘敦桢设计中山陵光化亭

▲ 图8-2 刘敦桢设计中山陵光化亭局部

① 东南大学建筑学院：《刘敦桢先生110周年纪念》，非正式出版物。

▲ 图9 1965年12月29日，刘敦桢先生带领参加编写《中国古代建筑史》五院校青年教师参观南京瞻园（左起：侯幼彬、乐卫忠、喻维国、刘敦桢、杜顺宝、陆元鼎、马秀芝、相道明、叶菊华）（刘叙杰提供）

▲ 图10 1953年刘敦桢教授摄于苏州拙政园（吴科微摄，刘叙杰提供）

以其思想的活跃、灵动，开时代风气之先；刘敦桢先生则更注重学术体系建设，将远大的目标落实在基础工作的点滴积累之中。这个学科之有梁刘，恰如盛唐诗坛之有李杜，后人很难评判二者学术成就的高下，却很应该将这有个性差异的二者视为缺一不可的整体，从中获取更全面的认识和启发。

二、问题讨论：关于《未完成的测绘图》

由于某种历史原因，梁思成先生在公众的知名度更大，由此也有意无意地忽略了刘敦桢先生的贡献。以清华大学出版社2007年出版的署名为“梁思成等著”的《未完成的测绘图》[①]一书为例，笔者以为其无论在作者署名上，还是林洙先生为该书所撰“前言”等文字中，似乎都更加突出梁思成先生的个人贡献，而对刘敦桢先生及营造学社其他成员（陈明达、莫宗江、刘致平）的工作均有不同程度的忽略。为此，笔者曾在《建筑创作》杂志2008年第12期中撰文《仍应加强对重要学者学术生平的专题研究》提出商榷。现将拙文主要内容摘录如下。

▲ 图11 刘敦桢率陈明达等考察昆明松花坝——法界寺（殷力欣提供）

“……我很希望这册《未完成的测绘图》能对此今后的建筑史学史研究有较大的补充和帮助。然而，我读后多少有些失望。现将我的感受简述如下。

（1） 此书首次发表了抗日战争期间中国营造学社对云南、四川两省约53个县市的重要古建筑的未完成测绘图稿二百余张，涉及寺庙、民居、陵墓、桥坝等门类，并配有大量的历史照片，无疑是一份弥足珍贵的中国营造学社史料。这批图纸侥幸躲过了抗战、“文革”等历史劫难，在尘封了六十年后终于重见天日，真是建筑史界的幸事，在此，我们应对林洙老人及清华大学建筑学院资料室的辛勤工作致以敬意和感谢！

（2） 不过，可能是林洙先生年事已高而助手们并不熟悉史料的缘故吧，出版之际却未能对这批资料作更详细的甄别工作，致使读者只知道参加绘图的大致有梁思成、刘敦桢、刘致平、莫宗江、陈明达等人，却不知具体图稿的绘制者究竟是谁，这不能不说是一个遗憾。假如我们能参照过去已可确认的这几位前辈的绘图手法、笔迹和中国营造学社当年的考察报告、日记等文献以及他们的治学方向，无论是否署名，虽不能完全查实，但这二百余张图稿的具体作者至少有2/3是可以搞清楚的。

（3） 所谓“未完成的测绘图”，实际上其中有相当数量的图稿在后来是有完成稿的，如刘敦桢先生绘制的云南马鞍山民居图稿、陈明达先生绘制的汉阙、崖墓图稿等，不仅后来完成了，而且收录在梁思成先生撰《图像中国建筑史》（*A Pictorial History of Chinese Architecture*）、刘敦桢先生主编《中国古代建筑史》等著作中，正式发表过了。对此，此书是应该注明的。

（4） 此书署名为“梁思成等著”而不提其他人，这似乎不妥。可能编者的理由是书中配有梁思成先生《西南建筑图说》一文为文字说明，可以认定梁先生是主要作者。但是，既然书名是《未完成的测绘图》，则书的主角自然是图而非文字，

① 梁思成，等：《未完成的测绘图》，北京，清华大学出版社，2007年。

目前来看，很可能这二百多张图稿中恰恰是梁先生绘制的最少；而且，《西南建筑图说》一文的写作在当初并不是为这批图稿作说明的[1]，放在这里未必妥当。如果一定要为这部分图稿选配说明文字，我以为从刘敦桢、刘致平、陈明达等的相关文章（如刘敦桢的《西南古建筑调查概况》等）中摘选可能更为恰当。因此，此书似以署名“中国营造学社”为最妥当。

笔者近年也做了一些中国营造学社史料的整理工作，以我之浅见，似可为此书做几点补充说明。

（1）该书1~35页“云南寺庙”部分。这部分涉及1938年10月10日至1939年1月25日之间，中国营造学社的两次云南古建筑考察，都是刘敦桢先生主持，主要率莫宗江、陈明达二人完成的。其中梁思成、刘致平二人可能参加了昆明附近的考察，而其余楚雄、丽江、宾川、姚安、安宁等地的考察均未参加。（图11、图12）

（2）该书37~61页“四川寺庙”部分。这部分图稿主要涉及1939年9月至1940年2月的四川考察，由梁思成、刘敦桢先生共同主持，而由于梁思成先生的身体方面的原因，以刘敦桢先生为主要负责人的时间更多一些。考察后的绘图主力是莫宗江和陈明达二人，卢绳、王世襄、罗哲文等人可能也参加了少部分考察，如南溪县李庄旋螺殿等。（图13）

（3）该书63~71页“会馆”部分。这部分图稿主要出自刘致平先生手笔。

（4）该书第73~95页“民居”部分。这部分图稿涉及云南、四川两省的民居类建筑。其中“马鞍山民居”图稿可确认是刘敦桢先生所绘；“西南地区民居做法”等图稿可确认是刘致平先生所绘。

（5）该书97~109页“塔幢”部分。这部分图稿不多，似分别出自梁、刘、莫三人手笔，而以莫宗江先生为主。

（6）该书第111~197页“陵墓”部分。这部分图稿甚多，除有1939—1940年的中国营造学社四川考察成果外，还涉及当时由中央博物院主持，邀请学社陈明达、莫宗江参加的东汉彭山崖墓、前蜀王建墓的考察。其中四川汉阙、崖墓约30张图稿均为陈明达先生绘制；王建墓57张图均为莫宗江先生绘制。

（7）该书199~207页“桥坝”部分。这部分图稿不多，只涉及昆明龙华乡松花坝和四川灌县（今都江堰市）安澜桥两处，虽无署名，从治学方向分析，有可能分别出自刘敦桢、陈明达二人手笔。

（8）该书209~219页“山西永济县永乐镇永乐宫”部分。这部分图稿由王世仁、杨鸿勋二人绘于20世纪50年代，虽亦属珍贵，却不属于营造学社范围，似乎应另行出版，而不该在此书中出现。

笔者在此直言对此书的看法，并不是想为梁思成先生以外的刘敦桢、刘致平、陈明达、莫宗江等人争取名分——这些学界前辈的在天之灵也肯定是不介意区区署名之权的，但对于我们这些后学晚辈而言，梳理清楚他们的在那个时期的具体工作，至少可以明了几件事。

（1）在抗日战争期间的中国营造学社中，中国营造学社云南、四川两省古建筑考察主要是由刘敦桢先生主持的。

（2）结合其他文献可知：梁思成先生虽因身体和社会事务等原因缺席了几次田野考察，但他完成了《图像中国建筑史》等研究著述，其意义是非常大的。或者，据此可以推测：在抗日战争期间，梁思成先生已把他的工作重点由实地考察转向潜心著述了。

（3）如果将这些图稿的作者与其日后的研究相参照，可以看到：在抗日战争期间，中国营造学社的主要成员除继续集体合作进行田野考察外，每个人都逐渐形成了自己的研究方向：梁思成先生开始写作《中国建筑通史》；刘致平先生在民居研究方面下了很大的功夫，并在清真寺建筑研究方面取得成果；莫宗江先生在实践中形成逻辑谨严而富于艺术感染力的治学方法；陈明达先生将汉代石阙、崖墓考察与中国木结构建筑发展史相联系，潜伏着他治学的独到之处……而刘敦桢先生呢？刘先生一生在建筑通史、民居、园林等领域均有开创性的贡献，其中

▲ 图12 镇南县马鞍山民居（殷力欣提供）

▲ 图13 雅安高颐墓阙（阙前为陈明达，刘敦桢摄）

① 据《梁思成全集（第三卷）·西南建筑图说（一、二）》注释，此文系资料汇编性质，并非专为测绘图稿撰写的说明。

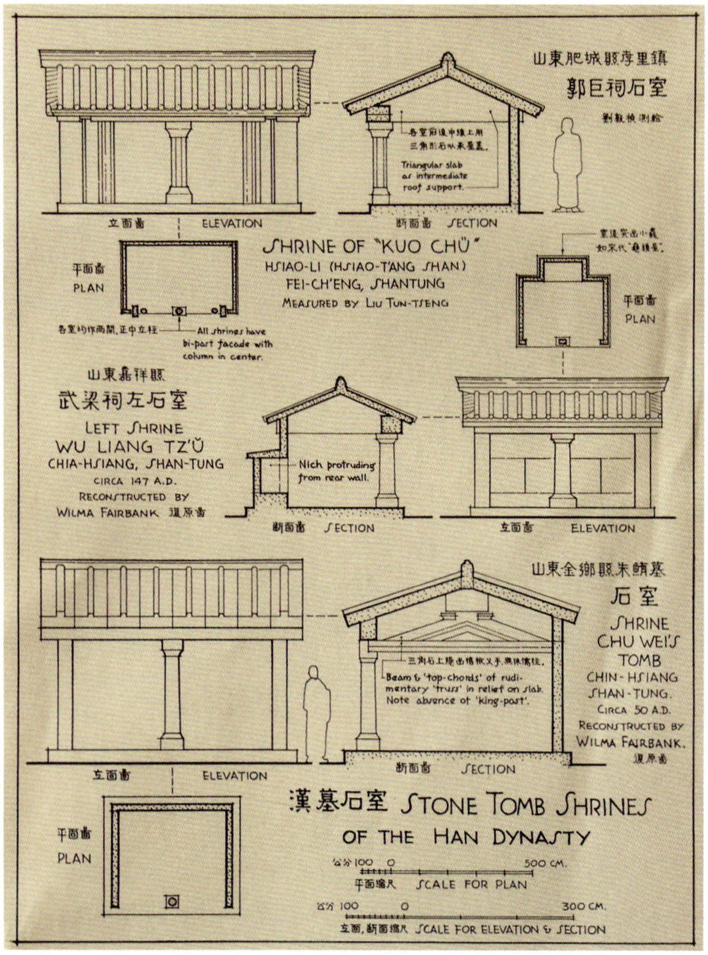

▲ 图14 梁思成《图像中国建筑史》之插图："郭巨祠石室"图，署名为刘敦桢

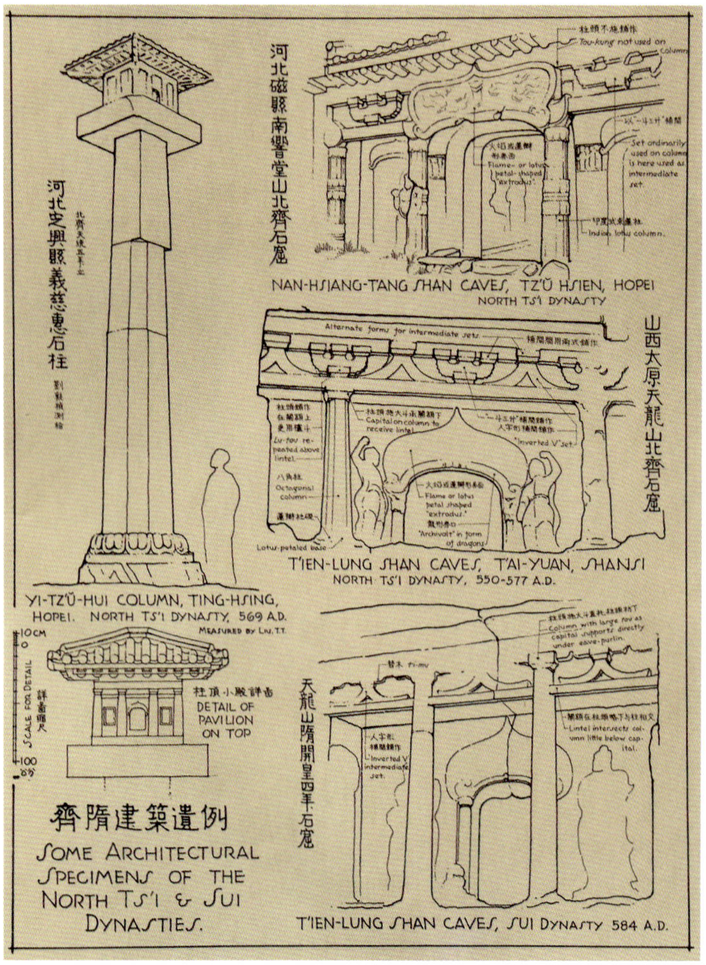

▲ 图15 梁思成《图像中国建筑史》之插图："齐隋建筑遗例"图，署名为刘敦桢

以"马鞍山民居"图稿为标志，他对民居建筑的关注正起始于抗日战争期间。"

对于上述拙文，笔者得到了一些读者和学友的一些质询，主要集中二点：其一，川滇二省的古建筑考察以刘敦桢先生为主要领导人的证据何在；其二，笔者对书中这批未署名测图的作者做出了一些判断，其根据何在。

对于第一点，其实很简单，我们查阅《刘敦桢全集》第四卷之《昆明附近古建筑调查日记》、《川康古建筑调查日记》、《西南古建筑调查概括》以及林洙《扣开鲁班的大门》，可看到明确的记载：1938年10—11月昆明市及近郊古建筑考察为刘敦桢率刘致平、陈明达、莫宗江参加，梁思成未参加；1938年11月滇西北9县古建筑考察为刘敦桢率陈明达、莫宗江参加，梁思成、刘致平未参加；1939年9月至1940年2月四川（当时分为四川、西康二省）古建筑考察为刘敦桢、梁思成率陈明达、莫宗江，刘致平未参加，而这次考察过程中，梁思成先生因病迟到，考察过程中以刘先生统领之力尤多。此外，刘致平先生之考察民居类建筑、成都清真寺，莫宗江先生代表营造学社参加中央博物院成都王建墓发掘，陈明达代表营造学社参加中央博物院四川彭山汉代崖墓考察等，也都有明确的文献记录。

对于第二点，可补充说明。

（1） 笔者已提到：这一时期的梁思成先生的主要精力用于《中国建筑史》、《图像中国建筑史》的写作，而这个工作也是有学社其他成员配合的。其中后者的插图中恰恰多是所谓"未完成的测绘图"的完成稿，而这些"完成稿"中有些是有具体作者署名的。计有：

a. 第28页，"汉代崖墓建筑及雕饰"图，署名为陈明达；
b. 第29页，"郭巨祠石室"图，署名为刘敦桢（图14）；
c. 第33页，"齐隋建筑遗例"图，署名为刘敦桢（图15）；
d. 第49页，"山西五台山佛光寺大雄殿"图，署名为梁思成等；
e. 第121页，"云南镇南县马鞍山井干构民居"图，署名为刘敦桢（图16）；
f. 第183页，"河南登封县告成镇测景台"图，署名为刘敦桢（图17）；

其中a、e两署名图之底本，正见于《未完成的测绘图》之第140页、第74页（图18）。其他一些未署名图，如四川雅安等地汉阙、彭山崖墓、成都王建墓、昆明麦地村民居等，我们如果查阅刘敦桢、陈明达、莫宗江、刘致平等的其他著述，也都可找到一些已经完成的图稿。今中国文化遗产研究院藏有一套中国营造学社李庄时期绘制的1/20模型图晒蓝图副本，其中川滇二省部分多有陈明达等的个人署名，在其他省份古建筑图中，显然出自刘敦桢手笔的登封测景台、马鞍山民居、郭巨祠石室等也赫然在列。

（2） 另据《刘敦桢全集》第四卷《云南西北部古建筑调查日记》载："1940年6月，中央博物院筹备处（一下简称中博院）与中国营造学社（一下简称中营社）双方协议，由中营社指派研究员及书记各一人，调查西南诸省古建筑及附属艺术，供中博院制造模型与陈列展览之用……1940年7月，本社排本人担任此项工作。"（图19）

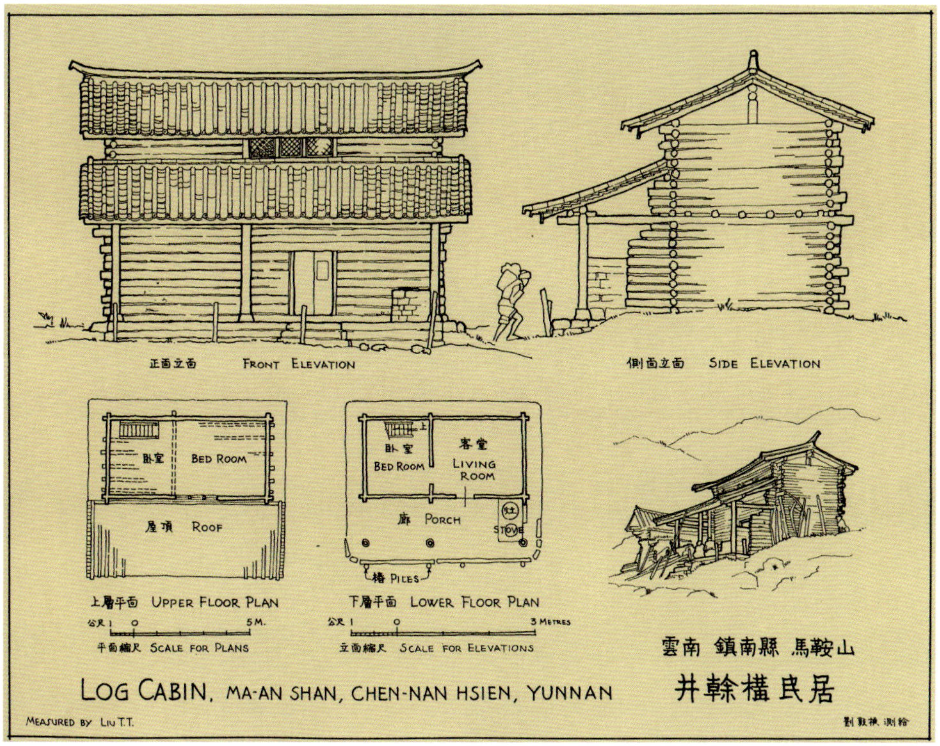

▲ 图16 梁思成《图像中国建筑史》之插图："云南镇南县马鞍山井干构民居"图，署名为刘敦桢

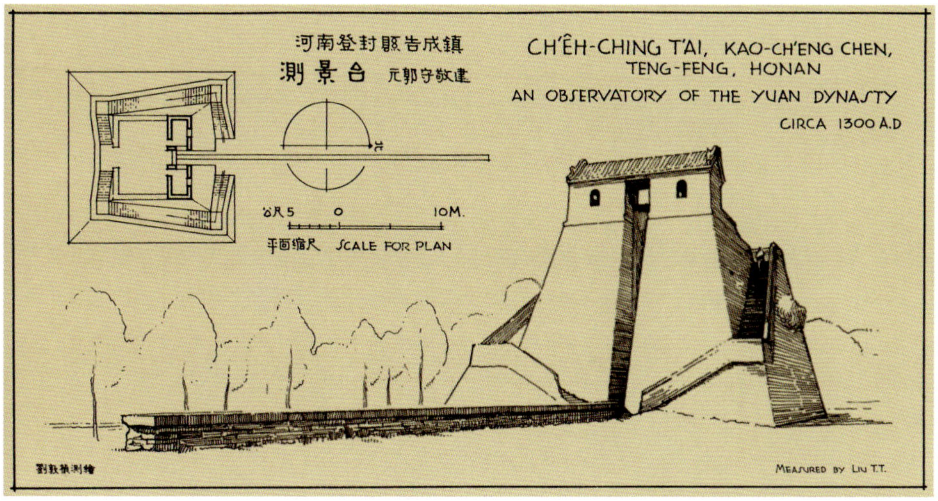

▲ 图17 梁思成《图像中国建筑史》之插图："河南登封县告成镇测景台"图，署名为刘敦桢

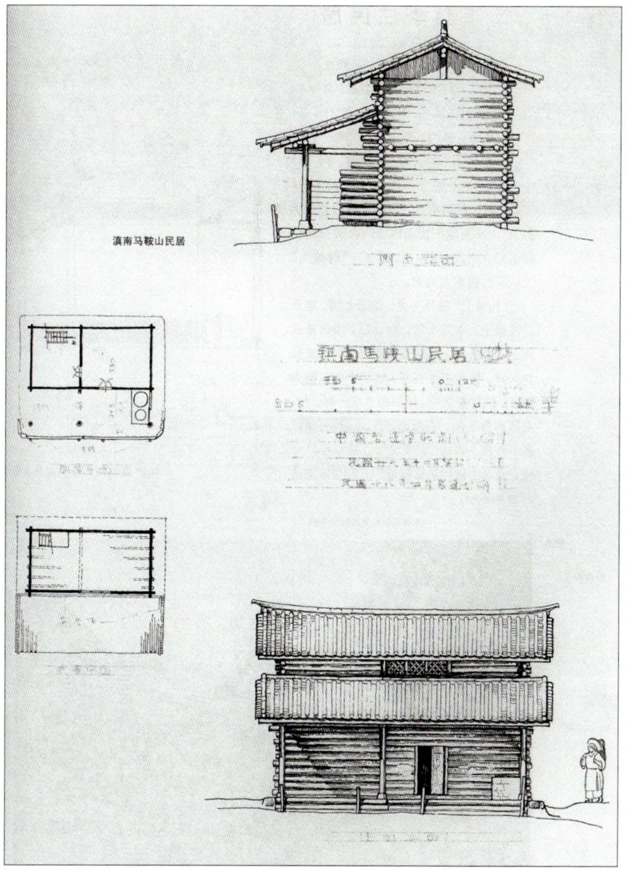

▲ 图18《未完成的测绘图》所载云南马鞍山民居图稿

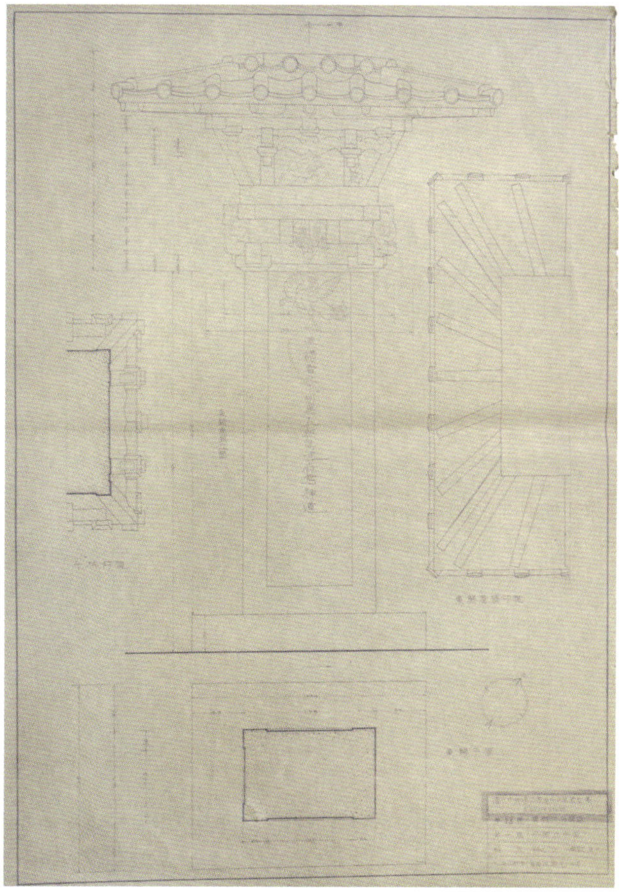

▲ 图19 刘敦桢主持绘制古建筑模型图工作：陈明达绘四川沈府君阙

由此可知，在这一时期的中国营造学社的绘图工作中，至少川滇二省部分的主持人也是刘敦桢先生。

此外，以往谈到中国营造学社的工作，大家往往有一个印象，刘敦桢先生很少亲自动笔绘图。从笔者此次的文献梳理看，如上述有刘敦桢明确署名的四幅测绘图所示，刘先生不仅曾亲自绘图，而且这些图很说明了其学风之严谨和艺术上的精深造诣，尽管为数不多。（图20）

▲ 图20《未完成的测绘图》

Scent of Scrolls Cultural Reflections on Architectural Culture Series of Ma Guoxin

书卷清香 意切情真 马国馨院士建筑文化系列读物的人文感悟

本刊编辑部（CAH Editorial office）

▲《礼士路札记》2012年1月出版

马国馨何许人也，只要打开中国与建筑和文化相关的网站，就会出现这样的字样：1942年出生于山东省济南市，1965年清华大学建筑系毕业，现任中国第一个与共和国同龄大型设计院——北京市建筑设计研究院总建筑师，1991年获清华大学工学博士学位，1994年被建设部授予全国工程勘察设计大师称号，1997年当选为中国工程院院士，2002年获“梁思成建筑奖”。作为新中国建筑设计界排在最前列的著名建筑设计大师之一，四十多年来他先后完成了一批国家重点工程的设计，尤以毛主席纪念堂（1976）、国家奥林匹克体育中心（1990），首都国际机场二号航站楼（1999）、北京宛平中国人民抗日战争纪念碑及雕塑园（2000）等为最典型。本文并非要全面解读马国馨院士在设计与科研上的诸多贡献，只针对马国馨院士近年来编著出版的建筑文化系列读物作一阐释。本文不是评价，仅仅是读书心得，权作为对认知马院士如何拯救“失语”的中国建筑文化所付出实践的一种崇尚。受编辑部之托，由我执笔写此文旨在向马国馨院士的建筑文化思想致敬。

一、《礼士路札记》一书读后感言

2012年元月，春节前一天，带着油墨香的马国馨院士著作《礼士路札记》面世了，该书由天津大学出版社出版，是马总多部建筑文化系列读物中又一新开篇之作。这些年我和《建筑创作》杂志社同人虽在马总的支持下出过一些书，也承编了马总的书，但由于2011年的一些特殊原因，我竟不知马总这本新文集的最后名字。礼士路系北京市建筑设计研究院的所在地，它是20世纪50年代初经统一规划设计建造起来的，集办公、居住和生活为一体的城市街道。马总以礼士路为题所做的札记，话外音是中国建筑大事将在这里得到印证。对此也正如马总在后记中所说，共辑录了近20年来写的一些评论和序言，共43篇，主要内容涉及城市和建筑有关的人、事件、作品或著作。联想到中国城市化与建筑界状况，一路急奔如同自家放出的狗在咬自己，急切如律令地出设计作品、出奖项乃至出论文，无暇顾及自身的沉淀及喘息之机，放逐了应有的文化守望精神，有些学者甚至忘却了人性、正义与伦理，这种没有理性、丢掉精神立场的做法如何能有好的原创性作品呢？马国馨院士的《礼士路札记》一书能让读者感受到理性之光，因为理性是为了追求真理而存在的，有了对真理的追求，人们的生活才不再盲目。真理是信仰目标，而理性生活是为了实现并验证生活中的真正信仰，只有拥有理性和真理，人们才可明辨是非，中国建筑设计乃至文化追求才能不问苍生更不信鬼神，才有向往崇高的文化追求，建筑师及建筑学人才有更高的作品表现。马总《礼士路札记》一书的文字之所以耐读，重在体现了马院士独到的视角及他的人文精神，文笔中虽少有犀利的文字，但以他的写作及书画方式，表达出的内容让我悟到，他不仅是一位优秀的建筑家，对于建筑文化及建筑评论他更是一位英雄。是的，我能深深感到，读他的作品可解读到何为一个职业建筑人；勇士总比懦夫好，思考总比麻木好，放弃利益总比自保利益好，介入现实比自诩清高好！《礼士路札记》中《建筑摄影审美再探》是马总2002年8月为我主编的《首届中国建筑摄影大奖赛作品集》所写的序言。这篇写于十年前的序言，现在读来也分明感到他作为一介建筑设计大师在建筑摄影上的独到见解。在文中他将建筑的光、色彩予以技巧与哲学上的深刻阐释，“一个方案犹如一曲交响乐，是结构和光的空间王国”，马总对建筑摄影的认知显示出他对中国建筑光影意境的深刻认知。

《特色取胜创新途》是马总在2006年为张钦楠先生的《特色取胜》写的书评。他在一边充分赞赏并敬佩建筑界前辈张钦楠先生为中国建筑理论发展做出的贡献外，还极为坦诚地向张先生请教了关于中国“风水学”的迷信色彩的问题。马总认为，这一点要引起关注，要反对文化的猎奇，要加快科学理性与环境生态学的建立；对于张钦楠提到的“从古代起中国就是用贫资源建造高文明”的说法，马总也指出：对于资源最大的消耗还应该是全球一些发达国家19世纪以来在实现工业化和现代化的过程中对不发达国家的掠夺，体现了他独到的中国建筑文化精神。

《美院新馆述与思》，此文表达马总对历时六载（2002—2007年）建设的中央美院美术馆工程的关注，文中尤其介绍了基建办主任谢小凡先生的敬业精神。他评价道，作为业主方代表，在工程圆满完成时，拿出一份10万字的专题报告，所涉及的内容，对建设各方都是有大益处的。于是，马总感言“相形之下，建筑师为之汗颜。全国每年有那么多建设项目，有那么多‘标志性工程’，但在火爆热闹之后又有几个工程拿出了实事求是、细微详尽并提出有见地观点的报告呢？”该文更可贵处是，马总以谢小凡为例，实则向建筑师的成功之道做出解读：一个建筑师要呈现他的意志，除了与相关专业配合，更重要的是心中装着如何实施，才能成为伟大的艺术家，依靠“集体”，呈现原则，应该是想成为大师的每一位建筑师应具备的核心素养及成功之路。

二、高品位的国家文化不可缺失建筑文化

时代呼唤能坚守的思想者，时代呼唤中国建筑文化的旗手！纵观马国馨院士的建筑人生，可感悟到他是书里书外都妙趣横生的人，他是最懂得学问该如何做的人，他是最能抓住建筑文化之“魂”的人。作为一个谦虚的学者，他在他的著作书单中总是少列写了若干部，尽管如此，在《礼士路札记》中他一口气也开出了十本著作的清单。一件事、一个场景、一个片段，能留下记忆，更可带来美好憧憬。作

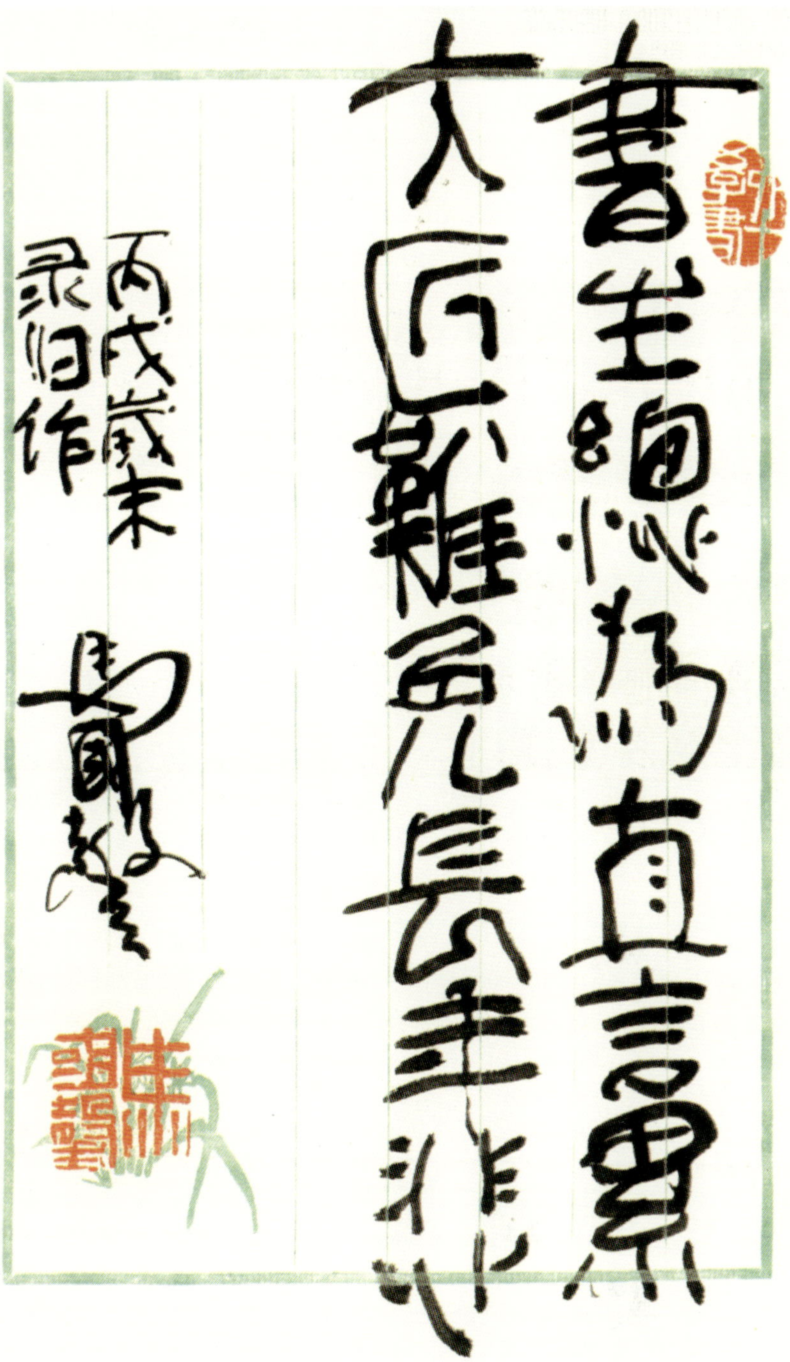

▲ 按2001年5月1日《怀念陈占祥》先生诗文录

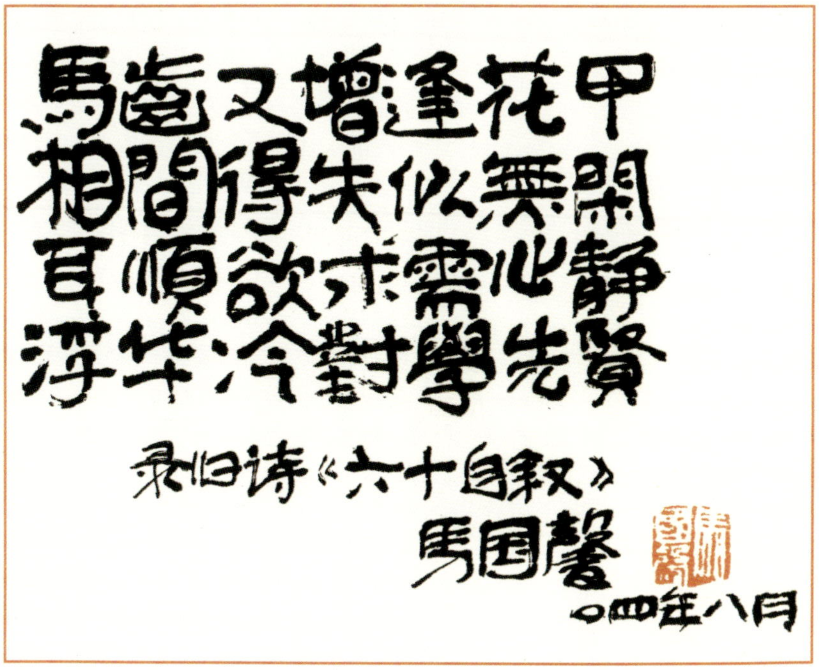

▲ 原载马国馨录《班门弄斧集》及《院士春秋》（第一卷）29页

▲ 笔者与马院士合影（2003年9月于五台山）

为一代设计大师，他奋力成为中国建筑文化普及的践行者，基于他对建筑文化的理解使我们看到：有真情，才有真相；有观点，才有力量；有碰撞，才有火花；有创新，才有生命。马总的著述极其丰富，广泛涉及文化学、城市学、建筑学、摄影学、人文科学，既有代表建筑学术水平的论著，更有一批建筑文化著作，如《班门弄斧集》（共三卷）、《学步存稿》（2008）、《寻写真趣》（2009）、《学步续稿》（2010）、《寻写真趣2》（2011）、《清华学人剪影》（2011）。确实，读马总的书，给人以思考的风景。记得柏拉图说过："思维是灵魂的自我谈话"思考的过程，就是自我否定的过程、自我提高的过程、自我涵养的过程。在思考的过程中，我们可以找到差距、看到不足，让灵魂更加纯粹，思想更加向上，精神更加饱满，目标更加明确。应予以说明的是马院士的建筑文化立场观倡导文化不拘于一派，学科领域不限于一门。早在2002年"建筑与地域文化国际研讨会"上，马院士就演讲了"创造中国现代建筑文化是中国建筑师的责任"。他从全球化和文化的融合与冲突出发，研究了中国建筑师的历史责任。他认为：建筑文化的创新必须面向现代化，面向世界；建筑文化发展不可盲目迷信"洋建筑师"，要防止这种建筑文化上的"错接"模式；中国建筑师应该成为中国现代建筑文化的主体，这是中国建筑师无法回避的历史责任。

如何拯救"失语"的中国建筑文化，从马院士的一系列著述中可体味到，他在正视中国建筑文化的某些"沦陷"局面后，特别从全球化视野中寻求出路，并积极投入扎根现实语境的文化批评中。有人说，一种记忆的结束之处，往往是另一种记忆的开始之时，我很赞赏这种态度。在马总更多的建筑文化论述中，很看重以诗般敏感表达建筑人生的主题，其中不乏令人印象深刻的建筑作品、建筑师们繁复的世态人生，因为它要回答何为引导我们走向未来的建筑文化力量？何为中国建筑学人需增强的觉醒与觉悟、信心与定力？何为最恰当地引导公众文化自觉的决心？建筑既是作品又是一种存在，只有在与真理并肩而行时，方显其和谐统一性，只有融入历史，才富于内涵，才有希望成为文明演进的标记。读马总的建筑文化读物能见事见人，他的文章有思辨、有砥砺，更有对学问的切磋，体现了他独到的跨越建筑学意义的学养与人生智慧，高深而厚重。古人云："书犹药也，善读可医愚。"歌德也曾说："读一本好书，就像和一位高尚的人对话。"因此，我联想无论是建筑师还是建筑学人要在知识进入爆炸时代培养自己的书卷气及读书学习氛围：在一个崇尚学习的团队中，人人以勤奋读书为荣、以轻视读书为耻，那些碌碌无为不愿读书的人、那些热衷应酬不勤读书的人、那些心浮气躁不深读书的人、那些食而不化不善读书的人就会因没有创意而混不下去。我以为，马总的书能让那单纯无声的文字长出翅膀来，有极尽思索捕捉一切之意象，其建筑与城市的人文色彩，有时恰如真挚灿烂的歌唱。记得多年前，马总曾问我，写作是不是幸福的，我只说那是我的读书笔记；现在我想说，作为一介大师马总还能虔诚地写作，分明并不是要单纯地表达和歌颂，而是为了建筑生命中那一份份崇高的欢愉与责任。

文以载道，职责所系。中国建筑需要怎样的文化自醒，中国建筑需要怎样的社会呼唤，都反复出现在建筑大家马国馨院士的诸作品中。求索实质上是一个求真的过程和对建筑大千世界系统的描述，这其中有他自己的创作观，有他的世界视野，有他的赞许，也有他独有的批评建言，我以为这些是一种极为可敬的文化自觉。费孝通曾解释说，文化自觉是指生活在一定文化中的人，对自己的文化有"自知之明"，即明白它的来历、形成过程、特色和发展趋向，从而增强自身文化转型的能力，并获得在新的时代条件下进行文化选择的能力与地位。我相信读者会从书中体味到马院士的笔功扎实，行文自然，会有一种思想的力量在感染着读者。在我对马院士不太准确的观察中可感知他的学问结构：史学与文化学是其地基，建筑技术与方法是其屋棚四壁，近现代人物是房中的过客，而独到的思维及想象力是其柱石。我以为他的论著通篇是为行业的建筑师"大厦"筑起了地基，体现了一种为建筑文化传承的社会责任，这些尤其对建筑媒体是教益巨大的财富。

我崇拜大师，但我心中的这种崇拜，源自那些将学习作为一种精神追求的人，他们能让人有酣畅淋漓之感，他们是人类精神的高地，在人类沉迷于物欲与竞争，大有"泰山崩乎，哲人其微"的境遇面前，他们能让我们听到智慧之声，大师的平凡与本质必须是那些以肯定人的尊严与价值为己任的人，是懂得珍惜命运与爱的人，是愿为我们撑起文化天空的人。马国馨院士在设计创作之余，写就的每一部集哲理与思考的建筑文化读物正具有国家文化特征，与在当下文化大发展某些虚火热闹的"乱象"形成对照。中国要再塑文化强国形象，何为与之相应的高素质、高品质

▲《奥林匹克与体育建筑》（2010）

▲《班门弄斧集》（2003）

▲《班门弄斧续集》（2005）

▲《画忆百年清华》（2011）

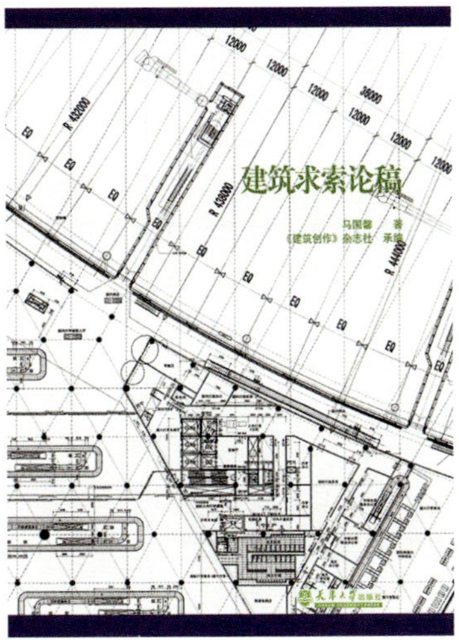

▲《建筑求索论稿》（2009）

▲《体育建筑论稿——从亚运到奥运》（2006）

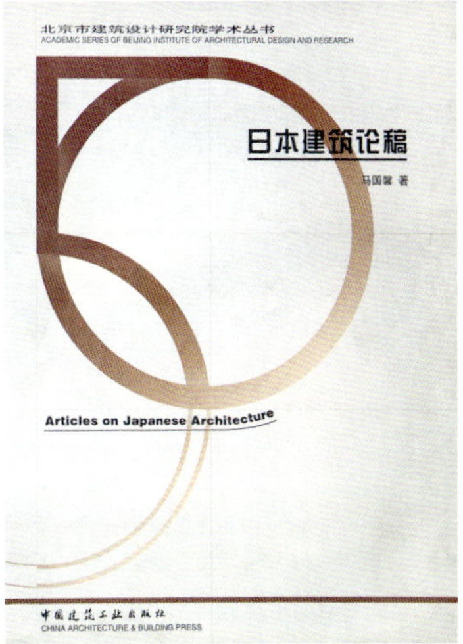

▲《日本建筑论稿》（1999）

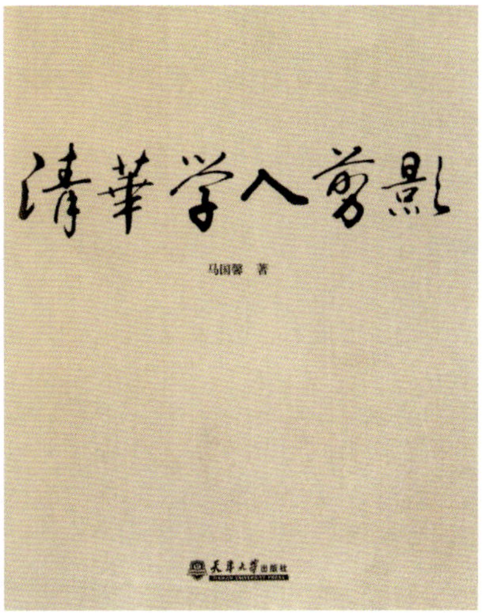

▲《清华学人剪影》（2011）

▲《学步存稿》（2008）

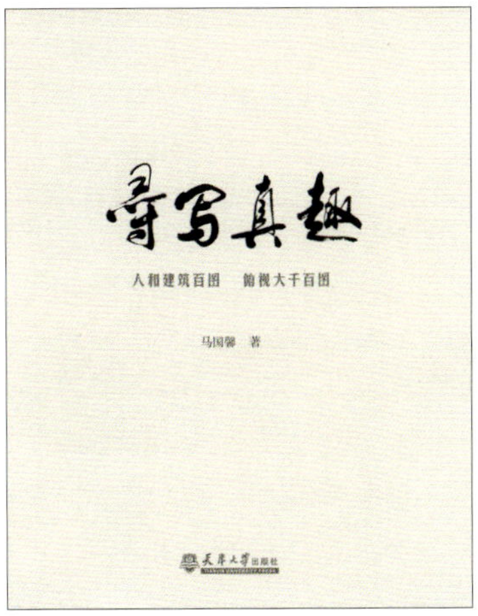

▲《寻写真趣》（2009）

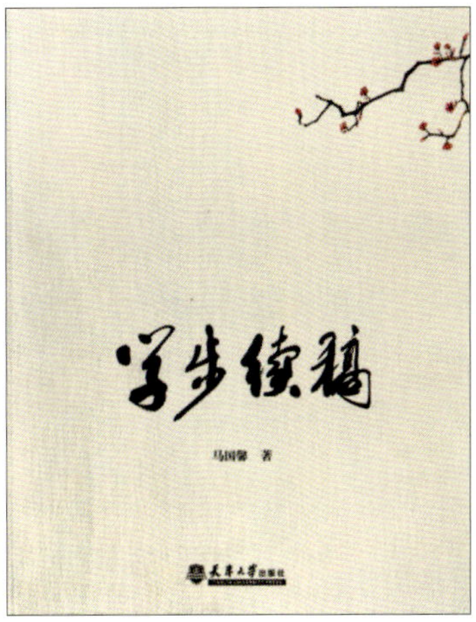

▲《学步续稿》（2010）

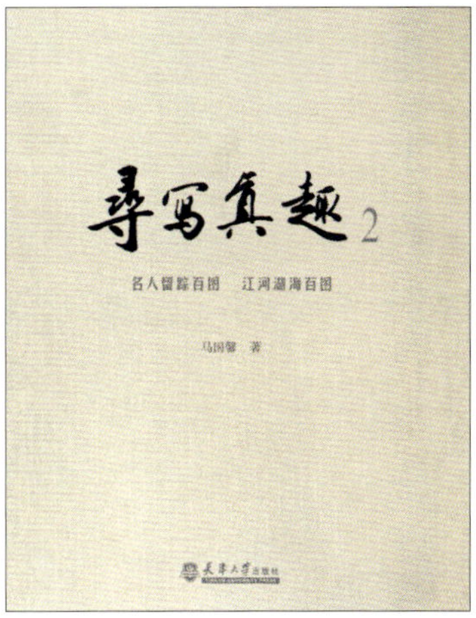

▲《寻写真趣2》（2011）

的国家文化，马院士用他的耕耘和思考告诫读者，中国建筑师要率先对中国建筑文化尊崇并敬畏，只有这样，中国建筑文化才有望一步步崛起。

“书卷清香，意切情真”，这是我对马院士建筑文化系列图书的总感受，独到、细微、深沉、创意更使读者从他的文字中能体味到诗般的美、画卷的心、风的歌唱。

（金磊执笔）

▲《建筑中国六十年》丛书（2009）

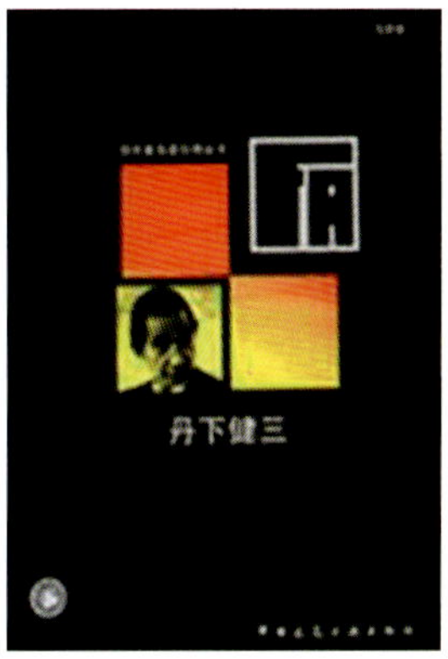

▲《丹下健三》（1989）

Preserve the Endangered and Pass Them on to Future Generations
Record on the Forum Commemorating Liang Sicheng's 110th Birthday & the 17th Annual Conference of the Committee of Traditional Architecture and Gardens, Chinese Society of Cultural Relics

存亡续绝　薪火相传
纪念梁思成先生诞辰110周年暨中国文物学会传统建筑园林委员会第十七届年会学术会议侧记

本刊记者（CAH Reporter）

编者按：中国是四大文明古国之一，具有五千年以上的历史和灿烂的文化。其文物史迹丰富，是文化赖以发展创新的宝贵借鉴。传统建筑与园林是民族优秀传统文化的重要组成部分，它沉淀了形态艺术与空间艺术，而备受国际学术界的肯定。中华文化发展的历程表明，传统建筑、园林作为一种文化遗产，它将永续而不可湮灭。中国文物学会传统建筑园林研究会已历经27载，在近30年的发展与求索中，一直致力于保护、继承和发扬祖国的传统建筑与园林艺术，为中国建筑文化遗产的理论与实践做出了应有的努力。2011年12月8日—9日在中国文化遗产研究院举行了纪念梁思成先生诞辰110周年暨中国文物学会传统建筑园林委员会第十七届年会学术会议，时任国家文物局局长单霁翔出席会议并做了重要讲话。《中国建筑文化遗产》对此次会议进行了全程跟踪报道。

Editor's Notes: China is one of the four oldest ancient civilizations with five thousand years of history and splendid culture. The rich historic and cultural relics are valuable references for the development and innovation of culture, providing precious examples for cultural exchange and scientific research both at home and abroad. Traditional architecture and gardens are important parts of the excellent traditional culture that we have, as they integrate the morphological art and the space art and are affirmed and advocated by the international academia. The course of the development of Chinese culture shows that, as cultural heritage, traditional architecture and gardens are sustainable and will never disappear. The Committee of Traditional Architecture and Gardens in Chinese Society of Cultural Relics has founded for 27 years. In nearly 30 years of development and research, the committee has always dedicated to protecting and inheriting our traditional arts of architecture and gardens as well as passing them on, and has made great contribution to the theory and practice of Chinese architectural heritage. The Forum Commemorating Liang Sicheng's 110th Birthday & the 17th Annual Conference of the Committee of Traditional Architecture and Gardens, Chinese Society of Cultural Relics held on 8th to 9th December 2011, Shan Jixiang, head of the State Administration for Cultural Heritage, had given an important speech. *China Architectural Heritage* provides constant coverage of the event.

上半场　开幕式（2011年12月8日 上午）

付清远

主持人：付清远（中国文物学会传统建筑园林委员会会长）：

今天的会议是"纪念梁思成先生诞辰110周年，也是中国文物学会传统建筑园林委员会第十七届年会"。会议受罗哲文老要求所开，单局长也非常支持，中国文化遗产研究院为我们提供会议场所。我们委员会全国各地的骨干力量都会聚在这里，互相交流工作经验，也是为了"十二五"全国的建筑文化遗产保护工作能够做得更好。

周治良

周治良（原中国文物学会传统建筑园林委员会会长）：

今天，"纪念梁思成先生诞辰110周年暨中国文物学会传统建筑园林委员会第十七届年会"隆重召开。作为上届会长，我因身体问题无法到会，深表遗憾。在这里请转达我对大会成功召开的祝贺。多年来在国家文物局中国文物学会各位领导的支持下，学会开展了务实而卓有成效的工作，充分发挥在辅助政府职能、调动行业设计科研进步诸方面的作用，为国家文物建筑保护事业做出了贡献，起到了桥梁和纽带的作用。下面我想谈一谈对新一届年会的期望。在中国20世纪建筑史上，朱启钤先生、梁思成先生和刘敦桢先生等老一辈建筑家和建筑思想家的英名是不能忘记的，特别是梁思成先生开创了中国建筑教育的先河，是中国建筑教育的奠基人之一，是中国古建筑研究的先行者之一，是中国古建筑和文物保护工作的倡导者之一。在北京旧城保护乃至推动中国传统建筑设计研究以及当代建筑创作等方面，梁思成先生都做出了不可磨灭的贡献。我作为一名参加了50~60年代北京重大工程设计管理的老同志，作为北京亚运会、奥运会部分申报和建筑工作的亲历者，高兴地看到北京乃至全国城市建设发展之迅猛，规模之宏大。但我也很担忧北京乃至全国大部分地区的地方特色正在消失，传统民居建筑和历史建筑纷纷受到推土机的威胁，城市建设在高速化、现代化的诱导下，许多建筑文化遗产都沦落到毁灭的境地；不少中青年建筑师已经忘记以梁思成先生、刘敦桢先生为代表的老一代建筑学家对于城市发展的种种忠告，缺乏传承中国建筑文化的历史责任感。基于此，我们今天举行的会议是对行业发展的促进，是继续坚守中国传统建筑文化使命之所在。无论是当代建筑创作，还是中国传统建筑修整，都要遵循设计精神和设计准则，更是我们今天纪念梁思成先生的意义所在。

新一届理事会的组建，恰逢中国文化大发展的新时期，我建议要更务实创新地开展工作，在打造学会权威性的同时，努力执行国家文物保护的方针政策，与全国相关文物部门紧密结合，充分发挥纽带作用，建议增加资讯库，更好地服务于中国文化遗产保护事业。此外，我们还要拓展传统建筑园林委员会的研究领域，这其中包括20世纪建筑文化遗产，要关注工业遗产、关注教科文等诸领域遗产，要促进传统建筑保护向建筑文化遗产保护的转化工作。我想学会除了完成国家下达的工程设计施工等方面任务以外，还要利用先进的传播平台担负起公众乃至行业内外的建筑文化遗产普及和学术交流的责任。

（书面发言稿，由付清远宣读）

彭卿云

彭卿云（中国文物学会会长）：

我谨代中国文物学会向大会致以热烈的祝贺。梁思成先生作为中国古建筑学的一代宗师，他以保护祖国历史文物的从未停止的脚步登上了一个时代的高峰。他用崭新的中国古建筑研究成果，树起一座历史的丰碑。他的业绩与精神是中国文物保护事业的宝贵财富，是后人应当学习的楷模。纪念、继承、发扬他无私奉献的精神和高深的学术造诣，是当今广大文物工作者义不容辞的责任。今天的大会是学习梁先生精神的最好机会，也是继承前人业绩、推动文物保护事业的重要举措。大会还将召开学会年会，开展学术研讨，许多专家学者将深入论述梁先生的学术成果并将有论文集传世，承上启下，为传承中国文物保护事业做出新贡献。对此，我谨代表中国文物学会，预祝研讨会成功。这次大会是传统建筑园林委员会不久前换届后的一次重要的学术活动，是继承了既有重视学术研究的优良传统的专业活动。多年来，传统建筑园林建筑委员会十分重视

▲ 会场一角（2011年12月8日）

发挥自身职能，团结专家学者，坚持有计划地开展学术活动，为古建园林的保护研究做出了多方面贡献。我希望新一届领导班子继往开来，把委员会的学术活动开展得更好，更有成效。

谢辰生

谢辰生（国家文物局顾问）：

我不是做古建的，只是一名文物保护的痴迷者。我们应当回忆和学习梁思成先生。我记起列宁有一句话："纪念伟大节日的最好办法，就是把注意力集中在还未完成的任务上。"我们今天的纪念最重要的是怎么把文物保护工作做好，而这个问题是非常严肃的，问题也很多，面临着各个方面严峻的挑战。古建筑拆得七零八落，尤其是名城，一百多个名城，真正够得上名城资格的没几个了！农村的乡土建筑也是大量流失。在考古方面，在建设当中毁得厉害，搞旅游也把一些很重要的古墓葬破坏了许多，以至于现在一些流散文物更是无从考证了。所以在纪念梁先生的时候，我们主要要坚持两条，一条是学习梁先生的精神，一条是学习他的理念。仅有理念而没有精神，办起事来会半途而废。所以最重要的学习，我总结是学习他的精神，学习他的理念。这不仅是古建筑，所有文物工作都应该如此。

最近遇到一件事让我挺别扭。有个记者来找我，问我对恢复圆明园的看法。我说坚决反对，他说这是贯彻六中全会。我说到底六中全会贯彻什么呀？改革开放三十年是经济大发展，但道德已倒退，我就敢这么说！而中央六中全会是什么？就是要解决这个问题。过去要一手硬一手软，那软的已经几十年了，再不抓起来，谈文化复兴根本不可能。六中全会是要解决人们思想问题，提高全民族文化觉悟、素质、道德水平，这是文化内容问题，而不是盖个圆明园就繁荣的事情。我回答那个记者说："第一，国家文物局已经确定了圆明园是遗址公园，是全国重点文物保护单位，全面恢复违反了《文物保护法》原则。《文物保护法》很明确地指出：'已经损毁的古建筑不能恢复。'第二，圆明园的辉煌已经是历史，英法联军一把火已经把这个辉煌烧光了，价值是圆明园本身的价值，它存在，价值才存在，它不存在，价值从何谈起？它的历史价值来源于它的遗址本身，而不在于用现代材料翻修的复制品，重建是对文物的一种破坏，是为帝国主义销赃灭证。"总体来说，恢复圆明园在政治上不仅有害，而且是违法的，经济上是劳民伤财不讨好，技术上也无法复古修建，由此三者，我是坚决反对的。前几天我听到一句话我觉得很有意思："记住耻辱比怀念辉煌更重要。"人们恢复圆明园是打着贯彻六中全会的旗号，我觉得这和六中全会的精神是完全背道而驰的！我觉得我们纪念梁思成先生是学习他的精神和正确的理念，我们同时要很好地去学习六中全会的精神，正确地去理解。

王景慧

王景慧（国家历史文化名城保护专家委员会秘书长）：

1982年我在建设部，有幸和国家文物局就历史名城保护的问题进行合作，这已经三十年了。这三十年来我不断受到各位领导还有文物界专家的熏陶和教导。后来我参加国家文物局关于世界遗产专家委员会的活动，还受聘于中国文物学会，今天又作为咱们这个学术委员会的顾问，蒙各位抬爱，能够让我参加到这个工作中来，所以我觉得我已经是"下海"了。我也愿意以自己的绵薄之力，与各位一道，为文化遗产的保护事业做出自己的贡献。

缅怀梁先生对于建筑教育和文物保护事业的贡献，我也很激动。我作为曾经被他耳提面命的学生，至今仍能对他的影响感受至深。就历史名城保护的工作来讲，这是我们国家一项保护的制度，到今天的基本思想仍还是梁先生肇造的成熟思想。在50年代，对文物保护的理解还是一个遗产的保护，对历史地区的保护也是到了六七十年代才逐步提出，而梁先生早在1948年就有了保护城市的思想，为解放军和平解放北平做出了很大贡献，保护了北平特有的轴线特色。后来梁先生在论述北京的时候，特别提到北京的价值不仅在于古建筑，而在于它们之间的整体配合，在于它们之间的空间秩序。这恰恰是我们保护历史名城的一个理论基础。历史名城保护不单单是文物和历史地区，而是整个的格局、风貌，包括我们今天想申报世界遗产的北京中轴线，恰恰也是梁思成先生最早提出来的。当前对于文物修复上坚持《文物保护法》里提出的不改变原状这一原则，梁先生早年就有这种思想，上课时就听他讲过："对于古木建筑要整旧如旧，不要粉饰一新；要延年益寿，不要返老还童。"现在社会上经常提到整旧如旧，我觉得还不够全面，因为梁先生是针对着粉饰一新所说，但后半句话最重要，就是要保存古建筑全部的气息。梁先生就修复修缮工作提到过一个想法："我们今年的立场和古代重修的匠师有着根本不同：他们当时要将被破坏的殿宇寺庙修缮得富丽堂皇，但是我们今天肩负的是保护恢复原状的责任。"这些是50年前讲的话，令我们至今还记忆犹新，继续起到指导作用。

王世仁

王世仁（北京市古代建筑研究所首席研究员）：

我想今天讨论的是纪念梁先生，同时结合着讨论文物保护工作。我要提的就是当年梁先生给古建筑的两个定义。一个叫做历史的地标，这是社会史、经济史、文化史的标志，意义非常深刻。第二个叫做地方色彩，这是民族地方特色的代表。我想这两个能够充分说明一个问题，梁先生并没有把建筑局限性地当作一个物质，而是以文化的角度去解读。我这些年从事文物保护工作和建筑历史研究时，始终着眼于本质的问题，将建筑文化作为出发点。因为什么呢？我们现在讲修旧如旧也好，不改变建筑原状也好，这都是技术层面的事情，核心是要保护建筑内涵。就故宫一例，是否要再现初建时的庄严景象？那已相隔多少年沧桑。这就有一个文化价值评估的问题。不能够"一刀切"，有些是要整旧如旧，有些反倒要整旧如新，或者是对原状如何理解，这些问题我想从文化的角度去解析才可以。如何进行文化的评价？过去在营造学社纪念会上我提出一个观点，营造学社的成就是什么呢？我给它八个字："人文理念，科学精神"。它始终把古代建筑当做人文科学来研究，这一点在梁先生和刘敦桢写的文章中看得很明显。所以我始终认为建筑史不全是科技史，它应该是社会史和文化史。一是要将古代建筑放在人文大背景之下观察。二是科学精神，说到底就是两条，一是证明，二是分析。企图"一刀切"地提出某一种观点作为颠扑不破的真理不是科学，科学永远是在探索中前进的。因而我特别佩服梁先生写的关于天宁寺塔的文章，全文充满了科学精神。天宁寺塔有9条历史文献，梁先生一一辩驳，全部否认，然后他从形制上分析，最终得出天宁寺塔建于12世纪初期，也就是辽金交替时代的建筑。后来后人修缮天宁寺塔，果然从塔里发现一块修塔碑，说明建于1110年，证实了梁先生的论断。现在很多的学者专家有科学的手段，但科学的精神是远远不够的。

孙大章

孙大章（中国建筑设计研究院建筑历史研究所研究员）：

今天为了纪念梁先生诞辰110周年，我有一些感想也跟大家交流交流。刚才世仁先生讲建筑是一种文化现象，我很同意这个观点。从世仁先生一辈子经历来看，世仁先生就是把建筑的含义看得比我们更深一些。当然世仁先生是以古建史专家的身份从事工作，但他也在其他方面，很关心对建筑有关的一些文化。比如在写作中国雕塑史时，他很注重城市规划（当时叫市政规划）。当时世仁先生就要在建筑系里确认市政规划专业。他自己也是身体力行，参加北京市新城的改造，他很关心整个大的方面的布局。我觉得梁先生还很注意中国传统和现代问题的结合，他自己搞过很多新建筑的设计，其中有反映一些中国传统风格的，而且发表些文章，对他理想的中国传统风格的样子做过设计。从这点来讲的话，梁先生给我们的感觉就是他涉猎方面很多，而且跟建筑有关的这些文化现象都要去参与进去。回想起来我们这一代人还做不到这一点，没有这么大的学问来涉猎很多方面的东西，所以这是一点感想。

大学毕业以后到今天已50年，前20年基本上没有敢做什么工作，那时候光搞社会运动，学术问题就变成社会问题了。真正自己做的一些事情还是在后30

年，改革开放以后做了一点成绩，所以社会环境很重要。今天六中全会提出了一个文化大发展的问题，我觉得可能对我们来讲是一个很好的机会，我也有感触，现在报纸杂志上宣传的内容好像不是文化大发展而是文艺大发展，成立多少集团，演多少戏剧，要成立中国的好莱坞，等等。当然这些也可以，是件好事，但不能就此把文化理解成文艺。相比来看，文化是更广泛一些，包括哲学思想、道德理念、教育等各个方面。文化是一种软实力，不完全是说书看戏的问题。刚才单霁翔局长提到了期刊平台的问题，现在确实文化遗产方面比较匮乏。真正在古代建筑方面建有研究的平台，有清华办的《建筑史》，那是不定期的，整个来讲还是不够，寄希望于《中国建筑文化遗产》这个新的平台。

下半场　学术演讲（2011年12月8日 下午）

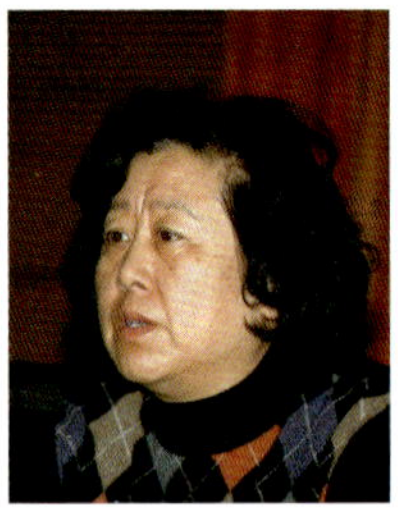

刘若梅

主持人：刘若梅（中国文物学会传统建筑园林委员会常务副会长）。

王景慧：我主要谈的是文物古迹保护方法，可能有些需要创新的地方。2005年国务院提出了文化遗产定义，是对文物古迹定义的扩大，包括物质和非物质。物质方面分为可移动和不可移动的，不可移动部分包括文物保护单位、地质文化街区、村镇和历史文化名城。这样详细区分加深了国家对文化文物保护的认识，从有形到无形，从物质到非物质。

国家文物局和建设部系统所关心的不可移动文物的三个层次，实际上形成了一个完整的文物保护体系，这些文物法规区别了一些不同的类型，像文物古迹保护采取不改变原状，保存全部信息。对于历史文化街区主要是保护整体风格，来延续原来的生活。对于历史名城，除了文物古迹和历史沿袭，更多的是保护它的格局和风貌。

根据文物保护单位和文物保护法的要求，要保护文物的全部信息。现在有很多“复建风”，这是保护性的破坏，值得警惕。关于文物法中不改变原状的要求，在《准则》里面有详细的论述，这是由中国古迹遗址保护协会主编，由国家文物局公布实施的。在《保护准则》里说：不改变原状；什么是原状？实施保护以前的，在历史上变化后存续的有价值的状态以及体现重要历史的因素。怎么判定价值？实际上这由很多元素决定，因而有时会产生很多争议。比如在李氏朝鲜王宫前面，日本曾修建过一个占领军司令部，后来在韩国为王宫申报世界遗产的时候，就想把日军司令部拆除，但是西方人说，这也是历史的一部分。我认为这个遗址已经没有它的价值了，太伤人感情了，或许有人认为这是历史的痕迹，是一种状态，应该保留。所以什么是价值？这是一个很难的问题。

还有一个问题就是环境状态。也许这是我们现在丢失最多的，复原起来也是最困难的。在国际上有个《威尼斯宪章》，就是修复要有真实可靠文件为依据，修补要干净和谐，不可以假乱真。这和我们的想法稍有差别，但是我们新的事情也要做，另外，它所说的“要保留各时期的叠加”，这和我们所说的是一致的。对遗址要保护其完整性，用正确的方式来倾力开放，而不应该重建。这就是和我们所说的不存在的文物不鼓励重建，其目的是一样的。2005年的时候世界遗产公约有个实施指南，它所讲的真实性包括七个方面：形式、材料、功能、技术、位置、非物质遗产和情感因素。这可能反映的内容就更广泛了。当前我认为概括来说，真实性包括刚建成时的完整状态，历史上多次改建后的状态，也包括长期受损后残缺的状态。如今我们在进行修复工作的时候实际上已经按照这个原则来做，比较有名的例子诸如小雁塔：它修复于60年代，因为不知道塔顶原貌如何，梁先生也说不知道，所以这个塔这应该是我国最早按照残破原则修复的工程。这个原则在欧洲非常流行。然而到了80年代，发现了一个碑，碑上画着小雁塔塔顶轮廓，所以考虑以后若要再修也可能按照碑面图形进行修复，这样做是一件很严谨的事情。

文物修缮是应该恢复原来的历史环境，但这条现在很少能做到。据说修文庙的时候拆掉了很多乱搭乱建的东西，后来经过斗争和不断的说服工作，算是留了一个口。但是显然这个关系是很差劲的关系，所以保存了文庙却丢掉了这里的历史环境，这是在很多城市中最常见的事情。在西安大明宫遗址上，曾经做过一些规划，搞的展览馆和星级宾馆，这显然也是破坏性的，后来有幸没有实现——现在遗址保护也算是健全了。“不改变文物原状”这原则包括保存现状和恢复原状，但是在《保护准则》里特别强调，恢复原状不是任意为之，规定了可以恢复原状的对象——坍塌、荒芜、错置；或者是恢复补充缺失改变过的构件，但要经过科学的考证并经过同期同类实物的比较，能够确认为原状；另外可以经过鉴别，祛除后代修缮的无保留价值的部分。所以像这种坍塌、荒芜的状态，恢复原状还是有必要的。日本建筑和中国建筑是同一体系，像这样一种残破状况，恐怕恢复一下还是有必要的，因为木构结构和石构比，石头可能保留的残迹残状可以用残破的美，但是像这样的建筑，恐怕很难保留这种状况，所以还是可能需要修复一下。后来在奈良文件里也承认“不同地方要有不同特点”，这属于允许恢复的部分。现在《文物法》规定，不存在的古建筑不应该原址重建，但是重建的时候要有科学准确论证，不允许只按文件记载推测。准则里讲的这些内容都是非常有意义的。

可以看出《文物保护法》对文物古迹的保护要求是很严格的，当然也就在一定程度上限制了对文物古迹的合理利用，出现了一些矛盾。随着文物保护事业的发展和社会认识的提高，文物保护单位的数量在扩大，保护的内涵在深化，又增加了许多新的类型，如乡土建筑、工业遗产、近现代建筑及大遗址等。乡土建筑要继续住人，它们是物质和非物质文化遗产的结合，是活的遗产；工业建筑的结构坚固，空间很大，做点改动可以作多种使用；大遗址指的是古城址、古墓葬区等大面积的地区，大遗址的保护涉及考古发掘，有可能作遗址公园来参观。这里大多与城乡建设关系密切，有人居住且从事着农业或其他生产活动，对它们要综合考虑保护与居住者的生产、生活，协调多方面的利益关系，所以当做一个特殊类型专门提出来。现在大运河正在申报世界文化遗产，运河两侧的城镇怎么保护？是按《文物法》原则保护还是应该变通？尤其像运河城镇，可能它可能更适合历史文化名镇名村保护方式。这个保护自然的景观应该怎么做？好像也不是“不改变原状”能够涵盖得了的。

在国外，有的国家在公布保护项目的文件中，具体指出该项目的保护内容和部位：此处严格，他处放松；有的国家根据文化遗产的历史价值分成不同等级。这些做法值得我们参考。法国将要保护的文物定为“历史建筑”，它们在公布名单时要写明该建筑应该保护的内容和具体部位，在实施保护或利用时严格限制，其他地方可以灵活一些。意大利根据遗产的历史价值，分成不同等级，采取优等通融。

巴黎马雷区富日广场周边建筑均为历史建筑，名录中的保护内容为朝向广场的立面，包括墙面、底层骑楼的可见立面，而对于屋顶则只算坡向广场可以见到的那一面，这样，对室内的利用则限制较少。我看到骑楼下的房间开了各色商店，并无室外的招牌，但透过玻璃橱窗看到室内还是琳琅满目，很吸引人。昂热的市政厅过去是一个府邸，为登录历史建筑，在公布的名录中，在建筑项下写的是若干室内的装饰，这是属于保护的对象，这几个房间基本没作为其他使用，别的房间用于办公，也会有一些改动，虽然保护的重点是几个房间的装饰，但整个建筑作为历史建筑，其维修、更改要得到国家建筑师的审查批准，这样就从程序上确保了整座建筑得以保存。当然，对重要的文物古迹是要全面保护的，如著名的枫丹白露宫，1914年将宫殿部分定为历史建筑，1929年增加养鹭场，1930年又补充了养马场，2006年确定保护所有部分。

王其明

王其明（北京建工学院教授）：

我今天就我的论文集里的“修旧如旧”说几句话。因为在中国注册建筑师考试复习提纲中我陆续补充很多题目，其中有一题是：文物建筑中“修旧如旧”是谁首先提出来的？答案是梁思成。对于“修旧如旧“造成的影响是梁思成提出的，我看到过一篇论文，对“修旧如旧”提出了比较严厉的批评，认为其是不科学、严谨的提法，能造成很多歧义。我觉得提法是有道理的，我头脑里马上闪现出两个由于“修旧如旧”造成的不太好的效果，用现在时髦的说法，我的题目是《都是“修旧如旧”惹的祸》。这两个祸都是承德的例子。其一是承德外八庙后台外围墙围楼里的彩画，当年觉得惨淡极了，经过维修也还是不能看；另一处是承德避暑山庄修复后，让人欣赏美景的情趣都没有了，“修旧如旧”把建筑物的门窗都刷成了似咖啡似绿色的颜色，这是刻意模仿的旧。我们是如何看待这两处的“修旧如旧”呢？“修旧如旧”我们到底该怎么看待？梁先生为什么提的？怎么提的呢？大概是1956年，赵县安济桥修复的时候梁先生检查修复过程时提出了“修旧如旧”，我觉得很有特点，因为赵州桥是常见拱桥，隋代的，它之所以成为古文物受人重视，因为它的年代久远，比同一时期欧洲的拱桥早1200多年。经过大家修整就修成了赵良燕说的“足尺大样”，把所有栏板重新刻过，石头有沟都做了钢丝网水泥，非常新，从远处看绝不是文物。一批爱护文物的人把文物修成

的人把文物修成了不是文物的东西，当时梁先生看到后很是痛心，所以提出了"修旧如旧"。作为同行，作为同是爱护中华文物的有志之士，梁先生不想伤害他们的心，所以说得比较委婉。我想梁先生当时是很苦心的，我们要对"修旧如旧"有正确的认识，而不是字面的理解。中国人对于修复古画、古书籍是很有方法的，有一批很有修养的匠人，他们把古画修得不失古样还能保存很好。我有一次有点野心，曾想写过一篇论文，题目是《它山之石，可否攻玉》，想借鉴古画、古书、古文物的修旧方法，将其应用到修复中国古建筑。当时提纲已经写完，但一想自己的功力还是不够，有点班门弄斧的意味，所以我就没写。但是我想修复古画等对修古建筑还是有启发的。修书就是为使风化速度减慢，即使缺行少字也不可以补上，保持让人看到最古的书是什么样的。我们可否对待古建筑也这样？不去大修大补，还原建筑真实面目，而不是对建筑做大的手术。一幅画找人修如同人病了去找医生治病，如果遇到良医，那你会药到病除；如果碰到的是位庸医，那恐怕会把你毁了。画也是一样，很可能把画修成了赝品。另外，中国对建筑自古以来都没有把它看成艺术，都等同于衣服车马，坏了就坏，没有概念去保护。历次改朝换代都把前朝历史一焚了之，重新上瓦器，即使不上瓦器也想盖个比前朝更好的宫殿。大家回想一些庙宇，只要香火很盛，钱多了，老和尚都要重修。"重做庙宇再塑金身"是一种习惯，正说明这里的佛教传得好，信徒多。五台山佛光寺东大殿之所以保存长久就因为地处偏僻，香火不那么盛，和尚没有钱重新盖。再看台怀镇里的寺庙，没有很古的，都是钱一多了重新盖。历朝历代修前朝留下的旧建筑怎么修？只能当时有什么材料和技术就用什么。修建筑要保持历史遗迹的观念是从外国文化传来的，有些人写书说是1935年开始注意修古建筑，我觉得可以往前提一提，可以说是营造学社时期就已经很清楚修理古建筑需要按照历朝历代的历史修。我们今天的会议是为了纪念梁思成先生，也不免要缅怀单士元先生，单先生每次开会总爱说他听了一位洋人的报告，说研究中国建筑的人现在还没出生呢，所以他下定决心研究中国建筑。那什么时候开始研究中国建筑的人出生了呢？我觉得是从梁思成与刘敦桢先生开始。这些先辈，他们觉悟到中国建筑应该有一定的保护，因为这是文化传统该做的研究和记录。梁先生一生有那么好的家势和政治前途，他可以在别的方面很有作为，但他投身于中国建筑的研究，花了很多的时间和方法去努力，今天看来都是很难想象，他却做出了很多很精彩的调查报告，今天有很多技术方法和交通工具，但是，我们却不一定有梁先生那样的工作效率。这是我们该学习和敬佩的，他的一生非常努力、系统地把中国建筑做了总结和记述，梁先生在非常艰苦的情况下在内地写的《中国建筑史》，把中国建筑脉络、发展都记下来，后来他的《图说中国建筑史》也很值得每一位研究中国建筑的人拥有。每次看他书中的图版看得我热泪盈眶，衷心感谢梁先生，每一张图版都是他心血的凝结。这些图仿佛都在向你叙述中国建筑史，只要你看图就会明白整个中国建筑历程。看后对梁先生会越发地崇敬，我们要感谢他对中国的建筑做了科学、系统的整理，给了我们后学的人一把学习中国建筑史的钥匙，进一步了解中国建筑，这个贡献很了不起的。在今天世界建筑界对中国有了重视，使得中国建筑可以屹立于世界之林，梁先生的贡献功不可没。所以我们纪念他、感谢他。另外，对于梁先生的"修旧如旧"原则的理解，我认为应将中国建筑分类，哪些是一字不可以添加的，哪些是需要修整的，哪些是需要克隆的，不要拘泥于"修旧如旧"而什么都不敢动了，不能苛求，要辩证、灵活地看待问题。

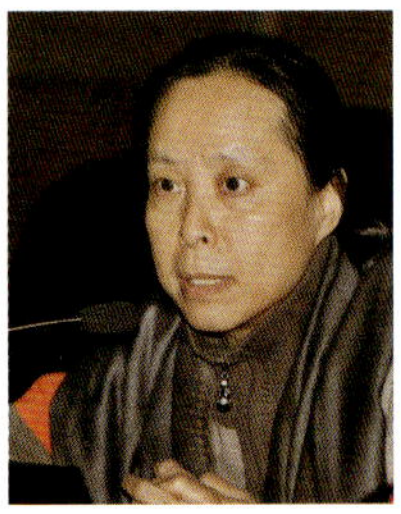

陈同滨

陈同滨（中国建筑设计研究院建筑历史研究所所长）：

刚才说到梁先生开创的事业，我一直有这个想法，其实梁先生开创的事业是和当时的大背景关联的，三四十年代知识界的学术人才的思想境界都是相当了不起的。我印象很深的是傅斯年先生当初提出：我们现在要做的事情是参照当时研究的体系框架，来构筑东方文化科学体系。到底建筑史是科学的，还是文化的，或是工程的，其实都有关联。西方按照国际的方式创造一整套科学体系，从它的角度看东方的东西往往不成体系。当年的先辈在西方留学的时候立下的都是宏伟的志愿，傅斯年先生曾经说过办历史语言研究所就是要做"无中生有"的伟业。东方文化还没有建立一个科学的体系，从梁先生开始中国建筑遗产也面临同样的挑战。也是我们现在要想清楚的这个事业归根结底不是工程层次，它是科学的文化层次。我现在做的项目更多的跟国际遗产保护接触比较多，因为这几年我们的项目都是申遗项目，势必要尽可能地去理解国际上对遗产保护的新理念和要求。以下介绍一下近几年我们的一点体会， 标题是《基于价值的中国民族价值文化遗产保护与研究》。这个题目第一点就是基于价值，所谓基于价值是一切基于价值，无论保护、研究、管理、监测，等等；第二是世界文化遗产保护的新动向；第三是这几年我们申遗的项目实践；第四是我们应该怎样做基于价值的研究；第五是结语。

过去我们把建筑遗产都理解为地面以上的古建筑，实际上从这几年我们的实践来说，建筑遗产是一个很宽泛的概念。从大遗址规划类型划分，有不同的类型和不同的特征：古人类遗址、聚落、宗教、城市、建筑群、园林、手工业、大型工程等。这些分类除了古人类遗址外，剩下的全部和建筑相关。我们以前的建筑只关注地面以上，后来发现地面以下的遗址大部分也属于建筑遗址，所以在做保护规划和研究的时候，建筑史知识是极其有用的，不仅仅局限于考古。考古不能代表所有，建筑历史研究有它自身很强的一套体系。据传，梁先生对建筑史唐代以前不做研究。那时候史语所流行的是“以史说话”，大意是：有什么资料就说什么话。当时要以此做科学的规范。考古界还立了一个规矩是宋元以后不算考古。实际上我觉得这两条在建筑遗产上全都得打破。从大遗址规划可以看出，除古人类遗址外，其他都属于广义的建筑遗产，它是人和环境所产生的产物，其实基本都属于建筑学的领域。我认为实际上所谓的建筑学在时空范畴上与人类文化与文明的发展是同步的。第二个让我对建筑遗产关注的是从世界文化遗产的类型划分引起的。2004年国际遗产组织作了一个报告，它对2004年以前几百个已经列入文化遗产的项目进行了评估，根据遗产主题进行分类，一共归纳为14种遗产类型：历史建筑、聚落、宗教、考古遗址、文化景观、军事遗存、乡土建筑、古墓葬、现代遗产（20世纪建筑）、人类遗存、文化线，等等，都和建筑关联。剩下三种：农业、岩画、象征地，岩画和象征地确实跟建筑没有直接关联，但农业遗存中如果有村落的话，某种意义上也是关联的。所以从世界遗产类型分析，绝大部分和建筑遗产是关联的。在人类文明和文化发展史上，建筑反映了人类智慧的结晶，建筑遗产揭示人类历史不同发展阶段、不同文明程度下的生活方式和价值观，反映和见证了不同地理气候与区域下人类与自然间的关联方式和影响程度。

谈到世界文化遗产的保护，有两个值得关注的文件：一是2004年 ICOMOS 《世界遗产名录》报告《填补空白—未来行动计划》，简称*Gaps Report*；二是2008年ICOMOS《世界遗产名录》报告《什么是突出普遍价值？》，简称*OUV Report*。从世界遗产发展看，截至2011年全世界有936项世界遗产，其中180多项是自然遗产，725项都是文化遗产，重点还是做文化遗产。这两个文件有着很强的连贯性，它们对以往的800余处世界遗产在入选状况、标准运用、特别是价值提炼等方面做出了一系列的分析，归纳出世界遗产申报的3个基本问题：一是指出在全球范围内受到忽略的遗产类型；二是建立了一套遗产价值分析与评估体系；三是在评估体系的基础上，重新诠释了“突出普遍价值”及其组成要素。这两份文件所指出的问题和研究成果，不仅对世界遗产保护的战略具有直接影响，同时还深化、发展出一系列新的遗产价值认定的理念、类型概念和评估方法：一是新概念—提出了一系列新的遗产类型概念；二是新技术—制定了一套价值分析框架体系，形成了遗产价值分析认定的技术路线；三是新理念—形成了一种由价值标准、真实性、完整性和保护管理保障3个要素共同构成的“突出普遍价值”（简称OUV）理念。扩展而言，一是基于人类文明与文化的角度，重新审视和评定遗产的价值。OUV的提炼是具有挑战性的，表现在两个方面：其一是挑战我们的知识结构即是眼界，它是在世界体系下进行对比分析，最后找出自身价值让世界认同；其二是中西文化交流的技能，当我们认识到中国世界文化遗产的时候，把它传递给世界时我们有很多须自我突破的地方。这点不仅仅是遗产方面，我们国家现在在世界上的崛起也面临普遍现象，我们的任何动作都会被误解，都会有来自不同方向的看法。不同背景下的文化交流是很困难的，从OUV的定义可看出世界遗产的动向，具有OUV的遗址是世界遗产，这句话本身并没有给我们一个可操作的可能，所以在1998年，ICOMOS再次提出OUV应该是为全人类文化的本真体现，2005年又提出应在此基础上具有罕见的文

化价值，超越国界，对人类的现在和未来都具有普遍重要意义，这些都是和以往的标准不一样。二是在概念演变中可以发现，价值的普遍不再局限于遗产里，也不再局限于过去和现在，已经延伸到对未来的价值，并增加了可持续性的强调；在此视野下，提出了一系列新型文化遗产，把14种类型进行统计以后提出了一个平均值，然后指出有些项目明显低于平均值。最高于平均值的是历史建筑，其次是聚落类、城区聚落类、乡土建筑类、宗教类。在这个基础上ICOMOS提出四个类型——文化景观及文化线路、工业遗产、乡土建筑、20世纪遗产，这些落实到具体的行动，对于中国今后的挑战还是十分艰巨的。三是建立一切以遗产的“突出普遍价值”为核心的保护体系，突出强调遗产的真实性、完整性，构筑保护与管理保障等。这两份文件标志着世界文化遗产保护的最新动向与共识：一切基于遗产价值。简言之，所谓的历史文化遗产保护，其意义、行为、目标、策略和途径，都是以遗产价值的保护为核心，包括由此产生的保护、管理、利用、研究和监测措施。世界文化遗产是超越国界的人类文明和文化的事业，对全人类的现在和未来都具有普遍重要意义。

下面我谈谈我们在做世界遗产项目时是如何基于它的价值的，包括西湖项目、元上都项目和高句丽项目等。做项目前首先要研究它的政策性和完整性，在此基础上做环境整治和考古发掘，最后展示出遗产的整体，不仅仅是遗产本体的保护，还包括遗产整体的修复。在做高句丽项目的时候，我们最早找的是日本人于1929年所做的考古报告，通过资料查考了高句丽的历史形象，结合最新卫星图片来开展整治工作。高句丽人当时建都城时建立了整套都城，每一个平原城附近一定有一座山城，战争失败的时候就到山城里，平时生活就在平原城，所以在山里他们也建立了宫殿，这是考古发现的情况。整治工作恢复了高句丽的历史环境基本情况。拆迁界定完，城址以下的遗迹也进行了考古发掘，并做了考古展示。在太王陵整治前，站在上面看到的全是村庄和运河，整治后站在太王陵上可以看到太王陵的遗址和太王碑，不仅还原了历史场景，同时清理出了祭祀的遗址，这些都是以当年的历史环境作为整治工作的依据。

在西湖申遗的时候挑战就更大了。西湖的价值提炼是巨大的挑战。面临着和古建筑群、考古遗址不一样的挑战。西湖是我国第一个“以文化景观”类型提出的申遗项目，总结出如何从风景名胜区走向景观，或者说从风景西湖如何走向文化西湖。这是立场的转变，在这里我们开展了大量的研究。基于它的价值在申报时进行了探讨，从中国绘画史角度探讨西湖是中国山水美学的景观典范，对后世也有深远影响。北宋画家郭熙对中国山水美学做了一些概括，其《林泉高致》中说：“君子之所以爱夫山水者，其旨安在？”我们寄情山水不是为了审美是为了修身养性。在此基础上，发现西湖应是典型山水画的体现。由此我们发现，我们的审美和立场要东方式的才可以表达出我们的意境。在研究西湖景观特色时，我们发现它在郭熙的《林泉高致》上有突出表现，对后期的文化影响也很大，包括日本、朝鲜，是忠于山水美学的主要观点，接着我们就发现了一个新的概念“题名景观”，过去中国古代园林史没有提出这个观点。西湖十景大家都知道，而且别的地放也有十景、八景。但是西湖到底算是什么类型的景观，是我们这次申遗文本做的一项研究。最后发现它属于中国原创的山水美学景观设计手法，一直到12世纪以后，在整个东亚都获得了广泛传播。这个观点提出后，获得了评委会东亚国家专家的认可。西湖十景怎样产生和其意义，我们做了一系列的探讨。对西湖十景的点景题目传统最早从南宋提出，之后元代、清雍正、乾隆，1985年杭州政府相继也提出了评杭州西湖十景，联景题目的传统一直传承着，这是东方文化体系特有的景观文化传统，西方人认为西湖是一个诗化的景观。在向西方人介绍西湖的时候，我们要把山水画与诗词关联起来，才会让他们对西湖有个全面的认识。 在今后的工作中我们还要把东方文化的观点不断地诠释，深化中西方的文化交流。

接下来的一个项目是元上都遗址，它的特点是农耕文明和游牧文明并存，是百年碰撞融合的成果，生成了独特的二元化城市文化特点。当时接这个项目最大的挑战就是要说清它与已是世界遗产的哈拉和林的区别，因为这两座城市都是蒙古人的都城，那么它们到底有什么区别，这些区别意味着什么，就成为我们申遗研究的价值重点。这次研究的重点是引入了城市文化的概念，蒙汉的文化，游牧和农耕的文明，这两个对比在城市性质上可以反映出对比，形成二元文化的特征。城市文化的概念和建筑遗产也是相关联的，最早提出“城市文化”概念的英国现代城市研究和区域规划的理论先驱之一帕特里克•格迪斯早在《进化中的城市》（1915）中深有感触地谈到：“关于城市，一个最核心最重要的事实是，城市，作为一种社会器官，通过它的运行职能，实现着社会的转化进程。城市积累着、包蕴着本地区的人文遗产，同时又以某种形式、某种程度融汇了更大范围内的文化遗产—包括某地域的、某国度的、某种族的、某宗教的，乃至全人类的文化遗产……总括而言，城市是人类文明的象征和标志。”作为格迪斯的后继者，美国城市规划学家、哲学家、历史学家刘易斯•芒福德在1938年出版了《城市文化》一书，将这一概念通过城市发展史的脉络展开，指出“城市，就是人类社会权力和历史文化所形成的一种最大限度的会聚体”。如何理解一座城市？其实一座城市，就是一个社会、一种文明和文化的缩影。它所体现的是一种价值观、一种生活方式、一种文明模式。所以在这种情况下看城市中的各种建筑物、构筑物和它的价值就会有比较系统的定位。元上都是二元文化特征城市，于哈拉和林二者是并列关系。从选址角度，游牧民族随草而居，中国农耕背山面水的风水理论，这两点同时始于汉代，它们都在上都的选址上获得体现。这些反映出游牧民族和农耕民族对居住方面的特点在上都并存的景观。在规则的道路系统外全是不规则的道路，建筑物在轴线上，主题建筑是中轴的，其他都是自由的，这个特点不进行分析，在遗址线上是根本看不出来的，因为遗址面很大，底下又没有进行发掘，所以在现场很难发现。接着我们在城市性质上又进一步得出，唐宋农耕的传统和草原民族传统是不同的，方法与性质截然不同。游牧民族逐渐接近汉地的时候也开始学习汉族环套式城市性质，汉式道路网主要是横平竖直的，但在里面建筑机制都是自由式的。分布特点与政权分布也逐渐明显。我们会很明确地说：“我们传承遗产是为了见证历史、明辨自身、启迪未来，对过去、现在、未来都有意义。”那么我们研究的意义因此也出现了：既然要传承遗产，就要研究传承的价值，我们传承的是对人类文明和文化具有重要意义的东西，祖先们所谓有智慧结晶的东西。遗产研究的框架应有文化多元的立场，从人类文明和文化的视野，从类型、时空、主题这些方面开展对遗产的价值研究，研究中在世界的文化体系里进行对比分析，建立东方文明的体系。最后我要说一个很重要的观点，保护和研究的关系。在90年代的时候，认为遗产保护和历史研究完全是两回事，实际上我认为它就是一个事物的两面。就像硬币一样，你不能简单地划分，只有两方面都做好，不能只做好其中一方面。从现代遗产保护观点看，也是把保护与研究结合紧密。现在考古学界编写教科书时，不仅仅写考古研究怎么研究，同时会把如何保护都写在一本书里，这种方式我很欣赏。遗产完整的价值不光有研究成果，还有完整的保存政策和保护力度，其中值得关注的是研究要先于保护，现在很多保护行为太过盲目，我们需对遗产研究有更大的关注，遗产的价值研究与实物保护在学术与技术上各有专科，在事业目标上属于同一事物不同的两个方面，具有不可分割的关联。两点都是基于价值的文化遗产保护。现如今正处在东方民族文化发展的伟大新时期，虽然在这个时期也存在纠结，但我们不得不面对。国家已经历了经济持续发展的高速阶段，这个阶段后一定会提出文化需求。我们作为遗产保护行业研究领域的人，也不得不面临一个新的时期。在这个时期下，我们更应该坚守文化多元保护立场，以人类文化文明的视角把中国建筑遗产的研究放在世界体系中，重新认识与评价。在这个基础上，建立具有中国特色的中国建筑文化遗产体系。我想这种努力必将在经济全球化的态势下在人类历史上做出跨时代的新贡献。

朱光亚

朱光亚（东南大学建研院建筑遗产保护规划与设计研究所所长）：

今天的会议令人感动，我们终于又走到一起，很感动罗老带来的书法作品，他引用了陈独秀的诗句：“此身犹未成衰骨，梦里寒霜夜渡辽。”罗老一句话没讲但是我们都明白，罗老的志向抱负都是我们该学习和继承的，这次会议就是薪火相传的会议。营造学社的老人现在只剩下了罗老一人，在他身体不是很好的情况下他还是赶来参加我们的会议，他其实想说的就是这两句话。刚才三位专家提到的很多的问题，特别王先生提到很多我们的理念可以追溯到营造学社，我头一篇论文也是一篇关于营造学社的。我们可以把朱启钤当年的很多思维和我们今天的很多做法联系起来或许对我们是非常有教育意义的。这篇论文是在清华大学召开的纪念中国营造学社80周年会议上发表的。营造学社给我们留下了什么样的遗产？朱启钤先生给我们留下的遗产大概有几方面。就像今天王世仁先生所说：一点是对遗产、人文本质的认识；另一点是科学精神。我在那篇文章谈的第一点是从人类文化史切入营造研究。当时成立营造学社它的英文名字是Society of Architecture，今天我们翻译应是“建筑学社”，但是当年朱启钤在讲话中非常明确地说，我们之所以不叫建筑学社，而叫营造学社是认为当年的建筑含义还不能够涵盖营造学社所要表达的意思。他说本意为中国建筑学社，故以“中国建筑”一词本身，虽也不是研究者最重要的一段，但若专限于建筑本身，全部文化之关系仍不能彰显，故打破范围，名以营造学社。建筑这个词传到中国比较晚，日本人把Architecture翻译成“足建”，后来觉得“足建”不足，才改为建筑。由于中国现代化的进程起步比较晚，所以在近代大量直接搬用日本人对欧洲文化的翻译方法，一直到20年代。显然朱启钤对建筑二字表达的内容并不满意。到了80年代，我们的建筑观才探讨到建筑的文化本质，我觉得这点是营造学社给我们留下的第一遗产。第二个遗产是王世仁先生所说的“科学精神”，具体说来我觉得贴切的是朱启钤先生所说：“沟通儒匠，睿发智巧。”这也是朱先生在《中国营造学社缘起》这篇文章中作为学社的第一使命提出来的。朱先生做过交通总长的代总理，但是他强调要“一洗道器分途、重士轻工之痼习。”并且提出学习《营造法式》的方法和研究课题，提出了《中国营造学社》的任务：讲求实践、归纳方法、以科学方法整理文字会通东西学术，等等，这些都是科学精神的一种解释。在我个人看来，在远古时代是祥和的，大禹治水是那个时代的象征，只是到了后来儒家的发展我们才道器相争，发展后代视为劳心劳力者。

第三个遗产是朱启钤先生提出要与世界名家公开讨论。这点陈同滨所长做得非常好，贯彻了这一点，在西湖申遗上和世界的专家一起讨论，“非以科学之眼光，做有系统之研究”。当年营造学社开展的各类活动常有和日本、欧美专家一起讨论的，并且在汇刊中直接列入了外国专家英文文章，到今天很多杂志都没有达到这样的层次，这确实需要我们好好学习。在今天的年会之后，应该思考营造学社当年的这些做法，我们在今后的工作中怎么贯彻这条，今天我们对比各种学术成果，和当年的营造学社是有很大的不同。近代和现代中国由于种种原因不具备西方国家大的学术环境，也因为有这种差异，朱先生才显示出他特有的价值，他既有潜心学术的志趣、登高望远的眼光，又有奔走呼号的精神境界，人脉畅通的社会资源，80年来像朱先生这样的二线官员我还没找到第二个，我相信很多人愿意向这个方向努力，但是由于种种条件我们确实做不到。在这样一种环境下，传统建筑与园林委员会我们怎么向朱启钤定的目标前进？从工作机制到组织机构，都要有一番改变。我觉得今日的国力已非昔日，今日的经费和人力的投入不知道翻了多少倍，并且有了一系列激励政策和评审制度，今日我们也有相当数量的成果，但是在学术上我们抄袭作假、华而不实、形式主义、急功近利的风气弥漫在我们周围。对比前人成果的同时我们要好好研究下前人的组织形式，今天国家已经很多钱投入到科学研究中，我们怎么样让这些钱发挥作用？同时我们还有大量的研究题目和领域是非常艰难的，所以我认为“怎样继承营造学社的精神”是我们应该认真研究的，这是学术传承和拓展，是具有东方特点的一个道路。

吕 舟

吕舟（清华大学建筑学院教授）：

但是我们今天还面临很多新的问题，刚才陈所长讲了很多关于世界遗产中的新的想法，包括价值的认识，所以我想这些认识实际上也反映了当今社会的一个需求。最近国家在关注申遗的主题框架，到底是什么文化主题，这个文化主题能不能让大家觉得在世界上是独一无二的，例如五台山申遗，把佛教的圣山、圣地、文殊道场等作为核心价值提出，又比如登封的古建筑群提出了天地之中的哲学概念，这些都超出了以前建筑史研究所涵盖的内容。所以从价值认识的角度，今天一直在发展变化，包括梁先生也说过我们保护的对象是历史的见证。那么今天当我们看这个对象的时候，恐怕不光是历史见证的问题。在谈一些历史价值、科学价值、艺术价值的同时也包括一些新的价值，这些新的价值又恰恰是不能回避的问题。我们现在谈文化的多样性、文化的影响，它的历史价值、科学价值有多大？但是它是特定民族、地区的特定做法，反映了地区和文化的特色。文化的价值是大家讨论的一个新话题。除了文化的价值，社会的价值是什么？为什么今天我们国家这么多的地方和政府开始关注文物和文化遗产保护的问题？我想，恰恰是因为最近十年的时间，我们的这种保护和社会发展、城市建设、经济发展的结合。或许在保护过程中我们不太去提这个问题，但是实际上是存在的，就是文物所具有的工具性的价值，或者说社会性的价值。联合国教科文组织工作的目标是什么？就是社会要发展、文化要平等，大家要在文化平等的基础上相互交流、理解，来解决世界和平发展的问题。这是它的目标，我想我们同样也不能回避。在保护的基础上怎么认识新的价值，学会正好在这方面做了很多工作，我们在座的各位也都在做这方面的工作和研究，都在推动这方面的工作，将来这些价值也是学会需要探索、研究的问题。这种需求其实从第七批全国文物保护单位评选的过程，从第三次全国文物普查、调查的对象中也反映出来。它的类型在变，原来我们限定在一个特定的类型范围：古建筑、石窟寺、古墓葬，这是我们关注的问题，而今天远远超出了这个范围。这就是为什么第三次文物普查后出版的《中国文物地图集》能够从第二次文物普查以后的大约34万字，一下长到了80万字左右。我们正在适应这样的变化，这些对于学会来说是一个新的挑战，这是我第一个想谈的问题。第二个就是文化保护和社会发展结合的问题。这些年，我们国家一直处在一个"大跃进"的状态，非常快地发展，保护也是在大跃进的状态，飞速发展。这是很值得注意的趋向。

路　红

路红（天津历史风貌建筑保护专家咨询委员会主任）：

我是来自天津历史风貌建筑保护专家咨询委员会的，今天听了几位专家的讲话，很有感触，学习了很多新的理念，也了解了目前研究的现状，对于我们今后的工作有很大的指导意义。天津虽离北京很近，但是学术氛围确实没有这么浓重。今天参加这样的会议后，我们感到有很多改进的地方。我讲几点我的学习体会：学会坚持这么多年，今天的主题是非常明确的，是怀念梁思成先生，也是重新继承梁先生那一代老的学人为祖国文化遗产献身的精神和科学的求实态度，是对我们这代人的启发，刚刚朱光亚先生讲到朱启钤先生，其实像梁先生和朱先生，都在天津有他们流动的足迹，所以我们读到这些先人的事迹时，是感到亲切的。这种科学、献身的精神和科学理念都是我们要坚持的。这是我的第一个体会。我们是天津市历史风貌建筑保护的管理单位和研究单位，有很多的地方我们在学会可以找到一些帮助，热切希望专家、学者在我们要突破的地方和寻求帮助的地方给我们指导。在政策法规体系上、整体建筑遗产保护上还是有很多需要完善的地方，现在大家都在讨论学术问题，没有讨论管理问题。实际上，在很多部门很多地方，在一些管理部门有利益的地方有交叉点，在一些大家不愿去管理的地方又有很多的盲点。这对于建筑文化遗产保护事业是非常不利的，所以无论是从学术角度还是其他角度都应该向政府提出，相应的法规体系要进一步健全，据我了解，《文物法》要重新修订，我们天津地方条例也在修订。另外，我感觉很多科研单位还有大专院校科研成果，在社会上保护事业的应用和整合还是不到位的。我看见中国研究院有个科研成果验收单，第一个课题就是讲用一种新方法不破坏文物的现状。实际在天津的保护工作中也遇到过这些问题，但作为管理和使用单位我们根本不知道有这种研究成果。作为天津大学毕业生的我，可以找像陈同滨这样的学友去为我们讲讲，但是在不知道的情况下，这些研究单位可能把这些成果束之高阁了，这是资源的浪费，同时对目前管理实践和保护实践活动也是巨大浪费。关于这点我建议以学会为平台，出一些报道，把科研成果广泛地介绍给管理使用单位让人能够采用这才是最好的途径。第三，保护的理念进一步普及，像陈所长刚才讲的基于价值评估下的文化遗产保护，这是跟国际的接轨，这些理念还是存留在高层次人的理念里。陈同滨老师和我是同学，但是有些东西我也是第一次听到。这种理念的普及非常重要，这种理念如果不普及，那么我们的保护事业就走不出象牙塔，群众的接受和管理者的接受，还有城市建设的工作人员能够普遍接受这些理念。我由此引发了一个思考：我们学会太悠久了，17年历程每年都有重要的学术会，我感到学会的平台太重要了。我们讲的这几方面至少可以在平台上普及和推广，比如《中国建筑文化遗产》应作为学会的会刊，重在利用它的理念及平台。

侯卫东

侯卫东（中国文化遗产研究院总工程师）：

今天借这个机会我谈一下感想，我要谈的题目是"从理念走向技术"。古建筑文物保护工作的传统继承更适合中国文物学会传统建筑园林委员会的议题。梁思成先生是我国古代建筑保护与建筑的先驱，他所倡导的中国古代建筑的研究从最初的营造学社调查开始，经过几代人近一个世纪的探求已经建立起一个完整的体系，这是今天我们纪念他，并回顾他的业绩的出发点。我们这些后人之所以能够站在一个比较高的平台上，得益于前辈们辛勤研究成果的积累。从建筑历史角度，这个体系已相当完善，高校、研究院所等已经建立了古代建筑的研究平台，另外，梁思成先生也经历了最早的城市与建筑遗产的保护，在当时时代交替、城市变革的过程中，梁思成先生提出了保护文物的最基本理念，那就是"修旧如旧"。不管对这个词语的真正含义怎么理解，它曾经是几十年中国文物建筑修缮保护的通用法宝，这是我们应该承认的。实际上梁先生当初所面临的，我们也有某种相似的地方，梁先生所处的时代是新中国刚刚成立，百废待兴。城市建设的大规模兴起，在旧制度的基础上换来了新的城市建设，所以当初面临的机遇和挑战很大。近二三十年是社会转型期的机遇，也遇到了大的城市建设、经济发展的情况，历史的螺旋式发展不会是相同的过程，梁先生在当时的经济下，对古城保护的概念，对文物建成的理念也是经过历史考验的。尽管当初有的实施，有的没有达到预期目的，比如当时北京要搬迁重建新城、保护城墙没有完全达到，但已经开始探讨。相对我们现在所处的历史环境实际问题也有很多，我们从事历史文化保护工作也是理想化的祈求，对遗址、大的文化遗产保护我们也有很高的追求，但是毕竟社会客观的限制条件，是否能做得到，有待历史的鉴定。我们这代人是比较幸运的一代，我们能为这个时代留下什么，那就看我们自己努力的成果。梁先生在那个时代提出的概念和理论，当然有当时科学的含义。我们应秉承梁思成先生的保护理论与中国老一代保护工作者身体力行的精神，他们为我们树立了一座座文物保护的丰碑，他们曾经深入保护第一线，考察细节、琢磨工艺、指导实践，通过对古代建筑的研读总结出古代建筑的经验，使我们这代人受益匪浅。今天来了很多老先生，他们在过去的几十年里为建筑文化遗产维修做出巨大的贡献，当初的年代和现在的条件差距非常大。当初不论是经济条件、技术条件、社会的大背景都无法和今天相比，更没有今人对文化遗产的热爱和理解，所以在这种情况下，这些老先生，往往都是亲自下到文物第一现场。这一代老专家不仅仅是理论家，还是实践工作者，他们得出的经验包含了亲身经历，不是从纸面到纸面从理论到理论的积累。从这点回顾，这些是文化遗产保护古建筑保护的真谛。我们要面对面地和文化遗产交流。

改革开放以来文化遗产保护通过国际交流使中国文化遗产走上国际舞台，这种形式的研讨和交流可以对文化遗产的理念原则进行广泛的探讨，我们不仅自己探讨还引进国际新的理念，这些已经有了广泛成果，如《中国文物保护准则》，还有《西安宣言》、《北京宣言》等。我们现在不乏理论体系，也不缺乏中国独有的东西，这些有的出自国际理念，有的出自自己的实践，都有了一定的体系。文物保护的最终目的就是要保存人类文明的智慧，在文物建筑的领域就是要保存和继承组成文物建筑价值各个方面，包括它的建造背景、设计理论、构成建筑的结构和材料、建造工艺以及使用功能和故事。保护古建筑绝不仅仅是保护物质实体，要保护物质所带的各个方面的信息和价值，古建筑保护要注重保护技术的研究和传承传统工艺，这是文物保护的两大支撑点。应从古建筑本身学习古建筑的保护，我们所做的每一个古建筑保护的经验在哪里？只有我们面对每个古建筑对它进行面对面的调查研究分析的时候，我们才能真正对它有所了解，而且从它的过程中学习怎样去保护它，而不是把一种理念、体系、原则拿来放在建筑里。我们所接触的这些国际现状，我们的各种准则实际上是从事我们这一行的背景，绝不是一个工具，它只是我们做任何事情的时候存在于做的过程中的历史，所以真正保护的真理都存在于我们所要保护对象的本身。扎扎实实地面对每一个保护维修的对象，而不是仅仅满足于理念、原则的正确。近年来我们真正探讨科学合理保护技术，演示或展示传统工艺的场面并不多见，应该从前期调查、维修设计、现场保护实施的各个层面抓起。今天很多专家、包括国家文物局的领导也都提到文化遗产很多新理念、新领域。不管是新领域，还是新技术，真正实实在在的维修就是技术和传统，这两点并是不简单的原则和理念所能代替的，我们还有很多不足。现在很多维修，包括工程理念和原则写的都很好：“我们的工程要修旧如旧，要实现原材料、原工艺”，但是真正怎么使用原材料？原工具是什么？每一个问题都值得探讨。

12月9日上午由中国文物学会彭卿云会长给传统建筑园林委员会会长、副会长、秘书长颁发了由罗哲文先生亲自撰写的聘书，新一届委员会认真研究了今后的工作。

中国文物学会传统建筑园林委员会历程（1984—2011年）大事记从略，详见《建筑文化遗产的传承与保护论文集》P226～P229 。

（文字整理：刘晓姗　王燕嵩　图：陈鹤　李沉）

▲ 单霁翔获罗哲文亲笔题赠

▲ 与会部分专家合影（2011年12月8日）

▲ 新一届委员会工作会议（2011年12月9日）

Ancient City on the Silk Road: Notes on Bukhara, Uzbekistan

丝路上的古城 记乌兹别克斯坦布哈拉

郭 玲（Guo Ling）*

▲ 令人想到丝路的历程

“位于丝绸之路的布哈拉已有两千多年的历史。它是中亚城市中建筑物保存完好的中世纪城市的范例。”

——世界遗产委员会

告别乌兹别克首都塔什干，我们乘火车南下，大漠悠悠，沿线荒凉，六个半小时后，到达古城布哈拉。

走进布哈拉就是回归中世纪，就是贴近中亚腹地。于是，我们坚持住在古城的中心地带，一个别具特色的传统家庭式旅馆。我顾不上炎热，拿起相机，独自出门。

一条条幽静的小巷，一栋栋黄土的民宅，加之蓝色旧式木门上铜制的圆环和圆钉，都体现出古城的韵味。几座高大的清真寺，几行葱郁的林木，围拢着一个长方形的水池，岸边有的几座骆驼雕塑，令人联想到丝路漫漫的历程。

走上不远，是座城门，城墙高大，门洞敦厚，两侧是琳琅满目的商铺，头戴丝巾的妇女在招揽生意。再往里走，又见一处花园，又是几座寺院，真是目光所及之处，全是大大小小的穹顶，全是青蓝色的釉面装饰，这般密集，这般质朴。

一会儿，随导游正式出行， 我们登上始建于3世纪、历代不断修建的“山上城堡”——皇宫禁城。它高18米，周长780米，土坯的墙体外有土黄色砖装饰，为加固起见，横着插入许多木桩。宫内有残存的清真寺、寝宫、监狱、阅兵场。城下是当年最繁华的市场，也是处决犯人的刑场。站在这里，我们感受到皇室的威严。

第二天拜访萨曼陵墓，那是成吉思汗攻城时当地居民冒着生命危险，将其用泥土掩埋为土丘，从而免于战火的9世纪建筑精典。陵墓呈立方体，覆以大圆拱顶，立方体象征大地，圆顶比喻天空和太阳。在干旱的沙漠中矗立，土黄色的建筑如同巨大的木雕。

穿过据说当年阿里巴巴经商的大市场，来到卡里安清真寺，它曾于1220年被成吉思汗毁掉（1514年重建），蓝色磨光涂釉砖砌筑，寺内院落的正前方是一座醒目的多边式亭台，导游讲解说，是位了纪念当年

▲ 城门高大敦厚

▲ 9世纪建筑精典萨曼陵墓

* 中国摄影家协会会员

▲ 卡里安大清真寺

▲ 拱券技艺高超的“大巴扎”

▲ 丝绸之路的见证者

▲ 象征尊贵与信仰的宣礼塔

▲ 宏伟的皇宫禁城

▲ 延展的内部空间

▲ 我们仿佛是一个村落中的邻居

屠城时被杀害的5 000士兵而建。周围是悠长的回廊，托举出288个拱顶，可以保障12 000人同时咏经。

门前是全国最高的宣礼塔，高46米，建于1127年，曾经是沙漠中的灯塔，象征着伊斯兰教的尊贵与信仰。塔身刻有14道形状各异的图案和阿拉伯文字，顶部是16个透光窗，舒展的造型和完美的装饰令人赞叹。围绕其周边是16、18世纪的神学院和图书馆，庭院幽深，门头精美，满壁铺盖蓝色琉璃。听说这里集中着170多座各式建筑，大多源于中世纪，难怪布哈拉被称为“伊斯兰穹顶”。

晚上，我们在清真寺院内边吃茶点边看歌舞，悠扬的音乐，欢快的舞姿，如同新疆维族一般，那份惊叹也不亚于白天建筑对我们的冲击。因为我真切地感到世界的彼此关联，文化的彼此相依，生活在不同地域的人们，就如同住在一个村落中的街坊邻居。

第三天清早，我再次漫步这座老城，仔细欣赏那个可容纳500个摊位的“大巴扎”。只见拱券相连，拱顶错落，十字形平面集中组合，形成延展的内部空间，构成交叉的通行甬道，我不由得发自内心地感叹拱券技艺的高超。

丝路昌盛时期，想必这里定是国际贸易中心，来往于欧亚的商队在此会合，在此交易，商贾云集，驼马簇拥，难怪城中的建筑如此密集，难怪设计施工得如此精美。

导游告诉我们，来到布哈拉，一定要买上这里的丝绸，那是源于中国的财富。当年丝绸之路由长安出发，走西域，翻天山，进中亚，再由此通往波斯、土耳其，进而远涉欧洲。将中国的丝绸、瓷器输送西方，布哈拉是见证者，布哈拉也是受益方。

导游还告诉我们，这里一定要谈到中国的玄奘法师，那是影响过我们中亚的圣人。1300年前，是他跋涉万里，舍身求法，途径110个国家，将佛教的哲理传播到此，凭借他的人格魅力和坚韧意志，感化了一个又一个的君主。这样讲不仅是对中国人，西方人到此也同样向他们这样介绍。因为布哈拉就是源于梵语，是“佛教寺院”的意思。一个典型的伊斯兰城市，早期却是佛教圣地，可见历史的玄妙。

告别时，路边见到一家人家，他们热情地与我们招手，孩子们还用汉语喊着：“你好！你好！”中亚古城人家遇到东亚中国来客，一条丝路将我们连在了一起，仿佛亲如一家。

▲ 作为装饰的阿拉伯文字

Qianmen Street, Champs Elysees and Omotesando

前门大街 香榭丽舍大街 表参道

刘 建（Liu Jian）*

对我们生存的城市只有热爱是不够的，你要为它们的发展考虑，尽管这种发展有时是我们不愿意面对的，但是一时的让步并不是妥协而是顺应发展，学术的声音如果不能化作有效的办法，在冰冷的数字面前往往只能徒增伤感。

城市，城市，城兴于市，市兴于街，我们内心一方面希望城市得到发展，却又割舍不下我们的感情，真是一件很矛盾的事情，更何况有时留给我们思考解决问题的办法的时间并不多。商业街这一古老的商业生存和繁衍的实体，祖宗的遗产，到今天是否还能够体面地生存？商业是否真的是只难以驾驭的野马，还是我们缺乏训练有素的技师？

2009年4月23日，前门大街HM店开业那天下着小雨，我这个不时尚的人被老婆拽着去了。刚刚落成的前门大街还比较冷清，只有为数不多的几家店在营业，在一派灰色建筑的映衬下HM鲜红的logo和红地毯显得格外的耀眼。店里的顾客们兴奋异常，试衣间前排着长队，耐心等待的每个人手里最少都拿着四五件衣物，拿少了肯定也对不起排队的时间。据说很多人当时是翘班来的，因为开业当天是个工作日。我对购物兴趣不大，出来在外面等。雨中灰蒙蒙的两排建筑和中间的一条街道，如果不是外墙的仿古面砖的存在，这些简洁的二三层体块的组合你很有可能误认为是其他的地方。精明的开发商用最经济和最直接的办法来表现前门大街的文脉并不为过，但多少看着有点寒酸。虽然我对传统建筑不是特别的“感冒”，但彼时还是觉得如果适当有点红柱子和坡屋顶可能会更温馨，商业味道更浓。

最近我再度光顾前门大街时，我发现随着商家的逐渐入住和环境的改善，建筑的单调感已逐渐淡去，亲切和温馨的感觉扑面而来。我们无论怎么去强调前门大街的历史，中轴线的位置，商家和顾客关心的永远是卖品。我们在学术上的争论并不妨碍他们的购物兴趣，他们自顾自地挑选着商品，享受着购物的乐趣。以至于我常常在想，使用者和建筑自身哪一个更重要，虽然我们不能真实地还原历史，也不能保证不

▲ 近年整修的前门大街及重修后的正阳门牌楼（摄影/陈鹤）

* 宝佳集团副总建筑师

▲ 北京正阳门箭楼侧影（摄影/陈鹤）

会有新问题出现，但如果创造的环境能让大家愿意来，建筑本身还重要吗？建筑学虽然涉及了诸多学科的知识，但我们必须承认建筑学并不能解决所有问题，在城市发展和经济发展的大前提下，建筑不能被动地去接受，能否以积极的态度参与其中呢？

我们来了解一下前门大街的基本情况：它坐落在天安门广场的南侧，是北京最大的古城保护区，也是天安门广场周边唯一规划的商业街区。前门大街和天安门、故宫一样都在北京的中轴线上，北起前门正阳箭楼，南至珠市口，全长845米。这条古老的商业街道重拾了中心的御道和久违的老北京有轨电车，两边的建筑都采用老北京的建筑风格。为了保证前门大街是步行街，东西两侧的煤市街和前门东路承担了南北过往的交通任务。

历史上的前门大街则全长1 600米，行车道宽20米，北起正阳门箭楼，向南则一直至天坛公园路口，与天桥南大街相连。前门大街正中央有一条不寻常的石板路,它比两侧的路面高出1.5厘米,正是这1.5厘米,让前门的地位高过了所有的商业街,因为那是皇帝去天坛时所走的专用道路。中央是白石，两侧是青石,远远望去犹如一条青龙俯卧在古都的中轴线上。白石是皇帝走的,青石是大臣和百姓走的。“大街”加一横便是“天街”,这一横就在前门大街的中轴线上,所以,只有前门大街能称为“天街”。 今天的前门大街只是其北侧的一部分。

从其显赫的出身和位置来看，著名的巴黎的香榭丽舍大街，东京的表参道无不相形见绌。

香榭丽舍大街

今天巴黎的香榭丽舍大街始于卢浮宫正门前的协和广场（La Place de la Concorde），止于矗立在星形广场中心的凯旋门前。虽然被誉为“世界上最美丽的大街”，但它的形成和发展也历经沧桑，三百年前这里还只是一片沼泽地，谁能预料到今日的辉煌？1616年皇后玛丽·德·梅蒂西斯决定将这里拓建成一条林荫路，取名“皇后林荫大道”，这就是香榭丽舍大街的雏形。17世纪中期，法国著名凡尔赛宫园林设计师勒·诺特对卢浮宫前的杜勒里皇家花园进行重新设计，将皇家公园的中心道路的长度延伸至“皇后林荫大道”，便于太阳王路易十四站在卢浮宫前观赏西霞落日，拿破仑则在大街的最高处兴建了举世闻名的凯旋门。

▲ 巴黎香榭丽舍大街店铺橱窗（摄影/李沉）

拿破仑三世时，奥斯曼奠定了现代巴黎的雏形，也给香榭丽舍大街带来了发展机遇，确定了今天的规模：东西两段，东段源自皇家花园，700米长的林荫大道，道路旁，绿草如织，林木繁茂，有园林、喷泉，以自然风光取胜；西段长约1 200米，两旁奥斯曼（Haussmann）式的建筑是富丽堂皇的高级商业区，LV、Gucci等奢侈品店，Burberry、YSL（Yves Saint Lauret）、Armani等高级时装店，Chanel、Dior、Lancome的高级化妆品店，马克西姆、富格等西餐厅，奔驰、雷诺、雪铁龙等车行，丽都夜总会、香榭丽舍剧院，等等，全世界的名牌都扎堆儿在这里。

1992至1994年，巴黎市政府斥资3 700万欧

▲ 香榭丽舍大街街景（摄影/李沉）

▲ 香榭丽舍大街街橱窗设计（摄影/李沉）

元对香街进行了整建，拓宽了人行道，大道两旁加植四排梧桐树；重装路灯、长椅，新设计候车亭、卖报亭等，既忠于香街的传统形象，又体现法国的园林传统。

这条被称为世界上最美丽的大道，对于不少人来说几乎是法国高尚生活的全部象征，对于某些人可能只是世界各地名流和明星奢侈品消费之地。不过每年国庆时法国总统的阅兵式就是从街头端的凯旋门出发，经过大街，最后到达协和广场，足以说明这条大街在法国社会和政治地位之重。

漫步在香榭丽舍大道，除了一个个的名品店和咖啡屋外，几乎没有让人感觉特别吸引的东西了。你可以厌倦于此，而且此地的犯罪率也有所上升，但是法国人的自豪却一点不减：从18世纪初的初建，到19世纪中的大修整，再到最近的1994年的再修整，政府为这条大道的建设和发展投入了不少的精力和金钱。即使经过多次修整，香街如今的形态也跟18世纪中期差不太多。从保护文化遗产的角度说，法国真是一个很注重传统的，而且非常仔细认真的保守国家。

客流量的增加使得租金暴涨，许多品牌因为销售额与租金差距太大而无奈搬走。据悉，这里的租金以100平方米计算，每年要高达125万美元，是高居欧洲第一、全球第二昂贵的地段，仅次于纽约市的第五大道。2008年大道上唯一的邮局和历史最久的药店也不得不选择迁出，把位置让给实力雄厚的国际化商家。12月31日药店关张的时候，在玻璃橱窗不无遗憾地上贴出公告："创立于50年代的最老的药店——可以说是香榭丽舍上唯一的药店，将要让位给某家更会赚钱的连锁店。同时香街上电影院数量也在急剧减少，同年具有历史意义的老电影院UGC Triomphe也宣布要迁出。巴黎市政府对此表示非常"悲伤"，各媒体也表示关注，但也无能为力。人们唯恐这种由经济实力决定的店铺更新换代，会导致香街将来变成一个俗气的"超大型购物中心"，而丧失了历史价值和本身具有的独特地位。尽管各大国际品牌都对这些宝地虎视眈眈，巴黎市政府也试图在尊重现行法律和自由的原则下，尽量对各大商家争先恐后的进驻行为进行可能的建议和控制。

表参道商业街

第一次看见京都的英文Kyoto，觉得很有意思，因为和东京的Tokyo拼写一样，但顺序不同，暗示着两者的渊源。查了一下历史，果不其然。

原来在500多年前，东京还是一个人口稀少的小渔镇，当时叫作江户。1603年建立的中央集权的德川幕府使江户城迅速发展成为全国的政治中心。据说当时明治天皇的维新在京都的阻力很大，故迁都至江户，改名为东京，成为日本国的首都。从此奠定了两个城市的基调，两座城市各得其所，作为日本脱亚入欧的代表，东京成为一个现代化的国际大都市，京都则保留了传统的日本文化，成为日本文化的代表，双方并不因此而羡慕对方。

作为东京最为繁华的商业街之一的表参道商业街，总长不过1000米左右，两侧是高大的榉树，云集了LV、Armani、Prada、Chanel、Apple、Cartier、Dior等世界著名品牌的旗舰店，它们以一座座建筑单体的形式存在。这些出自国际知名建筑师之手的建筑争奇斗艳，交相辉映，成为时尚的代言人，代表了东京作为亚洲时尚之都的高水平。

和前门大街、香榭丽舍大街不同的是，这里的商业建筑不是统一规划的，而是给予品牌商和建筑师充分的自由度去尝试，应该说这是其最大的魅力。每一栋建筑都有一个动人的故事。每年有无数艺术院校的学生和忠实的品牌粉丝们充盈在这条不宽的街道上，近距离欣赏和体验建筑大师们的作品和最新款的时尚品牌，其效果远远胜于二维的解读。我爱人一直向往于此，直言我来是个浪费。这并不是一条纯粹的步行街，中间还有双向的机动车道，人和车纠缠在一起，很是热闹，两侧靠天桥连接，但并没有降低人们购物的热情。安藤忠雄设计的表参道之丘是其中面宽最长的一个建筑，面街长度达到250米，进深窄处却只有10米，并且地处斜坡，安藤利用一排榉树和分三阶段逐渐降低的建筑楼层成功解决了问题，内部的走廊实际上是缓缓的坡道，连接着一个个店面。如果你认为这里只是大牌的天地，你就错了，在后面的小巷里一样精彩，很多很有个性的小店，知名度虽然赶不上大牌，但一样受欢迎，像专卖包包的Jewclna Rose，帽子专卖店Nine by Four，专门卖内衣的BODY WILD。这些大牌就像是耀眼的明星吸引着人流，带动了周边的发展，应该说是很聪明的商业策略。在表参道的周围，还聚集了许多时尚、音乐、设计等相关的自由创作室。在周围的咖啡厅里，经常能听到与创作有关的话题。拥有敏锐的时尚嗅觉的观光客、店员、自由创作者和当地的居民等共同营造了表参道独特的极富活力的气氛。

我们来了解一下表参道的历史：1920年明治神宫创建时，其正面的参道（参道：用于参拜寺、神社的道路）建成了表参道，以后成为该地区的地名。如果你从地铁原宿站表参道出来就可以看到明治神宫。街道东侧神宫旁的代代木公园原是日本陆军训练场，1945年被美军接收成为驻军军官宿舍区，名为华盛顿高台，1964年东京奥运会时返还给日方，其上修建了著名的代代木“国立室内综合竞技场”。基于这样的历史背景，很早表参道就形成了近代西方的文化氛围，20世纪90年代日本经济泡沫破灭后，表参道略为便宜的土地价格和租金使外资企业开始涌入，成为形成时尚街道的重要条件和理想环境。

和前门大街、香榭丽舍大街相比，应该说表参道最大限度地还原了商业的本质。普拉达说过，现代人所需要的不再是商品，而是生活态度。因此一间创意十足的旗舰店远比一件经典款式的产品更能撼动人心。21世纪推崇的是体验经济，商家用服务、商品为消费者创造一系列令人难忘的购物体验，这是仅靠打折所不能比拟的。消费不再是简单的买卖，购物场所也不再是简单的房屋，而应该是拜物教的教堂。在这一点上，表参道做得最为彻底，2003年，表参道Prada店开业，由鸟巢的设计师赫尔佐格和德梅隆设计，菱形玻璃构成的建筑造型吸引的相机比信用卡还多。号称离LV最近的建筑师青木淳描述他为LV做的设计为“随意堆放的旅行箱”，LV开业的当天引起了轰动，营业额达到了惊人的104万美元。

而香榭丽舍大街和前门大街囿于总体规划，只能将商业限制在既有的建筑中，寄希望和古典的建筑文化融为一体。

前门大街步行街更是任重道远，它肩负着复兴前门地区的任务。前门地区向西到南新华街，向东到祈年大街，向北是东西前门大街，南到两广路的范围，仅隶属西城区面积就达110公顷，而隶属东城区的范围也不相上下。这个地区正在不紧不慢、按部就班地拆迁着。

新的规划是什么样并不重要，建筑采用的风格也不重要，这也不是普通人能决定的，重要的是创造的环境能够让商家愿意来，让顾客愿意来。要知道历史文化对商业的帮助并不大，而商业对历史文化的破坏可是简单容易的，因为商业地产的开发模式是追求利润。如果不能将新的商业形态有机地融入，提供从产品开发到零售铺面的整合规划，必然会造成商业与历史文化的一系列冲突。看重老字号的文化遗产，还是单纯的商业开发行为？前者如果没有政策的扶持是很难生存下去的，而后者会使得前门大街沦为待贾而沽的商品。

前门大街商业街面积达54 691平方米，其中22 763平方米商业已全部完工，其余的31 928平方米面积也计划于今年年底竣工。据介绍，前门大街商业区共有52个地块，总用地面积达到22.4公顷，规划总建筑面积则达到40万平米。试问什么样的商业模式可以消化这么大的面积？而在招商的压力下，传统的老字号文化还能有保证吗？

“政府出钱把前门大街翻新了，老字号小吃当然愿意回去，但是租金太高，我们做小买卖的忙一个月可能连租金和工人工资都挣不齐。”冯广聚盘算着，按照目前38元/平方米/天的租金，一个月下来，一个100平方米的铺面光租金就得近12万元左右，10元一盘的爆肚得卖多少盘才能挣足房钱啊，这还不包括工人的工资、原材料、水电等成本。如果能承受38元/平方米/天的价格，有一种办法，那就是把现在的食堂价格提高四五倍，0.7元的烧饼卖成3.5元钱。但冯广聚认为，那种价格就不能叫小吃了，因为小吃的原有之意就是价格低。“前门小吃接连倒闭与租金过高有直接关系。”北京老字号传统小吃协会会长侯嘉分析，前门地区刚开始招商时开出租金价格高达37元/平方米/天，如此高的租金或许大的国际品牌可以承受，但对传统的老字号小吃无疑显得太高，老北京小吃的租金超过5元/平方米/天就有风险。

造成这样的结果谁也不愿意看到，但它毕竟正在发生着。有人认为有4种力量成为大规模改造旧城的有力支持者：想利用历史文化赢得最高回报率的开发经营者、急于快速表现政绩的城市领导者、能从大拆大迁中得到好处的蹩脚规划师和建筑师、急于改善居住条件赢得拆迁补偿的部分居民。我出生在北京的胡同里，非常能体会到居民的心情，作为建筑师我

▲ 表参道Tods（摄影/刘建）

▲ 表参道宝格丽（摄影/刘建）

也相信大多数建筑师有职业的诉求，至于开发经营者和城市领导者也会有自己职业的追求。从个体来讲他们都没有错，他们只是在做自己的工作，追求合法的利益，但组织在一起为什么就没有求得一个好的结果呢？

也许我们正在完成一件应该几代人才能完成的任务，我安慰自己香榭丽舍大街也曾经经历了奥斯曼的外科手术，表参道的发展也经历了很多磨难，应该有耐心、有理由相信前门地区会变得更好。

Chen Mingda and New Architecture in Chongqing

陈明达与重庆新建筑

殷力欣（Yin Lixin）*

▲ 1952年北京市建筑设计院建筑师在讨论友谊医院方案

▲ 1952年北京市建筑设计院北京儿童医院设计组在讨论方案后合影

▲ 1952年 清华大学西大饭厅29.5米跨度木拱架吊装现场

▲ 1952年梁思成、张维在清华大学、北京大学、燕京大学三校调整建设计划委员会设计室指导工作

编者按： 2011年12月21日，在建筑学编审杨永生家，大家共同议起《中国建筑文化遗产》2012年的选题，1952年的龙年重要性自然与2012年龙年相对应起来。于是“建筑甲子·1952”便成了大家热议的话题，参加讨论者有杨永生、金磊、赖德霖、赵敏、韩振平、刘江峰、李沉，因此就有了这个栏目的开篇。中国传统纪年农历干支的一个循环，称为“一甲子”，也被用来表示60年。这里所提中国建筑文化遗产一甲子，实际上就是要盘点60年以前围绕中国建筑文化发展所发生的事件和有关人物，以为今人所学习和传承。1952年也是龙年，中国建筑业可谓是龙腾虎跃、迅猛发展的一年，有许多事情、人物可以载入中国建筑发展史：

1952年，时任中财委主任陈云发布命令，颁发《基本建设工作暂行办法》。其中，对建筑设计有明文规定。

1952年，中央建筑工程部成立。

1952年，第一次全国建筑工程会议召开。会议提出国家对于基本建设的方针是国防第一，工业第二，普通建设第三，一般修缮第四。建筑设计的总方针，第一要适用，第二要坚固安全，第三要以经济的原则为主要内容，第四建筑物又是一代文化的代表，必须不妨碍上面三个主要原则，要适当照顾外形的美观。

1952年，毛主席亲自签署命令，中国人民解放军八个师转为中国人民解放军建筑师。

1952年，中央设计公司、广州市设计院、上海华东设计院、天津市建筑设计院等多家国营大型民用建筑设计单位成立。

1952年，中央建筑工程部召开全国城市建设座谈会，讨论《中华人民共和国编制城市规划与修建设计程序（草案）》。

1952年，国家计委成立，全国基本建设工作由国家计委主管。

1952年，教育部进行了全国高校院系调整，建筑界“老八校”雏形初现。

1952年，清华大学、南京工学院、天津大学等高校一批大学生毕业，这其中包括李道增、关肇邺、周干峙、钟训正、齐康等众多日后在中国建筑界极有声望的院士、教授。

1952年，北京和平宾馆落成。

1952年，北京天安门城楼观礼台落成。

1952年，人民英雄纪念碑开工建设。

1952年……

所要记住和翻阅的历程太丰富了，本编者按只是一些只言片语，一些零星的记忆。

遗产，不仅是家庭留给人们的物质，也是人类发展和自然进化赋予人们的精神。泱泱华夏，五千年的文化赋予中华儿女无以胜数的建筑遗产，从威武雄壮的万里长城，到精致乖巧的江南园林，从金碧辉煌的皇家禁城，到粉墙黛瓦的徽派民居，中国建筑文化遗产以人们或可触摸、或可意会的方式，传递着中华文化的血脉。众多的建筑文化遗产蕴涵着中华民族特有的精神价值、思维方式和想象力，体现着中华民族的生命力和创造力，凝聚着中华民族的杰出智慧。这些建筑以独特的方式潜移默化地影响着人们的思想观念，对维系民族血脉、传承中华文明有着不可替代的特殊作用。随着人类文明的不断进步，特别是社会繁荣的不断发展，人们对遗产的认识也在发生着变化。现当代的建筑文化遗产越来越引起人们的重视，如何保留、如何合理使用已被提到了人们的议事日程上来。

*《中国建筑文化遗产》副总编辑

《中国建筑文化遗产》将以独特的视角，去挖掘、整理现当代建筑文化遗产中值得保留的优秀的内容，我们将用不同的表现方式，重现前辈们曾经的努力和付出，再现前辈们取得的辉煌成就，其目的就是要将更多优秀的现当代建筑保留下来，杜绝如“梁林故居”遭拆毁的命运，将民族的文化世世代代传下去，为中国建筑文化遗产事业做出我们微薄的贡献。本刊所述陈明达与重庆新建筑，即是建筑一甲子事件之一。

（执笔　李沉）

▲ 中央大学建筑系（东南大学建筑系前身）1952届全体同学合影

Editor's Notes: On 21st December, 2011, at the house of Yang Yongsheng, senior editor of architecture, some architectural experts talked about the subject selection for 2012 China's Architectural Heritage. 2012 is the year of the dragon, which reminds them of another important year of the dragon, 1952. People who joined the discussion are Yang Yongsheng, Jin Lei, Lai Delin, Zhao Min, Han Zhenping, Liu Jiangfeng and Li Chen, and hence this opening article of the column. In Chinese traditional Lunar Calendar, a sexigesimal cycle is called a "Jia zi", meaning a period of sixty years. Here we talking about the Chinese architectural heritage over the past 60 years is actually to uncover the events and people related to the development of Chinese architectural culture in the 60 years for people today to learn and inherit. In 1952, that year of dragon had seen the vigorous and fast-speed development of Chinese architecture, and a large amount of events and people that can be recorded into the history of Chinese architecture.

▲ 50年代初期的陈明达先生

年代：1952年
人物：陈明达，时任公营重庆建筑公司二级工程师（建筑师）
建筑事件：重庆中共西南局办公大楼、重庆市委办公大楼同时竣工

陈明达（1914—1997年），原名陈明轮、陈明彻，湖南祁阳人，已故著名建筑历史学家。简历如下：

1914年12月25日（旧历11月29日） 出生于长沙城内四堆子。

1922—1925年 在长沙私立慧怡学校读书。

1925—1929年 在北京师大附小、私立补公中学、私立文治中学读书。

1932年7月—1943年 参加中国营造学社。

其间：

1932年7月—1937年10月 在北京为研究生，师从刘敦桢、梁思成，为刘敦桢先生的主要助手；

1935年7月—1937年9月 兼任北京市旧都文物整理委员会工程实施处技士；

1937年10月—1940年3月 在昆明为助理研究员；

1940年3月—1943年12月 在四川李庄为副研究员；

1941年—1944年 在四川李庄兼任中央博物院史料编纂委员。

1943年8月8日 与李淑其（1918年阴历9月7日出生）结婚。

1944年6月—1948年3月 在重庆任国民政府中央设计局公共工程组研究员。其间加入中国工程师学会，为正会员。

1946年1月—6月 兼任重庆陪都建设委员会工程师。

1948年12月—1949年5月 在湖南衡阳工务局任职。

1949年9月—11月 任重庆复兴农村水利工程处川东区督导处副总工程师。

1950年9月15日 在公营重庆建筑公司任二级工程师。

1952年年底 所设计并监理施工的中共西南局办公大楼、重庆市委办公大楼同时竣工。

1953年1月 中共西南局办公大楼、重庆市委办公大楼交付使用。任重庆建筑工程局设计处副总工程师。

1953年4月—1961年5月 在北京任中央文化部社会文化事业局（后改称文化部文物局、国家文物局）任局业务秘书、文物处工程师（正教授级）。于1953年6月在北京加入中国建筑学会，任该会中国建筑研究委员会主任秘书。

1961年5月—1973年 任文物出版社工程师（正教授级）、编审。其间：

1964年10月—1965年5月 在西安市星光大队参加“四清”工作；

1970年—1973年 在湖北咸宁文化部“五七干校”劳动。

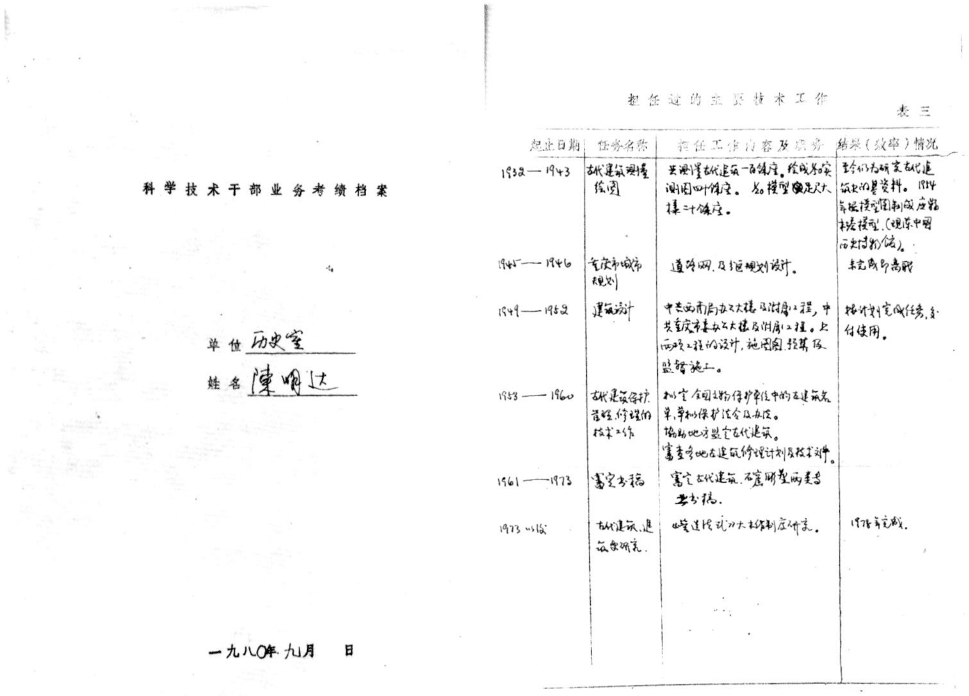
科学技术干部业务考绩档案

单位 历史室

姓名 陳明达

一九八〇年九月 日

担任过的主要技术工作 表三

起止日期	任务名称	担任工作内容及职务	结果（效率）情况
1932—1943	古代建筑测量绘图	共测量古代建筑一百余座。绘成实测图四十余座。另模型足尺大样二十余座。	至今仍为研究古代建筑史的重要资料。1934年据模型图制成应县木塔模型。（现存中国历史博物馆）。
1945—1946	重庆市城市规划	道路网及分区规划设计。	未完成即离职
1949—1952	建筑设计	中共西南局办公大楼及附属工程，中共重庆市委办公大楼及附属工程。上两项工程的设计、施工图、预算及监督施工。	按计划完成任务，交付使用。
1953—1960	古代建筑保护、管理、修理的技术工作	拟定全国文物保护单位中的古建筑名单，草拟保护法令及办法。协助地方鉴定古代建筑。审查各地古建筑修理计划及技术文件。	
1961—1973	写定书稿	写定古代建筑、石窟雕塑两类书稿。	
1973以后	古代建筑、建筑史研究。	继续进行我国古代大木作制度研究。	1978年完成。

▲ 陈明达自填业务履历（中国建筑科学院人事档案）

1973年—1987年9月 在建设部中国建筑技术研究院历史研究所任研究员、高级建筑师（正教授级）。

1987年10月 在中国建筑技术研究院退休。

1997年8月26日 在北京病逝。

主要业绩：著有《崖墓建筑——彭山发掘报告之一》（作于1942年，至今未正式出版）、《巩县石窟寺》（文物出版社，1963年）、《应县木塔》（文物出版社，1966年）、《营造法式大木作制度研究》（文物出版社，1981年）、《中国木结构建筑技术（战国–北宋）》（文物出版社，1990年）、《中国美术全集·巩县、天龙山、响堂山、安阳石窟》（文物出版社，1990年）、《陈明达古建筑与雕塑史论》（文物出版社，1998年）、《蓟县独乐寺》（天津大学出版社，2007年）、《营造法式辞解》（天津大学出版社，2010年）。此外，20世纪60年代曾参与编写《中国古代建筑史》；后于1986年主持《中国大百科全书·建筑、园林、城市规划卷》中的“中国建筑”分科的编写工作，并为该书的主编之一。

陈明达先生被称为“继梁思成、刘敦桢二位学科奠基人之后杰出的建筑历史学家”，其代表作《应县木塔》、《营造法式大木作制度研究》等，科学地阐释了以材份为模数的中国古代建筑设计方法，是探索自成体系的中国古代建筑学的突破性进展。

上述履历主要采自中国建筑科学研究院（今中国建筑设计集团）“科学技术干部考绩档案”和历年著述出版统计资料。据此可知，陈明达先生虽从事过城市规划和建筑设计工作，但主要是以建筑历史研究享誉学界的。

那么，对于陈明达先生而言，1952年意味着什么呢？简单地说，是他建筑设计生涯的结束和建筑历史研究的重新开始；也可以说，他赢得了一次超越自我的挑战。

中华人民共和国成立后，主持四川、云南、贵州和西藏军政要务的中共西南局于1949年12月8日进驻重庆。在这个刚刚结束战乱、百废待兴而人力物力均十分匮乏的时期，重要的建筑工程尤其与国计民生息息相关。西南局于1950年初决定建造三座建筑：西南军政委员会大礼堂（后改名为“重庆市人大会堂”）、 中共西南局办公大楼（西南局撤销后成为重庆市委办公楼）和重庆市委办公楼（后改作重庆市博物馆）。

那时，原国民政府、高校、建筑事务所和科研机构的建筑专业的一批高级知识分子决定留在大陆参加新政府的建设，其中有张家德、陈明达、徐尚志、朱宏隆、朱可善、庄人青等人。他们受到了新政府的重视，时常有机会与主持西南局的领导人刘伯承、贺龙、邓小平等交流建筑工程方面的意见。据陈明达先生生前回忆：1950年的一天，时任西南局第一书记兼财经委员会主任的邓小平曾亲自召见他们，座谈三座新建筑的设计施工事宜。当时，陈明达首先向邓小平发问：

“汉代初年有两个做法，一个是建造未央宫‘非壮丽无以重威’；另一个是‘休养生息’，让人民过上好日子。不知新政府将采用哪一种为建筑业的主旨？”

邓小平的回答是：

“这两个做法都要采纳——党政机关的办公楼要简朴、实用，尽量节约政府开支，好把更多的资金投入工农业生产，让人民群众‘休养生息’；另外，要以充足的资金投入去建造作为人民政治协商会议和人民代表大会主会场的大礼堂，这个大礼堂一定要‘雄伟壮观以重人民当家做主之威’！”

邓小平又补充说：“大礼堂的建设经费可以尽量满足；而两个办公楼虽说要节俭，但也应该考虑到建筑美观问题，相信建筑师可以开动脑筋，‘巧妇能为无米之炊’。”

得到了这样的答复，这些建筑界名流都很为新政府的开明与亲民姿态所感动，更将这个“为人民服务的建筑极尽富丽、用于执政的建筑极尽节俭”的思路视为新政府在建筑领域的指导思想，故决计竭尽所能做好这项新政府在西南地区的重要建筑活动。

之后，张家德先生从北京天坛获取灵感，又借鉴了吕彦直广州中山纪念堂经验的西南军政大礼堂设计方案被采纳。这座建筑基本上实现了“雄伟壮观以重人民当家做主之威”的设计思想。而陈明达先生承担的中共西南局办公大楼和重庆市委办公楼的设计及监督施工工作（徐尚志等人亦襄赞其事），则是行政办公建筑“既要节俭又要兼顾美观”的尝试，用陈明达自己的话说，是真正做了一次“无米之炊”。

现将三座建筑简述如下。

西南军政大礼堂由张家德设计。于1951年6月奠基，1954年4月落成，占地面积25 000平方米，建筑总高度为65米。其中礼堂高55米，内有5层，现用4层，可容观众4 206人。整组建筑坐落于重庆市渝中区中心地带的缓坡之上，外观采用了明清两代的宫廷建筑风格，中轴线对称格局；正立面中央以首层7间柱廊之上建重檐歇山顶，9间殿堂构成正门入口，背

▲ 张家德设计的重庆人大会堂

后即以仿北京天坛祈年殿的三重檐圆顶攒尖屋盖的大礼堂构成建筑主体，左右两翼对称配以一字排开的3层阁道式配殿，其两端和中部又以方亭、八角亭式塔楼为起始点和过渡。其整体立面构图以中央主体之高耸入云而具震慑力，辅之以两翼之起伏、舒展，不失其视觉上的韵律效果；又以绿琉璃瓦顶、红漆柱和米黄色墙体构成金碧辉煌的华贵色调。此建筑是继续吕彦直先生南京中山陵、广州中山纪念堂之后，又一个借助现代西方建筑技术而展示中国民族建筑样式之美的大型建筑。尤其值得注意的是：北京天坛祈年殿三重檐样式在公众心目中，是高于紫禁城太和殿的最高等级建筑形式。

据资料显示：建设者在没有大型高吊起重设备的情况下，采用“堆积法”，将35 000多根楠竹、木板搭架，最终把总重量约280多吨、厚约1米的双层钢架，以40 000多颗铆钉连成的36片网架组成的大厅半圆形球壳顶架支撑在混凝土柱上。礼堂中径跨度长46.33米，整个顶盖可随热胀冷缩，在支点座上，顶壳可内外移动44毫米。建成后，此建筑即正式命名为“西南行政委员会大礼堂”，1955年更名为“重庆市人民大会堂”至今。

▲ 1952年竣工的中共西南局办公大楼，后改作重庆市委办公大楼。陈明达设计并监督施工（龚廷万摄）

受当时的建筑技术制约，此建筑在视听效果等功能上存在着某种不足，但因为外观的大气势至今仍作为标志性建筑吸引着众多的中外游客。1987年，由英国皇家建筑师学会和伦敦大学著名专家教授共同主编增订出版的《比较建筑史》一书，首次向世界介绍了新中国建立后国内著名建筑共43项，其中重庆人民大礼堂排列第二位。

中共西南局办公大楼（中共西南局撤销后成为重庆市委办公楼）由陈明达设计并监督施工。此建筑于1950年底完成设计，1951年初奠基，1952年底竣工，1953年初交付使用，今在重庆市委院内，因近年启用新的办公大楼，现为附属办公用房。此建筑为砖混结构，地上3层、地下1层，平顶，平面略呈横置的工字形，仅在中部略向前、向上凸出一个高四层的门庭作建筑主体。整体建筑外观以红砖墙、矩形玻璃窗构成朴素的建筑色调，在门庭上端饰白水泥“工农兵”浮雕，并以此为中心，顶楼上檐部分环绕一圈斗拱浮雕作为此西南行政中心建筑的唯一的装饰。而这一装饰带的图案选择，采用的不是通常的辽宋式或明清式样斗拱，而是陈明达在1941年四川彭山汉代崖

▲ 西南局办公大楼正立面浮雕近景（龚廷万摄）

▲ 重庆市委办公大楼侧影（龚廷万摄）

▲ 西南局办公大楼背立面局部（殷力欣摄）

▲ 西南局办公大楼檐下斗拱及窗饰（殷力欣摄）

▲ 西南局办公大楼内景（殷力欣摄）

▲ 20世纪80年代的重庆市博物馆，原重庆市委办公大楼（龚廷万摄）

▲ 1952年竣工的重庆市委办公大楼，陈明达设计并监督施工

▲ 重庆博物馆正门（殷力欣摄）

▲ 由原办公室改造的重庆博物馆展厅（龚廷万摄）

墓考察上采集的汉代斗拱图样（以彭山第10号墓门楣斗拱为标本），在艺术风格上推崇汉唐之雄厚，也或多或少地暗含着“休养生息”的寓意。

重庆市委办公楼（中共西南局撤销后改作重庆市博物馆）亦由陈明达设计并监督施工。此建筑于1950年底完成设计，1951年奠基，1952年底竣工，1953年交付使用。该楼坐落于市中心，依枇杷山山势而建，距山巅仅一步之遥。此建筑为砖混结构，主体3层，建筑面积约23万平方米；红瓦顶，米黄色墙面，无花饰矩形窗户；因地形而以一个横向长方形为横轴，左侧向山下延伸一矩形和一个正方形门庭，右侧向山顶延伸一个矩形，由此组成建筑平面；正立面以四层塔楼门厅和偏右布置的门廊、台阶等组成建筑立面的构图中心。1954年，西南大区撤销，重庆市委迁居原中共西南局办公大楼，此建筑于1955年改作原西南博物院，后又改称重庆市博物馆，是西南地区一座重要的综合性博物馆。

粗看起来，这两座楼除了正立面的朴素大方及环境的清幽之外，似乎与近代大多数中国建筑师的仿效西洋风之作并没有大的区别，但仔细观察，则会发现，设计者似乎有两方面的探索。

其一是吸收西方现代主义建筑的基本元素，在建筑构图方面以简单的几何体作多样组合，尽量避免多余的装饰，后者的构成元素是矩形、三角形、方锥体、立方体（据陈明达先生生前回忆，某些构图的灵感甚至来自“七巧板拼图游戏”），前者更简化为纯立方体的排列组合。

其二是特别关注建筑与周边环境的和谐布局。以重庆市委办公楼为例，设计者充分考虑到了20世纪50年代枇杷山正街的周边环境，尽量使建筑平和地置身于在明清民居、民国别墅丛中，保持体量略有突出而不突兀的局面；在建筑规格和整体布局上借助山势以显见建筑的高大，而建筑本体高度则控制在不遮掩山顶俯视视线的范围，进而使建筑完全融入山体，并不动声色地拉近与远处的长江的视觉距离。可以说，设计者陈明达先生没有沿用四角翘起的大屋顶、斗拱等公认的中国古代建筑符号，也放弃了平面布置的对称原则，针对地势和周边环境，完全自由地使用西洋式建筑材料安排建筑的平面和立面，但人们感觉它绝不是中国人对西洋建筑的刻板模仿，而是使用新材料去营造一种内在的中国氛围。此建筑的成功之处在于从建筑尺度上把握人与建筑、建筑与自然之间的和谐关系，堪称是实用功能与内在诗意的完美结合。

重庆市人民大会堂的设计者张家德先生（1913—1982年）毕业于中央大学建筑工程系，曾任北京市建筑设计研究院总建筑师，是我国著名的建筑设计大师。张先生在校所学以西方建筑学为根基，对中国古典建筑的认识，则主要是靠自修得来。由他设计这样一个民族样式的大体量建筑，很能说明在20世纪我国的建筑界，建筑师们的民族情结、传统文化基因远比我们想象的要深远。而中共西南局办公大楼与重庆市委办公大楼的设计者陈明达先生，则师从于建筑学家刘敦桢、梁思成，一生探寻中国古代建筑及城市规划思想，日后也以中国古代建筑历史研究知名。尽管他曾在民国期间任中央设计局公共工程组研究员，从事陪都城市规划工作和少量的新建筑设计工作，但总体上说，他的主要知识构成是以中国古典建筑为主的。由他借鉴西方现代主义建筑手法设计新中国的党政机关办公大楼，是与张家德先生设计传统样式公共建筑同样意味深长的：以西学为根基者似乎觉得非采用民族样式不能突出新时代公共建筑之宏伟气势；以中学为主业者却做着西方现代派建筑构成的种种尝试，从而力求政府用房之简朴。

从上述对三座建筑以其设计者的简述中，我们不难看出前者与后二者之间在建筑样式选择上华丽与质朴的风格差异。由此，也不难想象其工程造价的差异。

仍据陈明达生前回忆，在三座建筑的设计、施工过程中，张家德设计的大礼堂始终受到西南局的高度重视：奠基仪式有刘伯承、贺龙、邓小平三位最高领导出席；在施工经费方面，则有身兼财经委员会主任的邓小平亲自过问，所有要求都尽量满足，所谓“好钢用在刀刃上”。而陈明达主持的两座办公楼，则是另一番景象：奠基仪式不过是放一挂鞭炮，设计者、建筑工人代表等与前来道贺的市委秘书长合影留念而已；在施工过程中，西南局和重庆市委有关负责人则多次询问“是否有可能再削减一点经费”，有时甚至直接表示要再节俭一点支援大礼堂建设。对此，用陈明达自己的话说，他很高兴受到这样的“不公平待遇”，因为这样的“不公平”恰恰表现出了新政权对人民的公平。当然，实际工作的困难也由此愈加突出，性格耿介直率的他也曾多次与财务部门争吵，也不由自主地多次萌生退意。

也就在这个工程施工建设困难重重的时候，1952年初，陈明达接到了文化部请他担任社会文化局业务秘书兼总工程师的任职邀请（由梁思成先生向郑振铎先生举荐）。按常理说，从事建筑历史研究和建筑遗产保护工作才是他真正的专长，也正好在施工遇到困难的时候全身而退。但是，昨天还为经费与相关部门争吵的陈明达，今天却毅然决然地向文化部提出了这样的请求：待完成了正在进行的两建筑施工工作后再就任新职，否则，宁愿放弃这一回归本专业的天赐良机。

那时，文化部社会文化局的这个职位也不一定就非陈明达莫属，但出乎意料的是，文化部也居然同意了他的请求，表示可以“虚位以待”。

1952年年底，陈明达主持设计并监理施工的这两个建筑终于竣工。了却亲身参与新时代建设并接受了一次条件苛刻的建筑设计与施工之挑战的心愿，陈明达于次年4月启程赴北京就任新职。表面上看，这番经历似乎与日后的工作没有什么直接关联，但在当事者自己看来，这实际上为从事建筑历史研究积累了一笔隐形的财富。多少年后，陈明达先生自己总结道：

“这个十年（1942—1952年）中，由于我的职业变动——搞城市规划、建筑设计——只能在业余时间继续搞研究。而事实上恰恰成为：第一阶段（1932—1942年）打下了感性认识的基础，第二阶段打下了理性认识的基础，到了最后这十年的第三阶段，才能有能力综合前两个阶段的结果，取得了跃进。”①

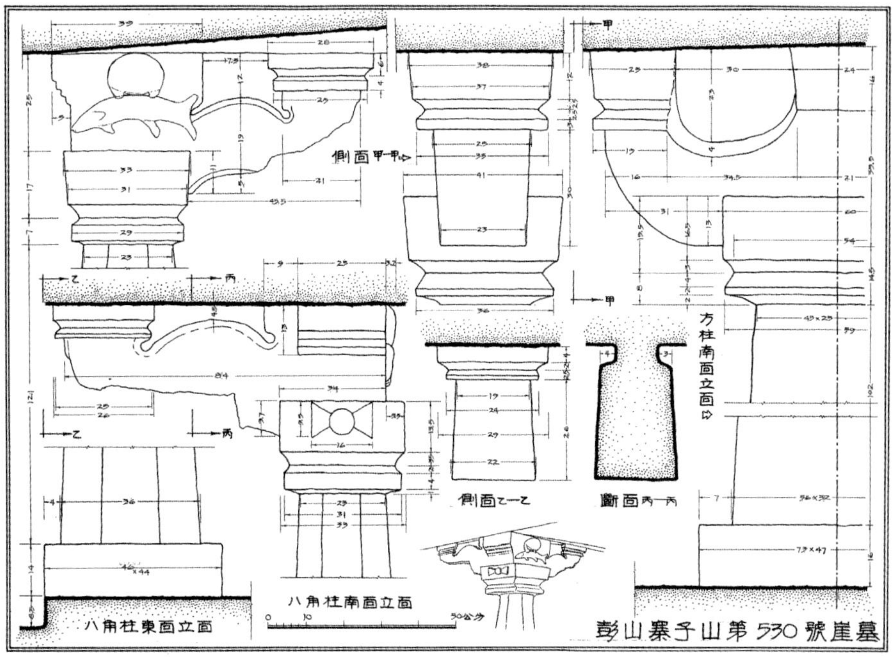

▲ 陈明达于1941年所绘彭山第530号崖墓建筑构件图

陈明达先生在晚年曾谈到他对建筑的民族形式问题的认识：

“……在我看来，归根到底是一句话：民族形式就是要等你去创造！民族形式不是固有不变、等你发现的东西，而是一个创作问题，要你在我们传统文化的基础上，根据我们这个民族的现实去创造。不能简单理解古代形式，一说民族形式就想到‘大屋顶’，就想到一个固定的已有的形式。这在哲学上说不通。我觉得，创作不是一个高不可攀的难题，只要你立足现实生活，脑子里有创造意识，同时，对我们的文化传统、生活习惯、中国建筑设计观念熟知和理解，你就可以去创造。”②

由于陈明达先生曾有设计施工重庆两办公建筑的经历，上述这番话尤其显见得是时代变迁亲历者的肺腑之言。

在1952年竣工之60年后的今天，陈明达先生所设计的这两处政府办公大楼仍然以其朴素大方的形象存在着，尽管在当年的建设过程中，人力物力上一减再减，依然在如今的摩天大厦丛林里展现着其经久耐用的工程质量，更蕴涵着当年施政者与建设者的良苦用心。

这似乎是值得我们深思的。

① 陈明达：《我的业务自传》。载《陈明达古建筑与雕塑史论》，北京，文物出版社，1998。
② 陈明达：《从营造学社谈起》。载《陈明达古建筑与雕塑史论》，北京，文物出版社，1998。

Practice of Architectural Photography during Construction

建造过程中场景拍摄的实践

魏 刚（Wei Gang）*

▲ 位于美国纽约州罗切斯特市的柯达总部大楼

▲ 本文编者向东方卫视记者推荐《建筑摄影技法》一书，摄于"中国首届建筑摄影论坛"，2003年9月于五台山

编者按：《中国建筑文化遗产》与中国建筑学会建筑摄影专业委员会联合于2011年12月推出的"建筑摄影"栏目，发表了建筑摄影师杨超英的"卡姆帕现代艺术馆"摄影作品，受到业内的赞誉，他们希望这个服务高端、面向专业化的"建筑摄影"栏目坚持办下去。本期登场的建筑摄影师魏刚，长期服务于天津华汇设计工程建筑设计有限公司、天津大学建筑设计规划研究总院等有创作特色的国内一流设计单位，其建筑摄影作品的文化性令人折服。我常听周恺大师说，魏刚的每一次职业摄影都是一次创作过程，他总是要在领会到建筑师的创作灵感及全部意图后才按动快门的，这也就是我们通常所说，他是在理解并认知了建筑的身份后才深入工作的。对于摄影与图片我还有两点联想。

其一，2012年1月19日22点39分柯达在纽交所交易终止，这意味着为1888年乔治·伊士曼注册的"柯达"胶卷品牌画上了句号。131岁的柯达倒下不令人惊讶，却让人伤怀。本文这里不是要重复奥地利著名经济学家约瑟夫·熊彼特曾提出"创造性毁灭"的概念，也非过多反思业界"巨人"疲弱甚至倒塌的教训，而是要郑重地说一声：再见，胶卷！谢谢你见证过的那些瞬间。导演冯小刚对此感叹："数字技术发展真快，胶片时代的终结，意味着《温故一九四二》将是本人使用胶片拍摄的最后一部电影。"时代翻篇了，挥之不去的是胶片留在世界上的遗产。

其二，2012年1月27日（正月初五），还在喜庆的春节里，我获悉持续了两年多的"拆迁"与"保护"拉锯战也未能改变"梁林故居"碎为瓦砾的命运的消息。我想说，问题不在于梁林故居是如何拆除的，而在于"梁林故居"被拆的痛楚与思考。2011年12月8日，中国文物学会传统建筑园林委员会举行过纪念梁思成先生诞辰110周年研讨会；2012年元月北京"两会"刚刚谢幕，使旧城整体保护提上议程，问题是为什么在北京精神、文化大发展的高调下，竟然出现以"维修性拆迁"为幌子的违法行为呢？这岂止是对梁思成先生的不尊重，根本是败坏文化北京的新例证。由此我想到以古建摄影为手段的梁思成的田野考察与测绘，想到梁思成古建筑摄影之外的新价值。故居毁灭在文化大发展的喧嚣中，该为梁林不平！硕大的北京，为什么时至今日竟没有人保护梁思成的家呢？20世纪30年代，梁思成、刘敦桢等中国营造学社的同人，在十几年的时间里踏遍中国十几个省，数百个县（市），测绘和拍摄了两千多幅唐、宋、辽、金、元、明、清的古建筑遗存。在我们能看到图片中，无论拍摄大殿、山门、斗拱、古塔，梁思成，刘敦桢没有虚张声势的构图，更没有轰轰烈烈的表现，没有故意去夸张、变形，其摄影技巧已被融入他们的古建筑图像中，今天读来仍让人感到有一种朴实而直白的美。我想，无论"建筑摄影"栏目如何追求面向世界的高端与专业化，当代建筑摄影师也该领悟到以梁思成、刘敦桢先生为代表的老一辈建筑家的历史责任感与专业拍摄手法背后的东西。（金磊）

Editor's Notes: In Architectural Photography, the column launched in December 2011 under the joint effort of *China Architectural Heritage* and the Professional Committee of Architectural Photography of the Architectural Society of China, and the photographs of Museum Kampa taken by architectural photographer Yang Chaoying were published, which have gained much praise from people in the industry, who hope this high-end and professional column keeps going. The architectural photographer that we introduce in this issue is Wei Gang, who has been working in china's top design organizations like Tianjin Huahui Architectural Design & Engineering Co., Ltd. and Tianjing University Research Institute of Architectural Design & Urban Planning for years. His photographic works full of cultural features are amazing and completely overwhelming. I often hear Zhou Kai says that every photo that Wei Gang takes is a creation. He would not press the shutter until he totally understands the architects' inspiration and intentions. That is to say, he starts to work with the full comprehension of the identity of a certain building. (Jin Lei)

* 建筑摄影师

▲ 天津奥林匹克中心体育场内景 1

▲ 天津奥林匹克中心体育场内景 2

▲ 天津奥林匹克中心体育场内景 3

▲ 天津奥林匹克中心体育场外景

魏刚：

在《中国建筑文化遗产》第三期中，有两篇关于“广州中山纪念堂”的文章。作为建筑摄影师，被文章有关建造过程的图片深深吸引。时隔八十余年，虽然年代久远，因为图片的存在而历历在目，无论从对建造场景的记录还是摄影综述的角度看它们都堪称完美的照片，确实能让我感受到建造过程场景图片的价值。

一个项目随着建造的过程，在正常的状况下拥有非常充裕的时间，能够慢慢地记录它的存在。但相比它的建造过程建筑摄影就显得很短暂了。大量宝贵的有价值的技术信息因此被隐去或是因中间过程而不复存在。虽然会做一些或大量的记录，但因为拍摄时的随意性及受环境、摄影器材等因素影响也使其价值大打折扣。与前面提到“广州中山纪念堂”建造图片相去甚远。我想每天城市都会有大量涌现的新建筑，但有多少是被我们做了有效记录的呢？

建造场景的图片拍摄对建筑历史的研究不应该是可有可无的，虽然大家更乐于看到容易打动人的作品，但究其历史、技术价值其后者远远大于前者。不复存在的东西会倍加感到它的珍贵。对建造场景的严谨、准确、系统的记录，应该是我们的责任与追求。

▲ 天津电视台新址内景 1

▲ 天津电视台新址外景

▲ 天津电视台新址内景 2

▲ 天津电视台新址内景 3

China Architecture Library Collecting *Proceedings of the Society for the Study of Chinese Architecture* Stereotype Volume 1~6 and Lithoprint Volume 7, Issue 2

中国建筑图书馆收藏《中国营造学社汇刊》1~6卷铅印本及第7卷第2期石印本

季也清（Ji Yeqing）*
中国建筑图书馆协办

▲《中国营造学社汇刊》部分珍藏本

中国建筑图书馆几经离合迁移周转而收藏的《中国营造学社汇刊》，全7卷共23期21册，其中第一卷至第六卷为民国十九至二十六年(1930—1937)铅印本；第七卷第二期为民国三十四年十月(1945)石印本（独缺第七卷第一期）。现留存馆内的这套汇刊，卷册纸张图版均保存完整，字迹清晰，更凸显其弥足珍贵。

值得一提的是馆内收藏的第七卷第二期，这本特殊的石印刊物，是梁思成、林徽因等学社同人们于四川南溪县李庄自行绘图、编印、装订成册、出版发行的两期汇刊之一。抗战时期，由于当地纸张缺乏，他们只能使用土纸，将墨线图画在药纸上，稿子抄写在药纸上，再拿去石印，从折页子、跺齐、订孔、穿纸到裱装封面都是自己动手完成，第七卷一、二期共石印了200册。这两期营造学社汇刊，凝聚了学社同人们的聪明才智和辛劳血汗，其中还包括林徽因先生的母亲等学社家属们的参与功劳。

《中国营造学社汇刊》第七卷一、二期里对宜宾黄伞东汉岩墓、北宋旧州塔、李庄旋螺殿、民居都有较高的评价。学社成员们在李庄的研究成果，大都刊载在这两期里，梁思成《中国建筑史》中有关四川、云南的内容也都取材于此。中国建筑图书馆现已将这套珍藏版整理出来，以飨读者。对页为第七卷第二期影印图片。

* 中国建筑图书馆副馆长

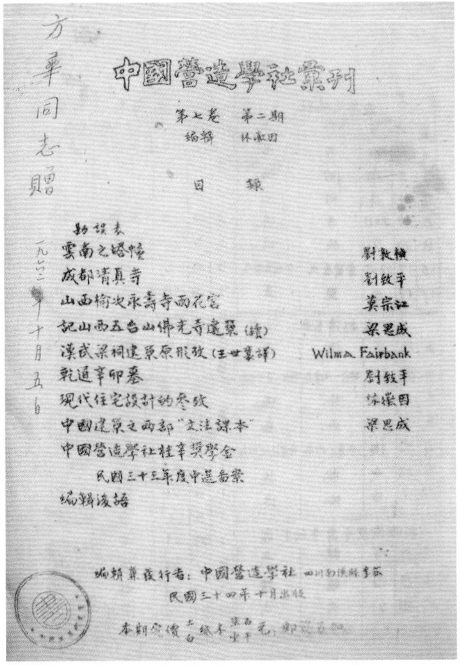
中國營造學社彙刊

第七卷 第二期

編輯 林徽因

目錄

雲南之塔幢 劉敦楨

成都清真寺 劉致平

山西榆次永壽寺雨花宮 莫宗江

記山西五台山佛光寺建築（續） 梁思成

漢武梁祠建築原形考（王世襄譯） Wilma Fairbank

乾道辛卯墓 劉致平

現代住宅設計的參考 林徽因

中國建築之兩部"文法課本" 梁思成

中國營造學社桂辛獎學金

民國三十三年度中選者案

編輯後語

編輯兼發行者：中國營造學社

民國三十四年十月出版

▲ 第七卷第二期目录

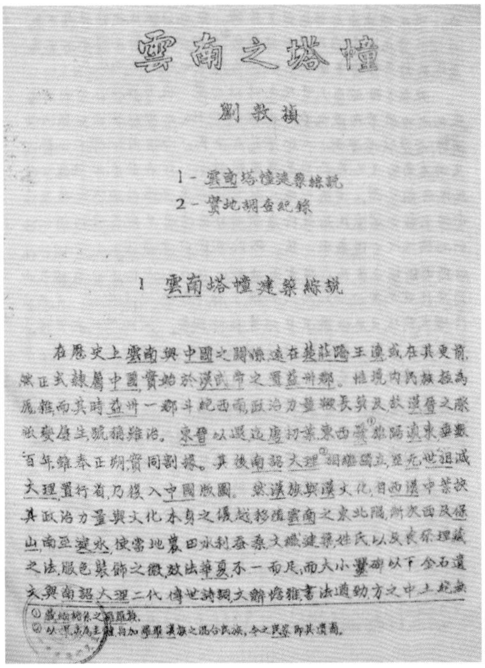
雲南之塔幢

劉敦楨

1 雲南塔幢建築綜說

2 實地調查紀錄

1 雲南塔幢建築綜說

▲ 刘敦桢文章

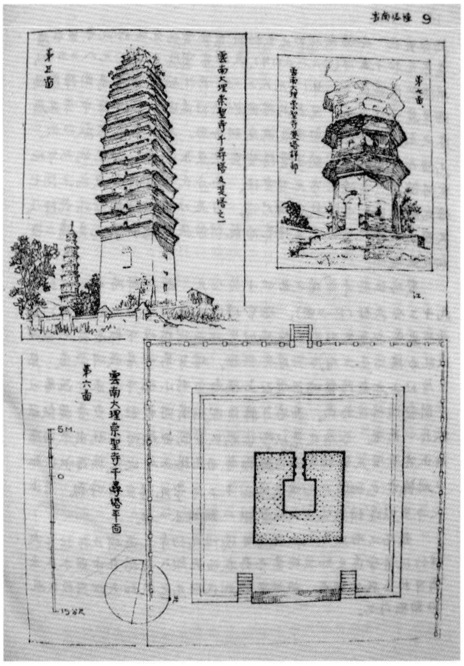

▲ 刘敦桢文章插图

成都清真寺

並論戰後建築一原則

—劉致平—

①成都清真寺建築說明及建築年代

②推論戰後新中國建築設計一原則

建築說明

▲ 刘致平文章

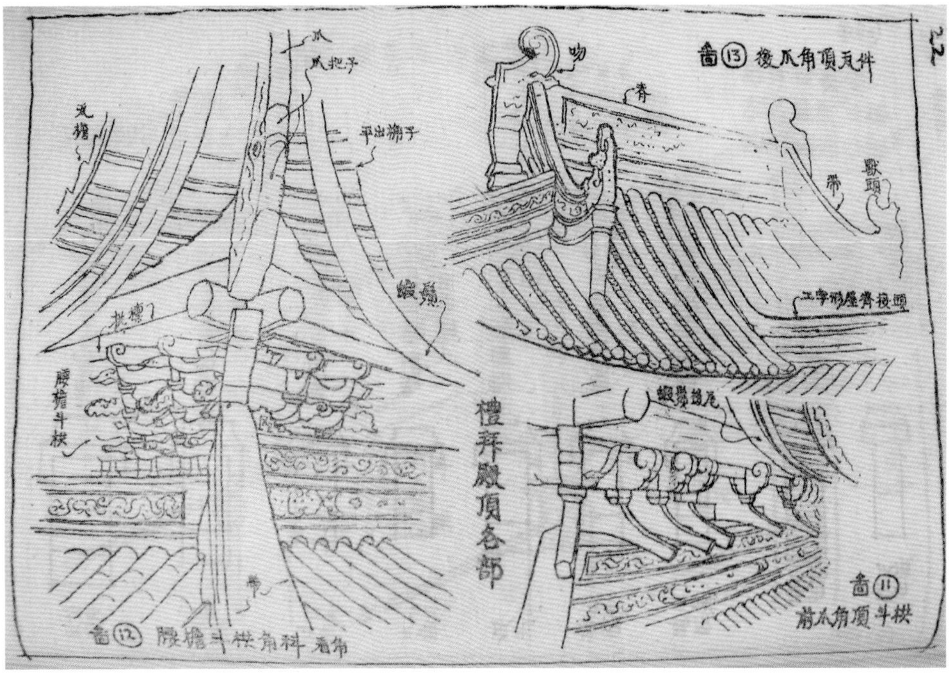

▲ 刘致平文章插图

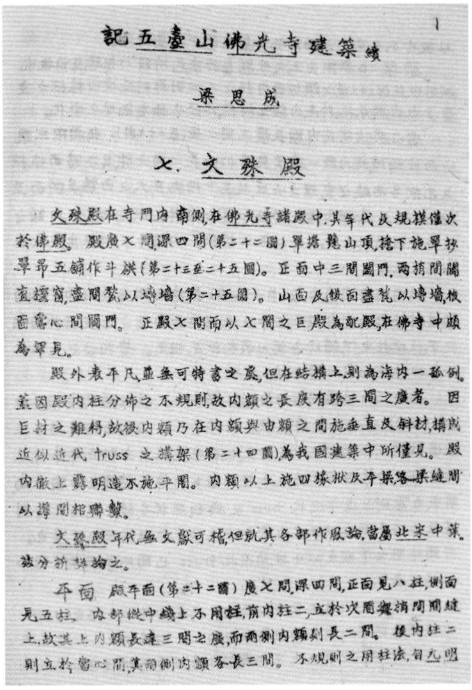
記五臺山佛光寺建築 續

梁思成

七. 文殊殿

▲ 梁思成文章

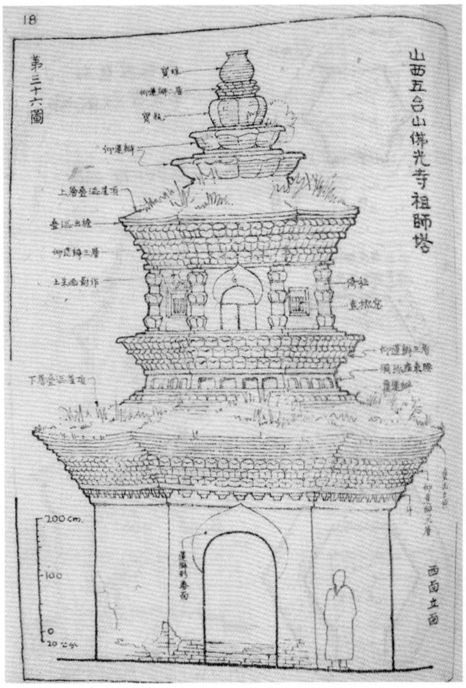

▲ 梁思成文章插图1

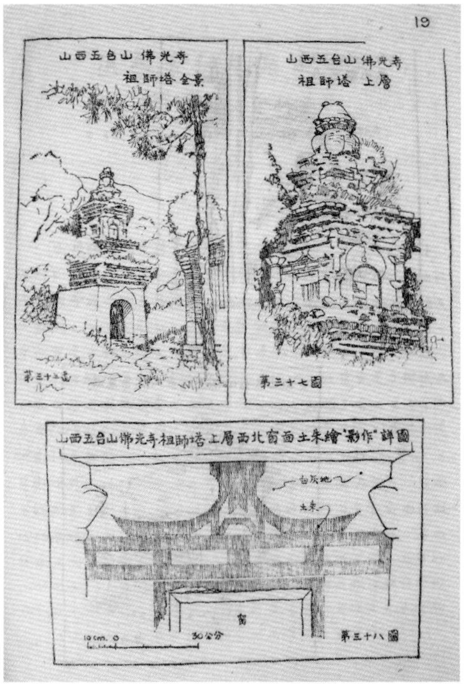

▲ 梁思成文章插图2

Introductions of 12 Foreign Periodicals

外刊推荐12则

冯　娴（Feng Xian） 王燕嵩（Wang Yansong）
中国建筑图书馆协办

刊名：Architect(《建筑师》)
刊价：全年 $199，美国以外
种类：月刊
刊期：2011年11月刊

简介：*Architect*（《建筑师》）杂志系美国建筑师协会的官方刊物，介绍关于建筑的设计、技术与商业方面的信息，读者对象为在学院或商业机构中的建筑师。2011年的11月刊隆重推出了“太阳能建筑十项全能”竞赛专题。十项全能赛每两年举办一次，本次学生们面对的挑战是造出25万美元以下的节能住宅，Maryland大学的“分水岭”住宅拔得头筹。这座供两人居住的建筑的房顶分为两部分，如蝴蝶翅膀般翘起，最大限度地接收太阳能并收集雨水，房顶两翼之间的轴线下部被辟为浴室区，雨水可以被用来洗浴、洗涤等。

刊名：The Japan Architect(《日本建筑师》)
刊价：2 500日元
种类：季刊
刊期：2011秋季刊

简介：*The Japan Architect*（《日本建筑师》）杂志2011年秋季刊以“正在浮现的空间结构”为主题，聚焦结构设计方面的最新进展。除了建筑师们提供的丰富想法外，结构设计师们的创新观念正在赋予空间更多可能性。专题涵盖13个案例，包括建筑概念和家具概念的跨界案例，大的公共空间案例等，代表了空间理论与力学逻辑互动关系的最新成果。值得一提的是专题报道了深圳湾大运会场馆，该项目由日本AXS SATOW与北京市建筑设计研究院共同设计。其他案例包括：由伊东丰雄建筑设计事务所设计的今治市建筑博物馆，由隈研吾建筑都市设计事务所设计的GC牙科研究博物馆，由西沢立卫建筑设计事务所设计的丰岛美术馆等。

刊名：《建筑与社会》
刊价：1 200日元
种类：月刊
刊期：2011年11月刊

简介：《建筑与社会》是日本建筑协会会刊，本期主题是“混凝土材料”，包括树田佳宽的总论性文章《混凝土这种材料：成为建筑物脊梁的混凝土》，以及《混凝土的质量管理》、《超高强度高性能混凝土的技术开发》、《环保型混凝土》、《打桩及涂装混凝土》、《海水历练的海砂混凝土——人工岩盐层》与《混凝土施工技术》等各分论文章。此外配合关西大地震的相关回顾，还有《关西建筑界群像》、《再议关西近代建筑》等专题文章。

刊名：Journal of Interior Design《室内设计学报》
刊价：$452
种类：全年3期
刊期：2011年11月出版，第36卷

简介：《室内设计学报》出版者是美国室内设计教育者委员会，每年出版3期。第36卷共计50页，包括4篇文章，分别是Uta Pottgiesser博士的《室内设计作为一门学科在德国》，Darrin S. Brooks的《政治的装饰和品牌推广：1934–2010年椭圆办公室室内设计的历史回顾》，S. Selban Yalcin Usal博士与A. Nilay Evcil博士的《在伊斯坦布尔探索文化发展与艺术认知：对于室内设计学生的研究》，Stephanie A. Clemons博士与Molly J. Eckman博士的《研究在〈室内设计学报〉上被确认的理论》。

刊名：《商店建筑》
刊价：2 040日元
种类：月刊
刊期：2011年12月刊

简介：《商店建筑》是日本关于商店、室内与商业建筑设计的月刊，2011年12月的主题是“精品店”，杂志介绍了日本最新精品店设计项目。东京青山国家服装综合体采用极简主义设计风格，室内设计的亮点在于使用几何管线来悬挂衣物以及绿色的设计。时尚品牌Sacai在青山的精品店位于如同迷宫般的综合体内，水泥墙被粉刷为黑色、白色与银色。使用大量窗户，将自然光引入室内并倒映树影，冷暖调和，制造出新异的空间。此外还介绍了三宅一生的东京新店与52店等项目。另一小专题是“外观设计”，集结了11个最新商业项目的外观设计，每种外观均有主题。

刊名：《建筑杂志》
刊价：1 300日元
种类：月刊
刊期：2011年11月刊

简介：《建筑杂志》是日本建筑学会的会刊，2011年11月刊专题是“国家、人民和土地的设计：东北档案”。整个专辑约60页，包括开首的对照部分：《海啸受灾地100年昔与今对照图》，特集主旨部分：《蓄积的力量》，与卷首语：《8000万人的列岛》，主体部分分三部分：《积蓄力量》、《从震灾的档案中》，《从档案到国土的设计》，以丰富翔实的资料与理论全面梳理了东日本大地震与建筑的关系。

刊名：Architectural Design（《建筑设计》）
刊价：US $40.00
种类：双月刊
刊期：2011年11月刊

简介：“设计与对环境的关注是建筑最基本的部分。” Terri Peters在2011年11月的*AD*目录页上如此写道。如她所说，这一期的*AD*的主题为“实验绿色战略：重新定义生态设计研究”，探讨在绿色环保潮流中设计师该走向何方。它说明了建筑的未来，融合跨学科思想的交流发展，纳入有关行业内生态建设和新知识的创造，标识集体意志，并指出新的方向在于与环境达到平衡的和谐。

刊名：《近代建筑》
刊价：2 000日元
种类：月刊
刊期：2011年11月刊

简介：创刊于1946年的日本建筑杂志《近代建筑》可谓是历史悠久，素来以专业性著称业内。每一期《近代建筑》都有一个主题，围绕着主题展开实例与访谈的讨论研究。2011年第11期《近代建筑》着眼于医疗建筑，杂志内汇集了多个医疗建筑建筑实例和设计师访谈。

刊名：Architecture and Urbanism《建筑与都市》
刊价：2 500日元
种类：月刊
刊期：2011年12月刊

简介：《建筑与都市》简称《a+u》。较之其他日本建筑杂志，《a+u》采用英日双语版以方便非日本读者阅读。杂志中多以令人震撼的建筑摄影来表达设计师独有的建筑语言，结合简练的双语正文，可以令读者较为轻松的理解优秀建筑作品之灵感与触动。《a+u》一年出刊12期，2011年第12期杂志的主题为“神圣空间”，日语原文为“祈の空間”。顾名思义，这一期《a+u》重点探讨宗教建筑与都市的关系。

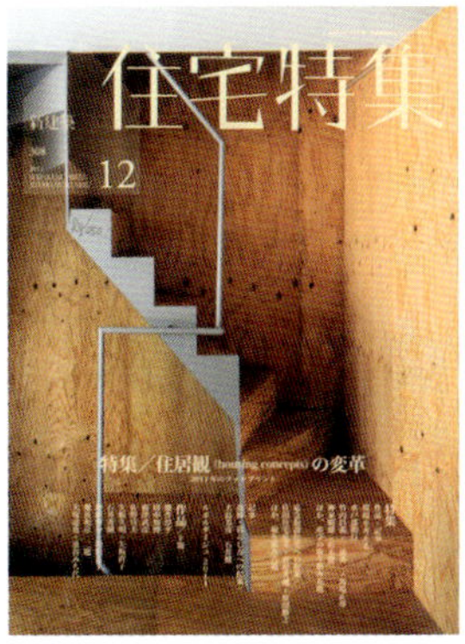

刊名：《住宅特集》
刊价：2 000日元
种类：月刊
刊期：2011年12月刊

简介：从山洞到摩天大楼，对人类来说什么是建筑的本源？《住宅特集》将焦点回归原始，用全新视角解读人类对建筑最基本的需求。本期《住宅特集》主题为“居住观的变革”，顾名思义，随着人类世界科技、文化、经济的全面发展，居住需求也随之天翻地覆。杂志为读者诠释了住宅建筑在新时代的变革，如何兼顾人性化、舒适化、绿色环保等多方面需求，成为新时代住宅设计中不可忽视的设计动力。

刊名：Architectural Review（《建筑评论》）
刊价：EUR 19.00
种类：月刊
刊期：2011年12月刊

简介：《建筑评论》杂志在2011年最后一期中隆重推出了年度“正在显现的建筑奖”专辑，集结并鼓励世界建筑界的年轻力量——不仅是因为年轻设计师的观点新鲜，更因为他们的想法里蕴涵着未来的形态。西班牙与日本的建筑在奖项中得到密集的体现，反映出这两个国家深厚的建筑文化。日本建筑界“迷失的一代”指的是20世纪90年代到本世纪00年代崭露头角的年轻建筑师，与世界范围内其他建筑师相比，他们更敏锐，思维更有弹性。尽管受到经济危机的影响，西班牙年轻建筑师依然保持了他们的灵活性和流动性，在丰富的建筑遗产中汲取养料。

刊名：FuturArc（《名筑》）
刊价：HKD 68.00
种类：季刊
刊期：2011年第四季度

简介：“由内至外，由外至内。”本期《名筑》用一句充满哲意的主题做了概括。实际上，《名筑》想表达一种建筑与自然相互和谐的关系。庭院、光、绿化和阳台，建筑材料不再是纯粹钢筋或混凝土，一切自然皆可成为建材妙用其中，正如其主编Nirmal Kishnani在卷首所说：“让我们重新回到自然的自我。”

An Overview of London Olympic Arenas

伦敦奥运会场馆全貌

本刊记者（CAH Reporter）

▲ 皮埃尔·德·顾拜旦，现代奥林匹克运动会奠基人。19世纪80年代，正是受到英国拉格比运动学校校长托马斯·阿诺德的启发，参照由布鲁克斯博士在英国什罗普郡举办的马奇文洛克运动会，顾拜旦创办了第一届现代奥林匹克运动会。

▲ 伦敦奥运会会标

在奥林匹克运动会的历史上，“雾都”伦敦无疑占有举足轻重的地位。它是迄今为止举办夏季奥运会次数最多的城市，也是历史上首座三度举办奥运会的城市，第一次为1908年伦敦奥运会；第二次为1948年伦敦奥运会；第三次为2012年伦敦奥运会。

第4届奥运会主场馆为伦敦白城体育场。该体育场耗时10个月建成，可容纳7万人，位于博览会会址旁边，场内除了煤渣跑道外，也包含了一座体育场，一个长100米、宽15米的游泳池，以及田径跑道外围一座周长666.66米的自由车跑道，是集合四种功能于一身的综合体育场。这种体育场在历届奥运会中是唯一的，也是非常特别的一座。

第14届奥运会举办时由于处于二战后的恢复期，百废待兴，所以本届奥运会没有新建体育场馆，而是充分利用了40年前奥运会时的体育设施。但由于原“白城”体育场跑道长 536.45米，不符合比赛要求，因此温布利体育场被作为奥林匹克主体育场。温布利体育场建于1942年，设计者是建筑师欧文·威廉姆斯（Sir Owen Williams，1890—1969）。这是一座是非常传统的体育建筑，外墙由强化混凝土覆盖，是结构主义建筑风格的先驱。这种古老的强化混凝土表面，给人感觉好像是用普通建筑材料建造的，或者像是涂上了灰泥石膏。场馆正门前建造了双塔，此设计源自印度新德里的总督府，而双塔长期以来成为该体育场的标志。温布利体育场纵长的场地两端为两个半圆形，与跑道形状相对应，看台也被建成纵长形，能够容纳6万名观众。至于看台结构的设计上，则采用了建造横向信道、楼梯以及开放每个单独看台区等方法。同样顶棚也是纵长的，在20年代，如果体育场顶棚的建筑不使用支柱，那么在技术上就是行不通的。同其他建于战前的体育场一样，温布利体育场在这方面也有一定缺陷，观众欣赏比赛时的视线受到一定的影

表1 第30届夏季奥林匹克运动会场馆一览表（本刊整理）

场馆区域	场馆名称	承办赛事
奥林匹克公园	奥林匹克体育场	奥运会和残奥会的田径比赛、开闭幕式
	奥林匹克公园水球馆	水球
	奥林匹克公园手球馆	手球、盲人门球和现代五项
	奥林匹克公园自行车馆	场地自行车
	奥林匹克公园曲棍球中心	曲棍球及残奥会7人和5人制足球
	伦敦奥运会篮球馆	篮球、轮椅篮球、轮椅橄榄球和手球
	伦敦奥运会水上运动中心	跳水、游泳、花样游泳、残奥会游泳比赛以及现代五项中的游泳比赛
	小轮车赛场	BMX小轮车
	伊顿庄园体育中心	轮椅网球
	国际广播中心与主媒体中心	为2万名播音员、摄影师和记者提供24小时的媒体服务
	伦敦奥运会运动员村	为1 7000名运动员和官员提供住宿
伦敦地区	EXCEL体育馆	拳击、击剑、柔道、乒乓球、跆拳道、举重、摔跤、室外地滚球戏、残奥会乒乓球、残奥会举重、残奥会力量举重、坐式排球和轮椅击剑
	北格林威治体育馆	篮球、体操、蹦床
	伯爵宫	排球
	格林威治公园	奥运会马术比赛的主场地，包括场地障碍赛、盛装舞步赛、综合全能马术赛，以及残奥会的马术比赛和现代五项比赛
	海德公园	马拉松游泳、铁人三项
	汉普顿宫	公路自行车计时赛
	皇家炮团军营	奥运会射击比赛、残奥会射击比赛和箭术比赛
	皇家骑兵卫队阅兵场	沙滩排球
	林荫路	马拉松、竞走、公路自行车
	罗德板球场	射击
	温布尔登网球场	网球
	温布利体育场	足球
	温布利体育馆	羽毛球、艺术体操
其他地区	埃塞克斯郡哈德利农场	山地自行车
	布兰兹-哈奇赛道	残奥会公路自行车赛（公路赛和计时赛）
	格拉斯哥汉普顿公园球场	足球
	加的夫千年体育场	足球
	考文垂市体育场	足球
	曼彻斯特老特拉福德球场	足球
	纽卡斯尔圣詹姆斯公园球场	足球
	韦茅斯-波特兰港	帆船和残奥会的帆船比赛
	伊顿多尼赛艇中心	赛艇、残奥会赛艇和皮划艇静水赛
	李谷白水中心	皮划艇激流回旋

响。在温布利体育场旁边建有一座游泳馆，奥运会的游泳比赛就安排在这里进行。

2005年7月6日，国际奥委会在新加坡举行的第117次国际奥委会会议上宣布，由英国伦敦主办第30届夏季奥林匹克运动会。2012年伦敦奥运会的比赛场馆包含了新建场馆、已建成的场馆以及英国一些著名的景点中设置的临时场地。伦敦奥组委坚持可持续发展的理念，临时场馆在奥运会后将被拆除，所用建材和其他设备将在奥运会结束后在英国其他地区重新使用。而新建的永久性场馆也将成为伦敦奥运会为英国留下的宝贵遗产，为当地的社区服务。许多场馆都使用了最新的科学技术，并使用环保材料建成，且通过设计增加自然光的利用，把科技和环保完美结合了在一起。

伦敦奥运会的比赛将在34个体育场馆举行，其中14个新建体育馆中有8个临时场馆，6个永久性场馆。这34个场馆分布在伦敦奥林匹克公园、伦敦市区以及英国其他地区。其中奥林匹克体育场、水上运动中心、篮球馆、小轮车赛道、曲棍球中心、自行车馆、水球馆和手球馆坐落于奥林匹克公园内。分布于伦敦市区的伯爵宫、ExCEL体育馆、格林威治公园、汉普顿宫、皇家骑兵卫队阅兵场、海德公园、罗德板球场、北格林威治体育馆、林荫路、皇家炮团军营、温布利体育馆、温布利体育场以及温布尔登球场都将承办伦敦奥运会的比赛。英超豪门的主场将举办伦敦奥运会足球比赛，皮划艇的比赛也将在伦敦市外举行。此外，伦敦奥运会后，小轮车赛场将同山地自行车赛场以及场地自行车赛场组建成自行车公园。

奥林匹克体育场Olympic Stadium

地理位置：奥林匹克公园南边

比赛项目：奥运会和残奥会的田径比赛、开闭幕式

座位数：80 000

▲ 奥林匹克体育场Olympic Stadium

奥运会和残奥会的田径比赛以及开闭幕式都将在奥林匹克体育场举行。

奥林匹克体育场是目前为止最可持续发展的场馆。考虑到钢铁的资源有限，该场馆同其他体育馆相比，钢铁的使用减少了75%。体育场的另一大特色是低碳结构，主要使用了工业废弃物，碳的使用减少了40%。体育场顶部采用了剩余的废气管道进行建设，这足以证明伦敦奥运会通过“减少浪费、重复使用和循环利用”的方法达到了可持续发展。体育场底部的设计中也减少使用了钢筋和混凝土。

奥林匹克体育场位于奥林匹克公园南边一座“岛”上，三面环水。观众可通过五座桥梁前往体育场。在奥运会期间，该体育场能容纳80 000名观众。其中下层的25 000座椅为固定座椅，上层的55 000座椅可在奥运会后拆除。体育场内为运动员设有更衣室、医务室以及80米长的热身跑道。体育馆外将会设有观众服务站、小吃店和其他商店。体育场的设计灵活多变，可以符合多项赛事的不同要求。奥林匹克体育场在奥运会结束后将继续作为田径体育场，此外也将举办文化和社区活动，从而成为奥运会永久的遗产。

在2011年2月11日，奥林匹克公园遗产委员会选择西汉姆联队作为伦敦奥运会后奥林匹克体育场的新主人。

奥林匹克公园水球馆Water Polo Arena

地理位置：奥林匹克公园东南角，在奥林匹克体育场和水上运动中心旁

比赛项目：水球

座位数：5 000

▲ 奥林匹克公园水球馆Water Polo Arena

水球馆已于2011年春季投入建设，预计在2012年伦敦奥运会的测试赛前竣工。水球馆将举办伦敦奥运会男子和女子水球比赛，含有一个热身池和一个比赛池。水上运动中心和水球馆相邻，其布局是奥林匹克公园中最紧凑的地区之一。为能最大限度地利用空间和有效利用资源，水上运动中心和水球馆将会共享工作区的一些设施，主要包括播音员的工作区以及餐饮和安保服务区。

在奥运会结束后，水球馆将拆除。水球馆的建材将在英国其他地区重新投入使用。

奥林匹克公园手球馆Handball Arena

地理位置：奥林匹克公园西边

比赛项目：手球、盲人门球和现代五项

座位数：10 000

▲ 奥林匹克公园手球馆Handball Arena

在伦敦奥运会期间，手球馆将举行手球、盲人门球和现代五项中击剑项目的比赛。手球馆最大的特色便是它独特的外形。3 000平方米的铜将体育馆包裹，经历时间变迁后会其外观将变成绿色。手球馆内部装饰五颜六色，充满了活力。可伸缩座椅能更灵活地利用空间。在奥运会期间，手球馆将举行手球的首轮比赛和四分之一决赛。手球半决赛和决赛将在面积更大的篮球馆举行。现代五项比赛中的击剑比赛也将在此举行。此外，手球馆也将举行残奥会中的盲人门球比赛。手球馆的13 700平方米的工作区将提供餐饮、安保和媒体服务。此外，还将设立一个15米高、1 400平方米的临时热身区。

奥运会后，手球馆将成为一个多功能体育场馆，为社区提供各项服务，为运动员提供训练场地，并能举办中小型体育赛事。

奥林匹克公园自行车馆Velodrome

地理位置：奥林匹克公园北部

比赛项目：场地自行车

座位数：6 000

▲ 奥林匹克公园自行车馆Velodrome

自行车馆于2008年投建，2011年2月竣工。随后，自行车馆交付给伦敦奥组委安装场内设施。从设计和施工角度来看，自行车馆是奥林匹克公园中最可持续发展的场馆。这种可持续性的理念在场馆建设的各种选择中随处可见。自行车赛道的地板和外包层所使用的木质都由森林管理委员会认证，所安装的场馆通风系统也是100%纯天然。这使得场馆内的通风能创造适宜自行车比赛的完美温度，且并不需要安装空调。

场馆设计中优化使用了自然光，从而减少电灯的使用。场馆的索网屋顶结构系统既能为观众

创造良好的环境，也减少了供暖和通风空间。奥运会自行车比赛金牌得主克里斯·霍伊和英国国家队都在场馆设计过程中担当顾问，从而能确保该场馆能够为运动员提供最好的条件。在自行车馆内的赛道周围将安置3 500个座椅。在自行车馆的顶部将加装2 500个座椅。在两层座椅之间将会有一面玻璃墙，这使得观众能够以360° 的角度欣赏奥林匹克公园的美景，而场外的观众也能通过玻璃墙观看场内的比赛。自行车馆将同篮球馆共用工作区的设施，例如播音员的工作区和餐饮安保服务等，从而能有效利用资源。

环公路自行车赛与山地自行车赛场地将在奥运会后增建，与自行车馆一道组成自行车公园，为当地社区、体育俱乐部和运动员们提供服务，还将设有咖啡馆、租车店，把伦敦打造为世界自行车之都。

奥林匹克公园曲棍球中心Hockey Centre

地理位置：奥林匹克公园内

比赛项目：曲棍球及残奥会7人和5人制足球

座位数：15 000和5 000

▲ 奥林匹克公园曲棍球中心Hockey Centre

临时新建的曲棍球中心坐落在奥林匹克公园内，拥有2个板球场，其中一个球场设有观众坐席。残奥会的7人制足球和5人制足球也将在此举行。2011年7月至9月期间将铺装曲棍球球场。周围建筑将于2012年1月至3月修建。整个场馆建设将在2012年5月举行的奥运测试赛前完工。曲棍球中心拥有两个球场，一个球场设有观众坐席，一个球场作为热身区。该场馆将举行曲棍球和残奥会的7人制足球和5人制足球比赛。

奥运会后，曲棍球中心将移到奥林匹克公园北部，与伊顿庄园体育中心相邻。曲棍球中心仍将设置3 000个固定坐席，在举行大型比赛时坐席可以增加至15 000个。

伦敦奥运会篮球馆Basketball Arena

地理位置：奥林匹克公园北部

比赛项目：篮球、轮椅篮球、轮椅橄榄球和手球

座位数：12 000

▲ 奥林匹克公园曲棍球中心Hockey Centre

在2012年伦敦奥运会期间，篮球馆将举办篮球比赛、轮椅篮球比赛、轮椅橄榄球比赛和手球比赛的决赛。篮球馆于2009年10月投入建设，自2010年3月起开始使用重达1 000吨的钢架结构进行建设。该馆已于2011年6月竣工，其工程造价也在伦敦奥组委预算之内。该篮球馆是奥运会历史上最大的临时场馆之一。

在伦敦奥运会期间，篮球馆只需12小时便可将篮球比赛场地改造为手球比赛场地。这其中主要包括移走篮球比赛中的篮架和完成手球比赛场地的铺装工作。而在残奥会期间，轮椅篮球比赛结束后12小时内，篮球馆只需做出上述类似的改变，就能迅速转场，为轮椅橄榄球的比赛做好准备。篮球馆将会和自行车馆以及小轮车赛场共享其“工作区”，从而能最有效利用空间和各种资源。工作区主要包括2大区域，一个区域提供临时住宿，而另一大区域则主要提供餐饮、安保、废物管理的服务以及供媒体办公使用。

篮球馆将在伦敦奥运会结束后拆除。篮球馆的建材将会在英国其他地区重新投入使用。

伦敦奥运会水上运动中心 Aquatics Centre

地理位置：奥林匹克公园东南角

比赛项目：跳水、游泳、花样游泳、残奥会游泳比赛以及现代五项中的游泳比赛

座位数：17 500（原有3 000）

▲ 伦敦奥运会水上运动中心 Aquatics Centre

在2012年伦敦奥运会期间，水上运动中心将成为游泳、残奥会游泳比赛、跳水、花样游泳以及现代五项游泳比赛的赛场。水上运动中心于2008年投入建设。在伦敦奥运期间，水上运动中心可谓是伦敦奥林匹克公园的“大门”。预计有三分之二的观众是通过一座横跨水上运动中心顶部的大桥进入奥林匹克公园。水上运动中心由著名建筑师扎哈·哈迪德设计，体育馆最主要的特色是其十分壮观的波浪式屋顶，长160米，宽80米，其跨度比伦敦希斯罗机场的5号航站楼还长。

在奥运会期间，大多数的观众将坐在水上运动中心临时搭建的两翼坐席观看比赛。奥运会结束之后，将拆除两翼看台。水上运动中心内部包括一个50米长的泳池、一个25米长的跳水池、一个50米长的热身泳池以及专门为跳水运动员设置的热身区。在该水上运动中心附近的临时水球馆中将举办水球比赛，也设有比赛泳池和热身泳池。水上运动中心和水球馆相邻，其布局是奥林匹克公园中最紧凑的地区之一。为能最大限度地利用空间和有效利用资源，水上运动中心和水球馆将会共享工作区的一些设施，主要包括播音员的工作区以及餐饮和安保服务区。

在奥运会结束后，水上运动中心将为当地社区、俱乐部以及学校提供服务，优秀运动员也可在此进行训练。

小轮车赛场BMX Track

地理位置：奥林匹克公园北部

比赛项目：BMX小轮车

座位数：6 000

▲ 小轮车赛场BMX Track

小轮车赛场将在伦敦奥运会期间举办BMX小轮车比赛。该赛场已于2011年春季开始投建。

在奥运会结束后，临时搭建的观众座椅将会拆除，小轮车赛道也将重新改造，从而更适合社区使用。小轮车赛场将同山地自行车赛场以及场地自行车赛场组建成自行车公园，专为自行车车手以及自行车俱乐部提供服务。

伊顿庄园体育中心Eton Manor

地理位置：奥林匹克公园北部

比赛项目：轮椅网球

座位数：10 500

▲ 伊顿庄园体育中心Eton Manor

全新的伊顿庄园体育中心是在原伊顿庄园体育俱乐部的旧址上新建而成，该俱乐部自2001年起便已废弃。原来的伊顿庄园体育俱乐部的一些体育设施是在20世纪初建立。在20世纪中叶，伊顿庄园男子俱乐部曾是英国较为著名的精英体育联合会。在该体育中心竖立着一座战争纪念碑，是向那些在“一战”和“二战”中为英国捐躯的伊顿庄园俱乐部成员致敬。这座战争纪念碑将会保存下来，在体育中心建设期间将对这座纪念碑予以整修。

在场馆建设完工后，这一地区曾是伦敦东区建筑学院的临时办公地。伦敦东区建筑学院为那些有兴趣从事建筑行业的人们提供实习机会。该学院的许多毕业生都在奥林匹克公园工作。2009年，伦敦东区建筑学院搬迁。在伦敦奥运会期间，伊顿庄园体育中心将为参加水上运动的运动员提供临时的训练泳池。该中心为游泳运动员设有3个50米长的泳池，为花样游泳运动员和水球运动员还另设有较小一些的泳池。在残奥会期间，伊顿庄园体育中心将举办轮椅网球的比赛，且仍旧作为水上项目运动员们的临时训练场。届时，将会有9片正式网球比赛场地和4片热身球场。该中心总共设有10 500个观众席位，还有一个能容纳5 000名观众的表演球场。

在奥运会结束后，该中心将成为多功能体育休闲中心，为当地社区提供服务。这其中包括一个含有4片室内球场和6片室外球场的网球中心、一个曲棍球中心和数个五人制足球场。伊顿庄园体育中心能为15 000名观众呈现高水平的曲棍球比赛。

国际广播中心与主媒体中心IBC/MPC

▲ 国际广播中心与主媒体中心IBC/MPC

国际广播中心与主媒体中心将为2万名播音员、摄影师和记者提供24小时的媒体服务。预计全球将有40亿观众欣赏到伦敦奥运会比赛。国际广播中心与主媒体中心位于奥林匹克公园西北角的主媒体区。这一区域既有永久性场馆，也有临时性场馆。国际广播中心与主媒体中心的设计尽可能灵活多样，从而能安排更多人员住宿并在奥运会结束后仍能继续投入使用。

在奥运会期间，在国际广播中心将设有一个12 000平方米的餐厅，每天能够为5万人提供餐饮服务。而在国际广播中心与主媒体中心之间还设有200米长的商业大街，聚集了银行、报停、旅行社和邮局等营业网点。在奥运会期间，主媒体中心将为各国记者和摄影师提供面积为29 000平方米的办公区域，分为四层。主媒体中心的设计十分有创造性，在奥运会结束后，主媒体中心大楼既可整体使用，也可每层单独使用。主媒体中心内的各项设施、电力以及数字连接都是世界最先进的。媒体交通大楼提供停车场，公共汽车也在此停靠。在奥运会期间的安保检查区域将在奥运会结束后转变为停车场。此处也可步行或骑自行车，与伦敦市的其他公共交通相连。

奥运会结束后，国际广播中心与主媒体中心将转变为8万平方米的商业写字楼，预计能创造数以千计的工作岗位。伦敦发展局一直在负责奥林匹克公园遗产规划方案。这一工作现已经转交给奥林匹克公园遗产公司来负责。国际广播中心于2009年9月竣工，这座使用了4 500吨钢铁的大楼只花费了10周便完成建设。

伦敦奥运会运动员村Athletes' Village

▲ 伦敦奥运会运动员村Athletes' Village

充满活力的运动员村位于奥林匹克公园内。从运动员村步行便可到达各个体育场馆，这能让运动员们和官员们更好地感受奥运。在奥运会期间，运动员村将为17 000名运动员和官员提供住宿。此外，运动员村还设有商店、餐厅、医院、媒体办公地、各种娱乐设施以及大片空地。

运动员村中设有一个“奥运村广场”，在这里运动员能同亲朋好友会面。运动员村的设计延续了伦敦的传统，即在公共空地和草地周围修建住所，靠近李河又突出了伦敦与水亲近的传统。运动员在这里就能把奥林匹克公园的美景尽收眼底。每一个公寓不仅提供舒适的住宿环境，还安装了先进的通讯设施，其中包括互联网接口以及无线网络。所有的公寓大楼都可进入，且都安装了电梯。运动员前往斯特拉福特市大楼进行旅游和娱乐休闲活动十分方便，运动员们乘坐高速列车7分钟便可到达伦敦市中心。在奥运期间，运动员村中还将进行一些工作区的日常工作，并为运动员的餐饮和出行提供服务。其中大部分的工作将在临时搭建的建筑中进行，在奥运会结束后便可立即拆除。

奥运会结束后，运动员村将会成为伦敦东部的永久遗产，为社区提供必要的住宅。运动员村将会改造成2 800套新房屋，其中包含1379套经济适用房。这一社区将会拥有新的公园、大片绿地、交通站点以及包括乔巴姆学院在内的社区设施。乔巴姆学院能为1 800名3～19岁的学生提供世界一流的教育。

ExCEL体育馆

地理位置：位于伦敦皇家维多利亚码头，靠近伦敦城市机场

比赛项目：拳击、击剑、柔道、乒乓球、跆拳道、举重、摔跤、室外地滚球戏、残奥会乒乓球、残奥会举重、残奥会力量举重、坐式排球和轮椅击剑

座位数：场馆1：6 000座位（举重与残奥举重）

场馆2：10 000座位（柔道、摔跤、室外地滚球戏）

场馆3：6 000座位（跆拳道、乒乓球、残奥乒乓球）

场馆4：10 000座位（拳击和轮椅篮球）

▲ ExCEL体育馆

ExCEL是伦敦码头区的一座著名展览馆和会议中心。在2012年伦敦奥运会期间，ExCEL体育馆将举办多项奥运会和残奥会的赛事。ExCEL体育馆不需改建或扩建。在伦敦奥运会前将在此举办一系列的测试赛，从而能确保ExCEL体育馆能够成功举办奥运会的比赛。在奥运会期间，ExCEL体育馆将举办143项比赛。

在奥运会后，ExCEL体育馆仍将继续作为欧洲最大的多功能的展览中心。

北格林威治体育馆North Greenwich Arena

地理位置：位于格林威治半岛、子午线右侧

比赛项目：篮球、体操、蹦床

座位数：20 000

▲ 北格林威治体育馆North Greenwich Arena

北格林威治体育馆最初是为庆祝千禧年而建造，现在已经被改造成一个集体育和娱乐为一体的多功能场馆，并附带有商店、餐馆等。它于2007年6月向公众开放。在2012年5月北格林威治体育馆将会被改建为奥运会和残奥会比赛场馆。这将包括新建临时的帐篷、包厢、指示牌和服务站，并在体育馆内和体育馆周围安装一些新的设备。

官方将在2012年向格林威治议会提交申请，望其批准改建北格林威治体育馆，并在此举办2012年奥运会的比赛。在奥运会期间，北格林威治体育馆将举行艺术体操、蹦床比赛和篮球比赛的决赛。在数周后，残奥会的轮椅篮球比赛也将在此举行。

在奥运会结束后，北格林威治体育馆仍将是集音乐、体育和娱乐为一体的多功能场馆。

伯爵宫Earls Court

地理位置：位于伯爵宫位于伦敦西区，靠近维多利亚和阿尔伯特博物馆、科学与自然历史博物馆

比赛项目：排球

座位数：15 000

▲ 伯爵宫Earls Court

2012年奥运会期间，伯爵宫将被改造成为伦敦奥运会的排球馆。

每年伯爵宫都会举办数百场活动，其中包括展览会、国际会议以及演唱会等，吸引来自世界各地的参观者。伯爵宫于1937年开始营业，在当时伯爵宫就能提供4万平方米的展区，轰动一时。奥运会排球比赛将在此举行，届时将有288名运动员参赛，比赛将于2012年7月28日开始。

奥运结合后，伯爵宫仍是伦敦最佳的展览厅和活动举办地之一。

格林威治公园Greenwich Park

地理位置：位于伦敦东南部泰晤士河南岸，能在此欣赏到伦敦市中心的美景

比赛项目：奥运会马术比赛的主场地，包括场地障碍赛、盛装舞步赛、综合全能马术赛以及残奥会的马术比赛和现代五项比赛

座位数：23 000（场地障碍赛）和40 000（环城赛）

▲ 格林威治公园Greenwich Park

伦敦奥运会期间，格林威治公园将举办奥运会和残奥会的马术比赛和现代五项中的赛跑和射击比赛。

始建于1433年的格林威治公园是伦敦历史上最古老的皇家公园。在1997年，格林威治公园便被联合国教科文组织评选为世界文化遗产。著名的皇家格林威治天文台便在园内，格林威治标准时间在这里诞生。格林威治公园包括旧皇家海军学院和国家海事博物馆，它们与格林威治公园都是世界文化遗产的一部分。在2012年，将在国家海事博物馆搭建临时赛场。伦敦奥运会期间，格林威治公园将举办奥运会和残奥会的马术比赛，以及现代五项中的赛跑和射击比赛。

在奥运会后，临时建筑将被拆除。伦敦奥组委正在同当地居民商议该方案。

海德公园Hyde Park

地理位置：位于伦敦西区

比赛项目：马拉松游泳、铁人三项

座位数：3 000

▲ 海德公园Hyde Park

观众能在大看台上欣赏2012年伦敦奥运会铁人三项的比赛。在比赛途中，数以万计的观众将能欣赏到运动员们游泳、骑自行车和赛跑的场景。海德公园是伦敦最大的皇家公园，自1637年起向公众开放。

在2012年将为观众搭建临时的座椅，并标示出比赛路线。在伦敦奥运会期间，海德公园将会举办多场音乐、戏剧、电影和文化活动。

在奥运会结束后，看台和比赛路线都将拆除。

汉普顿宫Hampton Court Palace

地理位置：位于伦敦西南部里士满区泰晤士河畔

比赛项目：公路自行车计时赛

▲ 汉普顿宫Hampton Court Palace

在伦敦奥运会期间，自行车计时赛将在汉普顿宫举行。多位著名君主都曾居住于此。汉普顿宫是伦敦皇家宫殿之一，曾有多位英国著名国王和王后在此居住。其中最有名的当属亨利八世。但汉普顿宫也拥有丰富的体育历史。该宫拥有英格兰现存最古老的网球场，此外还建有一个18洞高尔夫球场。

奥运会期间，男女公路自行车计时赛的比赛起点和终点都设在西南伦敦的汉普顿宫。观众可免费观看比赛。

奥运会后，汉普顿宫将继续举办各项展览，以吸引全世界的游客来此参观。

皇家炮团军营 The Royal Artillery Barracks

地理位置：位于伦敦东南部的伍尔维奇，在伦敦东南格林威治公园附近

比赛项目：奥运会射击比赛、残奥会射击比赛和箭术比赛

座位数：7 500

▲ 皇家炮团军营 The Royal Artillery Barracks

皇家炮团军营将在伦敦奥运会期间举办奥运会和残奥会的射击比赛以及残奥会的箭术比赛，奥运会的箭术比赛将在罗德板球场举行。伦敦伍尔维奇港口有着悠久的军事历史，现存的皇家炮团军营始建于1776年。在这里，将临时修建4个手枪和步枪射击赛室内射击场以及飞碟和双向飞碟射击比赛户外射击场。每个射击场都会有临时的观众看台。

伦敦奥组委正在同英国政府和其他利益攸关方协商如何在奥运会结束后将建材和体育设备重新投入使用。

皇家骑兵卫队阅兵场Horse Guards Parade

地理位置：位于英国政治中心的白厅中心，在唐宁街附近

比赛项目：沙滩排球

座位数：15 000

▲ 皇家骑兵卫队阅兵场Horse Guards Parade

在伦敦奥运会期间，沙滩排球的比赛将在皇家骑兵卫队阅兵场举行，该场地就在英国首相的办公府邸门前。皇家骑兵卫队阅兵场的历史可追溯至1745年。自1660年恢复君主制以来，士兵们就在此保护英国皇室，这是其名字的由来。

皇家骑兵卫队阅兵场是伦敦重大仪式的举办地。每年英国女王生日时，都会在此举行皇家军队阅兵为女王庆生。2012年将在此搭建临时场馆、运入细沙，从而创造了伦敦独一无二的沙滩。

各项临时搭建的比赛设施将在奥运会结束后拆除。

林荫路 The Mall

地理位置：位于伦敦市中心

比赛项目：马拉松、竞走、公路自行车

▲ 林荫路 The Mall

在伦敦奥运会期间，奥运会和残奥会的马拉松比赛以及公路自行车赛的起点和终点都设置在伦敦市中心的地标区域——林荫路。林荫路于20世纪初建造，主要是用于重大仪式。目前，林荫路仍是伦敦重大活动和大型体育赛事的举办地。著名的伦敦马拉松便在此举行。

同伦敦马拉松赛和其他大型活动相比，奥运会和残奥会的马拉松比赛规模稍小，约有80名运动员分别参加两项比赛。在2012年，为了庆祝英国女王结婚50周年和其生日，其中有36天将安装一些必备的临时座椅、记分牌、大屏幕、帐篷、包厢和发电机。观众可免费观看马拉松比赛，但仍需登记申请。竞走比赛和公路自行车赛亦同。

在残奥会结束后，所有的临时建筑都将拆除，林荫路将恢复其原有使用功能。

罗德板球场 Lord's Cricket Ground

地理位置：位于伦敦西北部，靠近摄政公园

比赛项目：射箭

座位数：6 500

▲ 罗德板球场 Lord's Cricket Ground

罗德板球场从1814年便开始举办板球比赛，还经常举行测试赛和国际性比赛。在伦敦奥运会期间，将在此举行射箭比赛。

罗德板球场是米德尔塞克斯郡板球俱乐部的主场，自19世纪后期至今都是世界顶级的板球场。罗德板球场只需稍作改动便能为伦敦奥运会的射箭比赛做好准备。其中一处为室内场地。在主场地的外场将建造一个射箭场。伦敦奥运会期间，将有6 500名观众欣赏射箭比赛。

伦敦奥运会结束后，罗德板球场将继续作为板球场馆，作为米德尔塞克斯郡板球俱乐部的主场。该馆的训练、热身以及比赛场地的射箭设备都将分配给英国各地的俱乐部和学校继续使用。

温布尔登网球场Wimbledon

地理位置：位于伦敦西南部，靠近里士满皇家公园和世界遗产英国皇家植物园

比赛项目：网球

▲ 温布尔登网球场Wimbledon

温布尔登网球场是全英草地网球俱乐部和槌球俱乐部所在地，在2012年伦敦奥运会期间将在此举行网球比赛。世界著名的温布尔登网球公开赛始于1877年。目前，温布尔登网球场是世界上现存的唯一的大型草地球场。温布尔登网球场已经整修了看台，并在中心球场安装了可伸缩屋顶。可伸缩屋顶在2009年的温网比赛前就已经安装完毕。伦敦奥运会的网球比赛将在2012年温网公开赛结束的三个星期后举行。

奥运会结束后，该网球场仍将继续在每年夏季举办温布尔登网球公开赛。

温布利体育场 Wembley Stadium

地理位置：位于伦敦西北部

比赛项目：足球

座位数：90 000

▲ 温布利体育场 Wembley Stadium

温布利体育场坐落在伦敦西北部，距离伦敦市中心仅6英里（1英里≈1.609公里）。该体育场设有可滑动的屋顶，从而不让糟糕的天气

影响比赛。温布利体育场新建的拱顶有130米高，直冲云霄。这一高度是旧温布利体育场的塔高的4倍。体育场的每一个座位都能将整个球场收入眼底，座位之间相隔距离较宽，能让观众在观看比赛的同时放松双腿。温布利体育场是2012年伦敦奥运会足球比赛场馆中6个最大的场馆之一。男子足球和女子足球的冠军争夺战都将在此举行。

在奥运会结束后，温布利体育场仍将是世界顶级的体育场。

温布利体育馆 Wembley Arena

地理位置：位于伦敦西北部，距离伦敦市中心仅6英里，坐落在温布利体育场旁

比赛项目：羽毛球、艺术体操

座位数：6 000

▲ 温布利体育馆 Wembley Arena

温布利体育馆是超一流的演唱会举办地和体育场馆。在2012年伦敦奥运会期间将在此举办羽毛球和艺术体操的比赛。相比之下，温布利体育馆不需要做太多修整就能符合奥运会比赛的标准。在2011年8月，温布利体育馆举办了世界羽毛球锦标赛，该赛事是伦敦奥运会的测试赛。在奥运会期间，将有约6 000名观众在此欣赏羽毛球和艺术体操的比赛。

奥运会结束后，温布利体育馆仍是举办世界顶级的演唱会和体育比赛的场馆。

埃塞克斯郡哈德利农场Hadleigh Farm

地理位置：位于伦敦东部埃塞克斯郡

比赛项目：山地自行车

▲ 埃塞克斯郡哈德利农场Hadleigh Farm

在埃塞克斯郡哈德利农场将新建一个山地自行车赛场，并在伦敦奥运会开幕前搭建临时的看台以及其他必要设施。山地自行车赛场的建设已于2011年3月竣工。

选择哈德利农场举办山地自行车赛是考虑到山地自行车赛对场地要求较高，而哈德利农场符合所有的要求。哈德利农场归救世军所有。赛场占地550英亩（1英亩≈4 046.86平方米），拥有美丽的草地和森林。赛场周围便是哈德利城堡乡村公园。这一地区覆盖着大片草地和丘陵。这为山地自行车比赛提供了完美的坡度，观众也能更好地欣赏比赛。整个赛场设置在已有700年历史的哈德利城堡遗址中。奥运会期间，观众在此将能欣赏到穿越森林和草原的山地自行车赛。

在奥运会结束后，将拆除临时新建的场馆。伦敦奥组委将同救世军和当地政府紧密合作，共同探讨各项设施的重新使用。

布兰兹·哈奇赛道Brands Hatch

地理位置：位于肯特郡，只需一小时车程便可到达奥林匹克公园

比赛项目：残奥会公路自行车赛（公路赛和计时赛）

▲ 布兰兹·哈奇赛道Brands Hatch

在伦敦奥运会期间,位于英格兰的布兰兹·哈奇赛道将举行残奥会的自行车比赛。残奥会公路赛和计时赛都将在此举行。车手们在比赛中将穿越肯特郡的塞文欧克斯区。比赛的起点和终点都设置在布兰兹·哈奇赛道，该赛道的公里数约占比赛总里程的一半。

奥运会后，布兰兹·哈奇赛道仍是欧洲最先进的摩托车赛车场馆之一。

格拉斯哥汉普顿公园球场Hampden Park

地理位置：位于苏格兰格拉斯哥南部

比赛项目：足球

座位数：52 000

▲ 格拉斯哥汉普顿公园球场Hampden Park

汉普顿公园球场最近花费了7千万英镑翻新球场，目前被欧洲足联评为五星级球场。汉普顿公园球场是苏格兰国家队的体育场，同时也举办过许多演唱会和其他体育赛事。汉普顿公园球场最近花费了7千万英镑翻新球场，目前被欧洲足联评为五星级球场。在奥运会期间，该球场总共会举行包括男足和女足在内的8场足球比赛。

在奥运会后，汉普顿公园球场仍将是举办世界顶级的体育赛事和娱乐活动的理想场馆。

加的夫千年体育场Millennium Stadium

地理位置：位于威尔士加的夫、塔夫河沿岸

比赛项目：足球

座位数：74 600

▲ 加的夫千年体育场Millennium Stadium

千年体育场坐落在塔夫河河岸，位于威尔士首府加的夫市中心。加的夫千年体育场设有可伸缩屋顶，能容纳74 600名观众，举办过多项世界顶级体育赛事，其中包括英国足总杯决赛和1999年的橄榄球世界杯决赛。千年体育场有幸举办2012年伦敦奥运会的首场比赛，在7月24日将迎来女足揭幕战。此外，男子足球的铜牌之战也将在此举行。

奥运会结束后，千年体育场仍将作为威尔士足球队和橄榄球队的主场。

考文垂市体育场City of Coventry Stadium

地理位置：坐落于考文垂市中心附近

比赛项目：足球

座位数：32 600

▲ 考文垂市体育场City of Coventry Stadium

考文垂市体育场是英格兰冠军联赛冠军考文垂队的主场，于2005年修建。考文垂市市中心的考文垂交通博物馆将会安装一个巨大的电子屏幕，现场直播2012年伦敦奥运比赛。伦敦奥运会期间，将会有12场足球比赛在考文垂市体育场进行，其中包括女子足球铜牌之战。

在奥运会结束后，该体育场将继续举办考文垂市的足球比赛。

曼彻斯特老特拉福德球场Old Trafford

地理位置：位于曼彻斯特市中心

比赛项目：足球

座位数：76 000

▲ 曼彻斯特老特拉福德球场Old Trafford

曼彻斯特老特拉福德球场是世界最著名的足球场之一，是英超劲旅曼联的主场。该球场于1910年开放使用，其座位数已增加至76 000个，是英国第二大足球场。在奥运会期间，老特拉福德球场将举办9场足球比赛，其中包括男子足球和女子足球的半决赛。

奥运会结束后，该球场馆将继续作为曼联的主场。

纽卡斯尔圣詹姆斯公园球场 St James' Park

地理位置：位于英格兰东北部的纽卡斯尔市市中心

比赛项目：足球

座位数：52 000

▲ 纽卡斯尔圣詹姆斯公园球场 St James' Park

作为纽卡斯尔联队的主场，圣詹姆斯公园球场举办了许多精彩的足球赛事，气氛热烈。为迎接2012年伦敦奥运会，圣詹姆斯公园球场已经做好了准备。圣詹姆斯公园球场是英格兰东北部最大且最古老的球场，同时也是英国第六大球场。在奥运会期间，詹姆斯公园球场总共将举办9场比赛，其中包括男子足球和女子足球的四分之一决赛。

奥运会后，詹姆斯公园球场将继续举行纽卡斯尔联队的比赛。

韦茅斯-波特兰港 Weymouth and Portland

地理位置：位于英格兰西南部的多赛特郡

比赛项目：帆船和残奥会的帆船比赛

▲ 韦茅斯-波特兰港 Weymouth and Portland

韦茅斯-波特兰港将举办伦敦奥运会和残奥会的帆船比赛。该场馆也是2012年伦敦奥运会首个建设完工的场馆。这座场馆包含了韦茅斯-波特兰国立帆船学院和毗邻的商业码头，曾举办过2006年世界青年帆船锦标赛。

波特兰这一地区原是英国海军的航空站，现更名为奥斯普瑞码头。韦茅斯-波特兰港带动了这一地区的复兴。该地已经开始建设新的住宅区、商业区和小艇船坞等。韦茅斯—波特兰港能提供全英国最佳的自然水域，非常适宜帆船运动，陆上设施也配套齐全。韦茅斯-波特兰港已经举办过诸多国际帆船比赛，其中包括有60多个国家参赛的2006年国际帆船联合会主办的世界青年锦标赛。

伦敦奥运会结束后，韦茅斯-波特兰国立帆船学院将受益于奥运会遗留的这些体育设施。这将为当地社区和世界优秀运动员提供世界最顶尖的训练和比赛场地。而目前，韦茅斯-波特兰港已经投入使用，既为当地社区服务，也将准备举办奥运会帆船比赛。

伊顿多尼赛艇中心Eton Dorney

地理位置：位于伦敦以西25公里处，在温莎城堡附近

比赛项目：赛艇、残奥会赛艇和皮划艇静水赛

座位数：30 000

▲ 伊顿多尼赛艇中心Eton Dorney

位于多尼湖的伊顿多尼赛艇中心是一座世界一流的场馆，在伦敦奥运会期间，伊顿多尼赛艇中心将举办赛艇、残奥会赛艇和皮划艇静水赛的比赛。

该场地长2 200米，拥有8条赛道，并附有单独的返回赛道，该场馆是国际标准场馆。在2006年，该中心曾举办了世界赛艇锦标赛，获得了运动员和观众的高度评价。

李谷白水中心 Lee Valley White Water Centre

地理位置：位于奥林匹克公园以北30公里的哈福德郡

比赛项目：皮划艇激流回旋

座位数：15 000

▲ 李谷白水中心 Lee Valley White Water Centre

位于英格兰哈福德郡的李谷白水中心将在伦敦奥运会期间举行皮划艇激流回旋的比赛。李谷白水中心已于2009年7月开始建造新的赛道，目前各项建设已经完工，在2011年春季已对外开放。该中心是首批公众可提前使用的伦敦奥运会比赛场馆。为迎接伦敦奥运会，将建造2条新的皮划艇激流回旋赛道。其中一条为300米长的比赛赛道，一条为160米长的训练赛道。目前仍在建造一个1万平方米的人工湖。这个系统将为300米长的赛道每秒注入15立方米的水。

在奥运会后，赛道和比赛设施将予以保留，临时座椅将拆除。该中心将继续为当地社区和来访者提供皮划艇的比赛训练地，无论是初学者还是专业运动员都可在此训练。

（资料来源 / www.london2012.com，文字翻译整理 / 苗淼）

《中国建筑文化遗产》编辑部为杨永生先生祝寿

2011年12月22日是我国知名学者、建筑学资深编审杨永生先生的80岁寿辰。12月21日上午，《中国建筑文化遗产》杂志社总编金磊以及副总编韩振平、殷力欣、赖德霖等一行来到北京海淀区朝阳庵小区看望杨老，并为他祝寿。

杨永生先生自1957年步入出版业至今已有50多载，1984—1991年在中国环境科学出版社、中国建设报社任副社长、总编辑。说起杨老，无论是学界前辈还是建筑新人，也无论是否与他谋面，都会因他编的书而感动。1991—1994年间杨老曾任《建筑师》、《建筑画》主编，为活跃20世纪末中国建筑设计理论，引进西方现代主义建筑思潮做出了重要的贡献。今日，当提起《建筑师》与《建筑画》两本杂志，在当代中国50后、60后、70后建筑师们的心中曾是记忆中的传奇，它们不仅极富建筑学术含金量，更对后来20多年中国的本土设计创作产生了不可估量的推动作用。20世纪末及21世纪初，杨永生先生又着手致力于为中国建筑师立传，他把当代中国建筑师的故事收集和整理出来，编撰出数十计珍贵的文献和建筑历史书籍。杨老不仅先后编写和出版了《建筑五宗师》、《中国建筑师》、《中国四代建筑师》、《哲匠录》等重要建筑人物历史文献，同时还相继推出《建筑百家书信集》、《建筑百家评论集》、《建筑百家杂识录》、《建筑百家回忆录》、《建筑百家谈古论今》等十几册之多的建筑百家系列书籍，而且这个专题至今仍在续写着当代中国建筑师人生的精彩……这套书的出版填补了我国历史文献中对中国建筑师个人设计风格与思想流派研究领域的空白，并将在今后相当长的一段时间里陪伴着中国建筑师和他们的作品走向世界。

看到我们，杨老非常高兴地谈论起几个时下热门的建筑话题，他风趣地把自己一生约稿合作过的作者分成三类，告诫大家要做守时、守信的编辑出版人。他鼓励《中国建筑文化遗产》的同人们应坚守实事求是地观察和报道的态度，客观公正地撰写建筑评论，敢于提出自己的见解，努力为中国建筑师搭建一个活跃、健康的传媒平台。《中国建筑文化遗产》编辑部认为：要在把握住办刊定位的同时，全力提升该书刊在行业中的文化影响力，为中国建筑师及其他行业发展真正赢得话语权，此外更应担负起向城市化发展普及建筑文化的责任与使命。

（文/文溦 图/陈鹤）

▲ 图1《中国建筑文化遗产》编辑部送给杨永生总的漫画肖像

▲ 图2 12月21日在杨永生先生家合影。左一：殷力欣，左三：杨永生夫人，左四：杨永生，左五：赖德霖，左六：金磊，左七：韩振平

新当选中国工程院院士：崔愷

▲ 崔愷

2011年12月8日，中国工程院公布2011年最新院士评选结果，共有54人新晋当选，其中土木、水利与建筑工程学部为7人，建筑学专业为中国建筑设计研究院崔愷（建筑设计）、西安建筑科技大学刘加平（建筑技术）。

中国工程院院士是国家设立的工程科学技术方面的最高学术称号，为终身荣誉。院士由选举产生。增选院士每两年进行一次，中国工程院第一批院士产生于1994年。截至目前为止，中国工程院建筑学专业现有院士为：程泰宁（中联程泰宁建筑设计研究院）、戴复东（同济大学）、傅熹年（中国建筑设计研究院）、关肇邺（清华大学）、何镜堂（华南理工大学）、江亿（清华大学）、李道增（清华大学）、马国馨（北京市建筑设计研究院）、孟兆祯（北京林业大学）、王瑞珠（中国城市规划设计研究院）、王小东（新疆建筑设计研究院）、魏敦山（上海现代建筑设计集团）、吴良镛（清华大学）、张锦秋（中国建筑西北设计研究院）、钟训正（东南大学）、周干峙（清华大学）、邹德慈（中国城市规划设计研究院）、崔愷（中国建筑设计研究院）、刘加平（西安建筑科技大学）。其中吴良镛和周干峙还同时为中国科学院院士，此外中国科学院建筑学专业的院士还有：彭一刚（天津大学）、齐康（东南大学）、郑时龄（同济大学）、吴硕贤（华南理工大学，建筑技术学科）。

崔愷生于1957年8月，1984年毕业于天津大学建筑系，是中国当代建筑设计界的领军人物。在多年的设计中他一贯遵循“适用、经济，在可能条件下注意美观”的国家建设方针，在学习和借鉴当代国际建筑思潮的同时尤其重视对本土文化的传承和创新。虽然在崔愷的设计创作中，那种因为“规模超大”、“地位显赫”、“位置极佳”而吸引公众眼球的项目实在很难找到，但是他的工程却深入人心，遍布全国各地的项目为他赢得了人民的尊敬和认可。崔愷带给我们的不仅仅是他在建筑专业领域上的杰出贡献，更重要的是他对本土文化的热爱和对社会底层贫苦大众的同情与关注。他的设计反映了传统的中国各地建筑概念，虽然他的建筑语汇是现代的，却融合了传统中国的建筑精神、理论与价值。虽然他在工作中也逐渐认识到中国内地的局限性，但他拒绝持一种断然否定的态度，他喜欢解决业主给他提出的各种问题，他宁可把这看成一种机遇。

▲ 图4 河南安阳殷墟博物馆

在青藏铁路拉萨车站（图3）设计中，从建筑到室内和节能技术应用上都充分尊重民族文化和自然环境，得到了各界的高度评价，荣获国家优秀设计金奖。在首都博物馆设计中则是通过建筑材料和空间形态去提炼和表达古都的特色，使之成为北京的文化客厅，荣获国家优秀设计银奖。河南安阳殷墟博物馆（图4）的设计巧妙地将建筑埋入地下，完整保护了遗址原貌，又创造了独特的空间体验，受到联合国专家的好评，使殷墟遗址成功地列入世界文化遗产名录，建筑也获得了亚洲建协金奖。北京外国语大学外研社办公楼（图5）设计以中西建筑语汇交融的方式表达了语言文化交流的意象，其独特的红楼造型得到了市民的好评，入选了北京90年代十大建筑，并获国家优秀设计铜奖。此外，他先后主持设计了北京丰泽园饭店、四川凉山彝族文化中心（图6）、北京德胜尚城办公楼（图7）、民航总局办公楼改建、北京外国语大学校园改造、北京奥林匹克演播塔（玲珑塔）（图8）、北京新闻出版局办公楼、北京金融街富凯大厦、大连软件园办公楼和软件工程师公寓、辽宁五女山高句丽遗址博物馆、无锡鸿山遗址博物馆、北京西山艺术家工坊、北京雅昌彩印厂、韩美林艺术馆、山东广电中心等108项工程，共获国家金奖1项、银奖5项、铜奖5项，建设部优秀工程设计一等奖3项、二等奖14项、三等奖7项，亚建协金奖1项，国际铜业协会一等奖1项、三等奖1项。在中国建筑学会新中国成立60周年300项建筑创作大奖评选中，他本人获奖9项，是获奖最多的建筑师之一。

▲ 图3 拉萨火车站

▲ 图5 北京外国语大学外研社办公楼

在长期的创作实践中他逐渐总结出立足本土文化的

▲ 图6 四川凉山彝族文化中心

▲ 图7 北京德胜尚城办公楼

▲ 图8 北京奥林匹克演播塔（玲珑塔）

设计原则，并在两年前明确提出了“本土设计”的理论，其基本观点就是以地域自然和人文环境为“本”去追求设计的创新。它不同于以往“民族风格”、“乡土建筑”和一般地域主义建筑的概念，以更开放、更积极的态度探索多元化的中国建筑发展之路。先后在专业期刊上发表论文达80余篇，还结合典型案例编辑出版“设计与研究”丛书。如在《德胜尚城》中对北京城市肌理、空间的变化进行了研究，论述了该设计中对传承古都文脉，保留城市记忆的创新思路。在《中间建筑》中研究了北京西山创意产业发展模式对建筑设计的影响，营造出有利于艺术创作与交流的复合空间形态。2002年出版了第一本专著《工程报告》，对国内建筑创作中的一些现实问题提出了自己的观点。2009年出版了第二本专著《本土设计》，更系统地回顾和总结了他自己的创作思想，提出了本土设计的观点—植根于本土自然和人文环境中的建筑思考。十几年来他以“本土设计”的相关主题在国内专业学术会议上演讲近30次，每年到高校为学生举办讲座5次以上。他还先后应邀在法国、澳大利亚、日本、马来西亚、英国、韩国、新加坡、斯里兰卡、越南、荷兰、巴基斯坦、奥地利、泰国、匈牙利等国和中国台湾、香港、澳门等地的国际学术会议上发表讲演达22次之多，引起了国内外同行们的积极反响。

多年来，他在本土建筑创作中的探索和努力得到了业界的认可，于1997年被评为“全国先进科技工作者”、1998年被评为国务院享受政府津贴的专家、1999年被评为人事部有突出贡献的中青年专家、1999年被定为国家“百千万人才工程”人选、2000年被授予“国家勘察设计大师”称号、2003年荣获“法国文学与艺术骑士勋章”、2005年被授予“戴念慈建筑奖”、2007年被授予“梁思成建筑奖”。

崔愷的本土设计实际上并不是一个宽泛的概念，而是对具体的环境进行的一种深层次的思考，是根植于地域文化沃土之中的建筑思考。所以，本土设计不仅仅是针对一个国家，或者一个城市，针对的是一个历史街区，一个具体的建设环境。当我们越来越深入思考的时候，我们就会发现本土设计就显得特别真实和现实，因为每一个设计项目都有它特定的地点、环境。

新当选中国工程院院士：刘加平

▲ 刘加平

刘加平生于1956年11月，陕西大荔人，1982年于西北大学物理系，是我国建筑学学科第一个国家创新研究群体“西部建筑环境与能耗控制研究”学术带头人、我国建筑物理学科第一个国家杰出青年科学基金获得者；主持完成包括国家自然科学基金重点项目、重大国际合作项目和国家863计划项目等国家级课题16项；获国家科技进步二等奖1项，省部级科学技术奖5项，国际学术奖1项；在国内外发表高水平论文150余篇，出版专著和编著8部，主持和参与编制国家和地方设计标准6部；培养博士后6名，毕业博士31名，硕士79名，在西部低能耗建筑理论研究与工程实践领域做出了卓越贡献。

1982年于西北大学物理系毕业之后，刘加平步入建筑学学科领域，在西安建筑科技大学主要从事建筑物理理论与应用研究，专攻建筑热工与节能的基础理论和设计方法，潜心于地域民居建筑演变和发展模式的理论探索和工程实践，是我国该领域的学术带头人。

结合城乡建设中面临的问题，研究创作地域性生态建筑模式，是国际建筑学界的前沿领域。经过多年研究，刘加平发现，在西部乡村现代化进程中，建立在农业和手工业基础之上的传统民居建筑逐渐被简易砖混结构房屋所取代，伴随而来的是建筑环境质量低下、建筑能耗和资源消耗不断增大、地域建筑风貌和文化失传以及安全性能变差等，给学界提出了诸多亟待解决的问题。解决这些问题，研究创作具有西部不同地域特色的生态民居建筑模式就成为业界之急需，也成为刘加平的主要科研领域。

在20多年的科学研究中，刘加平遵循建筑技术科学逻辑，综合运用建筑热工、建筑设计、建筑气候、建筑历史、建筑构造以及太阳能利用等学科的原理和方法，以研发低能耗建筑为主线，在中国西部传统民居建筑的再生与可持续发展的理论研究和实践等方面进行了艰辛和深入的探索，得到国内外地域生态民居建筑界的肯定和赞誉。2011年1月14日，在国家科学技术奖励大会上，刘加平教授主持完成的科研成果“西部低能耗建筑设计关键技术与应用”荣获国家科学技术进步二等奖。

在理论创新方面，刘加平教授近年来主持完成了“传统民居生态建筑经验的科学化与技术化研究”、“建筑节能设计的基础科学问题研究”、“庭院式民居自然采暖与降温效应的定量化研究”、“被动式与主动式太阳房组合优化研究”等一系列国家重大基金项目，由其主持的国家自然科学基金重点项目“西藏高原节能居住建筑体系研究”、国家863计划项目“太阳能富集地区超低采暖能耗居住建筑设计研究”和国家科技支撑计划项目“西北生态民居型小康住宅技术集成与示范”等课题，在西部生态民居建筑理论方面取得了显著的创新成果。

在工程实践方面，由刘加平主持的多项研究成果经推广应用后，取得了显著的经济效益、社会效益和绿色生态效益，在业界获得了广泛赞誉，在国内外产生了深远影响。其中，“黄土高原绿色窑洞民居建筑”成为地域生态民居的成功典范。项目在延安地区推广新型窑居建筑5 000余孔、10万多平方米，先后荣获建设部华夏建设科学技术奖一等奖、世界人居奖，美国Michigan大学著名建筑学者Linda Groat教授对此评价：“刘加平在研发新窑居建筑方面的成就，对西方国家的可持续设计亦是极具价值的贡献。”

同时，由刘加平教授主持的“长江上游绿色生土民居建筑”项目提出的新型绿色生土民居建筑模式已在云南省永仁县的建设部综合科技示范项目“长江上游绿色乡村生土民居建筑示范工程”中得到广泛应用，面积45万余平方米，获建设部华夏建设科学技术奖二等奖。

西藏的雪域高原也实现了刘加平的生态民居理念。由他主持研究、编制的完全依靠太阳能采暖的《西藏自治区民用建筑采暖设计标准》和《西藏自治区居住建筑节能设计标准》通过被动式利用太阳能、提高建筑热工性能和主动式利用太阳能三种方式，协同解决了藏区民居的冬季采暖问题。这两部标准2008年7月起在西藏全区推广实施后，大幅度地减少了当地的建筑采暖用能。

2008年汶川大地震后，刘加平教授本着严谨的学者良知和高度的社会责任感，带领团队志愿参与了灾区重建工作。他及其团队多次奔赴地震重灾区现场，进行调研测试、方案设计、模拟分析、征求意见及施工指导，研究创作出了具备抗震安全、舒适便利、就地取材、节能节地、适应气候、成本低廉等特性，且具有鲜明川西地域特征的生态民居建筑模式，实现了生态民居的低能耗，为我国地震多发区民居建筑提供了样板。由刘加平教授总规划、总设计的“四川地震灾区生态民居建筑模式”现已在四川地震重灾区彭州市大坪村建成43户，还有约150户正在建设中，面积约3万平方米。

文/文澂 图片由作者提供，部分图片来自互联网 部分资料来自中国建筑设计研究院和陕西省教育厅网站

北京中轴线古建筑将重点腾退修复

2012年1月11日，北京市政协会议小组讨论会召开，市文物局局长、政协委员孔繁峙透露：申遗的四大工作任务已经确定，正开始全面推进。四个任务分别是古建筑维修、缺失建筑复建、整体环境整治和相关法规制定。这其中包含了旧城文物维修百项工程的主体内容。除了单个古建筑的修缮、重建，中轴线的整体开发是另一项工作重点，“沿街立面”则是整体开发计划中的重头项目。孔繁峙说：“我们将投入几千万对旧城沿街传统建筑实行维修，包括段祺瑞执政府等古建筑，也包括中轴线上的一些商业店铺，再现它们的传统民族风貌，这其实也是为申遗准备的一项整体环境的治理工作。”

这一规划不光是为中轴线申遗，更是以此为契机，更多大量旧城古建筑保护工作的启动。申遗是这一切努力的目的，又是一个开始。孔繁峙说，“前期工作是为了申遗尽快顺利进行，而申遗说到底是为了创造好的环境，展示名城风貌，最终，给市民提供一个最浓郁的历史风貌和最好的文化氛围，让市民受益。”

梁林故居之殇

经过持续2年多的“拆迁”与“保护”的拉锯战，位于北京市东城区的北总布胡同3号四合院(现为24号院)，即梁思成、林徽因故居终究没能逃脱碎为瓦砾的命运。梁林故居的命运可谓一波三折：2009年，拆迁方以商业开发为由拆掉了门楼和西厢房，经媒体披露引来广泛关注，不久后国家文物局明确表示梁林故居具有重要历史价值，北京市文物局随后会同规划局表示，已责成建设单位调整建设方案，并将邀请专家制定具体保护措施；2010年1月，国家文物局

表示该建筑已被列入“不可移动文物”，同年10月媒体称梁林故居已被列入第三次文物普查新登录范围……

然而2012年1月27日有报道称，梁林故居已被拆除，但北京市文物局并不知晓。东城区文化委随后向北京市文物局递交的事故调查原因称，开发单位考虑到故居房屋腾退后，因陈旧、几经翻建、无人居住等原因，易出现险情，因此进行了“维修性拆除”。28日，东城区文化委再次回应称，虽然华润集团富恒房地产开发公司(建设单位)是为了紧急抢险，才将危房落架拟修复的。但此次拆除未经报批，属“违规拆除”，东城区文化委将对此事依法进行查处。

▲ 遭到拆除的梁林故居

▲ 梁林故居原貌

资料链接：

①梁林故居：位于北京市东城区，建于民国，民居式古建筑。此院现存建筑包括大门、倒座房、西厢房及后罩房等。1930—1937年，著名建筑学家梁思成、林徽因夫妇在中国营造学社供职期间曾租住该院。梁思成夫妇在此寓居的七年间，与中国营造学社同人调查了137个市县、1 823座古建筑，并对其中的206座古建筑进行了详细测绘，完成图稿1 898张，在中国近代建筑营造史上做出了不可磨灭的贡献。他们的挚友、哲学家金岳霖则住在后罩房内。20世纪80年代，著名画家叶浅予曾在院内一座现代三层楼房中居住。北总布胡同12、24号四合院对研究梁、林在京活动具有很大的历史和人文价值。

②纽约时报刊登梁林故居强拆新闻（文图 / 赖德霖）。

▲ 纽约时报网站截图

http://www.nytimes.com/2012/02/05/world/asia/in-beijing-razing-of-historic-house-stirs-outrage.html?_r=1

（文图 / 苗淼）

中国城科会历史文化名城委员会第六次全体会议在北京召开

2012年1月4日—5日，中国城科会历史文化名城委员会第六次全体会议在北京召开，国家文物局局长单霁翔，两院院士周干峙，住房和城乡建设部副部长，中国城科会理事长仇保兴，北京市副市长、中国城科会副理事长、名城委主任委员陈刚出席会议并讲话，住房和城乡建设部总规划师唐凯及有关部门的相关负责人、知名专家学者和历史文化名城、名镇、名村的代表出席此次会议。全委会召开期间进行

▲ 中国城科会历史文化名城委员会第六次全体会议

了换届各项人事选举和研讨等工作。据悉，目前我国有国家级历史文化名城117座，历史文化名镇名村350个，其中山西平遥和云南丽江两座名城还被列入了《世界遗产名录》。

（文图 / 苗淼）

伦敦奥运地标建筑将竣工

英国《每日邮报》报道，伦敦奥运会的地标性建筑阿塞洛米塔尔轨道塔即将竣工。该建筑由印度裔英国雕塑家安尼施·卡普尔（Anish Kapoor）与著名结构建筑设计师塞西尔·巴尔蒙德（Cecil Balmond）合作设计，高374英尺（约合113米），外形好似一个螺旋滑梯，是英国最高的雕塑，坐落在奥林匹克体育场和水上中心之间，登上它参观者可以一览整座公园和伦敦天际线的风景。该项目计划在2012年7月开放，组织者寄望在一年内可吸引超过百万名观众。2013年春季后它将被改造成一座旅游景点后重新开放。这座英国有史以来的最大规模公共建筑预算高达2 230万英镑，其中阿塞洛米塔尔钢铁公司（ArcelorMittal）出资1 920万英镑，伦敦开发署将提供另外的310万英镑资金。奥林匹克公园运营公司（Olympic Park Legacy Company）的首席执行官安德鲁·奥特曼（Andrew Altman）表示该塔在80米左右的高度将拥有两个内设展览空间、咖啡厅和宴会厅的平台，提供多项用途并将在昼夜呈现不同的风采。包括伦敦市长鲍里斯·约翰逊（Boris Johnson）在内的支持者们认为它将成为位于伦敦如同巴黎艾菲尔铁塔一样的标志性建筑，但批评者认为形同水烟管的深红色铁塔凌驾于周围建筑之上而破坏了公

▲ 伦敦雕塑塔

园内的景观。

设计师简介：

安尼施·卡普尔在1991年凭借砂岩颜料作品《无题》获得了特纳奖，并先后于泰特美术馆、伦敦黑瓦德画廊（Hayward Gallery）、奥地利波坚思美术馆（Kunsthaus Bregenz）、波斯顿当代艺术研究所及英国皇家艺术学院等世界知名艺术场所举办个展。近年来他创作的重点为大型雕塑作品并关注艺术与生态之间的联系。卡普尔在谈及本次设计的灵感来源时提到了“通天塔”(Tower of Babel)的典故，他认为这一方面代表着全世界人类对于美好未来的共同期许，同时也意味着人类文化层面上探索及重塑的过程，这也缘于他“试图在作品中传达一种不稳定感”。

塞西尔·巴尔蒙德(Cecil Balmond)是世界知名结构工程师，专注于创新结构建筑设计方向。他长期与世界顶尖建筑师合作，完成了大量富有创新意义的建筑和构筑物，将结构工程提升到一种富于创新的行为并且他着重于将数字、代数和音乐作为视觉元素体现几何结构的动态感。他的近期作品包括伦敦巴特西发电厂改造工程；伦敦蛇形画廊2002年临时建筑；纽约新世贸中心和中央电视台等。

（文图 / 苗淼）

伦敦设计博物馆最新展讯

近日在伦敦设计博物馆展出了“2012年 Designs of the Year”和Terence Conran（特伦斯·康兰）的作品展“The Way We Live Now”。同时举办第五届被誉为“设计界奥斯卡”的2012年年度设计提名奖展（展期2012年2月8日—7月15日）。展览内容横跨七大类别：建筑、数码、服装、家具、图形、产品和交通。提名名单中曾有参加过2011年北京国际设计周的北京家具设计师李鼐含的“集装箱”系列作品。“集装箱”家具设计将传统意义上的家具功能重新定位，赋予其模块和移动的特性。还有英国籍建筑师Zaha Hadid（扎哈·哈迪德）设计的广州歌剧院也入选建筑类别提名。获奖设计师和总冠军奖将在2012年4月公布颁奖。

▲ 伦敦设计博物馆的年度设计提名奖的现场，2012年

▲ 北京设计师李鼐含“The Crates”（集装箱）的家具设计，2012年

▲ Zaha Hadid 设计的广州歌剧院建筑模型，2012年

▲ Terence Conran的作品展“The Way We Live Now”现场（1），2012年

▲ Terence Conran的作品展“The Way We Live Now”现场（2），2012年

▲ 广州歌剧院（摄影：陈鹤）

（文图 / 金惟忻）

非洲联盟会议中心落成

2012年1月28日，中国援建非盟会议中心落成典礼在埃塞俄比亚首都亚的斯亚贝巴举行。非盟会议中心项目是2006年11月在中非合作论坛北京峰会上宣布的中国政府加强对非合作八项举措之一。非盟会议中心的设计主题为：中国与非洲携手，共促非洲大陆的腾飞。建筑群体成U字形，喻中非人民的手合握一起，携手承托起非洲的未来。U字形又是原非盟总部眺望广袤非洲大陆的取景框，完成了原非盟总部轴线与新会议中心轴线的空间连接。

米兰打造“垂直森林”

意大利米兰正在热火朝天地建造两座分别高110米和79米的公寓大楼，和普通公寓楼不一样的是，这两座双塔姐妹楼一旦建成，将成为世界上第一个树木成荫的“空中森林”。因为这两座高楼的每个公寓阳台上，都将被种上一棵棵树木，两幢公寓大楼总共将种植730棵乔木、5 000株灌木和1.1万株草本植物，从外面看起来它们就像是两个“垂直的空中森林”。这两座被称为“垂直森林”的高层公寓楼，是由现年55岁的意大利著名建筑师斯蒂法诺·波里在2006年设计的，每一层都有突出的阳台，大楼竣工后，每个公寓的阳台上都将种上树木。这些树木被种在阳台上的一个大罐子里，它们将在各自公寓主人的眼中逐渐成长为郁郁葱葱的大树。

据布伦尼罗称，“垂直森林”的总造价大约为5 700万英镑（约6 500万欧元），由于该建筑内的公寓楼面积大小不等，所以售价也相差很多。“垂直森林”建筑内一套面积80平方米的公寓，售价约为56万英镑；而一套面积达到200平方米，并能俯瞰整个城市风景的“空中公寓”，售价将高达170万英镑。这两座“垂直森林”将于2012年底全部竣工，届时，它们将成为世界上第一个“空中森林”，它们容纳的住户数量将等同于一个5万平方米常规社区所容纳的住户数量。这个“垂直森林”不仅将成为人类的绿色家园，也将成为昆虫、鸟类和小动物安家的天地。

（文图 / 苗淼）

广州公示历史文化名城保护规划

2012年1月6日，广东省广州市公示历史文化名城保护规划内容。此次规划首次划定了广州的历史城区面积为20.39平方公里，核心保护区新建建筑不得超过12米。为了让其有效实施，广州将结合投融资制度改革，多渠道筹集资金，建立名城保护的资金保障机制。

广州旧城历史风貌主要形成于1949年以前，以此年代为界，保护范围由东濠涌—小北路—环市中路—环市西路—人民北路—流花路—广三铁路—珠江（珠江大桥东桥—海旁内街）—海旁内街—新民大街—革新路—梅园西路—工业大道北—南田路—江湾路—江湾大桥形成了一个封闭环状地区。此次规划第一次系统、明确地划定了历史城区范围，面积为20.39平方公里。此次规划明确了历史城区内建筑高度的要求：核心保护范围的面积约为2.5平方公里，原则上新建建筑高度控制在12米以下（住宅不超过4层，办公不超过3层）；建设控制地带的面积约为2.5平方公里，原则上新建建筑高度控制在18米以下（住宅不超过6层，

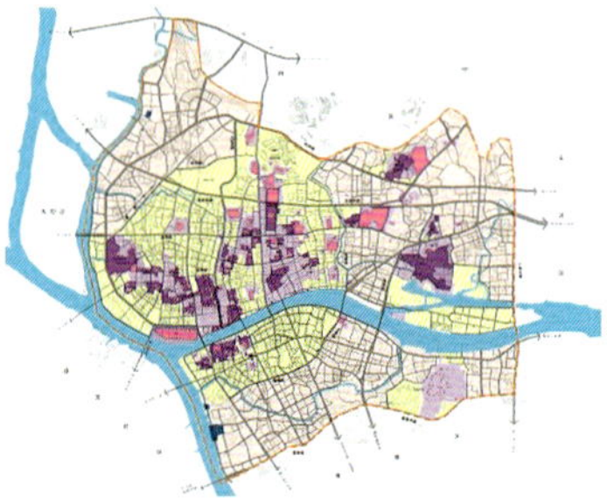

办公不超过4层）；环境协调区的面积约为15平方公里，原则上新建建筑高度宜控制在30米以下（住宅不超过10层，办公不超过7层）。既有建筑的高度可维持不变。对高度超过30米的已批未建的项目，进行核查研究后，提出分类处理原则，并按分类原则进行具体处理。

（文图/苗淼）

《杭州西湖文化景观保护管理条例》正式实施

2012年1月1日起，《杭州西湖文化景观保护管理条例》（以下简称《条例》）正式开始实施。这是浙江省杭州市用来

保护世界遗产西湖的首部地方性法规。相关部门在起草《条例》时，曾委托专业单位对遗产区的土地建设容量、建设控高、交通流量及游客容量，进行了专题研究，并提出了科学严谨的数据和方案，使《条例》的实施更有可行性和可操作性。

（文图/苗淼）

山西省古建协会成立

2012年1月11日，山西省古建筑协会成立大会在太原召开。山西省古建筑协会是由山西省古建筑工程有限公司等18家具有文物保护工程勘察设计或施工资质的单位发起，并经山西省文物局和山西省民政厅批准成立的非营利性文物保护行业的社会团体。协会将主要研究探讨文物保护行业改革与发展方向，向政府主管部门提出行业发展的建议，建立行业行规自律机制，

组织开展文物保护文物从业人员的培训，开展同国内外同行业社团的合作交流和各种学术交流活动，针对古建筑保护现存的主要问题组织科技攻关，为促进文物保护工程管理及保障工程质量提供技术支撑。

（文图/苗淼）

陕西省30个文化旅游古镇名单出炉

2011年12月23日，陕西省住建厅、陕西省旅游局对外发布的《陕西省文化旅游古镇建设规划编制技术导则》的通知中，该省30个省级文化旅游古镇的名单出炉。30个省级文化旅游古镇名单：

▲ 周至县厚畛子镇

西安市：

周至县厚畛子镇、户县祖庵镇、蓝田县葛牌镇

宝鸡市：

麟游县九城宫镇、凤翔县城关镇、凤县双石铺镇、岐山县凤鸣镇

咸阳市：

武功县武功镇、永寿县永坪镇

铜川市：

印台区陈炉镇、耀州区照金镇

渭南市：

白水县林皋镇、大荔县朝邑镇

延安市：

吴起县铁边城镇、子长县安定镇

榆林市：

神木县高家堡镇、横山县波罗古镇、绥德县名州镇

汉中市：宁强县青木川镇、洋县华阳镇、南郑县青树镇、留坝县留侯镇、勉县武侯镇

安康市：

石泉县城关镇、旬阳县蜀河镇、汉阴县双河口镇、白河县城关镇

商洛市：

柞水县凤凰镇、山阳县漫川关镇、镇安县云盖寺镇

（文图/苗淼）

CNN评选全球十大最丑建筑

近日，美国有线电视新闻（CNN）旗下的生活旅游网站评选出了全球最丑的十大建筑，朝鲜的平壤柳京饭店“荣登”榜首，迪拜的亚特兰蒂斯饭店名列第二。另外，由我国台湾知名建筑师李祖原设计、位于中国沈阳的方圆大厦也不幸入围。李祖原是台北101大厦的设计师。CNN认为，方圆大厦试图融合东西方风格，但是看起来并不和谐。由于“审美”定义偏主观，标准不一，因此CNN特意表明，此榜单更准确的说法应该是全球十大“最有争议”的建筑。全球最丑建筑排名

第一：柳京饭店（朝鲜）位于朝鲜首都平壤，高330米，1987年开始兴建，后因资金问题在1992年停工，至2008年才开始重启工程，预计2013年完工。

第二：亚特兰蒂斯饭店（迪拜）

▲ 柳京饭店

▲ 亚特兰蒂斯饭店

第三：国会大厦（罗马尼亚）

第四：奇奇科夫电视塔（捷克）

第五：西雅图体验音乐博物馆（美国）

第六：胡志明陵寝（越南）

第七：利物浦都会大教堂（英国）

▲ 沈阳方圆大厦

第八：波特兰大楼（美国）

第九：沈阳方圆大厦（中国）

第十：巴西石油公司总部（巴西）

（文图 / 苗淼）

不可思议的“纸上都市”

荷兰阿姆斯特丹的折纸艺术家英格丽花费数月时间煞费苦心地用纸“建造”了一整座城市。从纽约风格的高楼到埃舍尔风格的弯曲建筑，这些作品没使用任何胶水或黏合剂，只是通过纯粹的反复折叠建造而成。这位“建筑师”，今年56

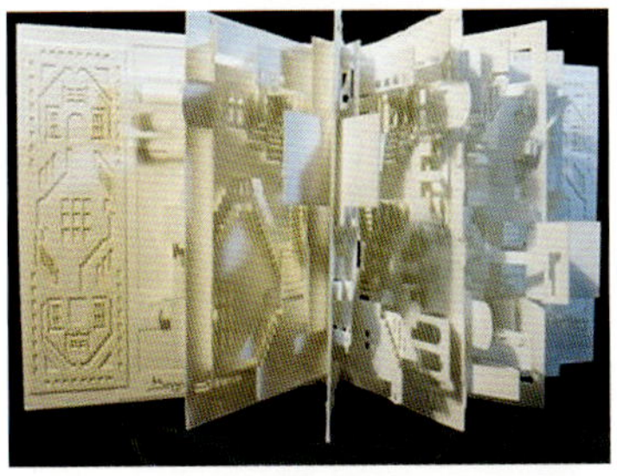

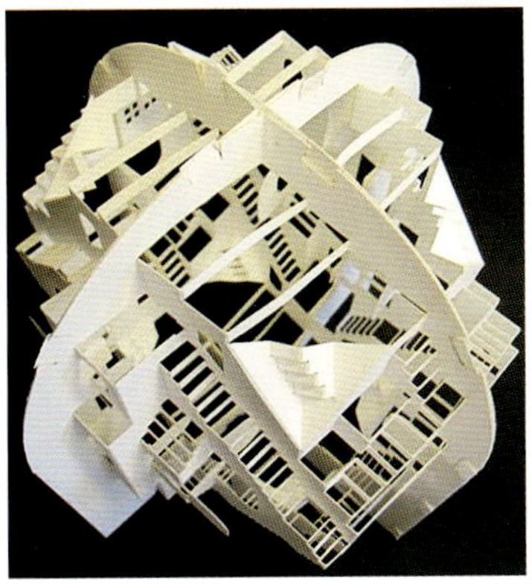

岁，已经跟随日本折纸建筑大师学习多年，她一直尝试将这一手工艺与西方建筑结合，最终造出了这一让人难以想象的“纸上都市”。

(文图 / 苗淼)

2011成都双年展国际建筑展文献展“田园城市的百年传承”上海续展召开

为契合成都创建“世界现代田园城市”的城市发展战略，2011成都双年展国际建筑展以“物我之境——田园/城市/建筑”为主题，探讨田园城市理论在当代环境下的继承、延伸与发展。“田园城市的百年传承”文献展是国际建筑展四大组成部分之一，以百年前霍华德“田园城市”理论为主线，呈现全球范围内应对现代城市问题所形成的城市发展与规划的理论和实践，揭示“田园城市”的传承脉络和当前的发展状况，旨在向公众普及、推广田园城市理念，为国际建筑展建立一个理论的统一语境。认识田园城市的真正内涵及其基本思想，既有助于人们清理一百多年来城市发展与城市规划发展的内在脉络，也有助于把握现代城市发展的历程，了解应对城市问题的手段和方法的演变，同时还有助于更加深入地认识当今的城市问题和寻求解决这些问题的未来方向。展览由以下五部分组成：“田园”＋“城市”——曾经的愿望、田园城市——理论及其早期实践、演进与拓展、新的综合与升华、田园城市思想传承的百年史卷。续展主办单位有2011成都双年展组委会，同济大学建筑与城市规划学院，同济大学建筑设计研究院（集团）有限公司及《时代建筑》杂志。同济大学建筑与城市规划学院城市规划系的孙施文教授担任文献展研究负责人。

（整理 / 冯娴）

“东方庞贝”掀开面纱，普照王寺初现端倪

泗州古城，始建于南北朝北周，隋时毁于战争，自唐复建至明代一直为黄河长江的漕运中心，其时来往船只篷帆蔽天，水陆都会，盛极一时。直至满清康熙年间，因洪水骤来，泗州古城如同庞贝一样深埋进历史尘埃，因昔日繁华与悲剧传说，故有“东方庞贝”之称。2010年至今，南京博物院、淮安博物馆和盱眙博物馆联手启动了对泗州古城遗址的全面调查勘察，使之有望重现人间。在古城遗址F1区块中，考古工作人员发现了大量制作精美的建筑构件，出土石香炉三座，其中两座镌有捐献者铭文。据建筑规格和出土文物形制，结合史籍，考古人员初步判断此处可能为传说中的普照王寺，亟待在以后发掘中进一步确认。

（整理 / 王燕嵩）

芝加哥海军码头改造计划百家争鸣

芝加哥海军码头曾是伊利诺利州最热门的旅游景点之一。但芝加哥居民声称：“在目前，该码头给人的感觉是劣质的，低俗的，过时的。”因而改造码头被提上日程。2011年10月，有超过50个团队递交了重新设计码头提案，近期竞争愈演愈烈，即使是大牌建筑师如雷姆·库哈斯、扎哈·哈迪德和珍妮·甘等都遭到淘汰。2012年2月初，最终入围的5个设计团队在芝加哥进行最后角逐，其中AECOM和丹麦设计集团BIG（Bjarke Ingels Group）所提出的大胆的、可持续发展的计划产生了积极影响。

（整理 / 王燕嵩）

最新潮的抗灾建筑

自飓风“卡特里娜”来袭之后，新奥尔良市重建工程正如火如荼。以华裔建筑师许积逊为首的建筑设计师们正在构思在密西西比河河岸建造一座“超级浮城”。

该城名为“诺亚大厦”，预计可容四万人，因新奥尔良市土壤环境不支持如此巨大的建筑，设计师干脆设想让大厦漂浮在水中，以一个直径366米，深度达76米的船坞为依托，底层是由高强度混凝土建成的真空巢室。浮城内利用现代科技模拟自然的生态系统，以达到二氧化碳零排放的目标。专家指出，如此庞大的生态系统是否安全，能否应对各种天气和自然灾害，工程预算几何，工期多长，目前都是未知数。

（整理 / 王燕嵩）

北京加强不可移动文物保护

2012年2月10日，北京市文物系统两项文物保护工程启动，旨在加强对尚未列为文物保护单位的不可移动文物(即普查登记文物)的保护。北京市文物局披露，为全面落实文物安全监管措施，确保全市文物建筑安全，从2月10日开始，北京市、区文物部门在全市16个区县和2个特区(北京文物系统内的昌平十三陵特区办事处、延庆八达岭特区办事处)，正式启动全市千名文化遗产监督员上岗工程和2 800余项普查文物挂牌工程，以实现对不可移动文物的安全监督，鼓励社会共同参与监督文物保护状况，加强对不可移动文物的日常管理和巡视检查，及时发现和纠正损毁文物的行为和文物安全方面存在的隐患，确保全市文物的安全。

（整理 / 王燕嵩）

The Art Exhibit in Bustling Commercial Street of London 1

当艺术伦敦碰上繁华商业街(一)

特派记者(Special Correspondent)

From this issue onwards, I will start to record the bustling businesses in London as well as the arts being widely displayed in streets and windows. The next issue will focus more specifically on art display on windows in other streets of London. To define London's art commercial street, we reference Terence Conran's analogy:

"Design and business are completely interlinked—one cannot succeed without the other. I've always thought design was 98% common sense and 2% aesthetics."

The commercial streets of London are divided into four main classes: aristocratic luxury, top art and design, vital events, and alternative pioneer.

Aristocratic Luxury Class—Harrods

Harrods is an up-market department store located on Brompton Road, Brompton, in the Royal Borough of Kensington and Chelsea.

In 1834, in London's East End, Charles Henry Harrod established a wholesale grocery store in Stepney. In 1849, to escape the vice of inner city life and to capitalize on trade resulting from Hyde Park's Great Exhibition of 1851, Harrod took over a small shop in the district of Brompton, on the site of the current store. Originating in a single room, employing two assistants and a messenger boy, Harrod's son Charles Digby Harrod built the business into a thriving retail operation. In 2011, Harrods achieved a world record, being the only stand-alone department store in the world to hit £1bn in sales in a year. Walking past Harrods windows right now does not disappoint: they're full of contrasting bright colors and high fashion. You never have to worry about nightfall when walking down Brompton Road; you will not feel lonely or cold, because you always feel and see the warm and energetic colors coming from the windows.

The Top Art Class—Selfridges

Oxford Street is a major thoroughfare in the City of Westminster, West London. It is still Europe's busiest shopping street, as well as it is most densely populated with shops; As of 2011, it had approximately 300 shops.

Between the 12th and 18th century, Oxford Street was known as Tyburn Road. It got the name we know today in about 1729. The flagship store of Selfridges in London's Oxford Street is the second largest shop in the UK (after Harrods) and was opened 15th March 1909, by Harry Gordon Selfridge.

Selfridges' windows have become synonymous with the brand's catchphrase: "a pleasure—a pastime—a recreation", and to a certain degree have become as famous as the company's Oxford Street location itself. Following the huge success of last year's launch, the pioneering 'Bright Young Things' project is back and bigger than ever for 2012. The new, exciting windows have been unveiled at Selfridges in London, which feature an amalgamation of kaleidoscopic scenes, giant smiley faces and conceptual designs from fifteen UK-based emerging talents. Another windows' theme is called "It's Nice That: Words Words Words", in order to celebrate the wonder of the English language, in all it's weird and wonderful glory. "It's Nice That" was honored to be chosen to take over four of the shop's famous windows, and have installed an enormous wooden rollercoaster which dispenses 30,000 unique 2012 fortunes. Three of our top creative colleagues were also recruited to spell out the word "words".

Vital Events—Adidas

The windows on Oxford Street will show the conspicuous Olympic Suit designs of the 2012 London Olympics official sponsors, Adidas. As early as 2011, Adidas launched a special inspirational design of the Olympic rings and the British Royal Lion Adidas Originals Team GB, of Olympic suits.

从这期开始，我的行文笔记将穿梭于伦敦的繁华而又艺术的商业街道和橱窗中。如果对伦敦的艺术商业街下一个定义的话，引用Terence Conran（特伦斯·康兰）对艺术与商业的比喻（对艺术与商业下的定义）——“艺术与商业是休戚相关的， 缺乏其中之一都是不可能成就成功的。设计就是98％的常识加上2％的审美”是再合适不过的了。伦敦的商业街分为四大类：贵族奢侈类、顶尖艺术设计类、重大事件类、先锋另类。

▲ 图1 如今的百年Harrods，2012年

▲ 图2 Brompton Road 街旁Harrods的繁华景象（1）

▲ 图3 Brompton Road 街旁Harrods的繁华景象（2）

▲ 图4 Brompton Road 街旁Harrods的繁华景象（3）

▲ 图5 夜幕下的Harrods，2012年

历史／贵族／奢华／传统类

Harrods（哈洛德百货商店） – Brompton Road （布朗普顿路）

位于Brompton Road （布朗普顿路）的Harrods是世界最负盛名的，而且是最奢华，彰显贵族气息的的百货公司（图1）。它由Charles Henry Harrod(查尔斯·亨利·哈洛德)于1834年在伦敦东区Stepney创建的一家批发杂货店兴起。在1849年为了远离城市中心的脏乱并且把握好在1851年在Hyde Park（海德公园）召开的万国博览会的商机。Harrod便买Knightsbridge（骑士桥）附近的一个小商店，也就是现今Harrods所在的位置(图2—图4）。起初只是单间的Harrods，在Charles Henry Harrod的儿子Charles Digby Harrod(查尔斯·迪比·哈洛德)经营下迅速成长。但这一切都被1883的一场大火后打回零点，原址被迫重建。火灾后，Charles Digby Harrod仍向顾客保证圣诞节前夕仍有代客送礼的服务，建立起了良好的公司信誉品牌形象。如今Harrods每年将接待多于1400万的游客来这里参观购物。在2011年Harrods也是唯一一家打破销售额10亿英镑的独立百货商店(图5～8)。

▲ 图6 Harrods建筑的细节，2012年

▲ 图7 雪后的Harrods（1），2012年

▲ 图8 雪后的Harrods（2），2012年

▲ 图9 Harrods极致奢华的圣诞节橱窗（1），2010年

▲ 图10 Harrods极致奢华的圣诞节橱窗（2），2011年

▲ 图11 Harrods极致奢华的圣诞节橱窗（3），2011年

无论是清爽的复活节，还是飘雪的圣诞节，每每走到夜幕下的Harrods橱窗旁，你都会如中了魔咒般被Harrods的橱窗内浓郁的颜色，生机盎然的气息所倾倒。你永远不用担心在夜幕降临的时刻，走在Brompton Road会感到寂寞和寒冷，因为你总会感受到从橱窗向外会射出温暖而有朝气的色彩(图9～16)。

▲ 图12 Harrods春季橱窗展示(1) 2012年

▲ 图13 Harrods春季橱窗展示(2) 2012年

▲ 图14 Harrods春季橱窗展示(3)，2012年

▲ 图15 Harrods春季橱窗展示（4），2012年

▲ 图16 Harrods春季橱窗展示（5），2012年

▲ 图17 Oxford Street旁Selfridges的夜景（1），2012年

▲ 图18 Oxford Street旁Selfridges的夜景（2），2012年

▲ 图19 Oxford Street的Selfridges开张庆祝的景象，1909年

▲ 图20 Selfridges昔日景象，1920年

顶尖艺术 / 设计类

Selfridges（塞尔福里奇） – Oxford Street（牛津街）

提到英国的购物商业街，离Brompton Road不远的Oxford Street（牛津街）也肯定是购物与时尚达人关注的必经之路。Oxford Street由东向西走，共有3公里。在12世纪至18世纪，牛津街为死刑犯行刑之地，绞刑架就在西端街头大理石拱门处。现在喧闹繁华的牛津街上，还时常有杂耍娱乐卖艺者。现如今Oxford Street是世界级名店的集中地。坐落在英国牛津街以‘时尚风向标’之称的Selfridges（塞尔福里奇）旗舰店，也是继Harrods之后的第二大高档百货公司。(图17～18)它由美国商人Harry Gordon Selfridge（哈里·高登·塞尔福里奇）于1909年创立（图19～22），将Selfridges以“一大乐趣，一项消遣，一种欢娱”为服务宗旨。与Harrods略有不同，Selfridges是以“丰富多姿的、极富创造性的零售”的创新模式为自身定位，为消费者奉上众多别出心裁的珍品。这些珍品也大多出自英国乃至全球设计师之手，就连Selfridges的橱窗设计也都常常由新晋设计师们亲自动手打造，这不仅给新设计师、艺术家一个展现自我的舞台，还为这座历史遗产地的，行走于每周近百万人街道上的百货商店再注入新的时尚设计光芒！

▲ 图23 15名参与“Bright Young Things”的设计师艺术家们，2012年

▲ 图21 Selfridges开张店庆的景象（1），1935年

▲ 图22 Selfridges开张店庆的景象（2），1935年

▲ 图24 活动策展人和产品设计师Tinker and Tailor等的装置艺术橱窗（1），2012年

▲ 图25 女装设计师AlicSorcha O’Raghallaigh的装置艺术橱窗（2），2012年

▲ 图26 男装设计师William Richard Green的装置艺术橱窗（3），2012年

▲ 图27 摄影师Nuha Razik名为“In My Darkest Hour”的装置艺术橱窗（4），2012年

▲ 图28 摄影师Nuha Razik介绍，2012年

▲ 图29 “It's Nice That—Words Words Words”的主题牌，2012年

▲ 图30 设计师Stewdio的“The Word-A-Coaster”游戏装置，2012年

继2011年 Selfridges“Bright Young Things”的成功，2012年Selfridges再为伦敦带来第二届“Bright Young Things”的15名新星的介绍（图23～26），他们来自时装、饰品、艺术设计和食品界，展期至2月底。15位新星包括女装设计师Alice Lee、Sorcha O’Raghallaigh、Adam Andrascik、Maatren van der Horst和MASC，男装设计师William Richard Green、Alex Mattsson、Astrid Anderen、T.lipop和Shaun Samson，配饰设计师Oliver Ruuger，艺术家Becky Sloan、Tinker &Tailor，插图师Archie McLeish和摄影师Nuha Razik。跟2011年一样，各个单位除了展示自己的橱窗作品外Selfrdiges更在店内设立pop-up store出售设计师们的最新作品。其中摄影师Nuha Razik为Flying A体恤衫品牌创作的名为“Stages of Repressed Memories—In My Darkest Hour”（压抑的记忆阶段——在我最黑暗的时刻）让我为之撼动。她采用黑、白，不同层次的灰为最终的视觉冲击效果，以电影、摄影、戏剧、绘画和雕塑的表现手法把空间层次刻画的极富体积感和生动性，似乎让参观者在她黑白灰的颜色意境下，隐约感到“颜色”和“生命”的力量图27～28展示为其他新进设计师、艺术家的橱窗展陈。

除了Selfridges的第二届“Bright Young Things”橱窗展设外，二十余扇橱窗中还有以“It's Nice That—Words Words Words”为创作的主题。它以铺张华丽的3D表现形式，主动促进文字的不断发展和庆祝语言和文学的灵感和创造力（图29）。设计师Stewdio创建了一个“The Word-A-Coaster”14英尺高智能木质的俏皮过山车（图30）。图31～32是其他设计师、艺术家的为“Words Words Words”主题制作的橱窗展陈。

▲ 图31 Giles Miller工作室设计的大型3D装置，2012年

▲ 图32 Camberwell College of Arts的毕业生Ben Long创作了名为“Words Scaffolding Sculpture”（话语脚手架雕塑），2012年

重大事件型类

Adidas

在Oxford Street上作为2012年伦敦奥运会官方赞助商的Adidas(阿迪达斯公司)橱窗内的奥运套装极为显眼，早在2011年就特别推出了以奥运五环和英国皇家狮子为灵感的Adidas Originals Team GB奥运套装。这套奥运装整体感觉设计干练大方，更在Oxford Street柔美光影的映衬下，彰显出伦敦奥运会的“Cooler Brighter Stronger”（更酷更亮更强）气息（图33～34）。这就是艺术伦敦为人们展示的商业橱窗，这就是创意设计给伦敦商业名街带来的感染力。（金惟忻　文/图）

▲ 图33 在Oxford Street上Adidas的伦敦奥运会的橱窗（1），2012年

▲ 图34 在Oxford Street上Adidas的伦敦奥运会的橱窗（2），2012年

2011 Memorabilia of Academic and Cultural Events of *China Architectural Heritage*

2011《中国建筑文化遗产》学术文化大事要记

本刊编辑部（CAH Editorial office）

1月

● 2011年1月25日，《中国建筑文化遗产》杂志筹备会在北京举行，国家文物局局长单霁翔出席。

2月

● 2011年2月11日，《用建筑凝固抗战史的力作——〈抗战纪念建筑〉编撰前后》书评，《中国文物报》六版。

3月

● 全国“两会”上，全国政协委员、国家文物局局长单霁翔共提交了“北京中轴线申遗”等28个政协提案。

● 2011年3月25日，《泱泱君子的永恒微笑——写在文博学人刘志雄出版之际》，《中国文物报》八版。

● 《辛亥革命纪念建筑》考察、编撰工作。

4月

● 2011年4月25日，国家文物局局长单霁翔《从“馆舍天地”走向“大千世界”》一书出版座谈会在首都博物馆新馆召开。来自全国的150余位文博界、建筑界专家与会，共同探讨了中国博物馆发展建设问题。

● 《辛亥革命纪念建筑》考察、编撰工作。

5月

● 2011年5月13日，国家文物局局长单霁翔对天津市风貌建筑进行视察，并作了建筑文化遗产保护讲座，天津国土房管局主持了此次活动，《中国建筑文化遗产》筹备组做了全程采访。

● 2011年5月15日，程泰宁建筑作品展暨论坛在北京举行。《中国建筑文化遗产》筹备组应邀出席，并对程泰宁院士进行了专访。

● 《辛亥革命纪念建筑》考察、编撰工作 。

6月

● 2011年6月，《中国建筑文化遗产》筹备组参与中国文物学会传统建筑园林委员会年会的筹备工作。

● 《辛亥革命纪念建筑》考察、编撰工作。

7月

● 2011年7月10日，《中国建筑文化遗产》第一次在京部分编委及扩大编委会议于宝佳集团召开。

● 2011年7月13日，杭州西湖世界文化遗产监测管理中心揭牌仪式在杭州西湖博物馆隆重举行，《中国建筑文化遗产》随国家文物局局长单霁翔参加杭州西湖风景名胜区管理委员会挂牌仪式。

● 2011年7月22日，《中国建筑文化遗产》专访中国建筑设计院历史所所长、西湖申遗文本的首席专家陈同滨研究员。

● 2011年7月26日，在国家文物局的支持和指导下，由宝佳集团、天津大学出版社、中国文物学会传统建筑园林委员会等单位联合主办的《中国建筑文化遗产》杂志正式创刊。推出主题：“独树一帜的中国建筑”、“实现原生环境保护的生态博物馆（一）”。

● 2011年7月27日，《玉点——建筑师刘谞西部创作实鉴》出版座谈会在新疆国际会议中心举办，《中国建筑文化遗产》杂志社总编金磊应邀主持座谈会。

▲ 2010版《抗战纪念建筑》

▲ 4月《从“馆舍天地”走向“大千世界”》出版座谈会会场

▲ 5月参观天津历史风貌建筑庆王府

▲ 7月《中国建筑文化遗产》创刊

▲ 7月于新疆国际会议中心举办《玉点——建筑师刘谞西部创作实鉴》出版座谈会

▲ 建筑文化考察组在南京

▲ 8月于天津市庆王府举行《中国建筑文化遗产》首发暨《20世纪中国建筑遗产大典（天津卷）》启动仪式

▲ 9月《中国第一代建筑结构工程设计大师杨宽麟》出版

▲ 9月《中国建筑文化遗产》第二期出版

▲ 12月《辛亥革命纪念建筑》出版

▲ 12月《中国建筑文化遗产》第三期出版

● 2011年7月末，在西安市秦岭生态环境保护管理委员会办公室正式挂牌成立后，《中国建筑文化遗产》赴西安在考察了大秦岭生态文化后，对市政府副秘书长和红星主任进行专访。

8月

● 2011年8月8日，在中国国家文物局、天津市人民政府、天津大学的支持下，《中国建筑文化遗产》首发暨《20世纪中国建筑遗产大典（天津卷）》启动仪式在天津市庆王府举行，同时正式启动《20世纪中国建筑遗产大典（天津卷）》编撰工作。

● 《辛亥革命纪念建筑》考察、编撰工作。

9月

● 2011年9月23日，由《中国建筑文化遗产》杂志社、天津市国土房管局主办，天津历史风貌建筑保护专家咨询委员会协办的“以传承中国建筑遗产的名义——《20世纪中国建筑遗产大典（天津卷）》编制座谈会在天津市国土房管局举行。

● 2011年9月末，《中国第一代建筑结构工程设计大师杨宽麟》一书出版，主编杨伟成、马国馨院士作序，沈勃题字，《建筑创作》与《中国建筑文化遗产》历时三载承编。

● 2011年9月末，《中国建筑文化遗产》第二期正式出版，推出主题：“世界文化遗产‘杭州西湖文化景观’概述”、“不朽的中国建筑精神——纪念建筑学家梁思成先生诞辰110周年”。

● 《辛亥革命纪念建筑》考察、编撰工作。

10月

● 2011年10月27日，“从西域到天下——出版《玉点》+点玉中国建筑师创作之路”座谈会在宝佳国际召开。大会主办方邀请了业内诸多院士、大师及著名建筑师，共同研讨由《玉点》一书所引发的“点玉”中国建筑的相关问题。该会议被与会者认为是近年来中国建筑界较为扎实且有意义的研讨会。

● 《辛亥革命纪念建筑》考察、编撰工作。

11月

● 2011年11月10日，《中国建筑文化遗产》编辑部、颐和园古建部、天津大学建筑学院共同考察了修缮中的世界文化遗产颐和园德和园大戏楼。

● 2011年11月22日，由天津市建筑设计院主编的《TADI工程设计卷》和《TADI方案创作卷》新书首发式在天津院举行。《中国建筑文化遗产》总编金磊出席会议并就“两书”出版编制做了说明。

● 2011年11月末，获“国家十二五时期重点图书”及“中宣部纪念辛亥革命百年重点图书”称号的《辛亥革命纪念建筑》一书正式出版。至此，中国近现代建筑经典丛书的第一系列完成。

12月

● 2011年12月3日，由国家文物局主办，江苏省文物局、南京大学、天津大学、《中国建筑文化遗产》杂志社联合承办的“事件沉淀遗产——《辛亥革命纪念建筑》首发式暨中国近现代建筑保护与发展论坛”在南京中国近现代史遗址博物馆（总统府）举行。

● 2011年12月8日至9日，“纪念梁思成先生诞辰110周年暨中国文物学会传统园林委员会第十七届年会”召开，本次会议审议通过了中国文物学会传统建筑园林委员会第十七届理事会工作内容，选举产生了中国文物学会传统建筑园林委员会第十七届理事会及领导成员。此次会议隆重推出了由《中国建筑文化遗产》杂志社承编，天津大学出版社出版的《纪念梁思成先生诞辰110周年暨中国文物学会传统建筑园林委员会第十七届年会》论文集，本刊参与并整理了学会大事要记（1984—2011年）。

● 2011年12月15日，由《中国建筑文化遗产》杂志社、天津历史风貌建筑保护专家咨询委员会主办的“天津历史风貌建筑保护与修复工艺研讨会”在天津举行。

● 2011年12月末，《中国建筑文化遗产》第三期正式出版。推出主题：“中国与世界的设计节（中国篇）”、“广州中山堂结构设计成就的再发现”。